全国机械行业职业教育优质规划教材（高职高专）
经全国机械职业教育教学指导委员会审定
机械制造与自动化专业

# 金属切削机床及应用

主　编　白雪宁
副主编　于凤丽
参　编　张文亭　许丽华
主　审　田锋社

机 械 工 业 出 版 社

本书是全国机械行业职业教育优质规划教材，经全国机械职业教育教学指导委员会审定。本书主要包括机床传动基础知识，普通机床的组成、传动、结构及所用刀具，数控机床的工作原理、主要组成部件结构及所用刀具、五轴加工中心、柔性制造技术与其他现代加工设备简介等内容。本书在注重基本理论的前提下，加强了内容的实用性，凸显“机床与刀具融合”的特色。各章都配有思考与练习题。

本书可作为高职教育机械类专业及其相关专业的教材，也可作为职工大学、成人高等学校相关专业的教材，还可供有关工程技术人员参考使用。

本书配有电子课件及相关的课程视频、动画等教学资源，凡使用本书作为教材的教师可登录机械工业出版社教育服务网 www.cmpedu.com 注册后免费下载。咨询电话：010-88379375。

**图书在版编目（CIP）数据**

金属切削机床及应用/白雪宁主编. —北京：机械工业出版社，2020.7（2024.1 重印）

全国机械行业职业教育优质规划教材. 高职高专　经全国机械职业教育教学指导委员会审定. 机械制造与自动化专业

ISBN 978-7-111-65941-9

Ⅰ.①金…　Ⅱ.①白…　Ⅲ.①金属切削-机床-高等职业教育-教材　Ⅳ.①TG502

中国版本图书馆 CIP 数据核字（2020）第 113556 号

机械工业出版社（北京市百万庄大街 22 号　邮政编码 100037）

策划编辑：王海峰　王英杰　责任编辑：王海峰　王英杰

责任校对：李　婷　封面设计：严娅萍

责任印制：常天培

北京机工印刷厂有限公司印刷

2024 年 1 月第 1 版第 6 次印刷

184mm×260mm · 14.75 印张 · 360 千字

标准书号：ISBN 978-7-111-65941-9

定价：48.00 元

电话服务　　网络服务

客服电话：010-88361066　机　工　官　网：www.cmpbook.com

010-88379833　机　工　官　博：weibo.com/cmp1952

010-68326294　金　书　网：www.golden-book.com



机工教育服务网：www.cmpedu.com

# 前　言

本书是全国机械职业教育教学指导委员会机械设计制造类专业指导委员会组织编写的机械制造与自动化专业规划教材，是根据机械设计制造类专业教学指导委员会专家审定的《金属切削机床及应用课程标准》编写的。

本书以党的二十大报告中“办好人民满意的教育”“全面贯彻党的教育方针，落实立德树人根本任务，培养德智体美劳全面发展的社会主义建设者和接班人”的精审为指引，依据高等职业教育培养素质高、专业技术全面的高技能人才的培养目标，充分融“知识学习、技能提升、素质教育”于一体，严格落实立德树人的根本任务，按照“基本+特色”的体例结构编写而成。书中内容共分9章，包括普通机床、数控机床、加工中心、金属切削原理与刀具等内容，详细分析了CA6140型卧式车床、X6132型铣床、数控机床及加工中心的性能、传动系统，介绍了主要部件结构及调整计算，以培养学生认识、分析常用机床及进行机床调整、应用的能力。

本书由陕西工业职业技术学院白雪宁担任主编，辽宁轨道交通职业学院于凤丽担任副主编。陕西工业职业技术学院张文亭、邢台职业技术学院许丽华参加了本书的编写。具体分工如下：白雪宁编写绪论、第1章、第3章、第7章，于凤丽编写第2章、第9章，张文亭编写第4章、第5章，许丽华编写第6章、第8章。全书由白雪宁统稿。

本书由陕西工业职业技术学院田锋社教授主审。西部超导材料科技股份有限公司副总经理彭常户对本书如何体现校企对接、校企合作等方面提出了许多宝贵意见，在此深表感谢。

由于编者水平所限，疏漏和不足之处在所难免，恳请专家和读者批评指正。

编　者

# 目　录

# 绪论

**知识要求**

1）了解金属切削机床在装备中的地位。

2）了解金属切削机床发展历史及机床未来发展方向。

3）掌握机床的分类与型号的编制方法。

**能力要求**

1）具有依据机床型号确定机床类型、特性、结构、主要参数及重大改进顺序号等能力。

2）具有依据机床型号、技术规格合理选用机床的能力。

**素质要求**

1）使学生树立积极投身装备制造行业的决心。

2）引导学生树立远大理想，担当时代责任，练就过硬本领，锤炼品德修为，为制造强国添砖加瓦。

## 0.1 金属切削机床在装备制造业中的地位

金属切削机床是用刀具切削的方法将金属毛坯加工成机器零件的机器，它是制造机器的机器，所以又称为“工作母机”，习惯上简称为机床。机床是装备制造的基础工具之一，其技术水平的高低，质量的好坏，对机械产品的生产率和经济效益都有重要的影响。机床从诞生到现在已经有二百多年了，随着工业的发展，机床品种越来越多，技术也越来越复杂。从1949年新中国成立以来，中国的机床工业逐步发展壮大。机床工业是实现工业化的基础装备行业，其重要性和战略意义关系到国民经济的长期发展和国家的繁荣富强，对于装备制造行业今后的科学发展至关重要。

机床是现代工业生产不可或缺的重要生产工具，同时又是一门复杂的应用技术。机床的设计制造、加工工艺和实际使用，既包括各种基础理论（刚度、热变形、振动、精度等），又有大量应用技术（布局、传动、控制等），它是人类科技知识与实际生产经验相互融合的结晶。

## 0.2 金属切削机床发展简史

机床是人类在长期生产实践中不断改进生产工具的基础上产生的，并随着社会生产的发展和科学技术的进步而渐趋完善。最原始的机床是木制的，所有运动都由人力或畜力驱动，主要用于加工木料、石料和陶瓷制品的泥坯，它们实际上并不是完整意义上的机床。现代意义上的用于加工金属机械零件的机床，是在 18 世纪中叶才逐步发展起来的。

18 世纪末，蒸汽机的出现提供了新型巨大的能源，使生产技术发生了革命性的变化，在加工过程中逐渐产生了专业分工，出现了多种类型的机床。1770 年前后出现了镗削气缸内孔用的镗床，1797 年出现了带有机动刀架的车床。到 19 世纪末，车床、钻床、镗床、刨床、拉床、铣床、磨床和齿轮加工机床等基本类型的机床已先后出现。20 世纪以来，齿轮变速箱的出现，机床的结构和性能发生了根本性的变化。同时，由于高速工具钢和硬质合金等新型刀具材料的相继出现，刀具切削性能不断提高，促使机床沿着提高主轴转速、加大驱动功率和增强结构刚度的方向发展。与此同时，由于电动机、齿轮、轴承、电气和液压等技术有了很大的发展，机床的传动、结构和控制等方面也得到相应的改进，加工精度和生产率显著提高。此外，为了满足机械制造业日益提高的使用要求，机床的品种也日益增多，如各种自动化机床、精密机床，以及特种加工机床等。20 世纪 50 年代，在综合应用电子技术、检测技术、计算技术、自动控制和机床设计等多个领域最新成就的基础上发展起来的数字控制机床，使机床自动化进入了一个崭新的阶段。

2022 年美国芝加哥国际机械制造技术展览会（IMTS2022）展示了国际机床行业最新技术动态，包括高技术数控机床、数控系统及最新的生产方式，突出展示了未来机床发展趋势。

1）高精度。高速高精与多轴加工成为数控机床的主流，纳米控制已经成为高速高精加工的潮流。目前机床加工的尺寸精度已经达到微米级，加工的几何精度甚至达到了亚微米级和深亚微米级。采用温度、振动误差补偿等技术，提高了数控机床的几何精度、运动精度等。目前，普通数控机床的加工精度可达 5～10μm，精密级加工中心可达 1～1.5μm，超精密加工中心的精度可达纳米级。图 0-1 所示为机床加工精度的提高情况。现在提到的高精度，是指表面粗糙度、几何精度和尺寸精度间的相互协调，例如尺寸精度在微米级，几何精度为亚微米级，则表面粗糙度在纳米级，而且还要保障工件表层结构品质。同时，机床的高精度相应地也对控制系统、位置测量/反馈以及数控系统与伺服控制的匹配等提出了新的要求。

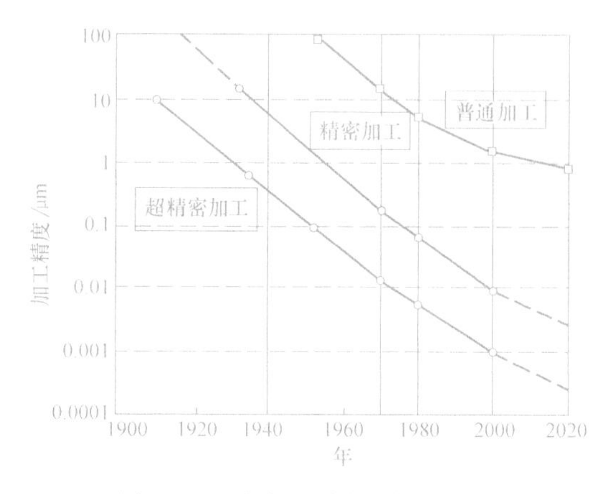


图 0-1　机床加工精度的提高情况

2）高效率。20 世纪后期，机床的生产率提高了约 5 倍，主要通过全面提高金属切除率和数字化制造技术等途径加以实现。随着刀具材料和机床结构的发展，各国应用新的机床运动学理论和先进的驱动技术，优化机床结构，提高功能部件性能，轻量化移动型部件，减少运动摩擦。高速加工技术的应用缩短了切削时间和辅助时间，实现了加工制造的高质量和高效率。同时，从单一的高速切削发展至全面高速化，并借助柔性制造技术（FMS）和信息化生产管理技术，不仅缩短了切削时间，同时辅助时间和技术准备时间也大大减少。

3）复合化。由于复杂零件的加工要求越来越高，目前越来越多的复杂零件采用复合机床进行综合加工，以避免加工过程中反复装夹带来的误差，提高加工精度，缩短加工周期。复合机床是在原有的基础上集成了其他加工工艺，多为复合数控机床和复合加工中心。目前应用最多的是以车削、铣削为基础的复合加工机床，除此还有以磨削为基础的磨头回转式（或可换式）复合加工机床，以及由激光加工、冲压、热处理等各种工艺组合而成的复合加工机床。未来的复合加工机床将结合数控技术、软件技术、信息技术、可靠性技术的发展，向构件集约化、结构紧凑化、配置模块化和部件商品化方向发展。

4）智能化。智能化是指工作过程智能化，即利用计算机将信息、网络等智能化技术有机结合，对数控机床进行全方位地监控。其内容包括数控系统中的各个方面，如智能化地提高驱动性能、智能化地提高加工效率和加工质量、智能化的操作、自动编程、人机界面、智能诊断、智能监控等。数控加工的智能化制造的关键是测控加工一体化技术。同时，机床及机器人的集成应用日趋普及，且结构型式多样，应用范围广，运动速度高，控制功能智能。

5）绿色化。“绿色机床”的核心概念是减少对能源的消耗。我们期望绿色机床应该具备的特征有：机床主要零部件由再生材料制造；机床的重量和体积减小50%以上；通过减轻移动部件质量、降低空运转功率等措施使功率消耗减少30%~40%；使用过程中的各种废弃物减少50%~60%，保证基本没有污染的工作环境；报废机床的材料接近100%可回收。

总的来说，我国机床行业现在正高速发展，从产值来看，已经位于世界前列，如我国的沈阳机床股份有限公司和大连机床集团已成为世界机床企业前十五强。但从类型上来说，我国主要发展的为中、低档机床，而高档机床市场则主要被国外占领。我国机床工业的设计、制造、使用、创新能力，尚处于中低档水平，机床功能部件、控制系统、刀具和测量，在精度、可靠性、稳定性、耐用性上，与国外先进水平相比仍然存在差距。

面对这种差距，我们应以“新型工业化”建设制造业强国为目标，以“工业4.0”等新智能制造技术、信息技术为指引，在“互联网+”的基础上，以制造业数字化、网络化、智能化为核心，深入开展机床基础理论研究，加强工艺试验探究，努力掌握新技术，把握历史机遇，推动我国机床技术的革新与发展。

## 0.3 金属切削机床的分类

金属切削机床的品种和规格繁多，为便于区别、使用和管理，国家制定了机床型号的编制标准。机床的传统分类方法主要是按加工性质和所用刀具进行分类，据此，将机床分为十一大类：车床、钻床、镗床、磨床、齿轮加工机床、螺纹加工机床、铣床、刨插床、拉床、锯床和其他机床。在每一类机床中，又按工艺范围、布局型式和结构性能分为若干组，每一组又分为若干个系（系列）。

除了上述基本分类方法外，还有其他几种分类方法。

### 1. 按照用途分类

1）通用机床。工艺范围很宽，可完成多种类型零件不同工序的加工，如卧式车床、万能外圆磨床及摇臂钻床等。

2）专门化机床。工艺范围较窄，它是为加工某种零件或某种工序而专门设计和制造的，如铲齿车床、丝杠铣床等。

3）专用机床。工艺范围最窄，它一般是为某特定零件的特定工序而设计制造的，如大量生产的汽车零件所用的各种钻、镗组合机床。

2. 按照机床的工作精度分类

普通精度机床、精密机床和高精度机床。

3. 按照重量和尺寸分类

仪表机床、中型机床（一般机床）、大型机床（质量大于 10t）、重型机床（质量在 30t 以上）和超重型机床（质量在 100t 以上）。

4. 按照机床主要工作部件的数目分类

单轴机床、多轴机床、单刀机床、多刀机床等。

5. 按照自动化程度不同分类

普通机床、半自动机床和自动机床。自动机床具有完整的自动工作循环，包括能够自动装卸工件，能够连续地自动加工出工件。半自动机床也有完整的自动工作循环，但装卸工件还需人工完成，因此不能连续地加工。

6. 按照控制方式分类

普通机床和数控机床。

## 0.4 金属切削机床型号编制方法

机床的型号必须反映机床的类型、特性、组别、主要参数及重大改进等。根据 GB/T 15375—2008《金属切削机床型号编制方法》规定，我国的机床型号由汉语拼音字母和阿拉伯数字按一定规律组合而成，主要分为通用机床型号、专用机床型号等。

1. 通用机床型号

机床型号由基本部分和辅助部分组成，中间用“/”隔开，读作“之”。前者需统一管理，后者纳入型号与否由企业自定。型号构成如下：

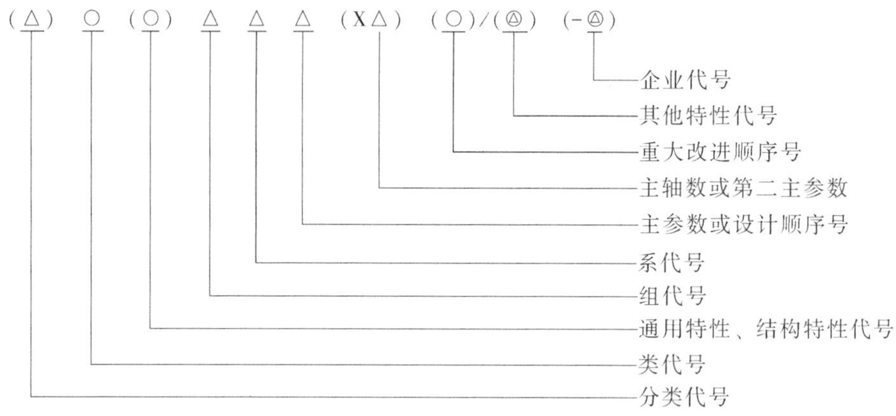


注：有“( )”的代号或数字，当无内容时，则不表示。若有内容，则不带括号；有“○”符号者为大写的汉语拼音字母；有“△”符号者为阿拉伯数字；有“◎”符号者为大写的汉语拼音字母，或阿拉伯数字，或两者兼有之。

(1) 机床的分类及类代号　机床，按其工作原理划分为车床、钻床、镗床、磨床、齿轮加工机床、螺纹加工机床、铣床、刨插床、拉床、锯床和其他机床共十一类。

机床的类代号，用大写的汉语拼音字母表示。必要时，每类可分为若干分类。分类代号在类代号之前，作为型号的首位，并用阿拉伯数字表示。第一分类代号前的“1”省略，第

“2 ”“3”分类代号则应予以表示。

机床的类代号，按其相对应的汉字字意读音。例如：铣床类代号“X”，读作“铣”。机床的类别和分类代号见表 0-1。

表 0-1 机床的类别及分类代号

| 类别 | 车床 | 钻床 | 镗床 | 磨床 | | | 齿轮加工机床 | 螺纹加工机床 | 铣床 | 刨插床 | 拉床 | 锯床 | 其他机床 |
|---|---|---|---|---|---|---|---|---|---|---|---|---|---|
| 代号 | C | Z | T | M | 2M | 3M | Y | S | X | B | L | G | Q |
| 读音 | 车 | 钻 | 镗 | 磨 | 二磨 | 三磨 | 牙 | 丝 | 铣 | 刨 | 拉 | 割 | 其 |

(2) 通用特性代号、结构特性代号　这两种特性代号，用大写的汉语拼音字母表示，位于类代号之后。

1) 通用特性代号。通用特性代号有统一的固定含义，它在各类机床的型号中，表示的意义相同。当某类型机床，除有普通型外，还有下列某种通用特性时，则在类代号之后加通用特性代号予以区分。如果某类型机床仅有某种通用特性，而无普通型式，则通用特性不予表示。当在一个型号中需同时使用两至三个通用特性代号时，一般按重要程度排列顺序。通用特性代号，按其相应的汉字字意读音。机床的通用特性及其代号见表 0-2 。

表 0-2 机床通用特性及其代号

| 通用特性 | 高精度 | 精密 | 自动 | 半自动 | 数控 | 加工中心 | 仿形 | 轻型 | 加重型 | 简式或经济型 | 柔性加工单元 | 数显 | 高速 |
|---|---|---|---|---|---|---|---|---|---|---|---|---|---|
| 代号 | G | M | Z | B | K | H | F | Q | C | J | R | X | S |
| 读音 | 高 | 密 | 自 | 半 | 控 | 换 | 仿 | 轻 | 重 | 简 | 柔 | 显 | 速 |

2) 结构特性代号。对主参数值相同而结构、性能不同的机床，在型号中加结构特性代号予以区分。根据各类机床的具体情况，对某些结构特性代号可以赋予一定含义。但结构特性代号与通用特性代号不同，它在型号中没有统一的含义，只在同类机床中起区分机床结构、性能的作用。当型号中有通用特性代号时，结构特性代号应排在通用特性代号之后。结构特性代号用汉语拼音字母（通用特性代号已用的字母和“I”“O ”两个字母不能用）表示，当单个字母不够用时，可将两个字母组合起来使用，如 AD、AE 或 DA、EA 等。

(3) 机床组、系的划分原则及其代号

1) 机床组、系的划分原则。根据 GB/T 15375—2008《金属切削机床型号编制方法》的规定，将每类机床划分为十个组，每个组又划分为十个系（系列）。组、系划分的原则：在同一类机床中，主要布局或使用范围基本相同的机床，即为同一组；在同一组机床中，其主参数、主要结构及布局型式相同的机床，即为同一系。

2) 机床的组、系代号。机床的组，用一位阿拉伯数字表示，位于类代号或通用特性代号、结构特性代号之后。机床的系，用一位阿拉伯数字表示，位于组代号之后。

(4) 主参数的表示方法　主参数是表示机床规格大小及反映机床最大工作能力的一种参数，是以机床最大加工尺寸或与此有关的机床部件尺寸的折算系数表示，位于系代号之后。

各种型号的机床，其主参数的折算系数不尽相同。一般来说，对于以最大棒料直径为主参数的自动车床、以最大钻孔直径为主参数的钻床、以额定拉力为主参数的拉床，其折算系数为1；对于以床身上最大工件回转直径为主参数的卧式车床、以最大工件直径为主参数的绝大多数齿轮加工机床、以工作台工作面宽度为主参数的卧式和立式铣床、绝大多数镗床和磨床，其折算系数为1/10；大型的立式车床、龙门刨床、龙门铣床的主参数折算系数为1/100。

（5）通用机床的设计顺序号　某些通用机床，当无法用一个主参数表示时，则在型号中用设计顺序号表示。设计顺序号由1起始，当设计顺序号小于10时，由01开始编号。

（6）主轴数和第二主参数的表示方法

1）主轴数的表示方法。对于多轴车床、多轴钻床、排式钻床等机床，其主轴数应以实际数值列入型号，置于主参数之后，用“×”分开，读作“乘”。单轴，可省略，不予表示。

2）第二主参数的表示方法。第二主参数（多轴机床的主轴数除外），一般不予表示，如有特殊情况，需在型号中表示，应按一定手续审批。在型号中表示的第二主参数，一般以折算成两位数为宜，最多不超过三位数。以长度、深度、跨距、行程值等表示的，其折算系数为1/100；以直径、宽度值等表示的，其折算系数为1/10；以厚度、最大模数值等表示的，其折算系数为1。当折算值大于1时，则取整数；当折算值小于1时，则取小数点后第一位数，并在前面加“0”。

（7）机床的重大改进顺序号　当机床的结构、性能有更高的要求，并需按新产品重新设计、试制和鉴定时，才按改进的先后顺序选用A、B、C等汉语拼音字母（但“I”“O”两个字母不得选用），加在型号基本部分的尾部，以区别原机床型号。

重大改进设计不同于完全的新设计，它是在原有机床的基础上进行改进设计，因此，重大改进后的产品与原型号的产品，是一种取代关系。

凡属局部的小改进，或增减某些附件、测量装置及改变装夹工件的方法等，因对原机床的结构、性能没有做重大的改变，故不属于重大改进。其型号不变。

（8）其他特性代号及其表示方法　其他特性代号，置于辅助部分之首。其中同一型号机床的变型代号，一般应放在其他特性代号之首位。其他特性代号主要用以反映各类机床的特性，如：对于数控机床，可用来反映不同的控制系统等；对于加工中心，可用以反映控制系统、自动交换主轴头、自动交换工作台等；对于柔性加工单元，可用以反映自动交换主轴箱；对于一机多能机床，可用以补充表示某些功能；对于一般机床，可以反映同一型号机床的变型等。

其他特性代号，可用汉语拼音字母（“I”“O”两个字母除外）表示。当单个字母不够用时，可将两个字母组合起来使用，如AB、AC、AD或BA、CA、DA等；也可用阿拉伯数字表示；还可用阿拉伯数字和汉语拼音字母组合表示。其他特性代号按其汉语拼音字母读音，如有需要也可按其相对应的汉字字意读音。

（9）企业代号及其表示方法　企业代号，包括机床生产厂及机床研究单位代号，置于辅助部分之尾部，用“-”分开，读作“至”，若在辅助部分中仅有企业代号，则不加“-”。

**例0-1**　说明机床型号MM7132A的含义。

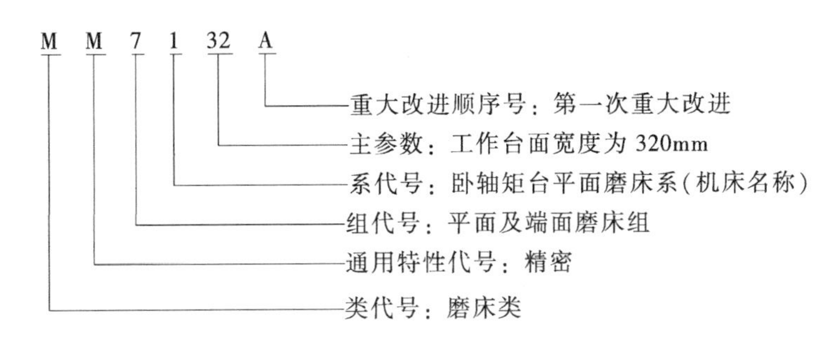


**例 0-2** 说明机床型号 Z3040×16/DH 的含义。

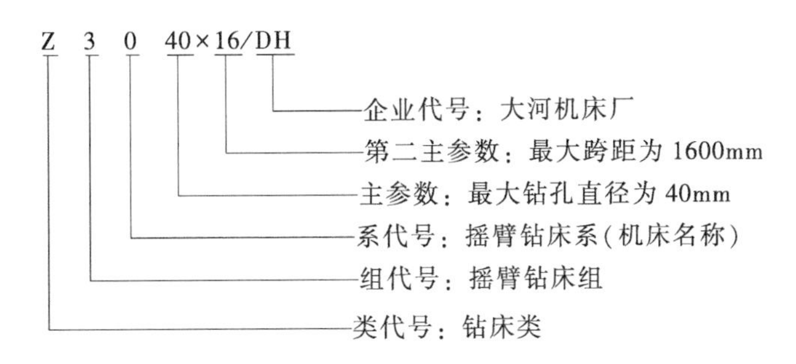


2. 专用机床的型号

专用机床的型号一般由设计单位代号和设计顺序号组成。型号构成如下：

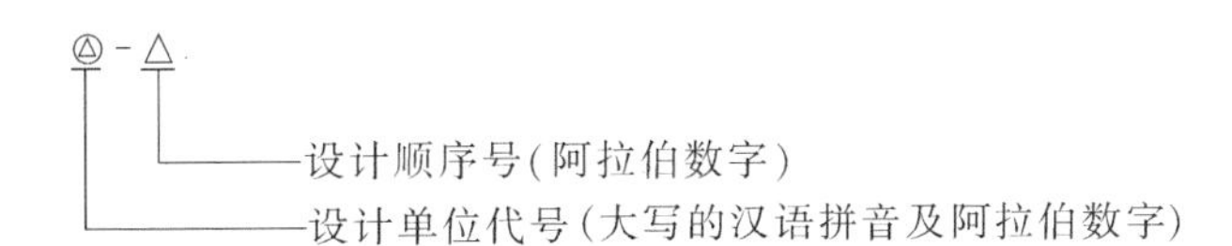


（1）设计单位代号　设计单位代号包括机床生产厂和机床研究单位代号（位于型号之首）。

（2）设计顺序号　专用机床的设计顺序号，按该设计单位的设计顺序号排列，由 001 起始，位于设计单位代号之后，并用“-”隔开，读作“至”。

**例 0-3** 沈阳第一机床厂设计制造的第 1 种专用机床为专用车床，其型号为 SI-001。

**例 0-4** 北京第一机床厂设计制造的第 100 种专用机床为专用铣床，其型号为 BI-100。

3. 机床自动线型号

（1）机床自动线代号　由通用机床或专用机床组成的机床自动线，代号为“ZX”（读作“自线”），位于设计单位代号之后，并用“-”分开，读作“至”。

（2）设计顺序号　机床自动线设计顺序号的排列与专用机床的设计顺序号相同，位于机床自动线代号之后。

（3）机床自动线的型号构成

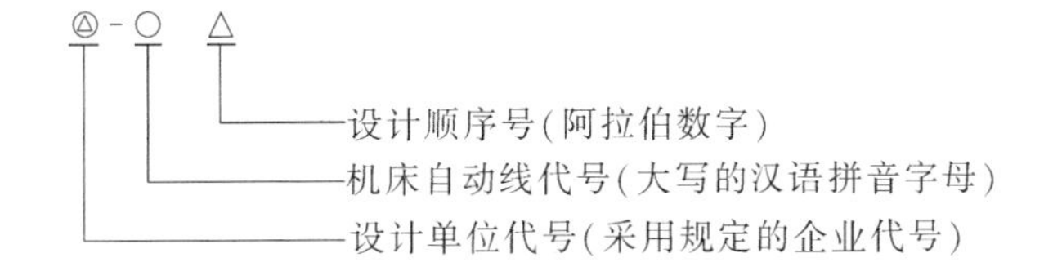

**例 0-5** 北京机床研究所以通用机床或专用机床为某厂设计的第一条机床自动线，其型号为 JCS-ZX001。

4. 数控机床型号

以前，数控机床一般用机床种类+K（数控）+技术参数表示，如 CK6136 型（数控车床）、XK5040A 型（数控铣床）等，等级一般用 M（精密）或 G（高精密）等。

现在，数控机床编号一般是机床厂家自己规定，例如 VMC850B 型立式加工中心，V 在前面表示立式，M 表示机床 machine，C 表示中心 center；MC-HV40 为卧式加工中心，H 一般表示卧式，V 在后面一般表示无级变速；MC-V50 为立式加工中心。每个企业的编号基本不一样，国外一般也这样编号。

## 0.5 金属切削机床的技术规格

某种型号的机床，除了主参数和第二主参数外，还有一些反映机床性能的技术参数。这些技术参数主要包括尺寸参数、运动参数及动力参数。尺寸参数反映了机床能加工零件的尺寸范围及与附件的联系尺寸，如卧式车床的顶尖距、主轴内孔锥度，摇臂钻床的摇臂升降距离、主轴行程等。运动参数反映了机床执行件的运动速度，如主轴的转速范围、刀架或工作台的进给量范围等。动力参数多指电动机功率及某些机床的主轴最大允许转矩等。

了解机床的主要技术参数，对于正确使用和合理选用机床具有重大意义。例如根据工艺要求，确定切削用量后，就应按照机床所能提供的功率及运动参数，选择合适的机型。又如在设计夹具时，应充分考虑机床的尺寸参数，以免夹具不能正确安装或发生运动干涉。机床的各种主要技术参数，可从机床说明书中查出。

## 0.6 本课程内容与学习方法

“金属切削机床及应用”是研究通用机床与数控机床组成、所用刀具、传动、结构与应用的一门课程，是机械制造类专业的重要专业课，也是机械加工技能实训的理论基础。

金属切削机床及应用的学习内容可归纳为三个方面的问题：

1）传动问题。主要指常用机床（CA6140 型车床、X6132 型铣床、M1432B 型磨床、数控机床等）传动系统中传动链的分析与计算。一般应先学好组成传动链的传动装置，能用规定的机构简图符号绘制传动机构，进而分析传动链中各传动轴之间的传动结构与运动传递关系，最后能对传动链中的机构做具体分析与运动计算。

2）结构问题。主要指常用机床（CA6140 型车床、X6132 型铣床、M1432B 型磨床、数控机床等）主要部件或附件装配结构、工作原理分析以及间隙调整。其中的工作原理与机床间隙调整的学习，可通过去机械加工基地，观察机床实物并现场认知，再理论联系实际进行装配结构与工作原理分析，从而达到深化提高、切实掌握的目标。

3）刀具问题。主要指常见的车刀、铣刀、丝锥、板牙、齿轮滚刀、数控刀具等，要重点掌握刀具的材料、结构、选用方法。

## 思考与练习题

0-1　为什么说金属切削机床在国民经济中占有重要地位?

0-2　简单阐述未来机床发展的主要方向。

0-3　通用机床的型号有哪些内容?

0-4　说明下列机床型号的含义:

CM6132、C2150X6、X5032、T4163B、XK5040、B2021A、MGB1432、Y3150。

0-5　举例说明通用机床、专门化机床和专用机床的主要区别以及各自适用的场合。

0-6　在使用和选用机床之前，了解机床的主要技术规格有什么意义?

# 第1章 机床传动基础知识

**知识要求**

1）了解表面成形方法及所需运动。

2）了解机床传动形式的类型与适用场合，掌握机械传动装置。

3）掌握机床传动中外联系传动与内联系传动的特点。

4）掌握机床传动系统与运动的调整计算。

**能力要求**

1）具有分析并调整计算机床传动系统中传动链的能力。

2）具有判断机床传动中简单运动与复合运动的能力。

**素质要求**

1）培养学生学习上持之以恒的坚持精神。

2）培养学生同心同德的团队协作精神。

## 1.1 机床加工零件表面的成形方法与所需运动

### 1.1.1 零件表面的成形方法

机械零件的形状很多，但主要由平面、圆柱面、圆锥面及各种成形面组成。这些基本形状的表面都属于线性表面，均可在机床上加工，并能保证达到所需的精度要求。

从几何学的观点看，任何一种线性表面，都是一条母线沿着另一条导线运动而形成的。如图1-1所示，平面可看作是由一根直线沿着另一根直线（导线）运动而形成（图1-1a）；圆柱面和圆锥面可看作是由一根直线沿着一个圆（导线）运动而形成（图1-1b、c）；普通螺纹的螺旋面是由“∧”形线沿螺旋线（导线）运动而形成（图1-1d）；直齿圆柱齿轮的渐开线齿廓表面是由渐开线沿直线（导线）运动而形成（图1-1e）。形成表面的母线和导线统称为发生线。

由图1-1可以看出，有些表面，其母线和导线可以互换，如平面、圆柱面和直齿圆柱齿轮的渐开线齿廓表面等，称为可逆表面；而另一些表面，其母线和导线不可互换，如圆锥面和螺旋面等，称为不可逆表面。切削加工中发生线是由刀具的切削刃和工件的相对运动得到的，由于使用的刀具切削刃形状和采取的加工方法不同，形成发生线的方法与所需运动也不同，归纳为以下四种。

1）轨迹法。它是利用尖头车刀、刨刀等刀具做一定规律的轨迹运动，从而对工件进行

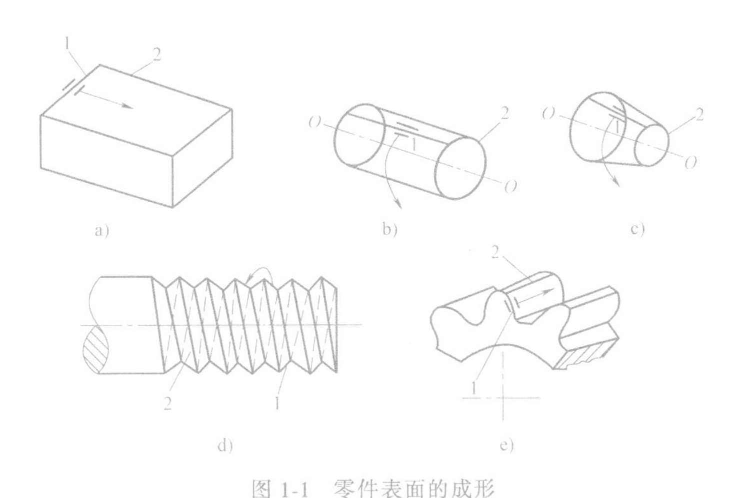


图 1-1 零件表面的成形

1—母线 2—导线

加工的方法。切削刃与被加工表面为点接触，发生线为接触点的轨迹线。图 1-2a 中，母线（直线运动 $A_1$）和导线（曲线运动 $A_2$）均由刨刀的轨迹运动形成。采用轨迹法形成发生线，需要一个独立的运动。

2）成形法。它是利用成形刀具对工件进行加工的方法。切削刃的形状和长度与所需形成的发生线（母线）完全重合。图 1-2b 中，曲线形母线由成形刨刀的切削刃直接形成，直线形的导线则由轨迹法形成。

3）相切法。它是利用刀具边旋转边做轨迹运动对工件进行加工的方法。如图 1-2c 所示，采用铣刀或砂轮等旋转刀具加工时，在垂直于刀具旋转轴线的截面内，切削刃可看作是点，当切削点绕着刀具轴线做旋转运动 $B_1$，同时刀具轴线沿着发生线的等距线做轨迹运动 $A_2$ 时，切削点运动轨迹的包络线便是所需的发生线。为了用相切法得到发生线，需要两个成形运动，即刀具的旋转运动和刀具中心按一定规律运动。

4）展成法。它是利用工件和刀具做展成切削运动进行加工的方法。切削加工时，刀具与工件按确定的运动关系做相对运动，切削刃与被加工表面相切（点接触），切削刃各瞬时位置的包络线便是所需的发生线。如图 1-2d 所示，用齿条形插齿刀加工圆柱齿轮，刀具沿

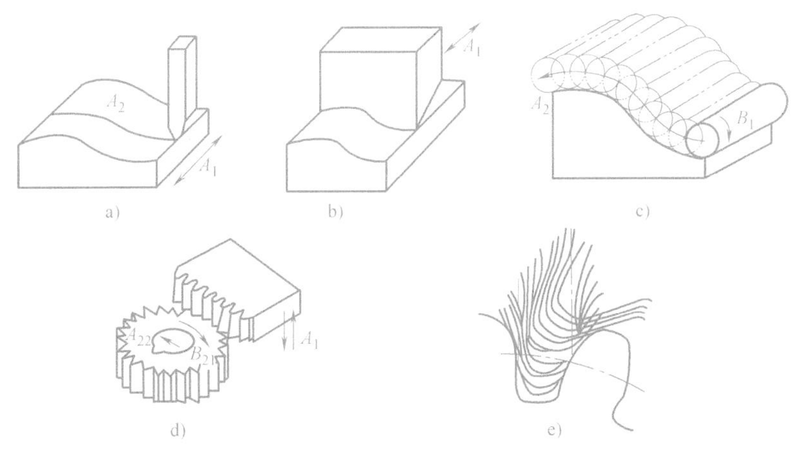


图 1-2 形成发生线的方法

箭头 $A_1$ 方向所做的直线运动，形成直线形母线（轨迹法），而工件的旋转运动 $B_{21}$ 和直线运动 $A_{22}$，使刀具能不断地对工件进行切削，其切削刃的一系列瞬时位置的包络线便是所需要渐开线形导线，如图 1-2e 所示。用展成法形成发生线需要一个成形运动（展成运动）。

## 1.1.2 机床运动

在机床上，为了获得所需的工件表面形状，必须形成一定形状的发生线（母线和导线）。除成形法外，发生线的形成都是靠刀具和工件做相对运动实现的。这种运动称为表面成形运动。此外，还有多种辅助运动。

### 1. 表面成形运动

表面成形运动按其组成情况进行分类，可分为简单成形运动和复合成形运动两种。如果一个独立的成形运动是由单独的旋转运动或直线运动构成的，则此成形运动称为简单成形运动。如用尖头车刀车削外圆柱面时（图 1-3a），工件的旋转运动 $B_1$ 和刀具直线运动 $A_2$ 就是两个简单成形运动；用砂轮磨削外圆柱面时（图 1-3b），砂轮和工件的旋转运动 $B_1$、$B_2$ 以及工件的直线移动 $A_3$，也都是简单成形运动。如果一个独立的成形运动，是由两个或两个以上的旋转运动或（和）直线运动，按照某种确定的运动关系组合而成，则称此成形运动为复合成形运动，如车削螺纹时（图 1-3c），形成螺旋形发生线所需的刀具和工件之间的相对螺旋轨迹运动。为简化机床结构和较易保证精度，通常将其分解为工件的等速旋转运动 $B_{11}$ 和刀具的等速直线移动 $A_{12}$。$B_{11}$ 和 $A_{12}$ 不能彼此独立，它们之间必须保持严格的运动关系，即工件每转一转时，刀具直线移动的距离应等于螺纹的导程，从而 $B_{11}$ 和 $A_{12}$ 这两个单元运动组成一个复合成形运动。用轨迹法车回转体成形面时（图 1-3d），尖头车刀的曲线轨迹运动通常由相互垂直坐标方向上的、有严格速比关系的两个直线运动 $A_{21}$ 和 $A_{22}$ 来实现，$A_{21}$ 和 $A_{22}$ 也组成一个复合成形运动。上述复合成形运动组成部分符号中的下标，第一位数

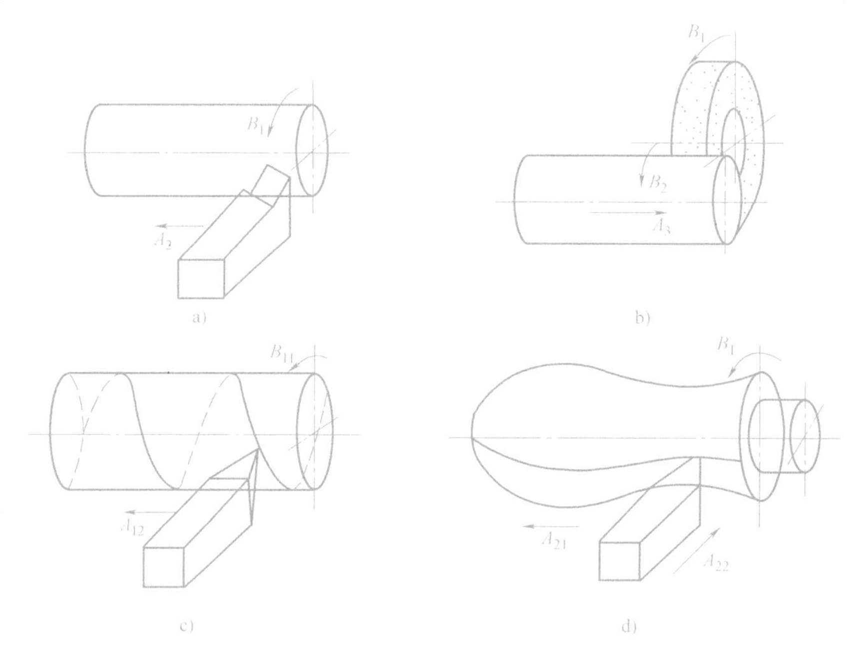


图 1-3 成形运动的组成

字表示成形运动的序号，第二位数字表示同一个复合运动中单元运动的序号。如图 1-3d 中，$B_1$ 为第一个成形运动，即简单成形运动；$A_{21}$ 和 $A_{22}$ 分别为第二个成形运动（复合成形运动）的第一和第二个运动单元。

此外，根据在切削过程中所起作用的不同，成形运动又可分为主运动和进给运动。

1）主运动。直接切除毛坯上的多余金属使之变成切屑的运动，称为主运动。主运动速度高，要消耗机床大部分的动力。如车床工件的旋转、铣床刀具的旋转、镗床刀具的旋转、龙门刨床工件随工作台的直线运动等都是主运动。

2）进给运动。不断地将被切金属投入切削，以逐渐切出整个工件表面的运动称为进给运动。进给运动的速度低，消耗动力很少。车床刀具相对于工件做纵向直线移动、卧式铣床工作台带动工件相对于铣刀做纵向直线移动、外圆磨床工件相对于砂轮做旋转（圆周进给运动）和做纵向直线往复移动等都是进给运动。

任何一台机床，必定有且通常只有一个主运动，但进给运动可能有一个或多个，也可能没有，如拉床没有进给运动。

#### 2. 辅助运动

机床在加工过程中除了完成成形运动外，还有一些实现机床切削过程的辅助动作而必须进行的辅助运动，该运动不直接参与切削，但为表面成形创造了条件，是不可缺少的。它的种类很多，一般包括：

1）切入运动。刀具相对工件切入一定深度，以保证工件达到要求的尺寸。

2）分度运动。多工位工作台和刀架等的周期转位或移位以及多线螺纹的车削等。

3）调位运动。加工开始前机床有关部件的移位，以调整刀具和工件之间的正确相对位置。

4）各种空行程运动。切削前后刀具或工件的快速趋近和退回运动，开车、停车、变速或变向等控制运动，装卸、夹紧或松开工件的运动等。

## 1.2 机床传动及常用机械传动装置

### 1.2.1 机床传动

机床的传动机构指的是传递运动和动力的机构，简称为机床的传动。

机床加工过程中所需的各种运动，是通过动力源、传动装置和执行件以一定的规律所组成的传动链来实现的。其中：

1）动力源是给执行件提供动力和运动的装置，常采用电动机。

2）执行件是执行机床工作的部件，如主轴、刀架、工作台等。执行件用于安装刀具或工件，并直接带动其完成一定的运动形式和保证准确的运动轨迹。

3）传动装置是传递动力和运动的装置，它把动力源的动力和运动最后传给执行件。同时，传动装置还需完成变速、变向和改变运动形式等任务，以使执行件获得所需的运动速度、运动方向和运动形式。

传动装置一般包括机械、液压、气压、电气传动及以上几种传动方式的联合传动等。

① 机械传动是利用齿轮、传动带、离合器和丝杠螺母等机械元件传递运动和动力。这

种传动形式工作可靠、维修方便，目前机床上应用最广。

② 液压传动是以油液作为介质，通过泵、阀和液压缸等液压元件传递运动和动力。这种传动形式结构简单、运动比较平稳，易于在较大范围内实现无级变速，便于实现频繁的换向和自动防止过载，容易实现自动化。故其较多用于直线运动，在磨床、组合机床及液压刨床等机床上应用较多。但是，由于油液有一定的可压缩性，并有泄漏现象，所以液压传动不适于做定比传动。

③ 电气传动是利用电能通过电气装置传递运动和动力。这种传动方式的电气系统比较复杂，成本较高。在大型、重型机床上较多应用直流电动机、发电机组；在数控机床上，常用机械传动与步进电动机或电液脉冲电动机与伺服电动机等联合传动，用以实现机床的无级变速。电气传动容易实现自动控制。

④ 气压传动是以空气作为介质，通过气动元件传递运动和动力。这种传动形式的主要特点是动作迅速，易于获得高转速，易于实现自动化，但其运动平稳性较差，驱动力较小，主要用于机床的某些辅助运动（如夹紧工件等）及小型机床的进给运动的传动。

### 1.2.2 常用机械传动装置

机械传动装置分为无级变速和分级变速的传动装置，由于无级变速机械传动装置的变速范围小，零件制造精度要求很高，经济性较差，一般不常采用，而多数以液压和电气的无级变速来代替。而在通用机床中用得较多的是分级变速机械传动装置，下面着重介绍几种常用的机械传动装置。

#### 1. 定比传动机构

定比传动机构包括齿轮机构、带轮机构、齿轮齿条机构、蜗杆机构和丝杠螺母机构等。它们的共同特点是传动比固定不变，而齿轮齿条机构和丝杠螺母机构还可以将旋转运动转变为直线运动。

#### 2. 变速传动装置

变速传动装置是实现机床分级变速的基本机构，常用的有三种。

（1）滑移齿轮变速机构　如图 1-4a 所示，轴Ⅰ上装有三个固定齿轮 $Z_1$、$Z_2$、$Z_3$，三联滑移齿轮块 $Z_1'$、$Z_2'$、$Z_3'$制成一体，并以花键与轴Ⅱ连接，当它分别处于左、中、右三个不同的啮合工作位置时，使传动比不同的齿轮 $Z_1/Z_1'$、$Z_2/Z_2'$、$Z_3/Z_3'$依次啮合工作。此时，如果轴Ⅰ只有一种转速，则轴Ⅱ可得三种不同的转速。除此之外，机床上常用的还有双联、多联滑移齿轮变速机构。滑移齿轮变速机构结构紧凑，传动效率高，变速方便，能传递很大的动力，但不能在运转过程中变速，多用于机床的主体运动，其他运动也有采用。

（2）离合器变速机构　如图 1-4b 所示，轴Ⅰ上装有两个固定齿轮 $Z_1$ 和 $Z_2$，它们分别与空套在轴Ⅱ上的齿轮 $Z_1'$和 $Z_2'$相啮合。端面齿离合器 M 通过花键与轴Ⅱ相连。当离合器 M 向左或向右移动时，可分别与 $Z_1'$和 $Z_2'$的端面齿相啮合，从而将轴Ⅰ的运动由 $Z_1/Z_1'$或 $Z_2/Z_2'$的不同传动比传给轴Ⅱ。由于 $Z_1/Z_1'$和 $Z_2/Z_2'$的传动比不同，轴Ⅰ的转速不变时，轴Ⅱ可得到两种不同转速。离合器变速机构变速方便，变速时齿轮不需移动，故常用于斜齿圆柱齿轮传动，使传动平稳。另外，如将端面齿离合器换成摩擦片式离合器，则可使变速机构在运转过程中变速。但这种变速使各对齿轮经常处于啮合状态，磨损较大，传动效率低。端面齿离合器主要用于重型机床以及采用斜齿圆柱齿轮传动的变速机构，摩擦片式离合器常用于自动、半自动机床。

（3）交换齿轮变速机构 交换齿轮变速机构有一对交换齿轮（图1-4c）和两对交换齿轮（图1-4d）两种形式。一对交换齿轮的变速机构比较简单，只要在固定中心距的轴Ⅰ和轴Ⅱ上装上传动比不同，但“齿数和”相同的齿轮副A和B，则可由轴Ⅰ的一种转速，使轴Ⅱ得到不同的转速。两对交换齿轮的变速机构需要有一个可以绕轴Ⅱ摆动的交换齿轮架，中间轴在交换齿轮架上可做径向调整移动，并用螺栓紧固在径向任何位置上。交换齿轮A用键与主动轴Ⅰ相连，交换齿轮D用键与从动轴Ⅱ相连，而B、C交换齿轮通过一个套筒空套在中间轴上。当调整中间轴的径向位置使C、D交换齿轮正确啮合之后，则可摆动交换齿轮架使B轮与A轮也处于正确的啮合位置。因此，改用不同齿数的交换齿轮，就能起到变速的作用。交换齿轮变速机构可使变速机构简单、紧凑，但变速调整费时。一对交换齿轮的变速机构刚性好，多用于主体运动；两对交换齿轮的变速机构由于装在交换齿轮架上的中间轴刚性较差，一般只用于进给运动以及要求保持准确运动关系的齿轮加工机床、自动和半自动车床的传动。

（4）带轮变速机构 如图1-4e所示，在传动轴Ⅰ和Ⅱ上，分别装有塔形带轮1和2。当轴Ⅰ转速一定时，只要改变传动带的位置，就可得到三种不同的带轮直径比，从而使轴Ⅱ得到三种不同转速。带轮机构通常采用平带或V带传动，其特点是结构简单，运转平稳，但变速不方便，尺寸较大，传动比不准，主要用于台钻、内圆磨床等一些小型、高速机床或某些简式机床。

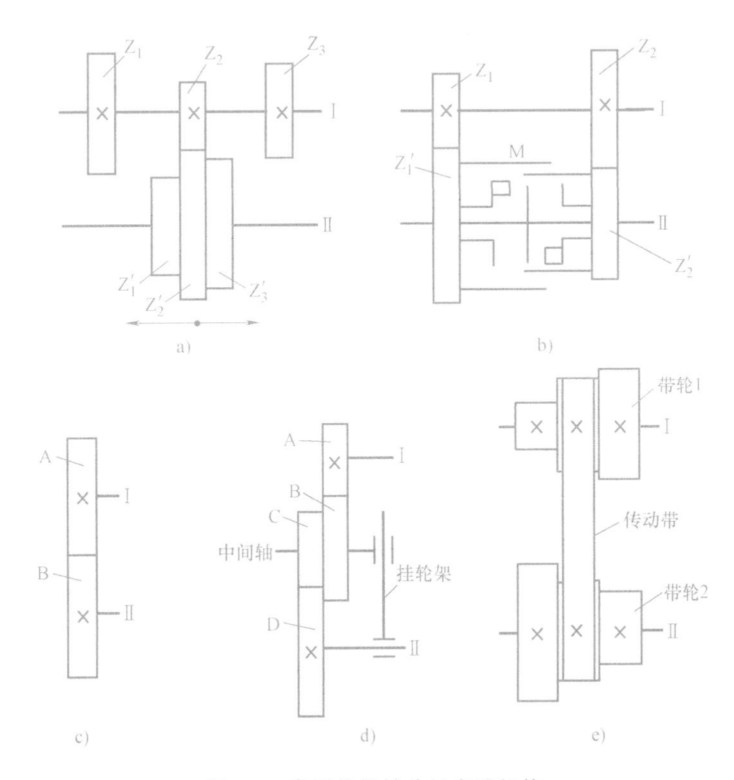


图1-4 常用的机械分级变速机构

3. 变向机构

变向机构用来改变机床执行件的运动方向。

（1）滑移齿轮变向机构　如图 1-5a 所示，轴 Ⅰ 上装有一齿数相同的（$z_1=z_1'$）双联齿轮，轴 Ⅱ 上装有一个花键联接的单联滑移齿轮 $Z_2$，中间轴上装有一个空套齿轮 $Z_0$。当滑移齿轮 $Z_2$ 处于图示位置时，轴 Ⅰ 的运动经 $Z_0$ 传给齿轮 $Z_2$，使轴 Ⅱ 的转动方向与轴 Ⅰ 相同；当滑移齿轮 $Z_2$ 向左移动与轴 Ⅰ 上的 $Z_1'$ 齿轮啮合时，则轴 Ⅰ 的运动经 $Z_2$ 传给轴 Ⅱ，使轴 Ⅱ 的转动方向与轴 Ⅰ 相反。这种变向机构刚性好，多用于主体运动。

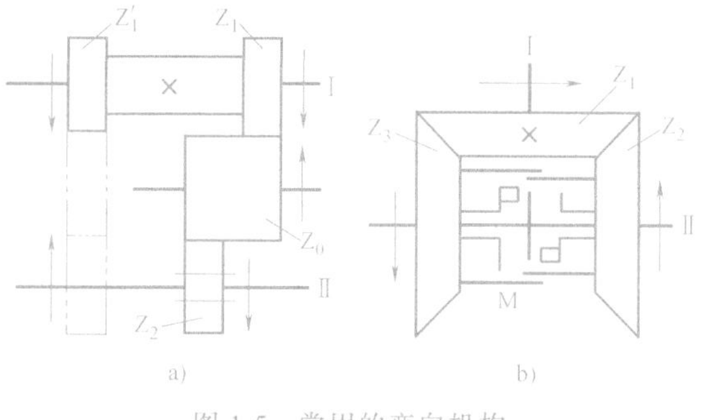


图 1-5　常用的变向机构

（2）锥齿轮和端面齿离合器组成的变向机构　如图 1-5b 所示，主动轴 Ⅰ 上的固定锥齿轮 $Z_1$ 直接传动空套在轴 Ⅱ 上的两个锥齿轮 $Z_2$ 和 $Z_3$ 朝相反的方向旋转，如将花键连接的离合器 M 依次与 $Z_2$、$Z_3$ 锥齿轮的端面齿相啮合，则轴 Ⅱ 可得到不同的两个方向的运动。这种变向机构的刚性比圆柱齿轮变向机构差，多用于进给或其他辅助运动。

变速传动机构与变向机构也称为换置机构。

## 1.3　机床传动联系和传动原理图

机床在进行加工时，为了获得所需要的运动，需要由一系列的运动元件使动力源和执行件，或使两个执行件之间保持一定的传动联系。使执行件与动力源或两个有关的执行件之间保持确定传动联系的一系列按一定规律排列的传动元件就构成了传动链。一条传动链由该链的两端件及两端件之间的一系列传动机构构成。例如，车床主运动传动链将主电动机的运动和动力，经过带轮及一系列齿轮变速机构传至主轴，而使主轴得到主运动。该传动链的两端件为主电动机和主轴。传动链中的传动机构可采用前面所讲述的各种定比传动机构、变速机构和变向机构。

根据传动联系的性质不同，传动链可分为内联系传动链和外联系传动链。内联系传动链用来连接有严格运动关系的两个执行件，以获得准确的加工表面形状和较高的加工精度。外联系传动链只是把运动和动力传递到执行件上去，其传动比大小只影响加工速度或工件表面粗糙度，而不影响工件表面的成形，所以不要求有严格的传动比。

传动原理图用一些简单的符号表明了机床实现某些表面成形运动时的传动联系。图 1-6 所示为车床的传动原理图，其中电动机、工件、刀架、工作台用图形表示，虚线表示定比传动机构，菱形块代表换置机构。

图 1-6a 所示为车削外圆柱面时的传动原理，其主运动由电动机经固定传动比 1-2、换置机构 $u_v$ 和固定传动比 3-4 带动工件做旋转运动。这种由定比传动副和换置机构按一定顺序排列，并使执行元件与动力源保持传动联系和一定运动关系的传动件称为传动链。每一条传动链必有首端件和末端件，这两个端件可能是电动机-主轴、电动机-工作台、主轴-刀架等。

如主运动传动链的首端件是电动机，末端件是主轴。纵向进给运动传动链的首端件是主轴，末端件是刀架，该传动链中，主轴的运动经固定传动比 4-5、换置机构 $u_f$ 和固定传动比 6-7 传给齿轮齿条机构，带动刀架做纵向进给运动。

图 1-6b 所示为车削端面时的传动原理图，主运动与图 1-6a 相同，但横向进给运动是经固定传动比 4-5、换置机构 $u_f$ 和固定传动比 6-7 传给横向进给丝杠，将主轴和刀架联系起来。

图 1-6c 所示为车削圆柱螺纹时的传动原理图。主运动也与图 1-6a 相同，但车螺纹进给运动是经固定传动比 4-5、换置机构 $u_x$ 和固定传动比 6-7 传给纵向丝杠螺母机构，实现螺纹的纵向进给运动。显然，只要改变 $u_v$、$u_f$、$u_x$ 的大小就可得到不同的转动速度、移动速度和螺纹导程。图 1-6a、b 中，主运动与纵向和横向进给运动之间没有严格的传动比关系，属于外联系传动链；而图 1-6c 中，要求工件转一转时，车刀准确地移动一个导程的距离，首端件与末端件有严格的传动比要求，属于内联系传动链。

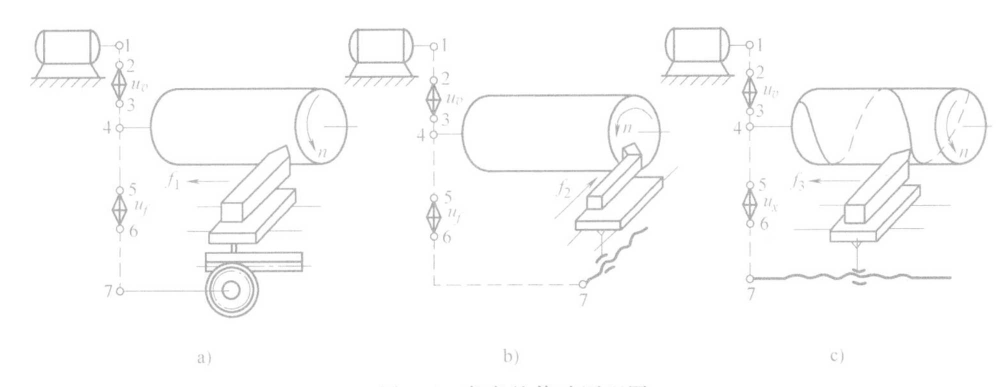


图 1-6 车床的传动原理图

## 1.4 机床传动系统及调整计算

### 1.4.1 机床传动系统

机床上的每一种运动，都是通过动力源、传动装置和执行件以一定的规律组成的传动链来实现。机床有多少个运动就有多少条传动链。实现机床各个运动的所有传动链就组成一台机床的传动系统。用规定的简单符号表示机床传动系统的图形，称为机床的传动系统图，如图 1-7 所示。

由于传动系统图是把机床的立体传动机构绘制在平面图上，有时不得不把某一根轴绘制成折断线连接的两部分，有些传动副展开后会失去联系，此时就得用大括号或虚线连接，以表示它们之间的传动联系。传动系统图不反映机床各元件和部件的实际尺寸和空间位置，只表示各运动元件间的运动传递的先后顺序和传动关系。传动系统图上需注明各传动轴及主轴的编号、所有传动齿轮和蜗轮的齿数、带轮的直径、丝杠的导程和线数及电动机的转速和功率等。

分析传动系统图的一般方法：根据主运动、进给运动和辅助运动确定有几条传动链；分析各传动链所联系的两个端件；按照运动传递或联系顺序，从一个端件向另一端件依次分析各传动轴之间的传动结构和运动传递关系，以查明该传动链的传动路线及变速、换向、接通

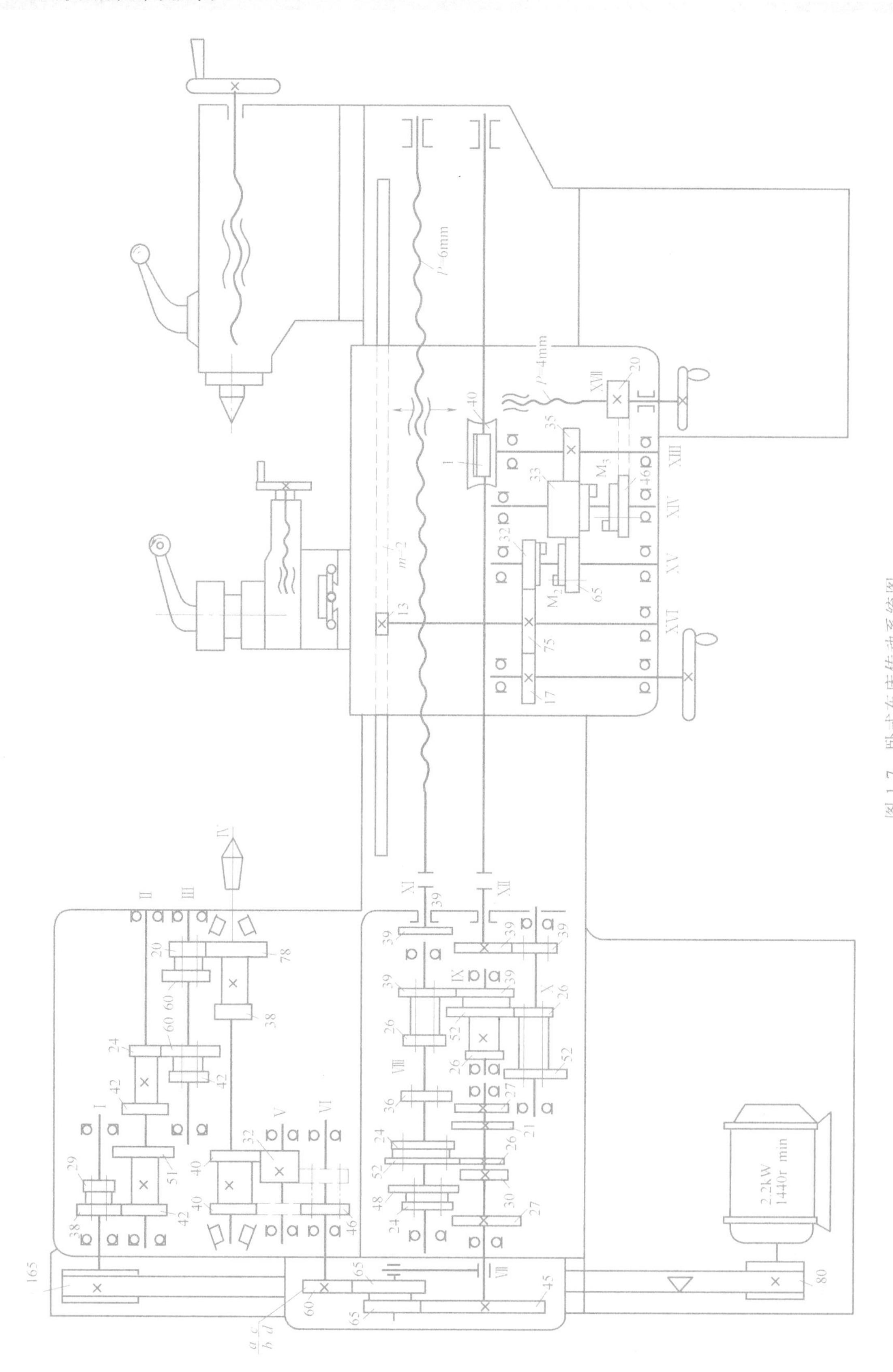


图 1-7 卧式车床传动系统图

和断开的工作原理；对传动链中的机构做具体分析和运动计算。

图 1-7 所示为卧式车床传动系统图。该机床可实现主运动、纵向进给运动、横向进给运动、车螺纹时的纵向进给运动四个运动，所以有四条传动链：主运动传动链、纵向进给运动传动链、横向进给运动传动链、车螺纹传动链。下面以主运动传动链为例进行分析。

主运动由 2.2kW、1440r/min 的电动机驱动，经带传动 $\phi80/\phi165$ 将运动传至轴Ⅰ，然后经Ⅰ-Ⅱ轴间、Ⅱ-Ⅲ轴间和Ⅲ-Ⅳ轴间的三组双联滑移齿轮变速组，使主轴获得 $2\times2\times2=8$ 级转速。

主运动的传动路线表达式为：

$$\begin{matrix}\text{电动机}\\ 1440\text{r/min}\\ 2.2\text{kW}\end{matrix}—\frac{\phi80}{\phi165}—\text{Ⅰ}—\begin{Bmatrix}\frac{29}{51}\\ \frac{38}{42}\end{Bmatrix}—\text{Ⅱ}—\begin{Bmatrix}\frac{24}{60}\\ \frac{42}{42}\end{Bmatrix}—\text{Ⅲ}—\begin{Bmatrix}\frac{20}{78}\\ \frac{60}{38}\end{Bmatrix}—\text{Ⅳ（主轴）}$$

### 1.4.2　转速分布图

转速分布图表示的是主轴转速如何从电动机传出经各轴传到主轴，传动过程中各变速组的传动比如何组合。图 1-8 是图 1-7 所示卧式车床的主运动转速分布图。

图 1-8 中，间距相等的一组竖直线表示各传动轴，各轴的轴号标在图上各轴的上方，如Ⅰ、Ⅱ、Ⅲ、Ⅳ等。

间距相等的一组水平线表示各级转速。由于转速数列采用等比数列及对数标尺，所以在图上各级转速的间距是相等的。

两轴之间的转速连线表示两轴之间变速组的各个传动比。例如：轴Ⅱ到轴Ⅲ之间是一个变速组，这个变速组共有两档传动比，其中水平线表示传动比为 1∶1；向下斜两格的一条线表示降速，其传动比为 1∶2.5。从转速图上可以了解到下列情况：

1）整个变速系统有四根传动轴，三个变速组。

2）从转速图上可以读出各齿轮副的传动比及各传动轴的各级转速。如图 1-8 所示，在竖直线上，绘有一些圆点，它表示该轴有几级转速，如Ⅲ轴上有四个小圆点，表示有四级转速。在Ⅳ轴的右边标有主轴的各级转速。

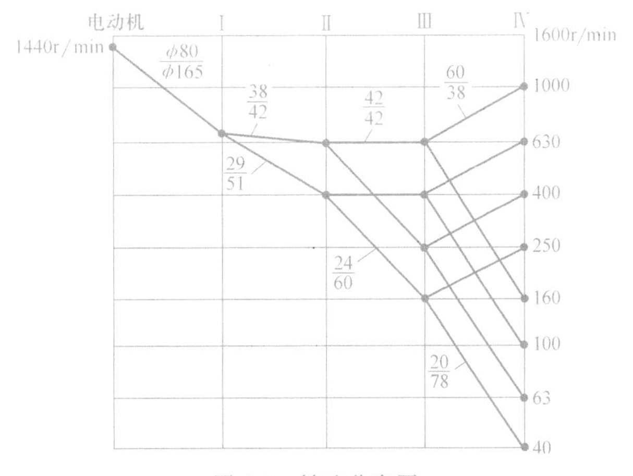


图 1-8　转速分布图

3）可以清楚地看出从电动机到主轴Ⅳ的各级转速的传动情况。例如主轴转速为63r/min，是由电动机轴传出，经带传动$\frac{\phi 80}{\phi 165}$—Ⅰ—$\frac{38}{42}$—Ⅱ—$\frac{24}{60}$—Ⅲ—$\frac{20}{78}$—Ⅳ（主轴）。

## 1.4.3 机床运动调整计算

机床运动的调整计算有两类：一是计算某一末端执行件的运动速度（如主轴转速）或位移量（如刀架或工作台的进给量）等；另一类是根据两执行件间所需保持的运动关系，计算传动链中交换齿轮的传动比并确定交换齿轮的齿数。

**例 1-1** 对图 1-7 所示卧式车床主运动传动链进行调整计算。

**解** 主运动传动链的传动路线见前面传动路线表达式。

其传动链的换置计算步骤为：

1）找首端件和末端件——电动机、主轴。

2）计算转速 $n_0$（r/min）、$n_{主}$（r/min）。

3）列运动平衡式。主运动的转速可应用下列运动平衡式的通式来计算，即

$$n_{主}=n_0\times\frac{D_1}{D_2}\times u_{\mathrm{I}\text{-}\mathrm{II}}\times u_{\mathrm{II}\text{-}\mathrm{III}}\times u_{\mathrm{III}\text{-}\mathrm{IV}} \tag{1-1}$$

式中，$n_{主}$表示主轴转速（r/min）；$n_0$是电动机转速（r/min）；$D_1$、$D_2$分别表示主动和从动带轮的直径；$u_{\mathrm{I}\text{-}\mathrm{II}}$表示Ⅰ-Ⅱ轴间的传动比，分别为$\frac{29}{51}$、$\frac{38}{42}$（该传动比为被动件与主动件的转速之比，如两传动件为齿轮，则传动比为主动齿轮与被动齿轮的齿数比，如传动件为带轮，则传动比为主动带轮与被动带轮的直径比）；$u_{\mathrm{II}\text{-}\mathrm{III}}$表示Ⅱ-Ⅲ轴间的传动比，分别为$\frac{24}{60}$、$\frac{42}{42}$；$u_{\mathrm{III}\text{-}\mathrm{IV}}$表示Ⅲ-Ⅳ轴间的传动比，分别为$\frac{20}{78}$、$\frac{60}{38}$。

4）计算主轴转速。将带轮直径、各轴之间不同的传动比及电动机的转速代入式（1-1）中，可得 8 种转速。其中最小、最大转速分别为：

$$n_{\min}=1440\times\frac{80}{165}\times\frac{29}{51}\times\frac{24}{60}\times\frac{20}{78}\mathrm{r/min}\approx 40\mathrm{r/min}$$

$$n_{\max}=1440\times\frac{80}{165}\times\frac{38}{42}\times\frac{42}{42}\times\frac{60}{38}\mathrm{r/min}\approx 998\mathrm{r/min}$$

**例 1-2** 利用图 1-9 所示的车螺纹进给传动系统，加工 $P=4\mathrm{mm}$ 的螺纹，试选择交换齿轮 $a$、$b$、$c$、$d$ 的齿数。

**解** 传动线路分析

运动由主轴传出，经齿轮副$\frac{36}{24}$，$\frac{25}{40}$，交换齿轮$\frac{a}{b}\times\frac{c}{d}$传至丝杠，以带动螺母刀架移动。其传动路线表达式如下：

$$主轴—\frac{36}{24}—\frac{25}{40}—\frac{a}{b}\times\frac{c}{d}—丝杠(螺母刀架)$$

1）找首端件和末端件。

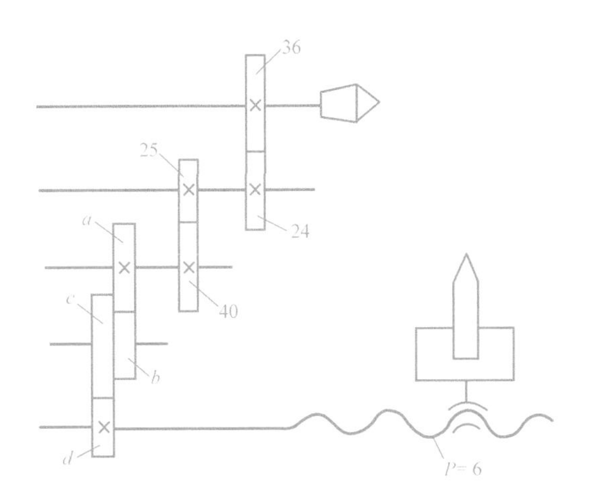


图 1-9 车螺纹进给传动系统

主轴、刀架。

2）确定计算位移。

主轴 1 转，刀架移动距离 $L$（即加工工件的导程 $P=4\text{mm}$）。

3）列运动平衡式。

$$L=1\times\frac{36}{24}\times\frac{25}{40}\times\frac{a}{b}\times\frac{c}{d}\times 6\text{mm}=4\text{mm}$$

4）交换齿轮齿数确定。

将上式化简整理，得交换齿轮变速机构的换置公式：

$$\frac{a}{b}\times\frac{c}{d}=\frac{32}{45}=\frac{4\times5}{9\times5}\times\frac{8\times5}{5\times5}=\frac{20}{45}\times\frac{40}{25}$$

故可取交换齿轮齿数分别为：$a=20$、$b=45$、$c=40$、$d=25$。

## 思考与练习题

1-1 下列情况中，采用何种分级变速机构为宜？

（1）传动比要求不严，但要求传动平稳的传动系统。

（2）采用斜齿圆柱齿轮传动。

（3）需经常变速的通用机床。

（4）不需经常变速的专用机床。

1-2 指出在车床上车削外圆锥面、端面及钻孔时所需要的表面成形运动。

1-3 画简图表示用下列方法加工所需表面时需要哪些成形运动，其中哪些是简单运动？哪些是复合运动？

（1）用成形车刀车削外圆锥面。

（2）用尖头车刀纵、横向同时进给车削外圆锥面。

（3）用钻头钻孔。

（4）用拉刀拉削圆柱孔。

（5）用成形铣刀铣削直齿圆柱齿轮。

（6）用插齿刀插削直齿圆柱齿轮。

1-4　什么是转速图？它能反映出机床的哪些内容？

1-5　举例说明什么是内联系传动链，什么是外联系传动链，它们有什么不同。

1-6　某机床的主传动系统图如图 1-10 所示，要求：

（1）列出传动路线表达式。

（2）列出传动链运动平衡式。

（3）计算主轴 V 的最大和最小转速。

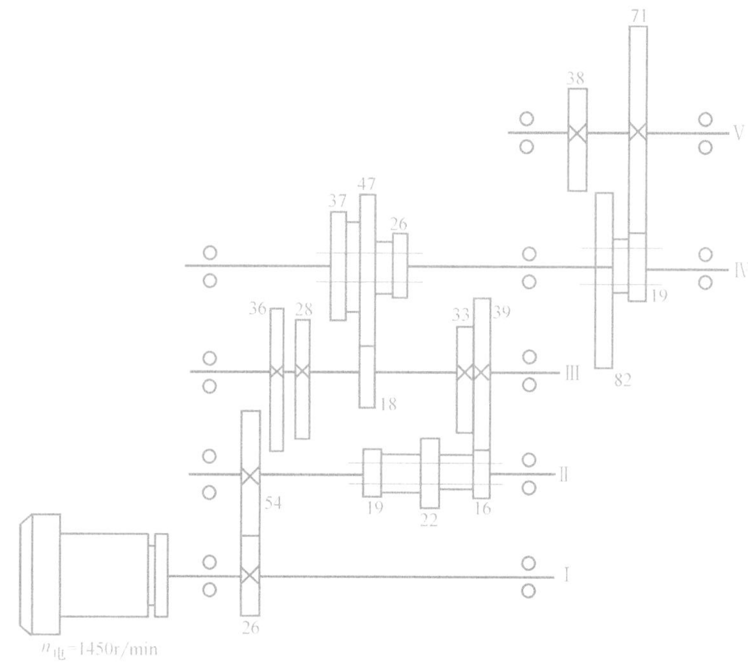


图 1-10　题 1-6 图

1-7　某车床传动系统简图如图 1-11 所示，试计算：

（1）车刀的运动速度（m/min）。

（2）主轴转一转时，车刀移动的距离（mm/r）。

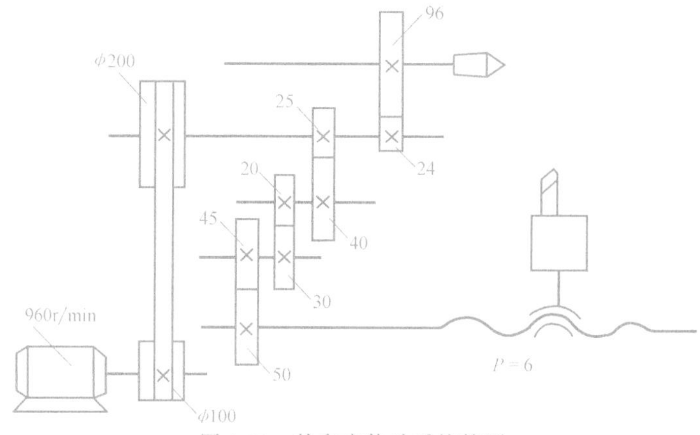


图 1-11　某车床传动系统简图

1-8 根据图 1-12a、b 所示的传动系统，完成下列问题（注：图中 $M_1$ 为齿轮式离合器，$M_2$、$M_3$ 为齿形离合器）。

（1）写出传动路线表达式。

（2）分析主轴的转速级数。

（3）计算主轴的最高和最低转速。

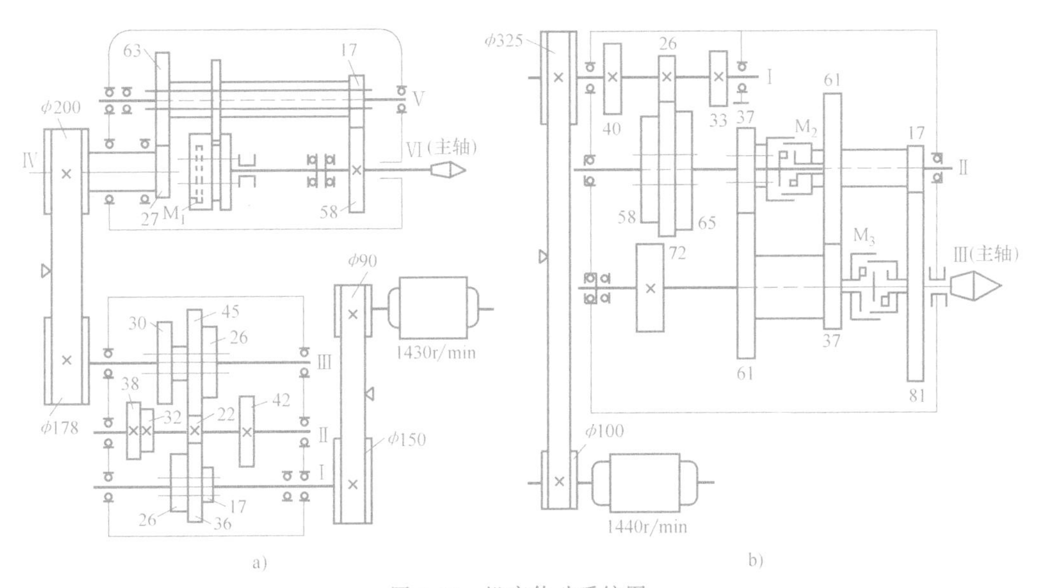


图 1-12 机床传动系统图

# 第2章 车床

**知识要求**

1）了解车床的用途、类型以及常用车刀。

2）了解CA6140型车床的工艺范围、组成以及主要技术参数。

3）掌握CA6140型车床传动系统及调整计算。

4）熟悉CA6140型车床的主要部件装配结构与间隙调整。

**能力要求**

1）具有分析车床主运动、车螺纹运动以及纵向和横向进给运动的能力。

2）具有正确选用车刀、合理选用机床并进行车削加工的能力。

3）加工不同类型的螺纹时，会配算并安装交换齿轮。

4）具有调整车床主要部件（轴承、摩擦片离合器、制动器、开合螺母等）间隙的能力。

**素质要求**

1）培养学生遵守职业道德和规范的意识，提高学生的工程意识与职业素养。

2）引导学生以大国工匠为榜样，追求卓越、不断精进技能。

## 2.1 车床及车刀概述

### 2.1.1 车床简介

#### 1. 车床用途

车床主要用于加工回转体表面，如内外圆柱面、圆锥面、回转曲面、端面和螺纹面等。用车床加工回转体表面，称为车削。车削可达到的标准公差等级为IT7，表面粗糙度 *Ra* 值为1.6μm。多数机器零件都具有回转表面，车床的通用性又较广，因此车床的应用非常广泛，在金属切削机床中所占的比例最大，约占机床总数的40%以上。

#### 2. 车床运动

机床切削运动是由刀具和工件做相对运动而实现的。车床加工时的主运动一般为工件的旋转运动，进给运动则是刀具的直线运动。

#### 3. 车床分类

车床的种类很多，按其用途和结构不同，可分为卧式车床、立式车床、仪表车床、单轴自动车床、多轴自动及半自动车床、落地车床、回轮及转塔车床、曲轴及凸轮轴车床、仿形车床及铲齿车床等。其中，卧式车床应用最为广泛，CA6140型卧式车床是最常用的车床。

### 2.1.2　车床常用刀具简介

在车床上使用各种车刀，有些车床上还可以使用加工各种孔的钻头、扩孔钻、铰刀、丝锥和板牙等。

#### 1. 常用车刀种类

常用的车刀按其用途不同，可分为外圆车刀、端面车刀、切断车刀、内孔车刀、螺纹车刀、成形车刀和机夹车刀等。常用车刀的形状如图 2-1 所示。

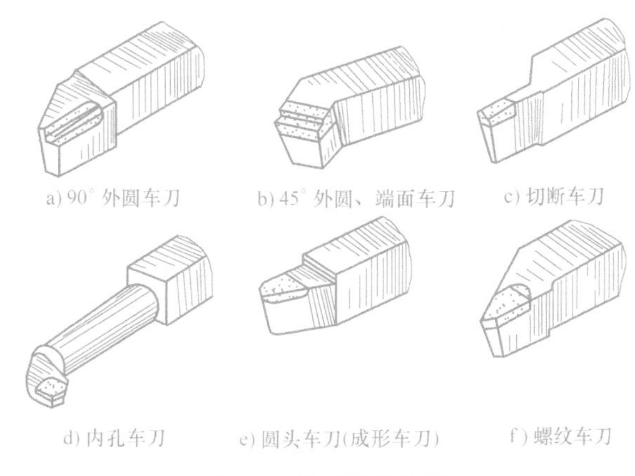

a) 90° 外圆车刀　b) 45° 外圆、端面车刀　c) 切断车刀
d) 内孔车刀　e) 圆头车刀(成形车刀)　f) 螺纹车刀

图 2-1　常用车刀外形

#### 2. 车床常用刀具的用途

常用车刀的用途见表 2-1。这里着重介绍 90°外圆车刀、45°车刀和中心钻。

表 2-1　常用车刀的用途

| 车刀名称 | 加工示意图 | 用　　途 |
|---|---|---|
| 90°外圆车刀 |  | 车削工件的外圆、台阶和端面 |
| 45°外圆、端面车刀 |  | 车削工件的外圆、端面和倒角 |
| 切断车刀 |  | 切断工件或在工件上切槽 |

（续）

| 车刀名称 | 加工示意图 | 用　途 |
| --- | --- | --- |
| 内孔车刀(镗刀) |  | 车削工件的内孔。有通孔镗刀和不通孔镗刀,图中所示车刀为通孔镗刀 |
| 圆头车刀(成形车刀) |  | 用于车削成形面 |
| 螺纹车刀 |  | 用于车削螺纹。不同的螺纹选择不同的螺纹车刀加工,图示为三角形外螺纹车刀 |

（1）90°外圆车刀　90°外圆车刀又称偏刀，按进给方向分右偏刀（正偏刀）和左偏刀（反偏刀），如图 2-2 所示。右偏刀一般用来车削工件的外圆、端面和右向台阶，如图 2-3a 所示。因为它的主偏角较大，车外圆时作用于工件半径方向的径向切削力较小，不易将工件顶弯。左偏刀一般用来车削左向台阶和工件的外圆，也适用于车削直径较大和长度较短工件的端面，如图 2-3b、c 所示。

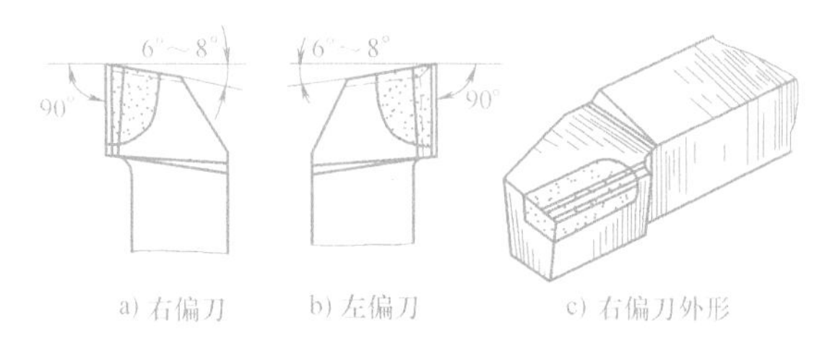


图 2-2　90°外圆车刀

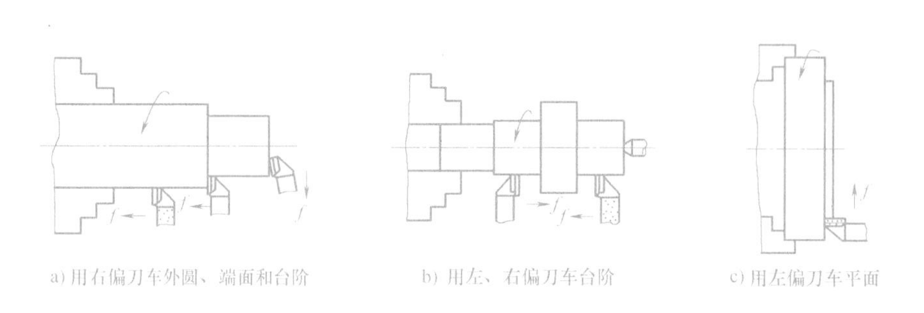


图 2-3　90°车刀的使用

用右偏刀车削平面时，如果由工件外缘向中心进给，因是副切削刃切削，当背吃刀量较大时，切削力会使车刀扎入工件，形成凹面，如图 2-4a 所示。为防止产生凹面，可改由中心向外缘进给，用主切削刃切削，如图 2-4b 所示，但背吃刀量较小。切削余量较大时也可用如图 2-4c 所示的端面车刀车削。

（2）45°车刀　45°车刀又称弯头车刀，分左、右两种，常用于车削工件外圆、端面和45°倒角，如图 2-5 所示。

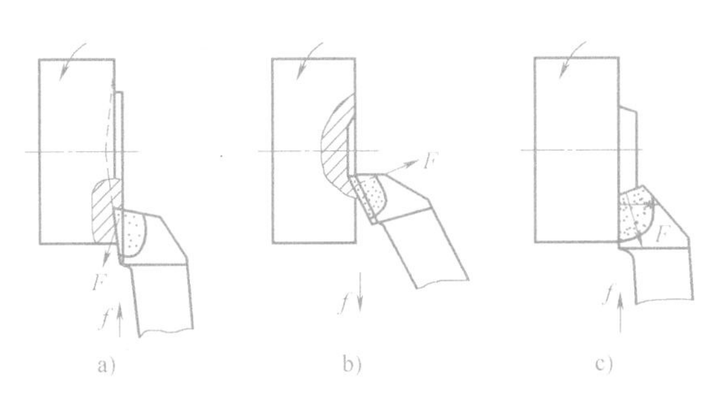


图 2-4　用 90°外圆右偏刀车端面

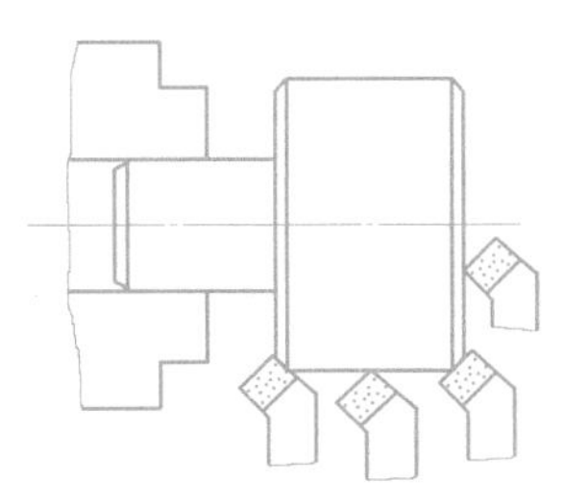

图 2-5　45°车刀的使用

（3）中心钻　中心孔的加工需要中心钻，中心钻结构如图 2-6 所示。

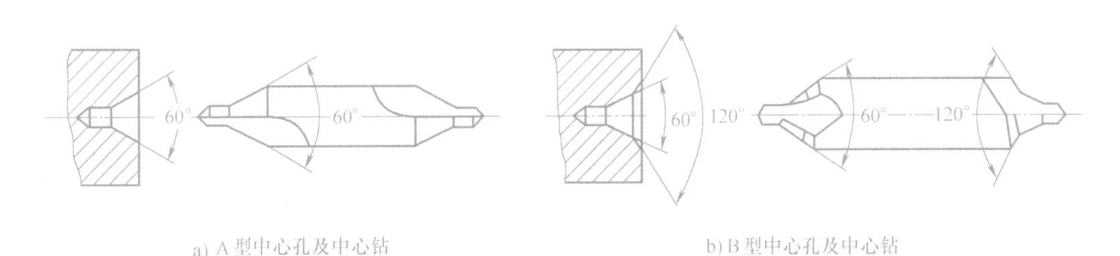


a) A 型中心孔及中心钻　　b) B 型中心孔及中心钻

图 2-6　中心孔及中心钻

3. 车刀的结构

常用车刀的三种结构型式如图 2-7 所示。

（1）整体车刀　如图 2-7a 所示，其刀头和刀体为整体同质材料（通常为高速工具钢），刀头的切削部分是经刃磨而获得的，切削刃用钝后可重新刃磨。

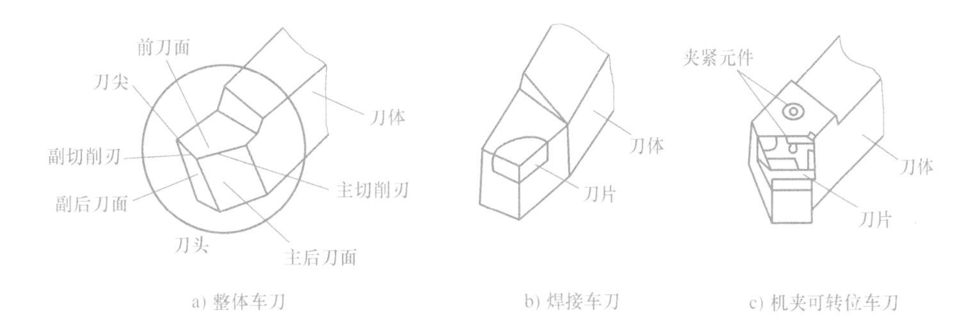


a) 整体车刀　　b) 焊接车刀　　c) 机夹可转位车刀

图 2-7　车刀的结构型式

（2）焊接车刀　如图 2-7b 所示，刀片是焊到刀头上的，有多种形状和规格的硬质合金刀片可供选用。

（3）机夹可转位车刀　如图 2-7c 所示，是将多刃硬质合金刀片用机械夹固的方法紧固在刀头上，一个切削刃磨损后，转动刀片重新紧固，就可用新刃切削。全部切削刃磨损后需更换刀片。

# 2.2　CA6140 型卧式车床的用途、主要组成部件和技术规格

## 2.2.1　加工工艺范围

卧式车床的加工工艺范围很广，如图 2-8 所示。卧式车床可车削内外圆柱面、内外圆锥

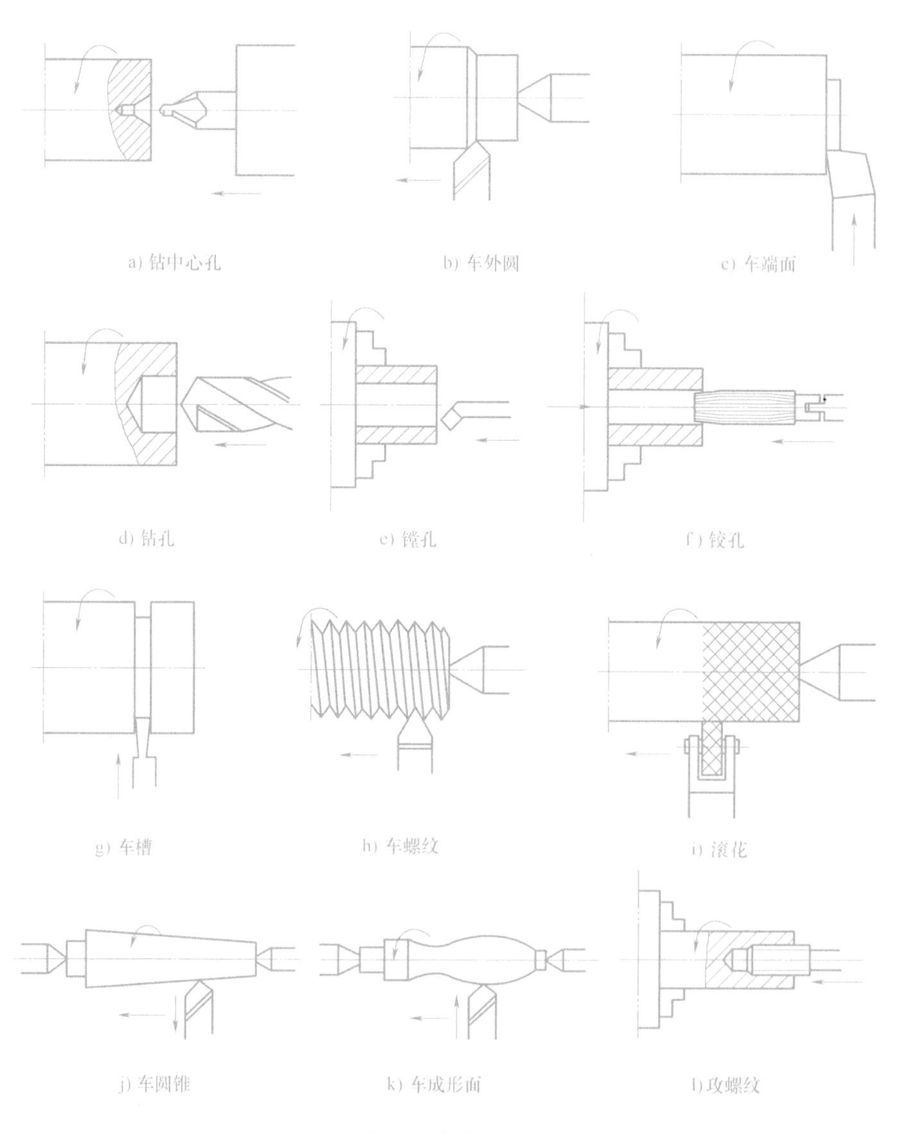


图 2-8　卧式车床的加工工艺范围

面、回转成形表面、内外环槽以及切断、车端面、滚花和车螺纹等，也能进行钻中心孔、钻孔、扩孔、锪孔、镗孔、铰孔、攻螺纹等。如果在车床上装一些附件和夹具，还可以进行镗削、磨削、研磨、抛光和盘绕弹簧等。但卧式车床的自动化程度低，生产率低，在加工中，换刀、调整等辅助时间较长，所以仅适于单件小批量生产。

### 2.2.2 主要组成部件

CA6140 型卧式车床主要由床腿、床身、主轴箱、交换齿轮箱、进给箱、溜板箱、光杠、丝杠、溜板刀架、尾座、冷却以及照明装置等部分组成，其外形结构如图 2-9 所示。

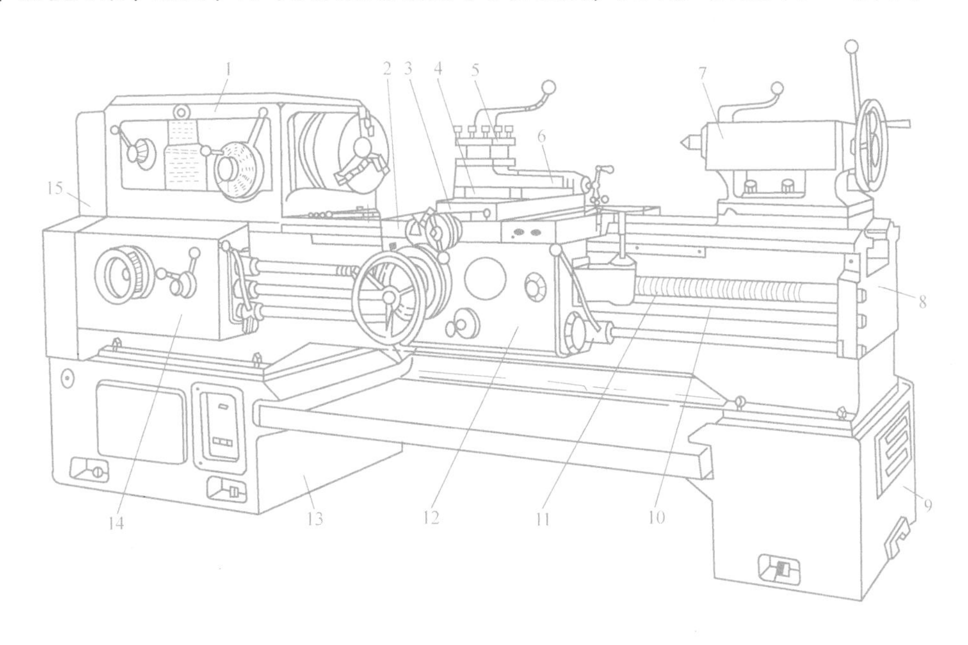


图 2-9 CA6140 型卧式车床外形

1—主轴箱 2—床鞍 3—中溜板 4—转盘 5—溜板刀架 6—小溜板 7—尾座 8—床身挂架 9—右床腿 10—光杠 11—丝杠 12—溜板箱 13—左床腿 14—进给箱 15—交换齿轮箱

（1）床身 床身是车床的大型基础部件，固定在左、右床腿上，其上有两条精度要求很高的 V 形导轨和矩形导轨，其主要作用是支承和连接车床各部件，并使各部件保持准确的相对位置。

（2）主轴箱 主轴箱又称床头箱，定位安装在床身的左端，主要作用是支承主轴并使其旋转，同时使其实现起动、停止、变速和换向等。所以，主轴箱中除包含主轴及其轴承外，还设置了传动机构，起动、停止及换向装置，制动装置，操纵机构和必要的润滑装置等。主轴前端可装卡盘，用以装夹工件，由电动机经变速传动机构带动其旋转，实现主运动的同时获得所需转速。

（3）进给箱 进给箱又称走刀箱，安装在床身的左前方，其主要作用是调节被加工螺纹的导程、机动进给的进给量和改变进给运动的方向。

（4）交换齿轮箱 交换齿轮箱又称挂轮箱，安装在主轴箱的左侧端，其主要作用是将主轴箱的运动传递给进给箱。更换交换齿轮箱内的齿轮，再配合进给箱变速机构，可以车削各种导程的螺纹（或蜗杆），并可满足车削时对纵向和横向不同进给量的要求。

（5）溜板箱　溜板箱安装在床身的中前部，其主要作用是将丝杠或光杠、快速电动机传来的旋转运动变成直线运动，并带动刀架做机动进给、快速进给或车螺纹。在溜板箱上装有各种操纵手柄及按钮，可以方便地操纵机床。

（6）溜板刀架　溜板刀架安装在床身导轨的上方，由纵向溜板、横向溜板、转盘、小溜板和主刀架组成。溜板箱用螺栓和定位销与纵向溜板连接，纵向溜板装在床身的另一组导轨上，可做纵向移动，横溜板可沿纵溜板上的燕尾导轨做横向移动，转盘可使小溜板和方刀架转向一定角度，用手摇小溜板可使刀架沿斜向移动以加工锥度大但长度短的内外锥面。刀架的运动由主轴箱传出，经交换齿轮架、进给箱、光杠（或丝杠）、溜板箱，传到刀架，从而使刀架实现纵向进给、横向进给、快速移动或车螺纹运动。溜板箱的右下侧装有快速运动用辅助电动机，可使刀架做纵向或横向快速移动。

（7）尾座　尾座又称尾架，安装在床身的右端，其主要作用是用来安装顶尖或各种孔加工刀具以提高工件刚度和扩大车床的加工工艺范围。其上的套筒可安装顶尖，以支承工件的另一端，也可安装各种孔加工刀具，如钻头、铰刀等，对工件进行加工，其运动是通过手轮的转动使套筒轴转动实现的。尾座可在床身的尾座导轨上做纵向移动，以满足不同长度工件的加工需要。尾座还可以相对导轨做横向位置调整，以适应较长且锥度较小的外锥面的加工。尾座一般由夹紧装置夹紧在导轨上。

### 2.2.3　主要技术规格

车床的型号能全面体现机床的名称、主要技术参数、性能和结构特点，CA6140 型卧式车床的型号中各字母、数字代表的含义如下：

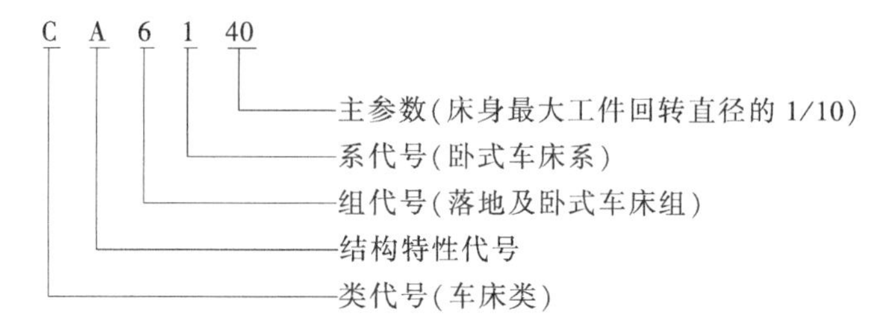


CA6140 型卧式车床的主要技术规格如下：

1）床身上最大工件回转直径：400mm

2）刀架上最大工件回转直径：210mm

3）最大加工棒料直径：47mm

4）最大工件长度（顶尖距）：750mm、1000mm、1500mm、2000mm（根据第二参数不同，共有四种规格）

5）最大加工长度：650mm、900mm、1400mm、1900mm（根据第二参数不同，共有四种规格）

6）中心高：205mm

7）主轴内孔直径：48mm

8）主轴锥孔：莫氏 6 号

9）主轴转速范围：

正转（24级）：10~1400r/min

反转（12级）：14 ~1580r/min

10）进给量：

纵向（64级）：0.028~6.33mm/r

横向（64级）：0.014~3.16mm/r

11）车削螺纹范围：

米制（44种）：1~192mm

寸制（20种）：2~24牙/in

模数制（39种）：0.25~48mm

径节制（37种）：1~96牙/in

12）刀架最大行程：

纵向：650mm、900mm、1400mm、1900mm（根据第二参数不同，共有四种规格）

横向：320mm

13）刀架溜板长度：140mm

14）尾座套筒锥孔：莫氏5号

15）主电动机参数：7.5kW、1450r/min

16）快速电动机参数：0.25kW、2800r/min

17）机床外形尺寸：

长度：2418mm、2668mm、3168mm、3668mm（根据第二参数不同，共有四种规格）

宽度：1000mm

高度：1267mm

## 2.3 CA6140型卧式车床的传动系统

CA6140型卧式车床传动系统是由主运动传动链、车螺纹进给运动传动链、纵向进给运动传动链、横向进给运动传动链及刀架快速空行程传动链组成，其传动系统图如图2-10所示。

### 2.3.1 主运动传动链

CA6140型卧式车床的主传动链，可使主轴得到24级正转转速和12级反转转速。传动路线为：运动由主电动机经带轮机构$\left(\frac{\phi 130}{\phi 230}\right)$传至主轴箱中的传动轴Ⅰ，为控制主轴的起动、停止和换向，在轴Ⅰ上装有一个双向多片离合器$M_1$，同时，轴Ⅰ上装有齿数为56、51的双联空套齿轮和齿数为50的空套齿轮。当离合器$M_1$左边的摩擦片压紧时，运动由轴Ⅰ上的双联齿轮传出，主轴正转；当离合器$M_1$右边的摩擦片压紧时，运动由轴Ⅰ上齿数为50的齿轮传出，主轴反转；两边均不压紧时（即中位），轴Ⅰ空转而主轴停转。轴Ⅰ的运动经$M_1$和双联滑移齿轮变速组传到轴Ⅱ，使轴Ⅱ得到2种正转转速；或经离合器$M_1$和$\frac{50}{34}\times\frac{34}{30}$齿轮

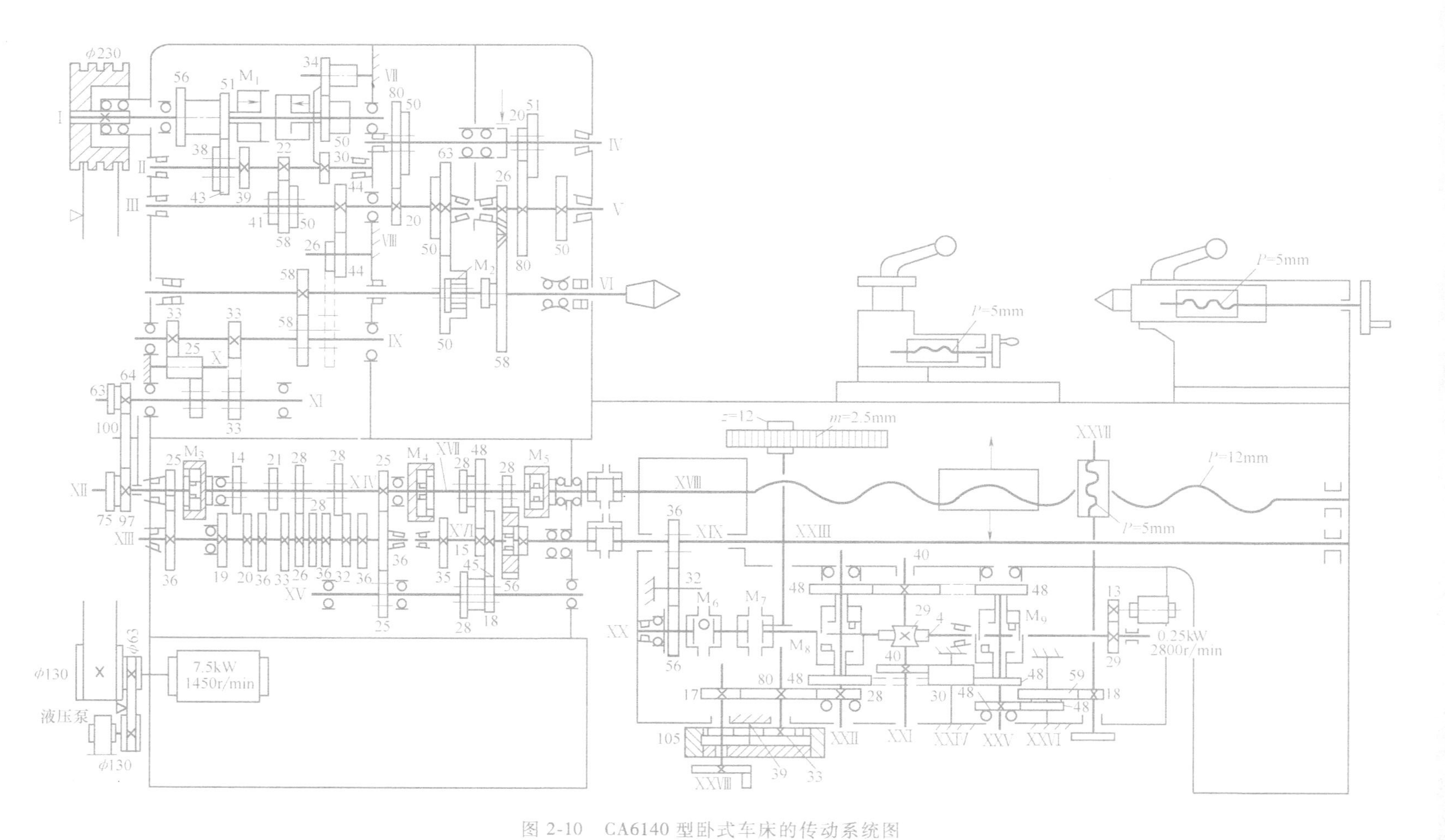


图 2-10 CA6140 型卧式车床的传动系统图

副传至轴Ⅱ，使轴Ⅱ得到1种反转转速。因正、反转从轴Ⅱ到主轴的传递路线相同，可知，反转转速级数是正转转速级数的一半。轴Ⅱ的运动经三联滑移齿轮变速组使轴Ⅲ得到6种正转转速，然后分两路传给主轴，即当主轴上的内齿离合器 $M_2$ 处在图示左侧位置时，轴Ⅲ的运动经 $\frac{63}{50}$ 齿轮副传给主轴，使主轴直接得到6级高速转速；当离合器 $M_2$ 处在右侧位置时，轴Ⅲ的运动经齿轮副 $\frac{20}{80}$ 或 $\frac{50}{50}$ 传到轴Ⅳ，再经齿轮副 $\frac{20}{80}$ 或 $\frac{51}{50}$ 传给轴Ⅴ，最后经 $\frac{26}{58}$ 齿轮副传给主轴Ⅵ，使主轴得到中、低转速。

### 1. 主运动传动线路表达式

为了便于分析车床的传动线路，常用传动线路表达式（又称传动结构式）来表示机床的传动线路。主运动传动路线表达式为

$$\begin{matrix}\text{电动机}\\ \begin{pmatrix}1450\text{r/min}\\ 7.5\text{kW}\end{pmatrix}\end{matrix} - \frac{\phi130}{\phi230} - \text{I} - \left\{\begin{matrix} \begin{matrix}M_1(\text{左})\\(\text{正转})\end{matrix} - \begin{Bmatrix}\frac{56}{38}\\ \frac{51}{43}\end{Bmatrix} - \cdots\cdots \\ \begin{matrix}M_1(\text{右})\\(\text{反转})\end{matrix} - \left|\frac{50}{34}\right| - \text{VII} - \left|\frac{34}{30}\right| \end{matrix}\right\} - \text{II} -$$

（中、低速传动路线）

$$\begin{Bmatrix}\frac{22}{58}\\ \frac{30}{50}\\ \frac{39}{41}\end{Bmatrix} - \text{III} - \left\{\begin{matrix} \begin{Bmatrix}\frac{20}{80}\\ \frac{50}{50}\end{Bmatrix} - \text{IV} - \begin{Bmatrix}\frac{51}{50}\\ \frac{20}{80}\end{Bmatrix} - \text{V} - \frac{26}{58} - M_2(\text{右}) \\ \cdots\cdots \begin{Bmatrix}\frac{63}{50}\end{Bmatrix} - M_2(\text{左}) \cdots\cdots \end{matrix}\right\} - \text{VI}(\text{主轴})$$

（高速传动路线）

通过各变速机构，主轴在理论上可获得30级的转速，但由于轴Ⅲ到Ⅴ之间的4种传动比分别为

$$u_1 = \frac{50}{50}\times\frac{51}{50}\approx 1,\ u_2 = \frac{50}{50}\times\frac{20}{80} = \frac{1}{4},\ u_3 = \frac{20}{80}\times\frac{51}{50}\approx\frac{1}{4},\ u_4 = \frac{20}{80}\times\frac{20}{80} = \frac{1}{16}$$

式中，$u_2 = u_3$，所以，运动经轴Ⅲ至轴Ⅴ的中、低速线路，实际上主轴只能得到 $2\times3\times3 = 18$ 级正转转速，即主轴正转的实际转速级数是24级。同理，主轴反转的实际转速级数为12级。

### 2. 主运动平衡式

主运动的转速可应用下列运动平衡式来计算：

（1）中、低档转速

$$n_{\text{VI}} = 1450\times(1-\varepsilon)\frac{130}{230}\times u_{\text{I-II}}\times u_{\text{II-III}}\times u_{\text{III-IV}}\times u_{\text{IV-V}}\times\frac{26}{58}\text{r/min} \tag{2-1}$$

（2）高档转速

$$n_{\text{VI}} = 1450\times(1-\varepsilon)\times\frac{130}{230}\times u_{\text{I-II}}\times u_{\text{II-III}}\times\frac{63}{50}\text{r/min} \tag{2-2}$$

式中，$n_{Ⅵ}$表示主轴转速（r/min）；$u_{Ⅰ-Ⅱ}$、$u_{Ⅱ-Ⅲ}$、$u_{Ⅲ-Ⅳ}$、$u_{Ⅳ-Ⅴ}$表示轴Ⅰ-Ⅱ、Ⅱ-Ⅲ、Ⅲ-Ⅳ、Ⅳ-Ⅴ间的可变传动比；$\varepsilon$表示V带的滑动系数，$\varepsilon=0.02$。

CA6140型卧式车床主轴正转的最高、最低转速分别为

$$n_{Ⅵ\max}=1450\times0.98\times\frac{130}{230}\times\frac{56}{38}\times\frac{39}{41}\times\frac{63}{50}\text{r/min}\approx1400\text{r/min}$$

$$n_{Ⅵ\min}=1450\times0.98\times\frac{130}{230}\times\frac{51}{43}\times\frac{22}{58}\times\frac{20}{80}\times\frac{20}{80}\times\frac{26}{58}\text{r/min}\approx10\text{r/min}$$

### 3. 主轴转速数列和转速图

CA6140型卧式车床的主轴最高转速$n_{Ⅵ\max}\approx1400\text{r/min}$，最低转速$n_{Ⅵ\min}\approx10\text{r/min}$。在主轴最高及最低转速范围内，各级转速按等比级数排列，等比级数的公比$\phi=1.25$。

主运动的传动路线也可用图2-11所示的转速分布图来表示，从转速分布图可看出：

1）整个变速系统有6根传动轴，4个变速组（A、B、C、D）。

2）可以读出各齿轮副的传动比及各传动轴的各级转速。如图2-11所示，在竖直线上，绘有一些圆点，它表示该轴有几级转速。如：Ⅲ轴上有6个小圆点，表示有6级转速。在Ⅵ

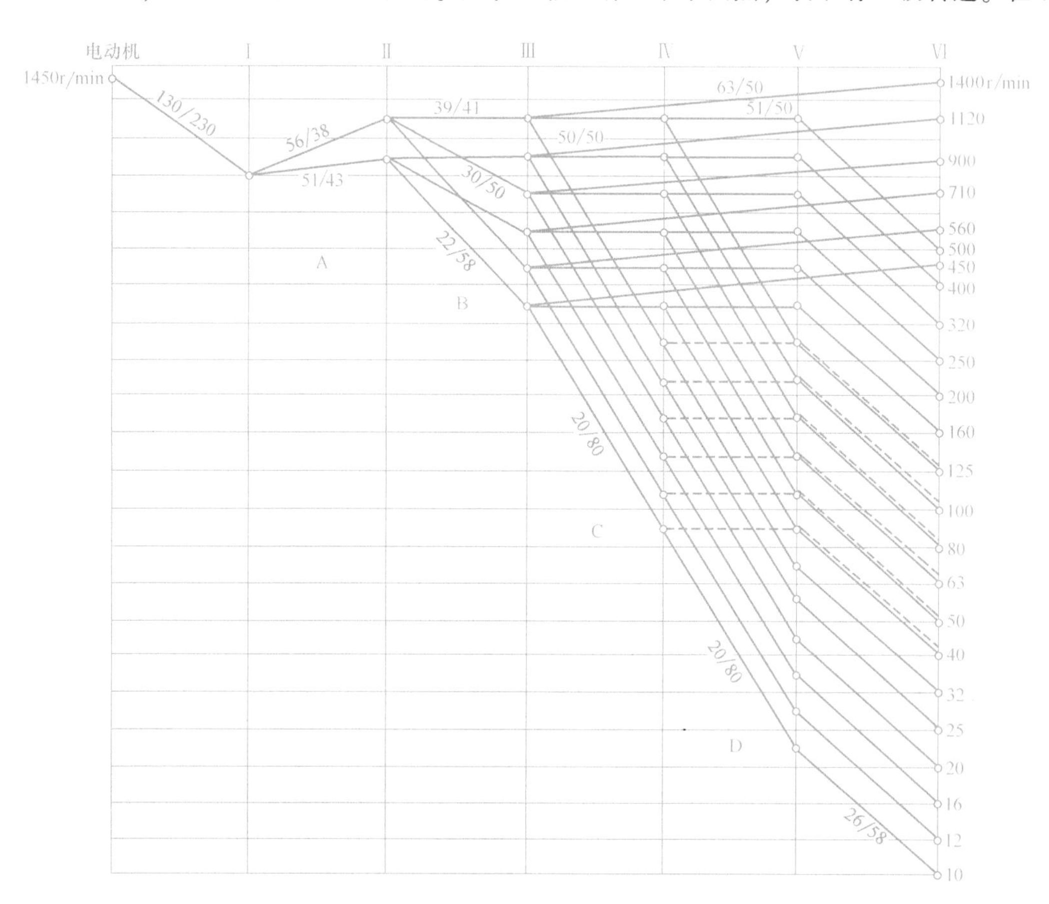


图2-11 CA6140型卧式车床主传动系统的转速分布图

轴的右边标有主轴的各级转速，共有 24 级转速。

3）可以清楚地看出从电动机到主轴Ⅵ的各级转速的传动情况。例如，主轴转速为 63r/min，是由电动机轴传出，经带传动$\frac{\phi130}{\phi230}$—Ⅰ—$\frac{51}{43}$—Ⅱ—$\frac{30}{50}$—Ⅲ—$\frac{50}{50}$—Ⅳ—$\frac{20}{80}$—Ⅴ—$\frac{26}{58}$—Ⅵ（主轴）。

### 2.3.2 进给运动传动链

进给运动是实现刀架的纵向或横向移动。在卧式车床车削外圆和端面时，进给传动链是外联系传动链，进给量以工件每转一转刀架的移动量计算。车削螺纹时，进给传动链是内联系传动链，主轴每转一转刀架移动量应等于加工工件螺纹的导程。因此，在分析进给运动传动链时，把主轴和刀架当作传动链的首、末端件。

#### 1. 车螺纹运动传动链

CA6140 型卧式车床可以车削左旋或右旋的米制、寸制、模数制和径节制 4 种标准的螺纹，大导程螺纹，非标准和精密的螺纹。

不同标准的螺纹用不同的参数表示其螺距。如米制螺纹以导程 $L$（mm）表示，寸制螺纹以每英寸长度上的牙数 $a$ 表示，模数螺纹以模数 $m$ 表示，径节螺纹以径节数 $DP$ 表示。

车螺纹时，必须保证主轴每转一转，刀具准确地移动加工螺纹一个导程的距离，其螺纹进给运动传动链的运动平衡式为

$$1\times u_0 u_x l_{丝} = L_l \tag{2-3}$$

式中，1 是指主轴转 1 转；$u_0$ 是主轴与丝杠之间全部定比传动机构的固定传动比，是常数；$u_x$ 是主轴至丝杠之间换置机构的可变传动比；$l_{丝}$ 是机床丝杠导程，CA6140 型卧式车床的 $l_{丝}=P=12$mm；$L_l$ 是被加工工件的导程，单位为 mm。$u_x$ 随螺纹的标准参数改变，可通过查标准螺纹螺距参数确定。

（1）车米制螺纹　米制螺纹是应用最广泛的一种螺纹，在国家标准中规定了标准螺距值，见表 2-2。从表中可看出，米制螺纹标准螺距值的排列成分段等差数列，其特点是每行中的螺距值按等差数列排列，每列中的螺距值又成一公比为 2 的等比数列。

表 2-2　CA6140 型卧式车床的米制螺纹表

| $u_{倍}$ | $u_{基}$ | | | | | | | |
|---|---|---|---|---|---|---|---|---|
| | $\frac{26}{28}$ | $\frac{28}{28}$ | $\frac{32}{28}$ | $\frac{36}{28}$ | $\frac{19}{14}$ | $\frac{20}{14}$ | $\frac{33}{21}$ | $\frac{36}{21}$ |
| | $L$/mm | | | | | | | |
| $\frac{1}{8}$ | | | 1 | | | 1.25 | | 1.5 |
| $\frac{1}{4}$ | | 1.75 | 2 | 2.25 | | 2.5 | | 3 |
| $\frac{1}{2}$ | | 3.5 | 4 | 4.5 | | 5 | 5.5 | 6 |
| 1 | | 7 | 8 | 9 | | 10 | 11 | 12 |

车米制螺纹时，进给箱中离合器 $M_3$、$M_4$ 脱开，$M_5$ 接合。运动由主轴Ⅵ经齿轮副$\frac{58}{58}$，轴Ⅸ-Ⅺ间的换向机构，交换齿轮组$\frac{63}{100}\times\frac{100}{75}$，然后再经齿轮副$\frac{25}{36}$，轴XIII -XIV 间滑移齿轮变速机构，齿轮副$\frac{25}{36}\times\frac{36}{25}$，轴XV -XVII 间的两组滑移齿轮变速机构及离合器 $M_5$ 传给丝杠。丝杠通过开合螺母将运动传至溜板箱，带动刀架纵向进给。

1）车米制螺纹进给运动的传动路线表达式

$$\text{主轴Ⅵ}-\frac{58}{58}-\text{Ⅸ}-\begin{Bmatrix}\frac{33}{33}\\(\text{右旋螺纹})\\\frac{33}{25}\times\frac{25}{33}\\(\text{左旋螺纹})\end{Bmatrix}-\text{Ⅺ}-\frac{63}{100}\times\frac{100}{75}-\text{Ⅻ}-\frac{25}{36}-\text{XIII}$$

$$-u_{基}-\text{XIV}-\frac{25}{36}\times\frac{36}{25}-\text{XV}-u_{倍}-\text{XVII}-M_5-\text{XVIII}(\text{丝杠})-\text{刀架}$$

式中，$u_{基}$为轴XIII-XIV间变速机构的可变传动比，共 8 种：

$$u_{基_1}=\frac{26}{28}=\frac{6.5}{7},u_{基_2}=\frac{28}{28}=\frac{7}{7},\ u_{基_3}=\frac{32}{28}=\frac{8}{7},u_{基_4}=\frac{36}{28}=\frac{9}{7}$$

$$u_{基_5}=\frac{19}{14}=\frac{9.5}{7},u_{基_6}=\frac{20}{14}=\frac{10}{7},u_{基_7}=\frac{33}{21}=\frac{11}{7},u_{基_8}=\frac{36}{21}=\frac{12}{7}$$

若不看 $u_{基_1}$、$u_{基_5}$，其余各传动比则按等差数列规律排列。因为这一变速机构是获得各种螺纹导程的基本机构，故一般称其为基本螺距机构，也称为基本组。

$u_{倍}$为轴XV-XVII间变速机构的可变传动比，共 4 种：

$$u_{倍_1}=\frac{28}{35}\times\frac{35}{28}=1,u_{倍_2}=\frac{18}{45}\times\frac{35}{28}=\frac{1}{2}$$

$$u_{倍_3}=\frac{28}{35}\times\frac{15}{48}=\frac{1}{4},u_{倍_4}=\frac{18}{45}\times\frac{15}{48}=\frac{1}{8}$$

它们是按等比数列的规律排列。这个变速机构的作用是将由基本组获得的各螺纹导程数增加，故称其为增倍机构，也称为增倍组。

2）车米制螺纹时的运动平衡式

$$L=kp=1\times\frac{58}{58}\times\frac{33}{33}\times\frac{63}{100}\times\frac{100}{75}\times\frac{25}{36}\times u_{基}\times\frac{25}{36}\times\frac{36}{25}\times u_{倍}\times 12$$

化简得

$$L=7u_{基}\ u_{倍} \tag{2-4}$$

将 $u_{基}$、$u_{倍}$代入上式，得 8×4=32 种导程，其中符合国家标准的有 20 种（见表 2-2）。

（2）车模数螺纹　模数螺纹的螺距参数为模数 $m$（mm），螺距值 $\pi m$（mm），主要用于米制蜗杆中。模数螺纹的模数值已由国家标准规定，见表 2-3。从表中可看出，模数值的排列规律与米制螺纹螺距值一样，也成一分段等差数列。如果将表 2-3 中的模数值以螺距值代替，再与米制螺纹螺距表 2-2 比较，可发现，表 2-3 中每项模数螺纹螺距值为表 2-2 中相应

表 2-3　CA6140 型卧式车床的模数螺纹表

| $u_{倍}$ | $u_{基}$ | | | | | | | |
|---|---|---|---|---|---|---|---|---|
| | $\frac{26}{28}$ | $\frac{28}{28}$ | $\frac{32}{28}$ | $\frac{36}{28}$ | $\frac{19}{14}$ | $\frac{20}{14}$ | $\frac{33}{21}$ | $\frac{36}{21}$ |
| | $m$/mm | | | | | | | |
| $\frac{1}{8}$ | | | 0.25 | | | | | |
| $\frac{1}{4}$ | | | 0.5 | | | | | |
| $\frac{1}{2}$ | | | 1 | | | 1.25 | | 1.5 |
| 1 | | 1.75 | 2 | 2.25 | | 2.5 | 2.75 | 3 |

项米制螺纹螺距值的$\frac{\pi}{4}$倍。

车模数螺纹时，交换齿轮组采用$\frac{64}{100}\times\frac{100}{97}$，其余传动路线与车米制螺纹完全一致。因为两种交换齿轮组传动比的比值$\left(\frac{64}{100}\times\frac{100}{97}\right)\div\left(\frac{63}{100}\times\frac{100}{75}\right)\approx\frac{\pi}{4}$，所以，改变交换齿轮组的传动比后，车模数螺纹传动链的总传动比为相应车米制螺纹传动链总传动比的$\frac{\pi}{4}$倍。可见，只要更换交换齿轮组，就可以在加工米制螺纹传动链的基础上，加工出各种模数的模数螺纹。车模数螺纹的运动平衡式为

$$L_m = k\pi m = 1\times\frac{58}{58}\times\frac{33}{33}\times\frac{64}{100}\times\frac{100}{97}\times\frac{25}{36}\times u_{基}\times\frac{25}{36}\times\frac{36}{25}\times u_{倍}\times 12$$

式中，$L_m$ 是模数螺纹的导程，单位为 mm；$m$ 是模数螺纹的模数值，单位为 mm；$k$ 是螺纹线数。

整理化简得

$$L_m = k\pi m = \frac{7\pi}{4}u_{基}\ u_{倍} \tag{2-5}$$

当加工线数 $k=1$ 时，将各种模数螺纹的 $u_{基}$、$u_{倍}$ 代入上式，可得螺纹标准模数见表 2-3。

(3) 车寸制螺纹　我国部分管螺纹采用寸制螺纹。寸制螺纹的螺距参数为每英寸长度上螺纹牙（扣）数。标准的 $a$ 值也是按分段等差数列规律排列的。寸制螺纹的螺距值为$\frac{1}{a}$in，折算成米制螺纹为$\frac{25.4}{a}$mm。

车寸制螺纹传动线路与车米制螺纹传动线路相比，有两处不同：

1) 基本组的主动、从动传动关系变成与车米制螺纹时相反，使运动由轴XIV传至轴XIII。此时，基本组的传动比 $u'_{基}=\frac{1}{u_{基}}$，即 $u'_{基}=\frac{14}{19}$、$\frac{14}{20}$、$\frac{21}{36}$、$\frac{21}{33}$、$\frac{28}{26}$、$\frac{28}{28}$、$\frac{28}{36}$、$\frac{28}{32}$。

2) 调整传动链中部分传动副的传动比，以引入 25.4 的因子。车寸制螺纹时，交换齿轮

组采用$\frac{63}{100}\times\frac{100}{75}$，进给箱中轴Ⅻ的 25 齿滑移齿轮右移使离合器 $M_3$ 接合，轴XV上的 25 齿滑移齿轮左移与轴XⅢ上的 36 齿固定齿轮啮合。此时，离合器 $M_4$ 脱开，$M_5$ 仍然接合。

车寸制螺纹进给运动的传动路线表达式为

$$\text{主轴 Ⅵ}-\frac{58}{58}-\text{Ⅸ}-\left\{\begin{array}{c}\frac{33}{33}\\(\text{右旋螺纹})\\\frac{33}{25}\times\frac{25}{33}\\(\text{左旋螺纹})\end{array}\right\}-\frac{63}{100}-\frac{100}{75}-\text{Ⅻ}-M_3\ (\text{右})-\text{XⅣ}-u'_{\text{基}}-\text{XⅢ}-\frac{36}{25}-$$

$$\text{XV}-u_{\text{倍}}-\text{XⅦ}-M_5-\text{XⅧ}\ (\text{丝杠})-\text{刀架}$$

其传动链的运动平衡式为

$$L_a=\frac{25.4k}{a}=1\times\frac{58}{58}\times\frac{33}{33}\times\frac{63}{100}\times\frac{100}{75}\times u'_{\text{基}}\times\frac{36}{25}\times u_{\text{倍}}\times 12$$

式中，$\frac{63}{100}\times\frac{100}{75}\times\frac{36}{25}\approx\frac{25.4}{21}$，$u'_{\text{基}}=\frac{1}{u_{\text{基}}}$，代入化简得

$$L_a=\frac{25.4k}{a}=\frac{4}{7}\times 25.4\frac{u_{\text{倍}}}{u_{\text{基}}}$$

即

$$a=\frac{7k}{4}\times\frac{u_{\text{基}}}{u_{\text{倍}}} \tag{2-6}$$

将 $k=1$，$u_{\text{基}}$、$u_{\text{倍}}$各值代入得 8×4=32 种 $a$ 值，其中只有 20 种符合标准，见表 2-4。

表 2-4　CA6140 型卧式车床的寸制螺纹表

| $u_{\text{倍}}$ | $u_{\text{基}}$ | | | | | | | |
|---|---|---|---|---|---|---|---|---|
| | $\frac{26}{28}$ | $\frac{28}{28}$ | $\frac{32}{28}$ | $\frac{36}{28}$ | $\frac{19}{14}$ | $\frac{20}{14}$ | $\frac{33}{21}$ | $\frac{36}{21}$ |
| | $a$/牙·$\text{in}^{-1}$ | | | | | | | |
| $\frac{1}{8}$ | | 14 | 16 | 18 | 19 | 20 | | 24 |
| $\frac{1}{4}$ | | 7 | 8 | 9 | | 10 | 11 | 12 |
| $\frac{1}{2}$ | $3\frac{1}{4}$ | $3\frac{1}{2}$ | 4 | $4\frac{1}{2}$ | | 5 | | 6 |
| 1 | | | 2 | | | | | 3 |

（4）车径节螺纹　径节螺纹主要用于寸制蜗杆，其螺距参数以径节 $DP$（牙/in）来表示。径节代表齿轮或蜗轮折算到每一英寸分度圆直径上的齿数，故寸制蜗杆的轴向齿距（相当于径节螺纹的螺距）为

$$P_{DP}=\frac{\pi}{DP}\text{in}=\frac{25.4\pi}{DP}\text{mm}$$

可见径节螺纹的螺距值与寸制螺纹相似，也是分母为分段等差数列，且螺距及导程值中

也有特殊因子 25.4，所不同的是，径节螺纹的螺距值中还有另一个特殊因子 π。由此可知，车径节螺纹可采用车寸制螺纹的传动线路，但交换齿轮组应与加工模数螺纹时相同，为 $\frac{64}{100}\times\frac{100}{97}$。则车径节螺纹的运动平衡式为

$$L_{DP}=\frac{25.4k\pi}{DP}=1\times\frac{58}{58}\times\frac{33}{33}\times\frac{64}{100}\times\frac{100}{97}\times u'_{基}\times\frac{36}{25}\times u_{倍}\times 12$$

式中，$\frac{64}{100}\times\frac{100}{97}\times\frac{36}{25}\approx\frac{25.4\pi}{84}$，$u'_{基}=\frac{1}{u_{基}}$，代入化简得

$$L_{DP}=\frac{25.4k\pi}{DP}=\frac{25.4\pi}{7}\times\frac{u_{倍}}{u_{基}}$$

即

$$DP=7k\frac{u_{基}}{u_{倍}} \tag{2-7}$$

将 $k=1$，$u_{基}$、$u_{倍}$各值代入后可得 $DP$ 值 $8\times4=32$ 种，其中只有 24 种符合 $DP$ 标准值，见表 2-5。

表 2-5　CA6140 型卧式车床的径节螺纹表

| $u_{倍}$ | $u_{基}$ | | | | | | | |
|---|---|---|---|---|---|---|---|---|
| | $\frac{26}{28}$ | $\frac{28}{28}$ | $\frac{32}{28}$ | $\frac{36}{28}$ | $\frac{19}{14}$ | $\frac{20}{14}$ | $\frac{33}{21}$ | $\frac{36}{21}$ |
| | $DP$/牙·$in^{-1}$ | | | | | | | |
| $\frac{1}{8}$ | | 56 | 64 | 72 | | 80 | 88 | 96 |
| $\frac{1}{4}$ | | 28 | 32 | 36 | | 40 | 44 | 48 |
| $\frac{1}{2}$ | | 14 | 16 | 18 | | 20 | 22 | 24 |
| 1 | | 7 | 8 | 9 | | 10 | 11 | 12 |

综上，CA6140 型卧式车床通过两组不同的传动比的交换齿轮、基本组、增倍组以及轴Ⅻ、轴XV上 2 个滑移齿轮的移动加工出 4 种不同标准的螺纹。表 2-6 列出了加工 4 种螺纹时，进给传动链中各机构的工作状态。

表 2-6　CA6140 车床车削各种螺纹的工作状态

| 螺纹类型 | 螺距/mm | 交换齿轮机构 | 离合器状态 | 换置机构 | 基本组传动方向 |
|---|---|---|---|---|---|
| 米制螺纹 | $P$ | $\frac{63}{100}\times\frac{100}{75}$ | $M_5$ 接合<br>$M_4$、$M_3$ 脱开 | 轴Ⅻ:25 齿齿轮左移<br>轴XV:25 齿齿轮右移 | 轴XⅢ→轴XIV |
| 模数螺纹 | $P_m=\pi m$ | $\frac{64}{100}\times\frac{100}{97}$ | | | |
| 寸制螺纹 | $P_a=\frac{25.4}{a}$ | $\frac{63}{100}\times\frac{100}{75}$ | $M_3$、$M_5$ 接合<br>$M_4$ 脱开 | 轴Ⅻ:Z25 右移<br>轴XV:Z25 左移 | 轴XIV→轴XⅢ |
| 径节螺纹 | $P_{DP}=\frac{25.4\pi}{DP}$ | $\frac{64}{100}\times\frac{100}{97}$ | | | |

（5）车大导程螺纹　若被加工螺纹参数值超过常用标准范围时，如加工大导程多线螺纹、油槽等，则必须将轴Ⅸ58齿的滑移齿轮右移，使之与轴Ⅷ上26齿的齿轮啮合。目的是主轴每转一转时可使刀架移动的距离加大，来满足车削超出常用标准螺距以外的螺纹。其传动路线如下：

$$\text{主轴(Ⅵ)}-\frac{58}{26}-\text{Ⅴ}-\frac{80}{20}-\text{Ⅳ}-\begin{Bmatrix}\frac{50}{50}\\\frac{80}{20}\end{Bmatrix}-\text{Ⅲ}-\frac{44}{44}-\text{Ⅷ}-\frac{26}{58}-\text{Ⅸ}-\text{常用螺纹传动路线}-\text{ⅩⅧ}$$

（丝杠）

此时，主轴Ⅵ到轴Ⅸ间的传动比为$u_{扩}$：

$$u_{扩1}=\frac{58}{26}\times\frac{80}{20}\times\frac{50}{50}\times\frac{44}{44}\times\frac{26}{58}=4，u_{扩2}=\frac{58}{26}\times\frac{80}{20}\times\frac{80}{20}\times\frac{44}{44}\times\frac{26}{58}=16$$

由此可见，通过调整主轴Ⅵ与轴Ⅸ之间的传动比，而在其他传动链不变的情况下就可以使主轴与丝杠之间的传动比扩大为原来的4倍或16倍，而车削出的螺纹导程也相应地扩大为4倍或16倍。所以上述传动机构就称为扩大螺距机构。

（6）车非标准的较精密螺纹　当需要车削非标准螺纹及精度要求较高的标准螺纹时，可将进给箱中的3个离合器M3、M4、M5全部接合，使轴Ⅻ、轴ⅩⅣ、轴ⅩⅦ和丝杠ⅩⅧ连为一体，将轴Ⅻ的运动直接传给丝杠，所要求的工件螺纹导程可通过选配交换齿轮齿数来得到。由于主轴至丝杠的传动线路大为缩短，从而减少了传动累计误差，能加工出具有较高精度的螺纹。此时，运动平衡式为

$$L=1\times\frac{58}{58}\times\frac{33}{33}\times u_{交}\times12$$

化简得

$$u_{交}=\frac{ab}{cd}=\frac{L}{12} \tag{2-8}$$

利用交换齿轮换置机构可车削任何非标准螺距的螺纹。

### 2. 纵向和横向进给传动链

（1）纵向和横向进给时的传动路线表达式　纵向和横向进给的传动路线，前一部分与车米制和寸制螺纹的传动路线相同，且两种传动路线均可用。当运动传到轴ⅩⅦ之后，由轴ⅩⅦ右端28齿的齿轮与轴ⅩⅨ左端56齿的齿轮啮合，此时断开了车螺纹运动传动链（离合器$M_5$断开），运动传到光杠ⅩⅨ而进入溜板箱，通过溜板箱内$\frac{36}{32}\times\frac{32}{56}$两对齿轮、超越离合器$M_6$和安全离合器$M_7$将运动传至轴ⅩⅩ，再经过蜗杆副$\frac{4}{29}$传至轴ⅩⅪ，轴ⅩⅪ的上、下端分别固定有40齿的齿轮，上端40齿的齿轮同时与轴ⅩⅫ和轴ⅩⅩⅤ上端带端面齿离合器的48齿的空套齿轮啮合；下端40齿的齿轮通过轴ⅩⅩⅣ上30齿的宽齿轮分别与轴ⅩⅫ和轴ⅩⅩⅤ下端带端面齿离合器的48齿的空套齿轮啮合；再由用滑键连接的端面齿离合器$M_8$和$M_9$，共同组成纵向和横线进给运动的变向机构。当$M_8$向上或向下接通时，轴ⅩⅪ的运动经齿轮副$\frac{40}{48}$或$\frac{40}{30}\times\frac{30}{48}$、离合器$M_8$传至轴ⅩⅫ，再经齿轮副$\frac{28}{80}$使轴ⅩⅩⅢ上齿数为12的小齿轮相对固

定于床身上的齿条滚动，从而使刀架获得左、右两个方向的纵向进给运动。当 $M_9$ 向上或向下接通时，轴XXI的运动经齿轮副$\frac{40}{48}$或$\frac{40}{30}\times\frac{30}{48}$、离合器 $M_9$ 传至轴XXV，再经齿轮副$\frac{48}{48}\times\frac{59}{18}$使横向进给丝杠转动，从而使刀架获得前、后两个方向的横向进给运动。其传动路线表达式为

$$\text{主轴Ⅵ}-\left\{\begin{array}{l}\text{车米制螺纹传动路线}\\ \text{车寸制螺纹传动路线}\end{array}\right\}-\text{XVII}-\frac{28}{56}-\text{光杠XIX}-\frac{36}{32}\times\frac{32}{56}-M_6\text{（超越离合器）}-$$

$$M_7\text{（安全离合器）}-\text{XX}-\frac{4}{29}-\text{XXI}-$$

$$\left\{\begin{array}{l}\left\{\begin{array}{l}\text{（刀架向左移）}\\ \frac{40}{48}-M_8\uparrow\\ \text{（刀架向右移）}\\ \frac{40}{30}-\text{XXIV}-\frac{30}{48}-M_8\downarrow\end{array}\right\}-\text{XXII}-\frac{28}{80}-\text{XXIII}-\text{齿轮}-\text{齿条（纵向进给）}\\ \left\{\begin{array}{l}\text{（刀架向外移）}\\ \frac{40}{48}-M_9\uparrow\\ \text{（刀架向里移）}\\ \frac{40}{30}-\text{XXIV}-\frac{30}{48}-M_9\downarrow\end{array}\right\}-\text{XXV}-\frac{48}{48}-\text{XXVI}-\frac{59}{18}-\text{横向丝杠XXVII（刀架横向进给）}\end{array}\right.$$

（2）纵向进给时的运动平衡式

1）当用车米制螺纹的传动路线实现进给时，运动平衡式为

$$1\times\frac{58}{58}\times\frac{33}{33}\times\frac{63}{100}\times\frac{100}{75}\times\frac{25}{36}\times u_{基}\times\frac{25}{36}\times\frac{36}{25}\times u_{倍}\times\frac{28}{56}\times\frac{36}{32}\times$$
$$\frac{32}{56}\times\frac{4}{29}\times\frac{40}{48}\times\frac{28}{80}\times\pi\times2.5\times12=f_{纵}$$

化简后得

$$f_{纵}=0.71u_{基}\ u_{倍} \tag{2-9}$$

以 $u_{基}$、$u_{倍}$的不同值代入，可得 32 种纵向进给量，见表 2-7。

2）当用车寸制螺纹的传动路线实现进给时，其运动平衡式为

$$1\times\frac{58}{58}\times\frac{33}{33}\times\frac{63}{100}\times\frac{100}{75}\times\frac{1}{u_{基}}\times\frac{36}{25}\times u_{倍}\times\frac{28}{56}\times\frac{36}{32}\times$$
$$\frac{32}{56}\times\frac{4}{29}\times\frac{40}{48}\times\frac{28}{80}\times\pi\times2.5\times12=f_{纵}$$

化简后得

$$f_{纵}=1.474\frac{u_{倍}}{u_{基}} \tag{2-10}$$

以 $u_{基}$的不同值代入，并使 $u_{倍}=1$，可得 8 种较大进给量，见表 2-7。

表 2-7 纵向机动进给量 $f_{纵}$

| 传动路线类型 | 细进给量 | 正常进给量 | | | | 较大进给量 | 加大进给量 | | | |
|---|---|---|---|---|---|---|---|---|---|---|
| | | | | | | | 4倍 | 16倍 | 4倍 | 16倍 |
| $u_{基}$ | $u_{倍}$ | | | | | | | | | |
| | 1/8 | 1/8 | 1/4 | 1/2 | 1 | 1 | 1/2 | 1/8 | 1 | 1/4 |
| 26/28 | 0.028 | 0.08 | 0.16 | 0.33 | 0.66 | 1.59 | 3.16 | | 6.33 | |
| 28/28 | 0.032 | 0.09 | 0.18 | 0.36 | 0.71 | 1.47 | 2.93 | | 5.87 | |
| 32/28 | 0.036 | 0.10 | 0.20 | 0.41 | 0.81 | 1.29 | 2.57 | | 5.14 | |
| 36/28 | 0.039 | 0.11 | 0.23 | 0.46 | 0.91 | 1.15 | 2.28 | | 4.56 | |
| 19/14 | 0.043 | 0.12 | 0.24 | 0.48 | 0.96 | 1.09 | 2.16 | | 4.32 | |
| 20/14 | 0.046 | 0.13 | 0.26 | 0.51 | 1.02 | 1.03 | 2.05 | | 4.11 | |
| 33/21 | 0.050 | 0.14 | 0.28 | 0.56 | 1.12 | 0.94 | 1.87 | | 3.76 | |
| 36/21 | 0.054 | 0.15 | 0.30 | 0.61 | 1.22 | 0.86 | 1.71 | | 3.42 | |

3）高速精车细进给时的运动平衡式。

高速精车细进给是采用主轴箱内高速档传动路线，并将轴Ⅸ上 58 齿的齿轮右移，使其与轴Ⅷ上 26 齿的齿轮啮合，同时将 $M_2$ 左移，主轴与轴Ⅸ通过齿轮副$\frac{50}{63}\times\frac{44}{44}\times\frac{26}{58}$实现传动联系。精车常用米制螺纹的传动路线（$M_3$ 左移），倍增机构调整为 $u_{倍}=\frac{18}{45}\times\frac{15}{48}=\frac{1}{8}$。此时运动平衡式为

$$1\times\frac{50}{63}\times\frac{44}{44}\times\frac{26}{58}\times\frac{33}{33}\times\frac{63}{100}\times\frac{100}{75}\times\frac{25}{36}\times u_{基}\times\frac{25}{36}\times$$

$$\frac{36}{25}\times\frac{1}{8}\times\frac{28}{56}\times\frac{36}{32}\times\frac{32}{56}\times\frac{4}{29}\times\frac{40}{48}\times\frac{28}{80}\times\pi\times2.5\times12=f_{纵}$$

化简后得

$$f_{纵}=0.0315u_{基} \tag{2-11}$$

变换 $u_{基}$，使得 $u_{倍}=\frac{1}{8}$，可获得 8 种供高速精车用的细进给量，见表 2-7。

4）低速大进给时的运动平衡式。

低速大进给是采用主轴箱内的第一组低速档传动路线，其主轴转速为 10、12.5、16、20、25、32（r/min），或第二组低速档传动路线，其主轴转速为 40、50、63、80、100、125（r/min）均可，使轴Ⅸ上 58 齿的齿轮与轴Ⅷ上 26 齿的齿轮啮合传动，用车寸制螺纹的传动路线，使用 $u_{倍}=\frac{1}{8}$和 $u_{倍}=\frac{1}{4}$（用第一组低转速工作时）或 $u_{倍}=\frac{1}{2}$和 $u_{倍}=1$（用第二组低转速工作时）则可得下列计算公式：

用第一组低转速工作时
$$f_{纵}=23.584\frac{u_{倍}}{u_{基}} \tag{2-12}$$

用第二组低转速工作时
$$f_{纵}=5.896\frac{u_{倍}}{u_{基}} \tag{2-13}$$

将 $u_{基}$ 的不同值和两种 $u_{倍}$ 值代入，可得 16 种加大进给量，见表 2-7。

（3）横向进给时的运动平衡式　横向进给传动路线也有上述 4 种情况，当采用车常用米制螺纹的传动路线实现进给时，运动平衡式为

$$1\times\frac{58}{58}\times\frac{33}{33}\times\frac{63}{100}\times\frac{100}{75}\times\frac{25}{36}\times u_{基}\times\frac{25}{36}\times\frac{36}{25}\times u_{倍}\times\frac{28}{56}\times$$

$$\frac{36}{32}\times\frac{32}{56}\times\frac{4}{29}\times\frac{40}{48}\times\frac{48}{48}\times\frac{59}{18}\times 5=f_{横}$$

化简后得

$$f_{横}=0.355u_{基}\ u_{倍} \tag{2-14}$$

可见当横向进给与纵向进给传动路线相同时，所得的横向进给量为纵向进给量的一半。

#### 3. 纵向和横向快速移动传动链

为了减轻工人的劳动强度和缩短辅助时间，刀架可以实现纵向和横向的快速移动。刀架的快速移动由装在溜板箱内的快速电动机（0.25kW、2800 r/min）传动，按下快速移动按钮，快速电动机经齿轮副 $\frac{13}{29}$ 将运动传给轴 XX，再由超越式离合器 $M_6$ 将进给箱传来的运动断开（避免慢、快速运动同时传给轴 XX 而发生矛盾），经 $\frac{4}{29}$ 蜗杆副将运动传给轴 XXI，之后传动路线与机动进给相同，最后使刀架做纵向或横向的快速移动。

## 2.4　CA6140 型卧式车床的主要部件结构

### 2.4.1　主轴箱

主轴箱的主要作用是支承主轴和传递运动，同时使其实现起动、停止、变速和换向等。所以主轴箱中除包含主轴及其轴承外，还设置了传动机构，起动、停止及换向装置，制动装置，操纵机构和必要的润滑装置等，图 2-12 所示为 CA6140 型卧式车床主轴箱平面展开图。

#### 1. 传动机构

主轴箱中的传动机构由定比传动机构和变速机构两部分组成。CA6140 型卧式车床的定比传动机构采用齿轮传动副，变速机构采用的是滑移齿轮变速机构。

（1）卸荷式带轮装置　主轴箱的运动是由电动机经传动带传入，在运动输入轴（轴 Ⅰ）上安装的带轮为卸荷式结构。带轮 1 与花键套筒 2 用螺钉连成一体，并支承在法兰盘 3 内的两个深沟球轴承上，而将法兰盘 3 固定在主轴箱体 4 上。这样带轮 1 可通过花键套筒 2 带动轴 Ⅰ 旋转，而传动带的拉力则经法兰盘 3 直接传到箱体 4 上，使轴 Ⅰ 不受带拉力的作用，减少了弯曲变形，从而提高了传动的平稳性。

（2）传动齿轮　主轴箱内的齿轮结构形式可分为直齿和斜齿，也可分为单个齿轮、双联滑移齿轮、三联滑移齿轮、多联齿轮，还有整体和拼装之分。

齿轮与传动轴的连接情况分为固定、空套和滑移三种。固定与滑移的齿轮与传动轴常用花键连接，有时固定齿轮也用平键连接。固定齿轮和空套齿轮的轴向固定，可采用弹性挡圈、轴肩、隔套、轴承内圈和半圆环等。

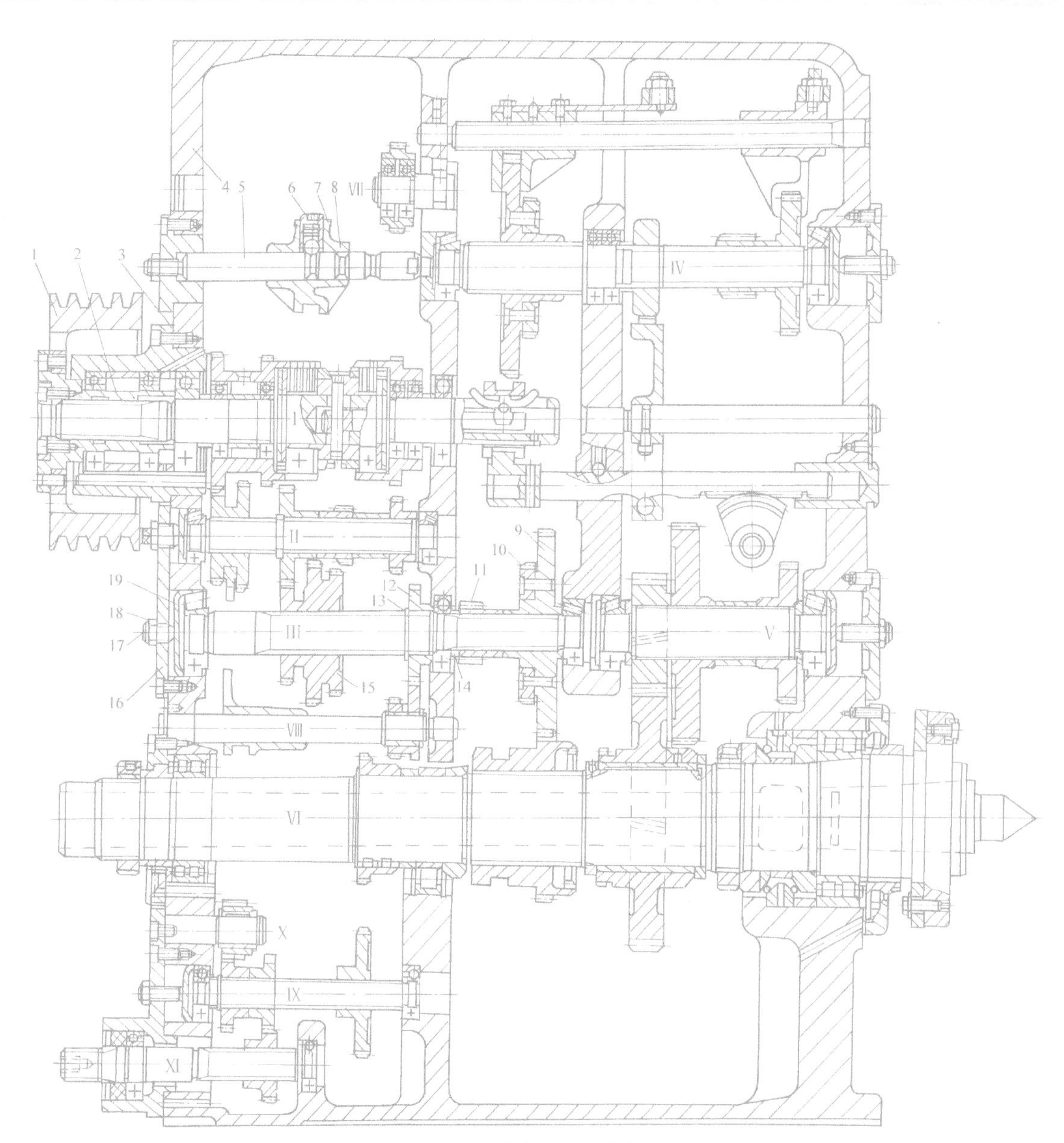


图 2-12 CA6140 型卧式车床主轴箱平面展开图

1—带轮 2—花键套筒 3—法兰盘 4—箱体 5—导向轴 6—调节螺钉 7—螺母 8—拨叉 9、10、11、12—齿轮 13—弹簧卡圈 14—垫圈 15—三联滑移齿轮 16—轴承盖 17—螺钉 18—锁紧螺母 19—压盖

为了减少零件的磨损，空套齿轮和传动轴之间都装有滚动轴承或铜套。

（3）传动轴的支承结构及调整　主轴箱中的传动轴一般采用深沟球轴承或圆锥滚子轴承来支承。多数传动轴为双支承结构，也可采用三支承结构，如轴Ⅲ、Ⅳ等。传动轴上的所有零件在轴上的轴向位置和传动轴组件在箱体上的轴向位置都必须加以限定，以防止工作过程中产生窜动现象，影响正常工作。现以图 2-12 中的轴Ⅲ为例说明其结构及轴承的调整。

外花键Ⅲ较长，采用了三支承结构，两端为圆锥滚子轴承，中间为深沟球轴承。调整轴承间隙的过程：松开锁紧螺母 18，拧动螺钉 17，推动压盖 19 及圆锥滚子轴承的外圈右移，消除了左端轴承间隙，然后轴部件向右移，由于右端圆锥滚子轴承的外圈被箱体的台阶孔所挡，因而又消除了右轴承的间隙，并由此而限定了轴Ⅲ组件在箱体上的轴向位置。轴Ⅲ共有四个台阶，两端台阶分别安装圆锥滚子轴承，右端的第二个台阶分别串装有齿轮 9、10、11 及垫圈 14，垫圈 14 为调整环，以限定上述零件的轴向位置。齿轮 12 右端面紧靠深沟球轴承内圈，左端由轴用弹簧卡圈 13 定位，从而限定了齿轮 12 的轴向位置。三联滑移齿轮 15 可以在轴上滑移，实现三种不同的工作位置，轴向位置不能限定，但必须有可靠而较准确的定位，可通过导向轴 5 上的三个定位槽和在拨叉 8 上安装的弹簧钢珠实现三联滑移齿轮三种不同工作位置的确定。松开螺母 7，拧动有内六方孔的调节螺钉 6 可调节弹簧力的大小，以保证定位的可靠性。

2. 主轴及其轴承结构的调整

主轴组件是机床的关键组件，其功用是夹持工件转动进行切削，传递运动、动力及承受切削力，并保证工件具有准确、稳定的运动轨迹。主轴组件主要由主轴、主轴支承及传动件等组成。主轴的旋转精度、刚度及抗振性等对工件的加工精度和表面粗糙度有直接影响，所以对主轴及其轴承有较高的要求。

（1）主轴　主轴是空心阶梯轴，如图 2-13 所示。其通孔可通过长的棒料，可穿过钢棒卸下顶尖，也可用于通过气动或液压夹具的拉杆。主轴前端有精密的莫氏 6 号锥孔，用于安装顶尖或心轴，有自锁作用，可通过锥面间的摩擦力直接带动顶尖或心轴旋转。主轴前锥孔与内孔之间留有较长的空刀槽，便于锥孔磨削并避免顶尖尾部与内孔壁碰撞。主轴后端的锥孔是工艺孔。

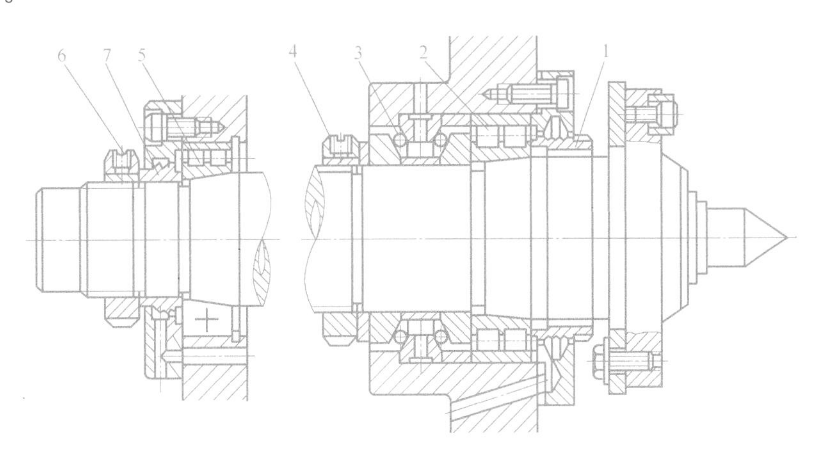


图 2-13　卧式车床的主轴结构

1、4、6—螺母　2、5—圆柱滚子轴承　3—角接触球轴承　7—套筒

主轴前端外部为短锥法兰式结构，如图 2-14 所示。该结构用于安装卡盘或拨盘，靠短锥和轴肩端面作定位面，用法兰螺栓紧固，短锥的锥度为 1∶4，卡盘座在其上定位后与主轴法兰前端面有 0.05~0.1mm 的间隙。如图 2-14 所示，卡盘或拨盘在安装时，使事先装在卡盘或拨盘座 4 上的四个螺柱 5 及其螺母 6 通过主轴的轴肩及锁紧盘 2 的圆柱孔，然后将锁紧盘转过一个角度，螺柱 5 处于锁紧盘的沟槽中，并拧紧螺钉 1 和螺母，就可以使卡盘或拨盘可靠地安装在主轴的前端。主轴法兰上的圆形传动键（端面键）与卡盘座上的相应圆孔配合，可传递转矩。这种结构虽然制造工艺复杂，但工作可靠，定心精度高，连接刚性好，

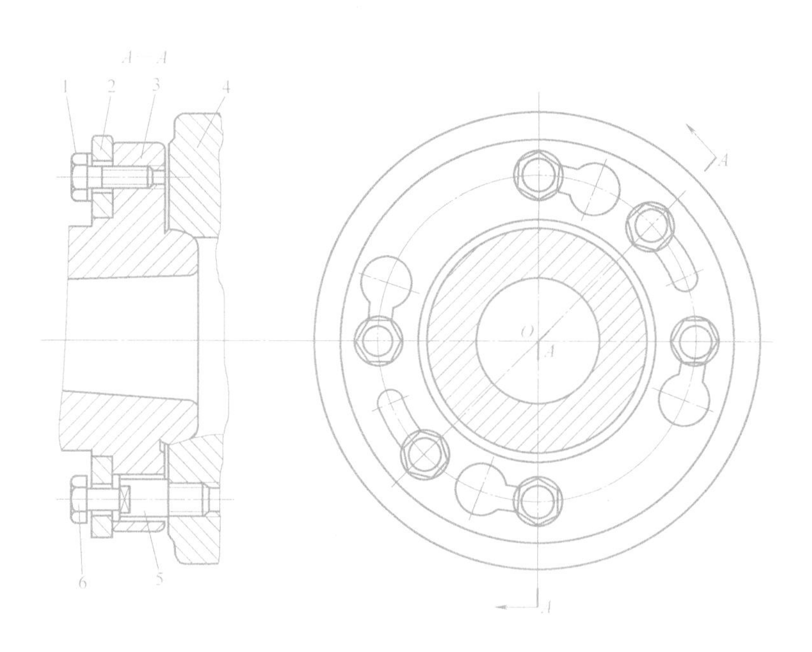


图 2-14　卡盘或拨盘的安装

1—螺钉　2—锁紧盘　3—主轴　4—卡盘或拨盘座　5—螺柱　6—螺母

主轴及卡盘的悬伸量小，且装卸方便，有利于提高主轴的工作精度。

（2）主轴支承　CA6140 型卧式车床为提高主轴的刚度和抗振性，主轴采用三支承结构。如图 2-13 所示，前、后支承选用 D3182121 和 E3182115 型双列短圆柱滚子轴承 2、5。双列短圆柱滚子轴承具有刚度好、承载能力大、尺寸小、旋转精度高等优点，且内圈较薄，内孔是锥度为 1∶12 的锥孔，可通过相对主轴轴颈的轴向移动来调节轴承间隙，只承受径向力，有利于保证主轴有较高旋转精度。前轴承处还装有一个 60°角接触的双列推力角接触球轴承 3，用于承受两个方向的轴向力。中间支承处则安装有 E32216 型圆柱滚子轴承，它用作辅助支承，其配合较松，且间隙不能调整。

轴承的间隙直接影响主轴的旋转精度和刚度，若工作中发现因轴承磨损使间隙增大时，必须及时进行调整。前端轴承 2 可通过螺母 1 与螺母 4 调整。调整时，先将主轴前端螺母 1 旋离轴承，然后松开调整螺母 4 上的锁紧螺钉并转动螺母 4，使轴承 2 的内圈相对主轴锥形轴颈向右移动，由于锥面作用，薄壁的轴承内圈产生径向弹性变形，即可消除前轴承内、外圈滚道的径向间隙。控制前螺母的轴向位移量，将轴承间隙调整适当，然后把前螺母 1 旋紧，使之靠在前轴承 2 内圈的端面上，最后要把调整螺母 4 上的锁紧螺钉拧紧。后轴承的调整原理与前轴承基本相同，调整时，先将主轴后端调整螺母 6 的锁紧螺钉松开，转动螺母 6 通过套筒推动后轴承内圈右移，可消除该轴承的径向间隙和轴向间隙。

主轴轴承的润滑由油泵直接供油，前后轴承处均有法盘式带油沟的密封装置。在前螺母 1 和套筒 7 的外圈上开有锯齿形环槽，环槽可起到密封作用。当主轴旋转时，在离心力作用下，把经轴承向外流出的润滑油甩向轴承端盖和法兰的接油槽中，再经回油孔流回主轴箱。

如图 2-12 所示，主轴上装有三个齿轮，最右边的是空套在主轴上的左旋斜齿轮，其传动较平稳，当离合器（$M_2$）接合时，此齿轮产生的轴向力指向前轴承，以抵消部分轴向切削力，减小前轴承所承受的轴向力。中间滑移齿轮以花键与主轴相连，该齿轮在图示位置时为高速传动，当其处于中间空档位置时，可用手拨动主轴，以便装夹和调整工件，当滑移齿轮移动到最右边位置时，其上的内齿与斜齿轮上左侧的外齿相啮合，即齿轮式离合器（$M_2$）接合，此时获得低速传动。最左边的齿轮固定在主轴上，通过它把运动传给进给系统。

### 3. 摩擦离合器与制动器

CA6140 型卧式车床控制主轴的起动、停止和换向的装置，采用的是在轴Ⅰ上装有的双向多片摩擦式离合器结构，如图 2-15 所示。该结构由左、右相同的两部分组成，左离合器传动主轴的正转，右离合器传动主轴的反转，当操纵机构处于中间位置时，即压套 14 处于中间位置，则左、右离合器摩擦片都松开，主轴转动断开，停止转动。轴Ⅰ的右半部分为空心轴，在其右端安装有可绕销轴 9 摆动的羊角形摆块 10，羊角形摆块 10 下端弧形尾部卡在拉杆 7 的缺口槽内。当拨叉由操纵机构控制，拨动滑套 8 右移时，羊角形摆块 10 便绕销轴 9 顺时针方向摆动，其尾部拨动拉杆 7 向左移动，拉杆通过长销 5 带动压套 14 压紧离合器左半部分的内、外摩擦片，在摩擦力的作用下，将Ⅰ轴的运动传至空套在Ⅰ轴上的双联齿轮

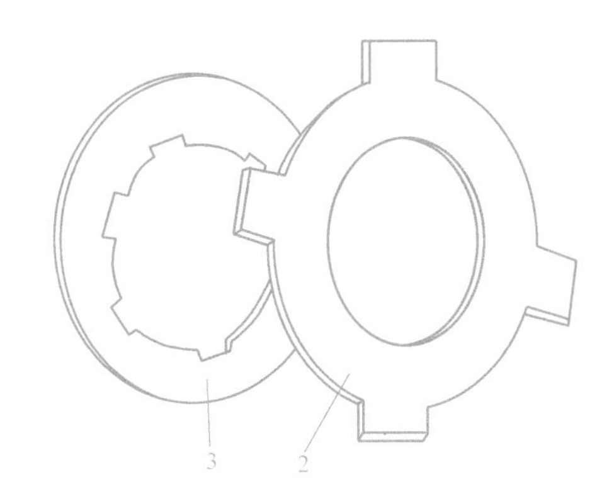


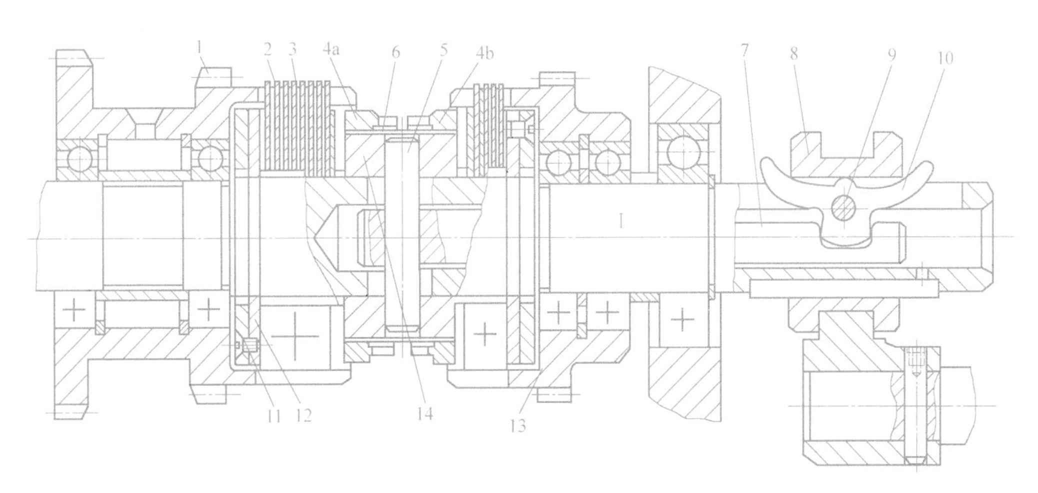


图 2-15 双向多片摩擦式离合器

1—双联齿轮 2—外摩擦片 3—内摩擦片 4a、4b—螺母 5—长销 6—弹簧销 7—拉杆 8—滑套 9—销轴 10—羊角形摆块 11、12—止推片 13—齿轮 14—压套

1，使主轴正转；当拨叉由操纵机构控制，拨动滑套8左移时，羊角形摆块10便绕销轴9逆时针方向摆动，其尾部拨动拉杆7向右移动，拉杆通过长销5带动压套14压紧离合器右半部分的内、外摩擦片，在摩擦力的作用下，将Ⅰ轴的运动传至空套在Ⅰ轴上的齿轮13，使主轴反转；当滑套置于中间位置时，左、右离合器的内、外摩擦片均松开，主轴停转。

摩擦片间的压紧力可用拧在压套上的螺母4a和4b调整。压下弹簧销6，然后转动螺母4a、4b，使其相对压套14做少量轴向位移，即可改变摩擦片间的压紧力，从而调整了离合器所能传递转矩的大小。调好后弹簧销复位，插入螺母的槽口中，使螺母在运转中不能自行松开。

为了使摩擦离合器松开后，主轴能克服惯性作用迅速制动，在CA6140型卧式车床主轴箱的轴Ⅳ上装有闸带式制动器，其结构如图2-16所示。制动器由制动轮7、制动带6、杠杆4以及调整装置等组成。制动轮7是一个钢制的圆盘，通过花键与传动轴8（轴Ⅳ）连接，制动带内侧固定一层铜丝石棉网以增大制动摩擦力矩。制动带一端通过调节螺钉5与箱体1连接，另一端固定在杠杆4的上端。杠杆4可绕杠杆支承轴3摆动，当杠杆4的下端与齿条轴2上的圆弧形凹部a或c接触时，制动带处于放松状态，制动器不起作用；移动齿条轴2，其上凸起部分b与杠杆4的下端接触时，杠杆4绕杠杆支承轴3逆时针方向摆动，拉动制动带6，使其包紧在制动轮7上，并通过制动带与制动轮之间的摩擦力使传动轴8（轴Ⅳ）停止转动，并通过传动齿轮使主轴迅速停止转动。制动摩擦力矩的大小可通过调节螺钉5进行调整。制动带松紧合适的情况下，应该使停车时主轴能迅速停转，而开车时制动带能完全松开。

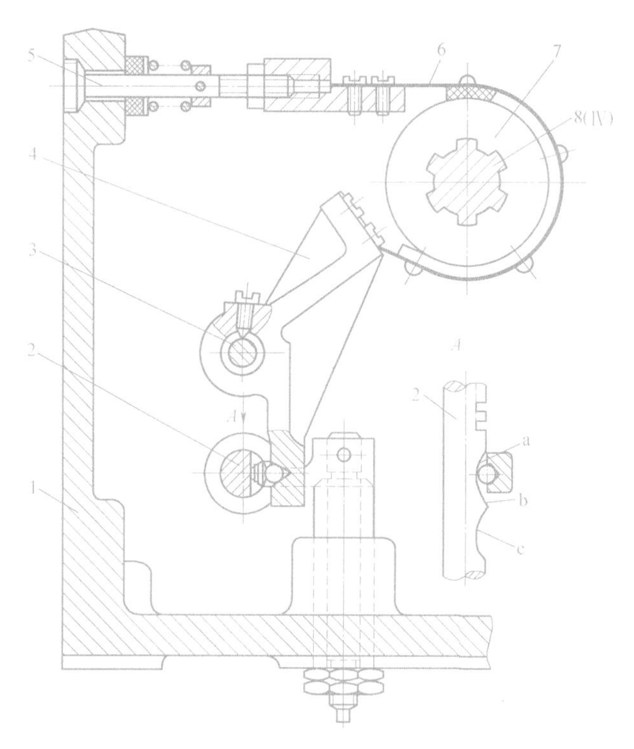


图2-16 闸带式制动器

1—箱体 2—齿条轴 3—杠杆支承轴 4—杠杆 5—调节螺钉 6—制动带 7—制动轮 8—传动轴

4. 操纵机构

（1）主轴开停及制动操纵机构　CA6140型卧式车床上控制主轴的开停、换向和制动的操纵机构如图2-17所示。为了便于操作，在操纵杆8上装有两个操纵手柄，一个在进给箱右侧，如图中手柄7，另一个在溜板箱右侧。向上扳动手柄7时，通过曲柄9、拉杆10和曲柄11组成的杠杆机构，使轴12和扇形齿轮13顺时针方向转动，传动齿条轴14及固定在其左端的拨叉15右移，拨叉又带动滑套4右移，压下羊角形摆块3，使双向多片离合器的左离合器接合，主轴起动正转。当向下扳动手柄7时，使双向多片离合器的右离合器接合，主轴起动反转。无论正转与反转，杠杆5的下端与齿条轴上的凹部接触，制动带6处于放松状态，主轴不受制动。当手柄7扳至中间位置时，齿条轴14和滑套4都处于中间位置，双向多片离合器的左、右两组摩擦片都松开，主传动链与动力源断开。此时，杠杆5的下端与齿条轴上的凸部接触，制动带6处于拉紧状态，主轴制动。

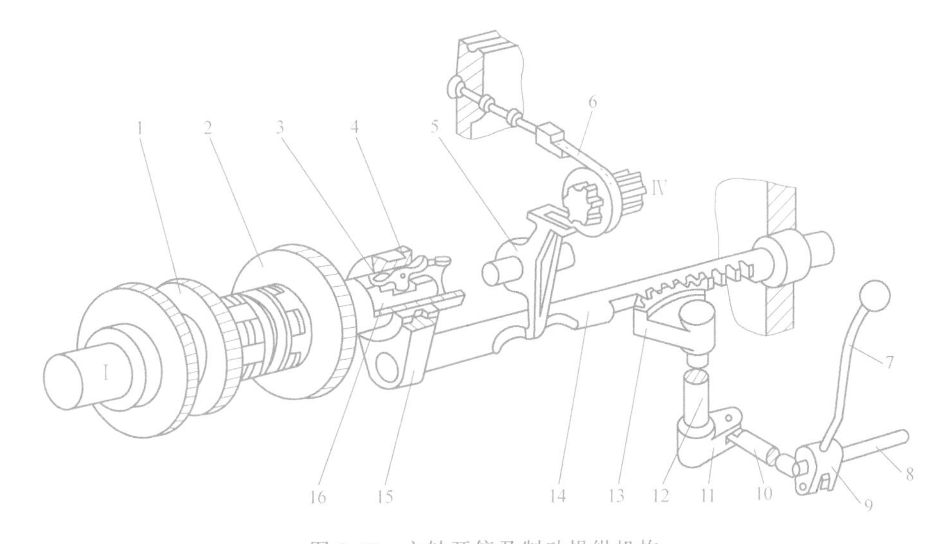


图2-17　主轴开停及制动操纵机构

1—双联齿轮　2—齿轮　3—羊角形摆块　4—滑套　5—杠杆　6—制动带　7—手柄
8—操纵杆　9、11—曲柄　10、16—拉杆　12—轴　13—扇形齿轮　14—齿条轴　15—拨叉

（2）轴Ⅱ-Ⅲ上六级变速操纵机构　图2-18为CA6140型车床主轴箱中变换Ⅱ-Ⅲ轴上的双联滑移齿轮和三联滑移齿轮工作位置的操纵机构示意图。图中轴Ⅱ上的双联滑移齿轮和轴Ⅲ上的三联滑移齿轮用一个手柄集中操纵。变速手柄每转一周，可变换全部六种转速，故手柄共有均布的六个位置。变速手柄装在主轴箱的前壁上，通过链传动使轴4转动，手柄轴和轴4间的传动比为1∶1，与轴4同轴固定有盘形凸轮3和曲柄2。凸轮3的端面上有一条封闭的曲线槽，由两段不同半径的圆弧和过渡直线组成，每段圆弧的圆心角稍大于120°。凸轮曲线槽经嵌于槽中的圆销通过杠杆5和拨叉6，可拨动轴Ⅱ上的双联滑移齿轮沿轴Ⅱ左右移换位置。当杠杆一端的滚子处于曲线槽的短半径位置时，齿轮在右位；若处于长半径位置时，则齿轮移到左位。凸轮上有六个变速位置，用$a\sim f$标出。曲柄2上装有拨销，其伸出端上套有滚子，嵌入拨叉1的长槽中。曲柄带动拨销做偏心运动时，可带动拨叉1到达左、中、右三个位置，从而拨动轴Ⅲ上的三联滑移齿轮沿轴Ⅲ实现三个位置的变换。

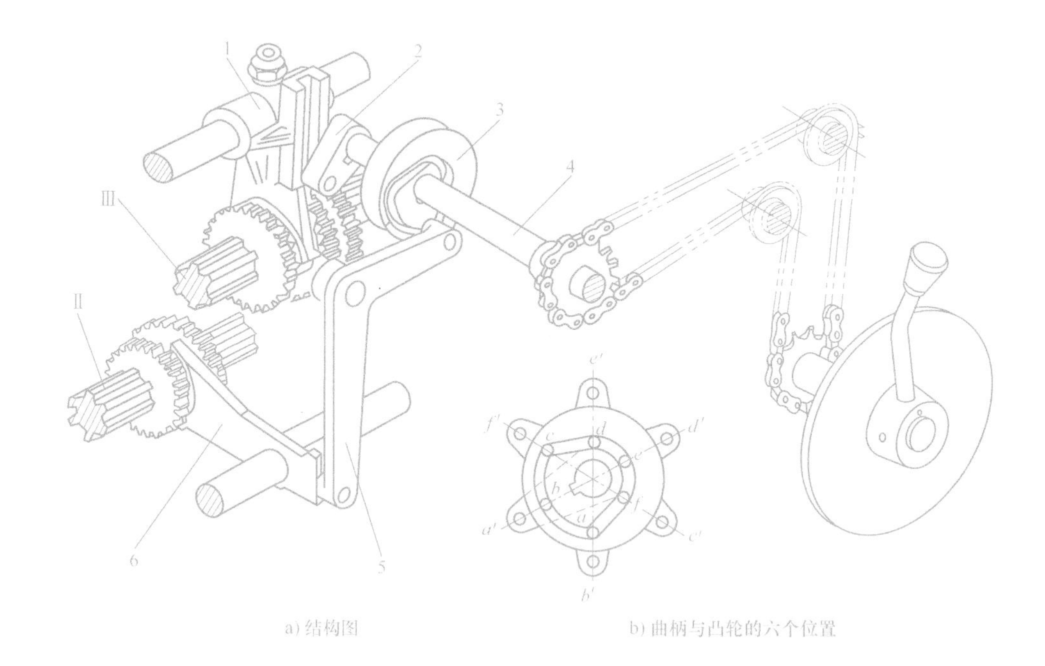


图 2-18　变速操纵机构

1、6—拨叉　2—曲柄　3—凸轮　4—轴　5—杠杆

$a \sim f$—嵌入在凸轮槽内的杠杆上的销子在变速过程中的六个位置

$a' \sim f'$—曲柄在变速过程中的六个位置

### 5. 润滑装置

主轴箱中的轴承、齿轮、摩擦离合器等必须进行良好的润滑，以保证其正常工作和减少零件磨损。常用的润滑方法有两种。

1）溅油润滑。在主轴箱内装入一定高度的润滑油，主轴起动时，依靠高速旋转的齿轮将润滑油飞溅至各处，直接落到各传动件上进行润滑，或者落入专门设置的油盘或油槽中，然后沿油管流到各摩擦面上。这种润滑方式供油量不能按需控制，齿轮搅油会引起润滑油发热，润滑油在润滑前没有经过过滤，因此新型车床已很少采用。

2）油泵供油循环润滑。润滑油由油泵从油箱中吸出，经过滤器过滤后输送到分油器，然后由油管送至各摩擦面进行润滑。

图 2-19 所示为 CA6140 型卧式车床主轴箱的润滑系统。油泵 3 装在左床腿上，由主电动机经 V 带传动使其旋转。润滑油装在左床腿中的油池里，由油泵经网式过滤器 1 吸入后，经油管 4、精过滤器 5 和油管 6 输送到分油器 8。分油器 8 上装有三根输油管，油管 9 和 7 分别对主轴前轴承和轴 Ⅰ 上的摩擦离合器进行单独供油，以保证其充分润滑和冷却；另一油管 10 则通向油标 11，以观察润滑系统的工作情况。分油器上还有很多径向油孔，具有一定压力的润滑油从油孔向外喷射时，被高速旋转的齿轮溅至各处，对主轴箱的其他传动件及操纵机构等进行润滑。各处的润滑油集中流回到主轴箱底部，经回油管 2 流入左床腿的油池中。这种润滑系统为箱外循环润滑方式，可有效地降低主轴箱的温升，减少主轴箱的热变形，有利于保证机床的加工精度，此外，还可使主轴箱内的杂质及时

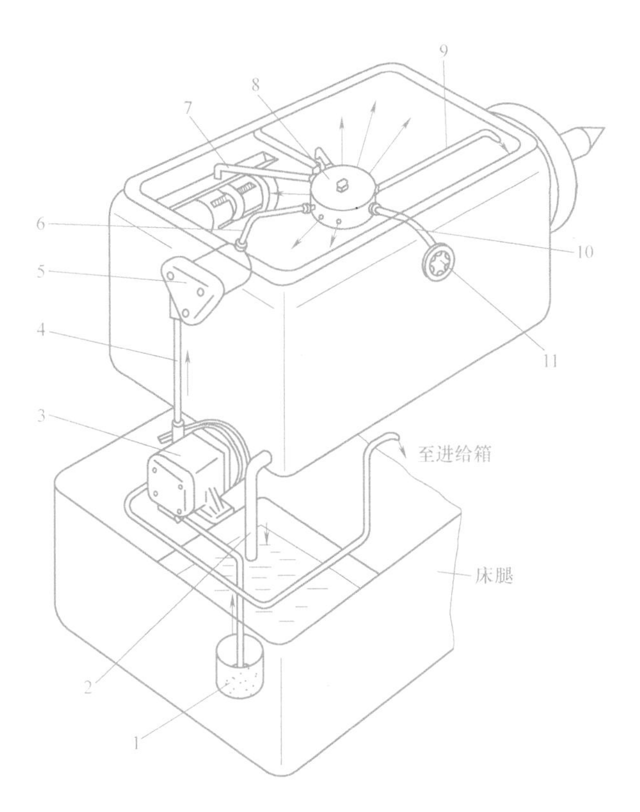


图 2-19 主轴箱润滑系统

1—网式过滤器 2—回油管 3—油泵 4—油管 5—精过滤器

6、7、9、10—油管 8—分油器 11—油标

排出，减少传动件的磨损。

## 2.4.2 进给箱

进给箱的作用是变换车螺纹运动和纵、横向机动进给运动的进给速度，实现被加工螺纹种类和导程的变换，以及获得所需各种机动的纵向和横向进给量。进给箱通常由以下几部分组成：变换螺纹导程和进给量的变速机构、变换螺纹种类的换置机构、丝杠和光杠运动转换机构及操纵机构等。加工不同种类的螺纹通常由调整进给箱中的换置机构和交换齿轮架上的交换齿轮来实现。变速机构是根据加工螺纹导程设计的，分为基本螺距机构和增倍机构两部分。箱内主要传动轴以两组同心轴的形式布置，其结构如图 2-20 所示。

### 1. Ⅻ、ⅪⅤ、ⅩⅦ、ⅩⅧ同心轴的结构及轴承间隙的调整

轴ⅪⅤ两端用半圆键连接着两个内齿轮，作为内齿离合器，并通过两个深沟球轴承 3 和 4 支承在箱体上；轴ⅩⅧ左端也有一个内齿离合器，这三个内齿离合器的内台阶孔中均安装有圆锥滚子轴承，用来支承轴Ⅻ和ⅩⅦ。轴ⅩⅧ支承在支承套 6 上，两侧的推力球轴承 5 和 7 分别承受丝杠工作时所产生的两个方向的轴向力。松开锁紧螺母 8，调整另一螺母，则可调整推力球轴承的间隙，同时，也限定了轴ⅩⅧ在箱体上的轴向位置。由于深沟球轴承 3 和 4 的外圈的轴向位置没有固定，所以螺母 2 便可以调整同心轴上的所有圆锥滚子轴承的间隙。

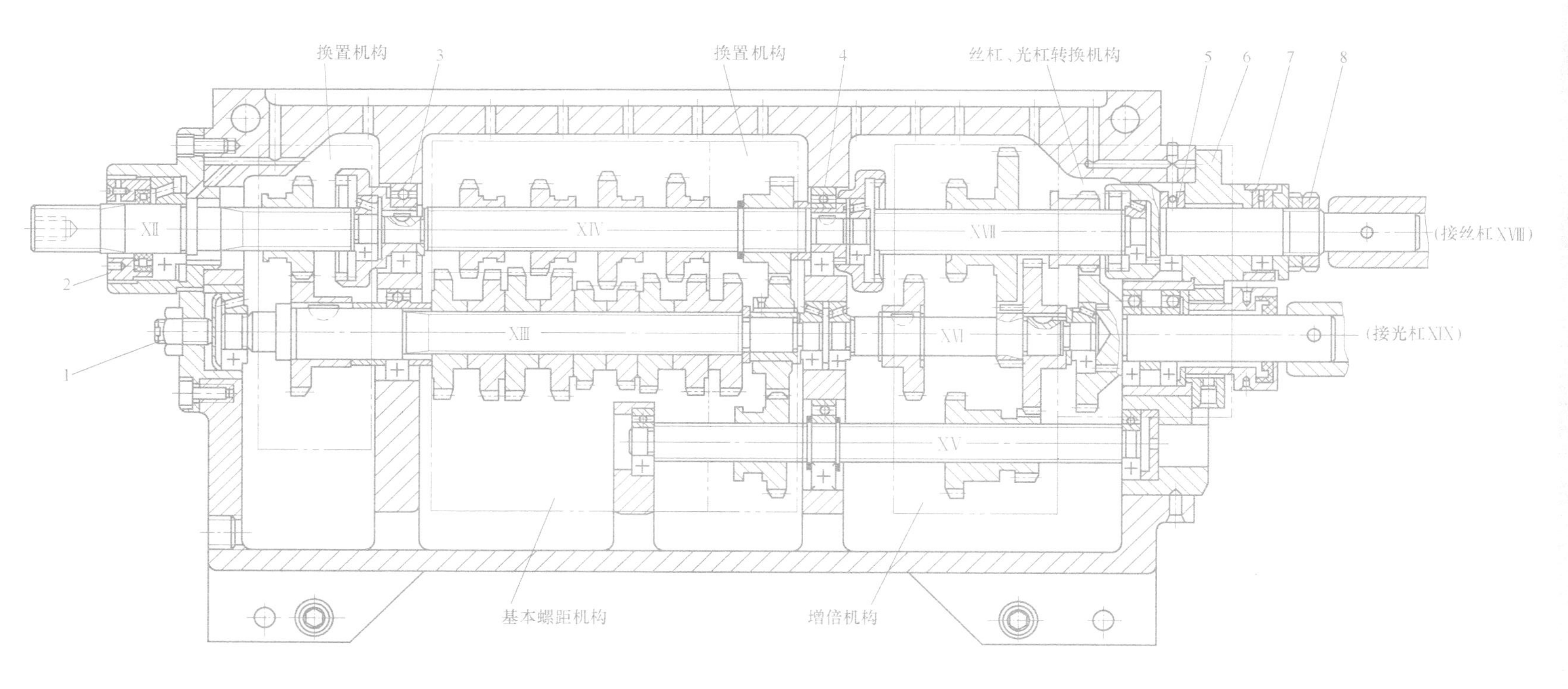


图2-20　CA6140型车床进给箱结构图

1—调节螺钉　2—调整螺母　3、4—深沟球轴承　5、7—推力球轴承　6—支承套　8—双螺母

2. XIII、XVI、XIX 同心轴的结构及轴承间隙调整

轴 XIX 左端的齿轮镗有一个轴承台阶孔，安装一个圆锥滚子轴承，作为轴 XVI 的右支承；轴 XIII 为三支承结构，中间支承为深沟球轴承，其外圈的轴向位置不固定，所以，通过螺钉 1 便能调整所有同心轴上的圆锥滚子轴承的间隙。

3. 基本变速组的变速操纵机构

图 2-21 所示为进给箱中基本变速组的变速操纵原理图。轴 XIV 上的四个单联滑移齿轮（见图 2-20）由一个手轮 6 通过四个杠杆 2 集中操纵。杠杆 2 的一端装有拨叉 1，另一端装有圆柱销 5，四个均匀分布的圆柱销 5 通过操纵机构的前盖 4 的腰型孔插入手轮 6 背面的环形槽中。环形槽上有两个相隔 45°、直径大于槽宽的圆孔 C 和 D，孔内分别装有带斜面的压块 10 和 11，压块 10 的斜面向里，压块 11 的斜面向外。当转动手轮 6 至不同位置时，利用压块 10、11 和环形槽，可以控制圆柱销 5 处于不同的三个径向位置上，通过杠杆 2、拨叉 1 使单联滑移齿轮变换不同的位置。

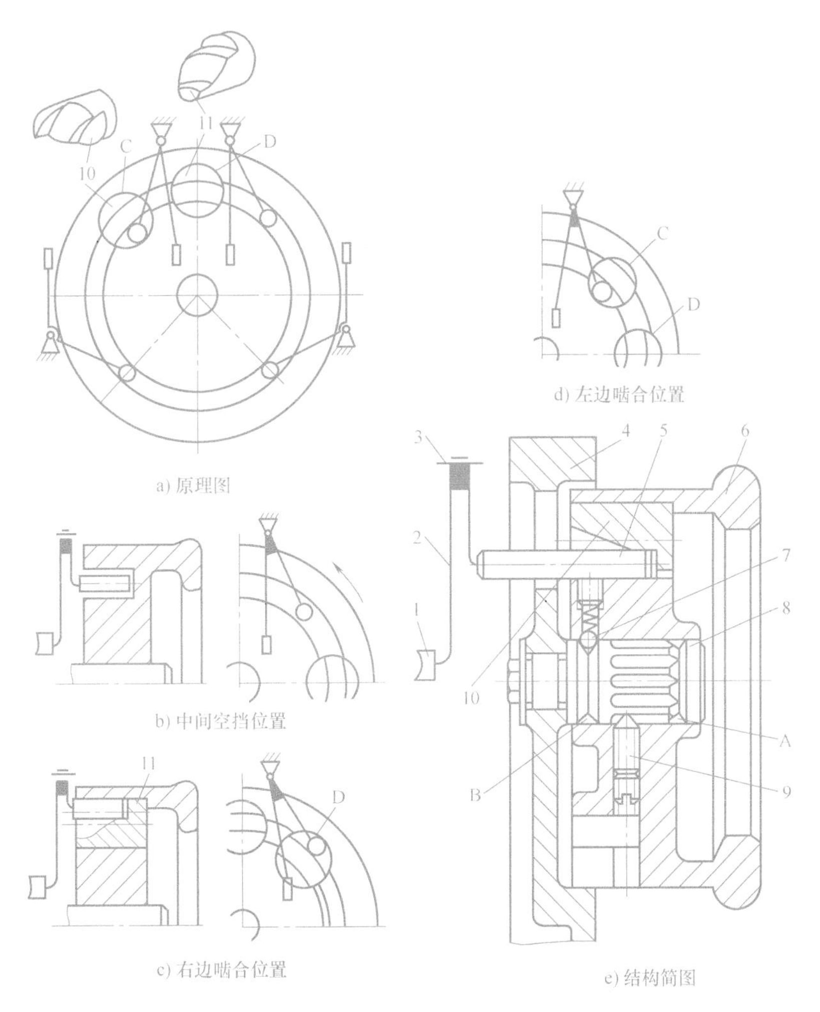


图 2-21 进给箱中基本变速组的变速操纵机构原理

1—拨叉 2—杠杆 3—杠杆回转支点 4—前盖 5—圆柱销 6—手轮 7—钢球 8—轴 9—定位螺钉 10、11—压块 A、B—环形 V 形槽 C、D—圆孔

固定在前盖 4 上的轴 8，套着手轮 6。轴 8 上沿圆周均匀分布有八条轴向 V 形槽，可使手轮做周向定位，轴 8 左、右两端各有一环形 V 形槽 B 和 A，通过钢球 7 在 B 槽中使手轮做轴向定位，只有将手轮轴向拉出使螺钉 9 处于 A 槽位置时才能转动手轮。手轮每次可转动 45°。

基本变速组的变速操作顺序如下：

1）手轮 6 向右（向外）拉出，使螺钉 9 进入 A 槽位置。

2）手轮 6 转至所需工作位置。

3）手轮 6 向左（向里）推回原位。

如果杠杆 2 上的圆柱销处于环形槽中（图 2-21b），通过杠杆 2、拨叉 1 使单联滑移齿轮处于中间的空档位置；如果圆柱销 5 处于 D 孔中，压块 11 的向外斜面迫使圆柱销 5 离心摆动，通过杠杆 2、拨叉 1 使单联滑移齿轮处于右边的啮合位置（图 2-21c）；如果圆柱销 5 处于 C 孔，压块 10 的向里的斜面迫使圆柱销 5 向心摆动，通过杠杆 2、拨叉 1 使单联滑移齿轮处于左边的啮合位置（图 2-21d）。由此可知，当手轮推回到原来位置时，四组杠杆、拨叉中的圆柱销，只有一个处于 C 孔（或 D 孔）中，通过压块使其中一个单联滑移齿轮处于啮合工作状态，其余三个圆柱销均处于环形槽中（图 2-21a），使三组单联滑移齿轮均处于中间空档位置上。

### 2.4.3 溜板箱

CA6140 型车床的溜板箱的作用是将丝杠或光杠及快速电动机传来的旋转运动变成直线运动，并带动刀架做机动进给，控制刀架运动的接通、断开、换向、过载时的自动停止进给及快速移动和手动操纵移动等。为保证其实现以上的功能而设置了纵、横向进给的接通、断开和转换的操纵机构，开合螺母机构，过载时的安全保护装置，快、慢速切换装置及互锁机构等。

#### 1. 纵、横向机动进给操纵机构

图 2-22 所示为 CA6140 型车床的机动进给操纵机构，刀架的纵向和横向机动进给运动的接通、断开、换向及刀架快速移动的接通、断开均集中由手柄 1 操纵，且手柄扳动方向与刀架运动方向一致。当需要纵向进给时，向左或向右扳动手柄，使手柄座 3 绕销轴 2 摆动时，手柄座下端的开口槽通过球头销 4 拨动轴 5 轴向移动，再经杠杆 11 和连杆 12 使凸轮 13 转动，凸轮上的曲线槽又通过圆柱销 14 带动拨叉轴 15 及固定在其上的拨叉 16 向前或向后移动，拨叉拨动离合器 $M_8$，使之与轴 XXII 上的两个空套齿轮中的一个端面齿啮合，从而接通纵向进给运动，实现向左或向右的纵向机动进给。

当需要横向进给时，向里或向外扳动手柄 1，带动轴 23 以及固定在其左端的凸轮 22 转动，凸轮上的曲线槽通过圆柱销 19 使杠杆 20 绕销轴 21 摆动，杠杆 20 另一端的圆柱销 18 推动拨叉轴 10 及拨叉 17 向里或向外移动，使离合器 $M_9$ 与轴 XXV 上两个空套齿轮中的一个端面齿啮合，于是横向进给运动接通，实现向里或向外的横向机动进给。

当手柄 1 处于中间位置时，离合器也处于中间位置，此时断开了纵、横向机动进给。手柄 1 的顶端装有按钮 S，用以点动快速电动机。当需要刀架快速移动时，先将手柄 1 扳至左、右、前、后任一位置，然后按下按钮 S，则快速电动机起动，刀架即在相应方向做快速移动。

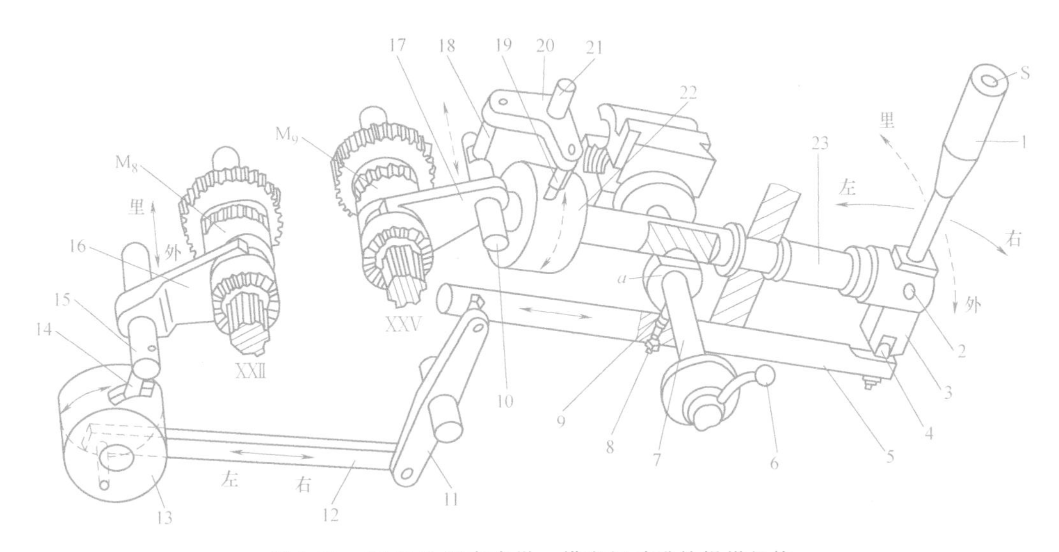


图 2-22 CA6140 型车床纵、横向机动进给操纵机构

1—手柄 2—销轴 3—手柄座 4—球头销 5、7、23—轴 6—手柄 8—弹簧销 9—球头销 10、15—拨叉轴 11、20—杠杆 12—连杆 13、22—凸轮 14、18、19—圆柱销 16、17—拨叉 21—销轴

### 2. 超越离合器

超越离合器的作用是实现运动的快、慢速自动转换，其结构如图 2-23 所示。超越离合器由齿轮 1（它作为离合器的外壳）、星形体 2、3 个滚柱 3、顶销 4 和弹簧 5 组成。当刀架机动工作进给时，空套齿轮 1 为主动逆时针方向旋转，在弹簧 5 及顶销 4 的作用下，使滚柱 3 挤向楔缝，并依靠滚柱 3 与齿轮 1 内孔孔壁间的摩擦力带动星形体 2 随同齿轮 1 一起转动，再经安全离合器 7（$M_7$）带动轴转动，实现机动进给。当快速电动机起动时，运动由齿轮副 13/29 传至轴 XX，则星形体 2 由轴带动做逆时针方向的快速旋转，此时，在滚柱 3 与齿轮 1 及星形体 2 之间的摩擦力和惯性力的作用下，滚柱 3 退缩，顶销移向楔缝的大端，从而脱开齿轮 1 与星形体 2（即轴 XX）间的传动联系，齿轮 1 并不再为轴 XX 传递运动，轴 XX 是由快速电动机带动作快速转动，刀架实现快速运动。当快速电动机停止转动时，在弹簧及顶销和摩擦力的作用下，滚柱 3 又瞬间嵌入楔缝，并楔紧于齿轮 1 和星形体 2 之间，刀架立

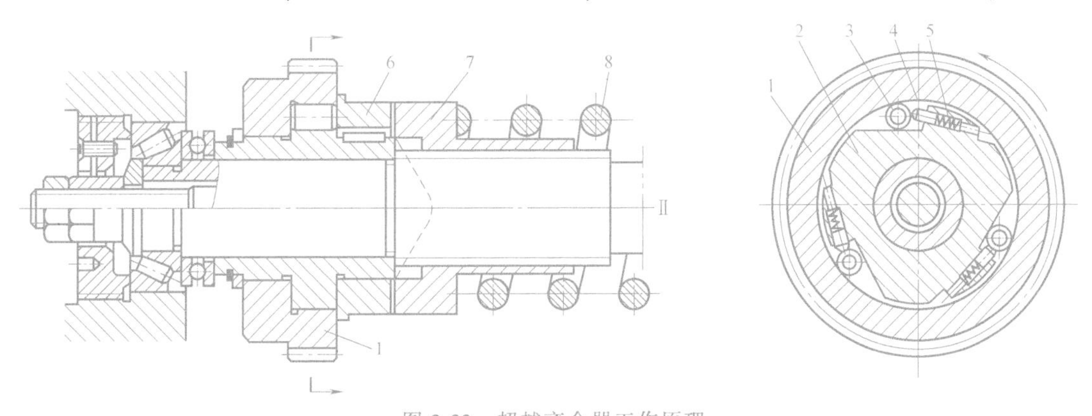


图 2-23 超越离合器工作原理

1—齿轮 2—星形体 3—滚柱 4—顶销 5、8—弹簧 6、7—离合器

即恢复正常的工作进给运动。由此可见，超越离合器6（$M_6$）可实现XX轴快、慢速运动的自动转换。

3. 安全离合器

安全离合器的作用是防止过载或发生偶然事故损坏机床的保护装置，其结构如图2-24所示。在刀架机动进给过程中，如果进给抗力过大或刀架移动受到阻碍，安全离合器能自动断开轴的运动。安全离合器由端面带螺旋齿爪的5和6两半部分组成，左半部5用平键与超越离合器的星形体4连接，右半部6与轴用花键连接。正常工作情况下，通过弹簧7的作用，离合器左、右两半部分经常处于啮合状态，以传递由超越离合器星形体4传来的运动和转矩，并经花键传给轴。此时，安全离合器螺旋齿面上产生的轴向分力，由弹簧7平衡。当进给抗力过大或刀架移动受到阻碍时，通过安全离合器齿爪传递的转矩及产生的轴向分力将增大，当轴向分力大于弹簧7的作用力时，离合器的右半部6将压缩弹簧7而向右滑移，与左半部5脱开接合，安全离合器打滑，从而断开刀架的机动进给。过载现象排除后，弹簧7又将安全离合器自动接合，恢复正常的机动进给；调整螺母3，通过轴XX内孔中的拉杆1及圆柱销8调整弹簧座9的轴向位置，可以改变弹簧7的压缩量，以调整安全离合器所传递的转矩大小。

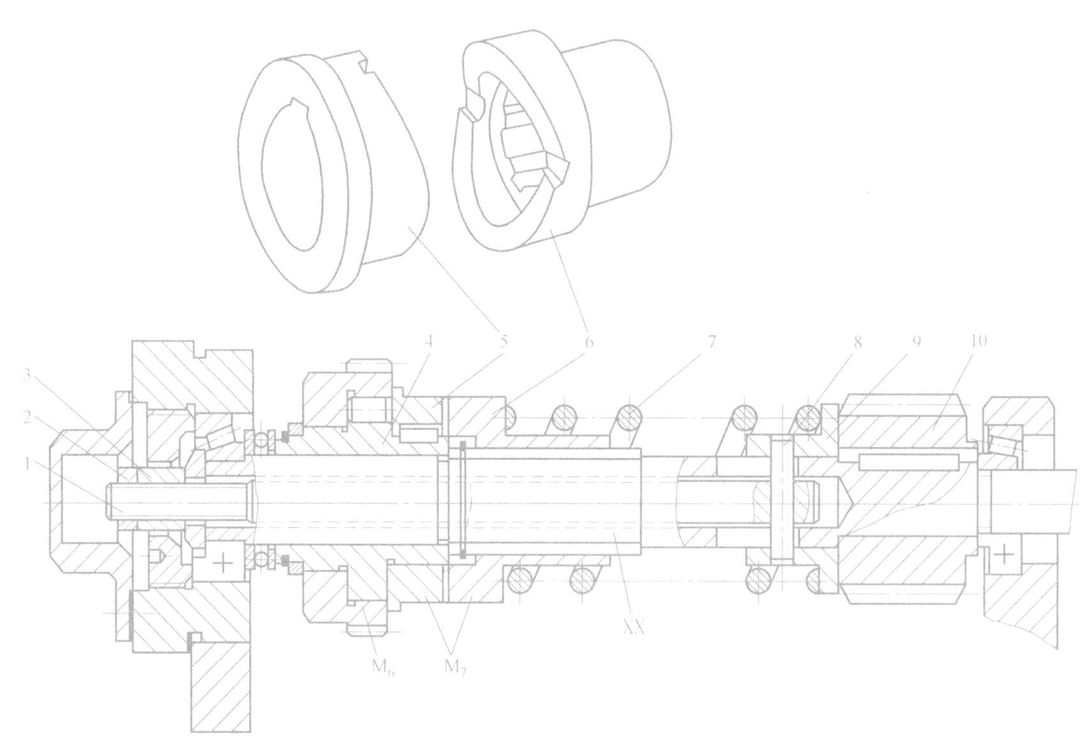


图2-24 安全离合器

1—拉杆 2—锁紧螺母 3—调整螺母 4—超越离合器的星形体 5—安全离合器左半部 6—安全离合器右半部 7—弹簧 8—圆柱销 9—弹簧座 10—蜗杆

4. 开合螺母机构

开合螺母机构的作用是实现车螺纹运动链的接通和断开，其结构如图2-25所示。开合螺母由上、下两个半螺母5和4组成，装在溜板箱箱体后壁的燕尾形导轨中，可上下移动。

上、下半螺母的背面各装有一个圆柱销6，其伸出端分别嵌在槽盘7的两条曲线槽中。扳动手柄1，经轴2使槽盘逆时针方向转动时，曲线槽迫使两个圆柱销互相靠近，带动上、下半螺母合拢，与丝杠啮合，刀架便由丝杠螺母经溜板箱传动进给。槽盘顺时针方向转动时，曲线槽通过圆柱销使两个半螺母相互分离，与丝杠脱开啮合，刀架便停止进给。开合螺母合上时的啮合位置，由可调节螺钉限定。

5. 互锁机构

机床工作中，刀架的进给运动形式有车螺纹运动和纵、横向进给运动（或快速运动），若同时接通，将导致机床损坏。为防止发生上述事故，在溜板箱中设有互锁机构，以保证开合螺母合上时，机动进给不能接通，反之，机动进给接通时，开合螺母不能合上，即保证刀架工作的进给运动状态只能出现一种，从而达到保护机床的目的。图2-26为互锁机构的工作原理。互锁机构由开合螺母操纵轴6上凸肩a、轴1上球头销3、弹簧销2以及支承套7等组成。如图2-26a所示为向下扳动手柄使开合螺母合上时的情况，此时轴6顺时针方向转过一个角度，其上凸肩a嵌入轴5的槽中，将轴5卡住，使其不能转动，同时，凸肩a又将装在支承套7横向孔中的球头销3压下，其下端插入轴1的孔中将轴1锁住，使轴1不能左、右移动，此时纵、横向机动进给均不能接通。如图2-26b所示，当纵向进给接通时，轴1沿轴线方向移动了一定位置，其上横向孔与球头销3错位，使球头销3不能往下移动，因而轴6被锁住而无法转动，即开合螺母无法合上。如图2-26c所示，当横向机动进给接通时，

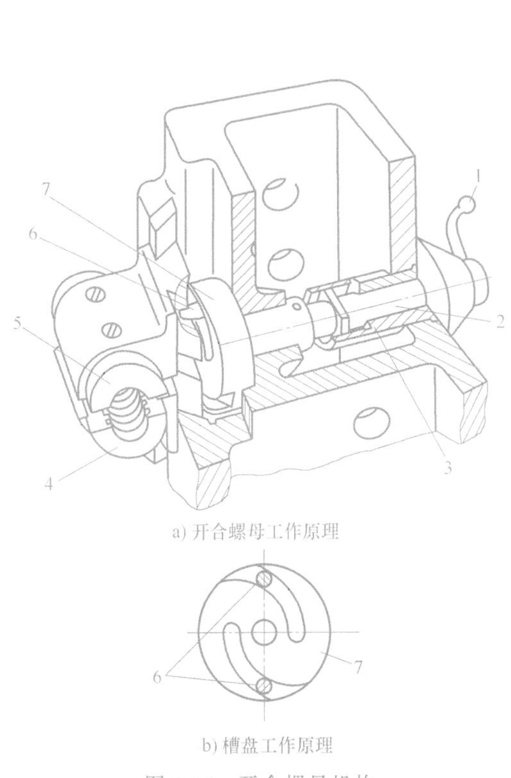


图2-25 开合螺母机构

1—手柄 2—轴 3—支承套 4—下半螺母 5—上半螺母 6—圆柱销 7—槽盘

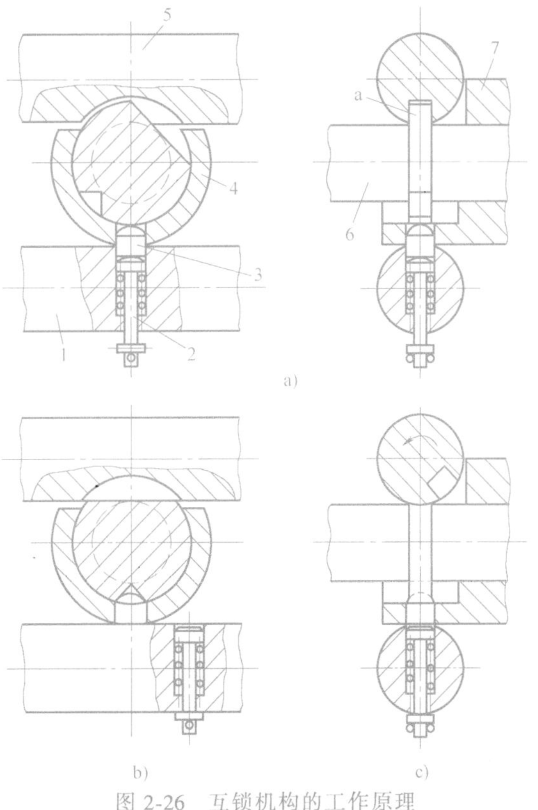


图2-26 互锁机构的工作原理

1、5、6—轴 2—弹簧销 3—球头销 4、7—支承套

轴 5 转动了位置，其上的沟槽不再对准轴 6 的凸肩，使轴 6 也无法转动。因此，接通纵向或横向机动进给后，开合螺母均不能合上。

### 2.4.4 横向进给丝杠机构

横向进给丝杠结构如图 2-27 所示。横向进给丝杠 1 的作用是将机动或手动传至其上的运动，经螺母传动使刀架获得横向进给运动。横向进给丝杠 1 的右端支承在滑动轴承 12 和 8 上，实现径向和轴向定位。利用螺母 10 可调整轴承的轴向间隙。

横向进给丝杠机构采用可调的双螺母结构。螺母固定在横向滑板 2 的底面上，它由分开的两部分 3 和 7 组成，中间用楔块 5 隔开。当由于磨损致使丝杠螺母之间的间隙过大时，可将螺母 3 的紧固螺钉 4 松开，然后拧动楔块 5 上的螺钉 6，将楔块 5 向上拉紧，依靠斜楔的作用将螺母 3 向左挤，使螺母 3 与丝杠之间产生相对位移，减小螺母与丝杠的间隙。间隙调好后，拧紧螺钉 4 将螺母 3 固定。

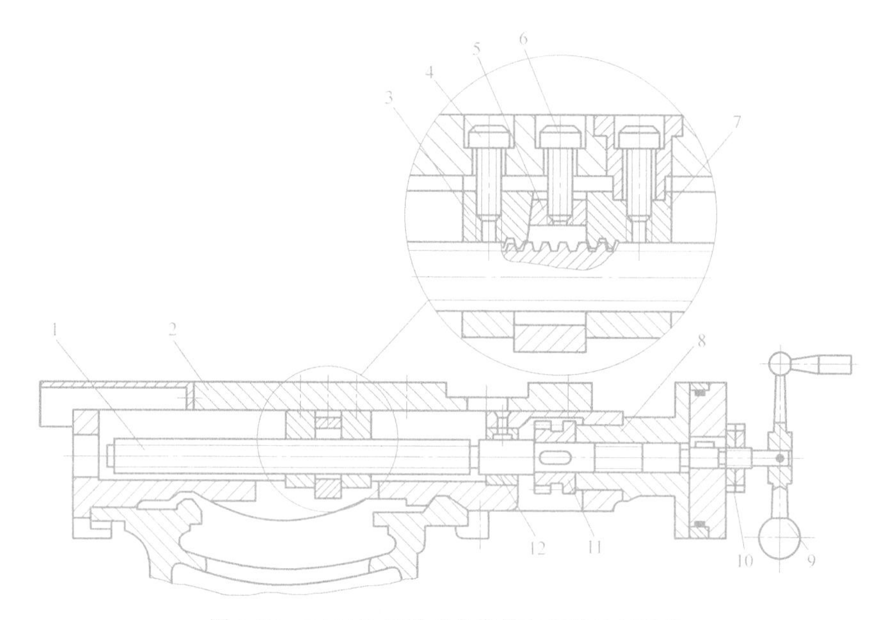


图 2-27 CA6140 型卧式车床横向进给丝杠结构

1—丝杠 2—滑板 3、7、10—螺母 4、6—螺钉 5—楔块 8、12—滑动轴承 9—手柄 11—齿轮

### 2.4.5 方刀架结构

方刀架结构如图 2-28 所示。方刀架安装在小滑板 1 上，用小滑板的圆柱凸台 d 定位。方刀架可转动间隔为 90°的四个位置，使装在四个位置的四把车刀依次进入工作位置。每次转位后，定位销 8 插入刀架滑板上的定位孔中进行定位。方刀架每次转位过程中的松夹、拨销、转位、定位以及夹紧等动作，都由手柄 16 操纵。逆时针方向转动手柄 16，使其从轴 6 顶端的螺纹向上退松，刀架体 10 便被松开。同时，手柄通过内花键套筒 13 带动花键套筒 15 转动，花键套筒 15 的下端面齿与凸轮 5 的上端面齿啮合，因而凸轮也被带动逆时针方向转动。凸轮转动时，先由其上的斜面 a 将定位销 8 从定位孔中拨出，接着凸轮的垂直侧面 b 与安装在刀架体中的销 18 相碰，如图 2-28b 所示，于是带动刀架体 10 一起转动，定位钢球

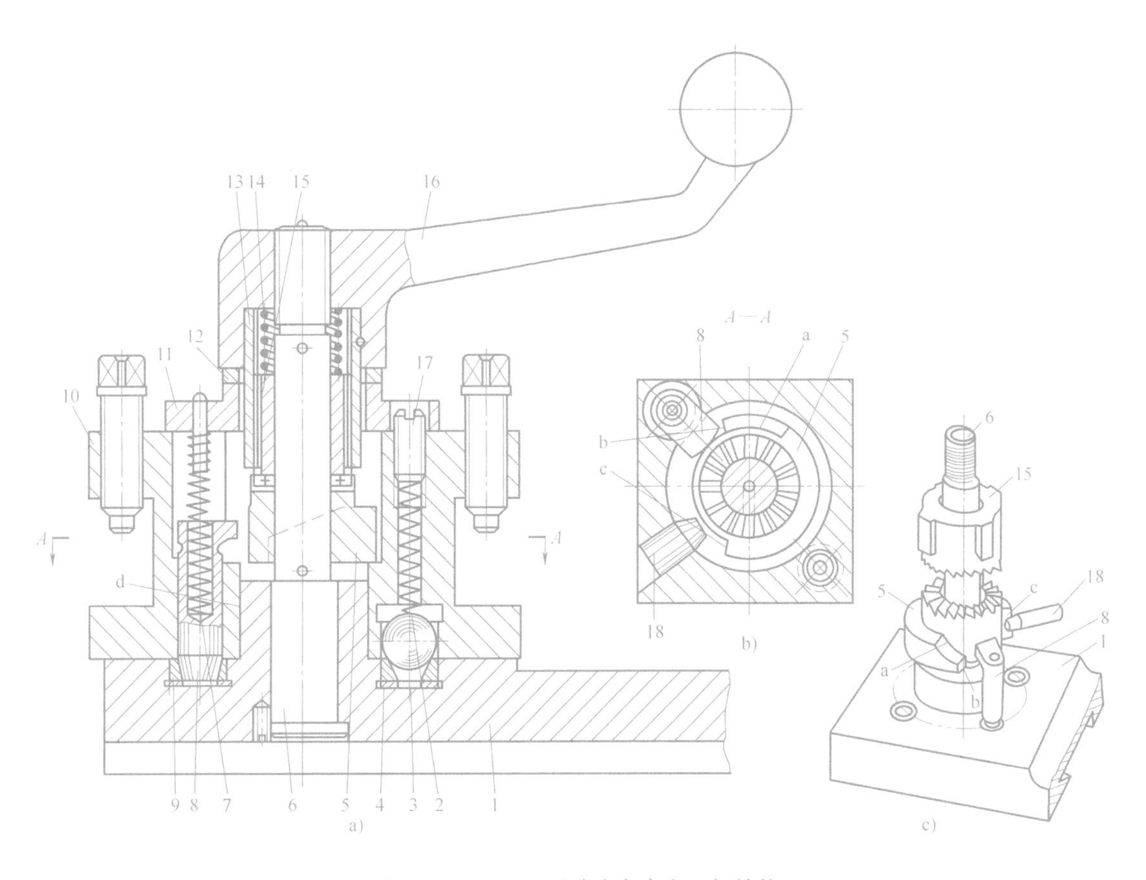


图 2-28　CA6140 型卧式车床方刀架结构

1—小滑板　2、7、14—弹簧　3—定位钢球　4、9—定位套　5—凸轮　6—轴　8—定位销　10—方刀架体　11—刀架上盖　12—垫片　13—内花键套筒　15—花键套筒　16—手柄　17—调节螺钉　18—固定销

3 从定位孔中滑出。当刀架转至所需位置时，定位钢球 3 在弹簧 2 的作用下，进入另一定位孔中进行预定位。然后，反向转动手柄 16，同时凸轮 5 也被带动一起反转。当凸轮的斜面 a 退离定位销 8 的勾形尾部时，在弹簧的作用下定位销 8 插入另一定位孔，使刀架实现精确定位。刀架被定位后，凸轮的另一垂直侧面 c 与销 18 相碰，凸轮便被销 18 挡住不再转动。此时，凸轮与花键套筒间的端面齿离合器便开始打滑，直至手柄 16 继续转动到夹紧刀架为止。修磨垫片 12 的厚度，可调整手柄 16 在夹紧方刀架后的正确位置。

## 2.5　车床主要附件简介

### 2.5.1　卡盘

机械卡盘是机床上用来夹紧工件的机械装置，即利用均布在卡盘体上的活动卡爪的径向移动，把工件夹紧和定位的机床附件。常见卡盘有自定心卡盘和单动卡盘，根据使用动力可以分为手动卡盘、气动卡盘、液压卡盘、电动卡盘和机械卡盘，根据结构还可以分为中空型和中实型。

### 1. 自定心卡盘

（1）自定心卡盘的结构及工作原理　自定心卡盘俗称三爪卡盘，是车床最常用的附件，用以装夹工件，并带动工件一起旋转，实现车床的主运动。自定心卡盘的结构如图 2-29 所示。它主要由外壳体、小锥齿轮 2、大锥齿轮 3、防尘盖板和三个卡爪 4 等零件组成。当卡盘扳手方榫插入小锥齿轮 2 的方孔 1 中转动时，就带动大锥齿轮 3 旋转。大锥齿轮背面是平面螺纹，平面螺纹又和卡爪 4 的端面螺纹啮合，因此能够带动三个卡爪同时沿径向运动以夹紧或松开工件。自定心卡盘上的三爪是同时动作的，可以达到自动定心兼夹紧的目的。自定心卡盘能自动定心，装夹工作方便，但定心精度不高，工件上同轴度要求较高的表面，应尽可能在一次装夹中车出。由于夹紧力不大，传递的转矩也不大，故自定心卡盘适于夹持圆柱形、六角形等中、小型工件。

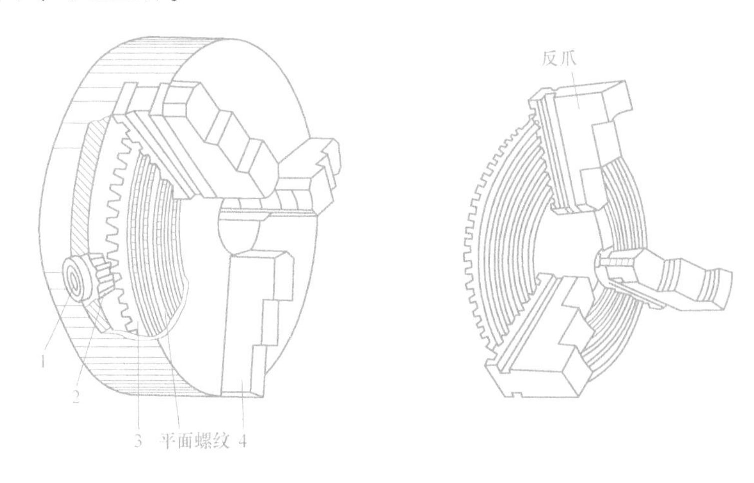


图 2-29　自定心卡盘

1—方孔　2—小锥齿轮　3—大锥齿轮　4—卡爪

（2）自定心卡盘的安装　自定心卡盘可以装成正爪和反爪两种形式，反爪用来装夹直径较大的工件，如图 2-30 所示。

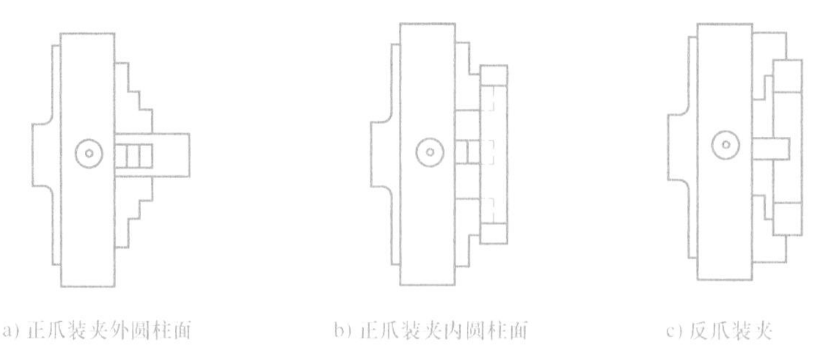

a) 正爪装夹外圆柱面　b) 正爪装夹内圆柱面　c) 反爪装夹

图 2-30　用自定心卡盘安装工件的方法

### 2. 单动卡盘

单动卡盘俗称四爪卡盘，是由一个盘体、四根螺杆、一副卡爪组成的。工作时是用四根螺杆分别带动四爪，因此常见的单动卡盘没有自动定心的作用。但可以通过调整四爪位置，装夹各种矩形的、不规则的工件，每个卡爪都可单独运动，如图 2-31 所示。

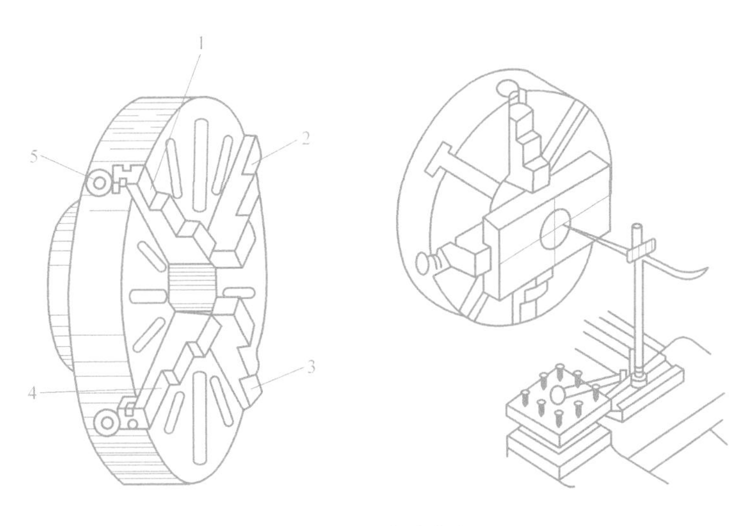


图 2-31 单动卡盘

1~4—卡爪 5—螺杆

## 2.5.2 花盘

花盘是安装在车床主轴上的一个大圆盘，其端面平整且与主轴轴线垂直。花盘端面上有许多长槽，用以穿放螺栓以压紧工件。也可以把辅助支承角铁用螺栓牢固夹持在花盘上，而工件则安装在角铁上。花盘主要用于加工形状不对称的复杂工件。如图 2-32a 所示为连杆在花盘上的装夹示意图。连杆两端面要求平行，大头孔轴线与端面要求垂直，因而应以连杆的一个端面为基准与花盘平面接触，加工孔的另一端面。装夹时，工件在花盘上的位置需仔细找正，应选择适当的部位安放压板，以防止工件变形，若工件偏于一边，则应安放平衡块。图 2-32b 所示为花盘与辅助支承角铁（弯板）配合装夹工件。

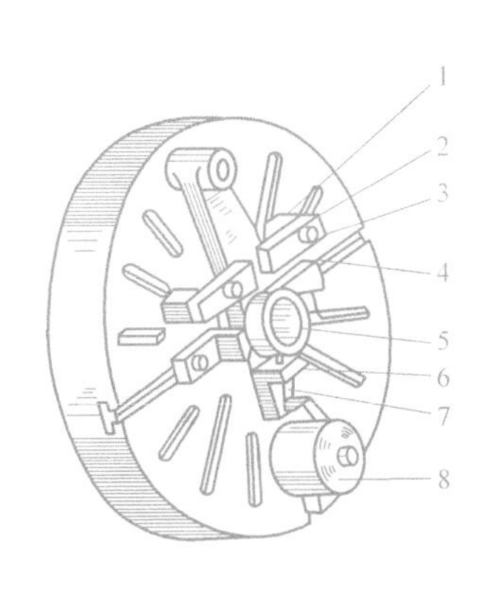


a) 花盘装夹工件

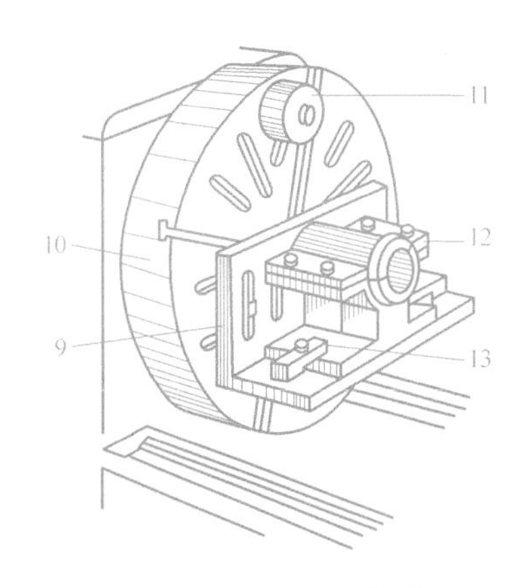


b) 花盘与弯板配合装夹工件

图 2-32 花盘的使用方法

1—垫铁 2、13—压板 3—压板螺栓 4—T 形槽 5、12—工件 6、9—弯板 7—可调螺栓 8、11—配重块 10—花盘

### 2.5.3 顶尖和拨盘

#### 1. 顶尖

顶尖一般分前顶尖和后顶尖两种。前顶尖安装在卡盘上或主轴孔内，随主轴一起旋转，一般用固定顶尖，如图 2-33 所示。后顶尖安装在尾座套筒内，如图 2-34 所示，常采用回转顶尖，如图 2-34c 所示。由于回转顶尖随工件转动，因此，顶尖与工件中心孔之间不会产生摩擦发热，但回转顶尖定位精度不如固定顶尖高，故一般用于工件的粗加工和半精加工。当工件的精度要求高时，前、后顶尖都应使用固定顶尖，如图 2-34a、b 所示。当后顶尖采用固定顶尖时，由于固定顶尖不动，为防止顶尖与工件中心孔之间产生摩擦发热，应采用合理的切削速度和适当的润滑油。

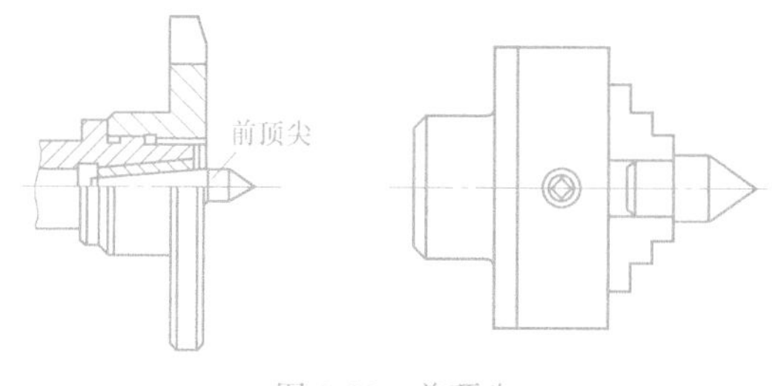


图 2-33 前顶尖

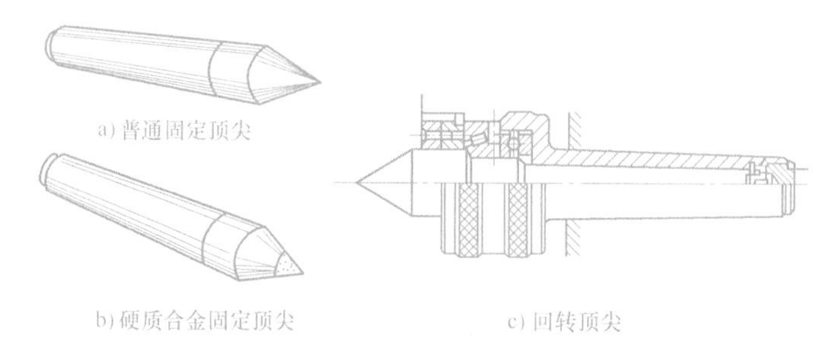


图 2-34 后顶尖

#### 2. 拨盘

工件支承在前、后两顶尖间，由于前、后顶尖均不能带动工件旋转，所以必须通过拨盘和对分夹头或鸡心夹头带动旋转。如图 2-35a 所示，前顶尖装在主轴锥孔内，用拨盘使工件与主轴一起旋转。后顶尖装在尾座锥孔内固定不转。有时也可用自定心卡盘代替拨盘，如图 2-35b 所示。此时前顶尖用一段钢棒车成，夹在自定心卡盘上，卡盘的卡爪通过鸡心夹头带动工件旋转。

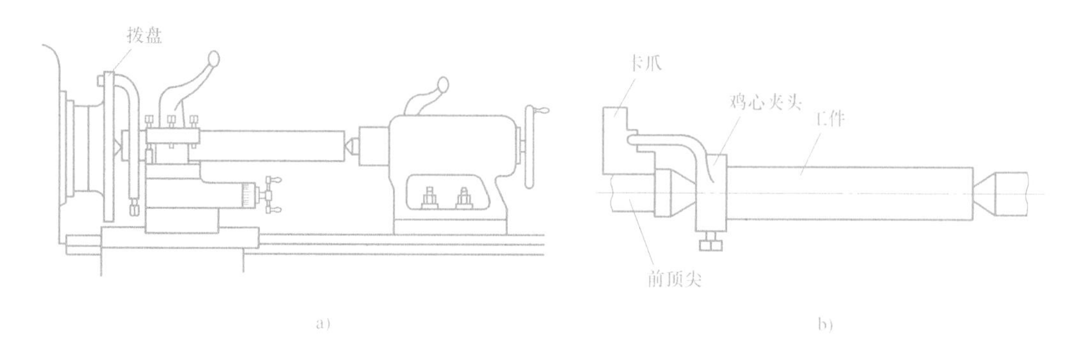


图 2-35 两顶尖安装工件

### 2.5.4 中心架和跟刀架

车削细长轴时，由于工件的刚度很差，在自重、离心力、切削力作用下会产生弯曲和振动，使加工很难进行，故需要采用辅助夹紧机构中心架、跟刀架等。

使用中心架、跟刀架时，主轴转速不宜过高，并需在支承爪处加注全损耗系统用油进行润滑。

#### 1. 中心架

在车削细长轴时，可使用中心架来增加工件刚度，如图 2-36 所示。当工件可以分段车削时，中心架支承在工件中间，这样支承，*L/d* 值减少了一半，细长轴车削时的刚度可增加好几倍。在工件装上中心架之前，必须在毛坯中部车出一段支承中心架支承爪的沟槽，表面粗糙度及圆柱度误差要小，否则会影响工件的精度。车削时，中心架的支承爪与工件接触处应经常加润滑油。为了使支承爪与工件保持良好的接触，也可以在中心架支承爪与工件之间加一层砂布或研磨剂，进行研磨抱合。

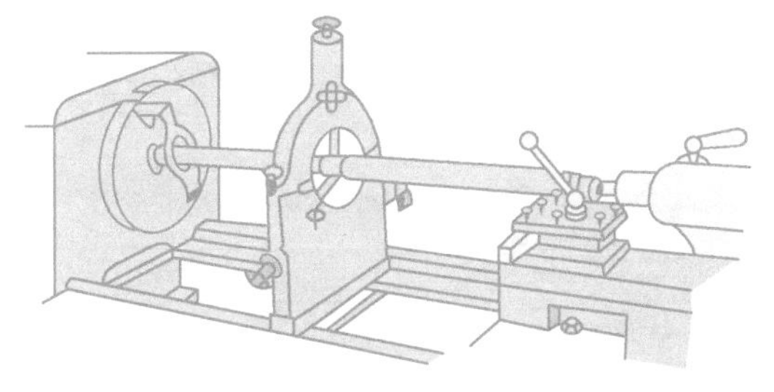

图 2-36 用中心架支承车削细长轴

#### 2. 跟刀架

对不适宜调头车削的细长轴，不能用中心架支承，而要用跟刀架支承进行车削，以增加工件的刚度，如图 2-37c 所示。跟刀架固定在床鞍上，其按支承爪数量分为两爪跟刀架和三

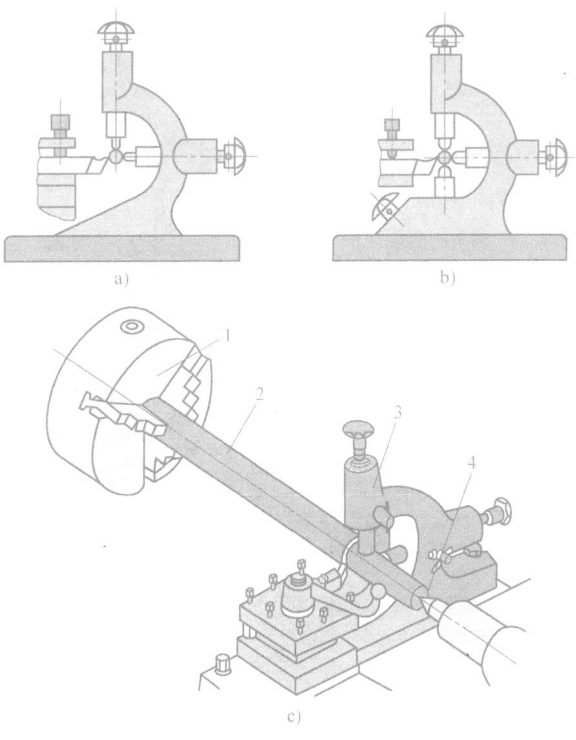


图 2-37 用跟刀架支承车削细长轴

1—自定心卡盘 2—工件 3—跟刀架 4—顶尖

爪跟刀架两种，图 2-37a 所示为两爪跟刀架，图 2-37b 所示为三爪跟刀架。车削时，跟刀架可以跟随车刀移动，可以增加工件的刚度，减少变形，从而提高细长轴的形状精度和减小表面粗糙度。从跟刀架的设计原理来看，只需两只支承爪就可以了，因车刀给工件的切削力，使工件贴在跟刀架的两个支承爪上。但是实际使用时，工件本身有一个向下的重力，以及工件不可避免的弯曲，因此，当车削时，工件往往因离心力瞬时离开支承爪而产生振动。采用三只支承爪的跟刀架支承工件时，另一面由车刀抵住，使工件上下、左右都不能移动，车削时稳定，不易产生振动。因此车细长轴时一个非常关键的问题是要应用三爪跟刀架。

## 2.6 其他类型车床简介

### 2.6.1 立式车床

立式车床主要用于加工径向尺寸大而轴向尺寸相对较小，且形状比较复杂的大型或重型零件，它是汽轮机、水轮机、重型电机、矿山冶金设备等加工中不可缺少的机床，同时在一般机械制造厂中使用也很普遍。立式车床的主轴垂直布置，并有一直径很大的圆形工作台，以装夹工件，工作台台面处于水平位置，以便于笨重工件的装夹。由于工件及工作台的质量由床身导轨或推力轴承承受，大大减轻了主轴及其轴承的载荷，因此能长期保持其工作精度。

立式车床可分为单柱式和双柱式两类。

单柱立式车床只用于加工直径不大的工件，图 2-38 所示为其外观图。箱形立柱 3 与底座 1 固定在一起，构成机床的支承骨架，工作台 2 装在底座 1 的环形导轨上，工件装夹于工

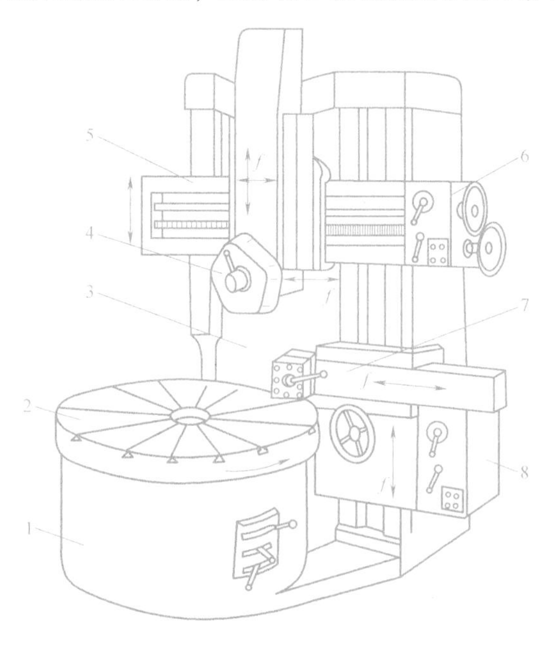


图 2-38 单柱立式车床外观图

1—底座 2—工作台 3—立柱 4—垂直刀架 5—横梁
6—垂直刀架进给箱 7—侧刀架 8—侧刀架进给箱

作台的台面上，并由工作台带动绕垂直轴线旋转，形成主运动。在立柱的垂直导轨上安装有侧刀架 7，它可沿垂直导轨及刀架滑座做垂直或横向进给，以车削外圆、端面、槽和倒角等。立柱的垂直导轨上安装有横梁 5，在横梁的水平导轨上装有垂直刀架 4，刀架 4 可沿横梁导轨移动做横向进给，也可沿刀架滑座导轨移动做垂直进给，刀架滑座可左右扳转一定角度，以便刀架做斜向进给。垂直刀架可用于车削内外圆柱面、内外圆锥面、端面以及槽等。在垂直刀架上通常带有一个五角形的转塔刀架，除装夹各种车刀外还可装夹各种孔加工刀具，以进行钻、扩、铰孔操作。两个刀架在进给运动方向上都能做快速调位移动以完成快速接近、退回和调整位置等辅助运动，横梁连同垂直刀架一起，可沿立柱导轨上下移动，以调整刀具相对工件的位置，横梁移至所需位置后，可手动或自动夹紧在立柱上。

图 2-39 所示为双柱立式车床的外观图。两个立柱 3 与底座 1 和顶梁 6 连成一个封闭式框架。横梁 5 上装有两个垂直刀架，可沿横梁和刀架滑座做横向和垂直两个方向的进给。双柱立式车床主要用于加工直径较大的工件。

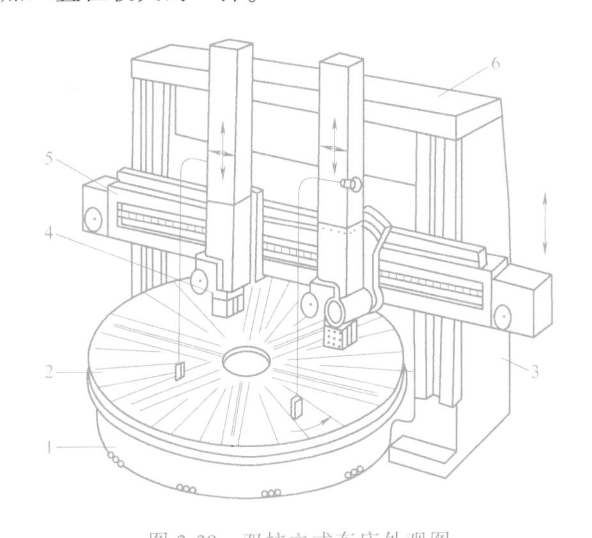


图 2-39 双柱立式车床外观图

1—底座 2—工作台 3—立柱 4—垂直刀架 5—横梁 6—顶梁

### 2.6.2 回轮、转塔车床

卧式车床的方刀架上最多只能安装四把刀具，尾座只能安装一把孔加工刀具，且尾座安装的刀具无机动进给。因而，应用卧式车床加工一些形状较为复杂，特别是带有内孔和内、外螺纹的工件时，需要频繁换刀、对刀、移动尾座以及试切、测量尺寸等，从而使得辅助时间延长，降低了生产率，增大了工人的劳动强度。特别是在大批量生产中，卧式车床的这种不足表现更为突出。为了缩短辅助时间，提高生产率，在卧式车床的基础上，研制了回轮、转塔车床。回轮、转塔车床与卧式车床的主要区别是取消了尾座和丝杠，并在车床尾部装有一个可沿床身导轨纵向移动并可转位的多工位刀架。回轮、转塔车床能完成卧式车床上的各种工序，但由于没有丝杠，所以只能用丝锥或板牙加工较短的内、外螺纹。

#### 1. 滑鞍转塔车床

图 2-40 所示为滑鞍转塔车床。滑鞍转塔车床除了前刀架 3 外，还有一个可绕垂直轴线回转的转塔刀架 4，如图 2-40a 所示。转塔刀架呈六角形，可通过各种辅具安装车刀或孔加

工刀具，如图 2-40b 所示。转塔刀架主要用于加工内、外圆柱面及内、外螺纹。前刀架可做纵向和横向进给，用于加工大圆柱面和端面，以及切槽、切断等。

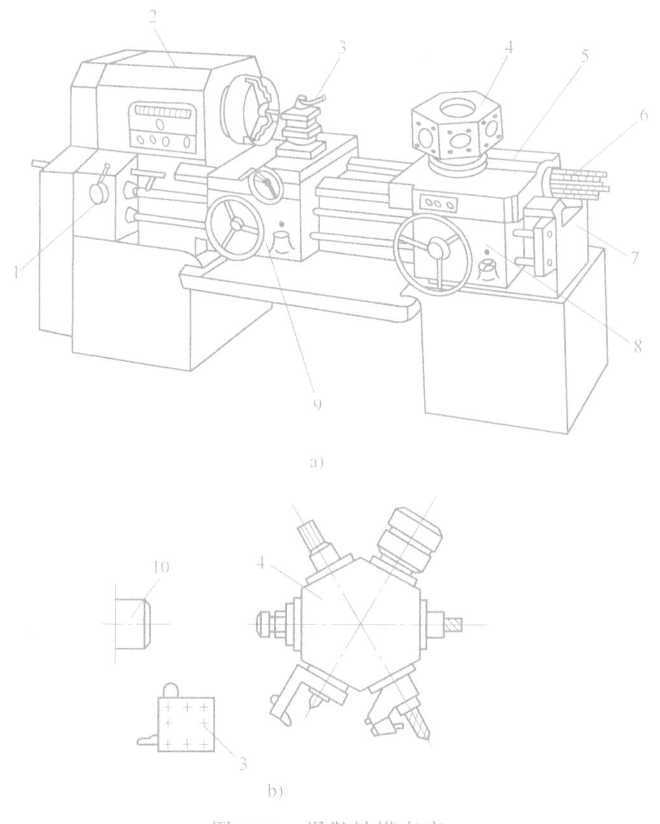


图 2-40　滑鞍转塔车床

1—进给箱　2—主轴箱　3—前刀架　4—转塔刀架　5—纵向溜板　6—定程装置　7—床身
8—转塔刀架溜板箱　9—前刀架溜板箱　10—主轴

机床加工前，根据工件加工工艺过程，预先调整好刀具位置，同时调整好机床纵向和横向的行程挡块位置。在加工时，完成一个工步，刀架转位一次，再进行下一个工步，直至工件加工结束。由于省去了拆装刀具、对刀、测量等过程，大大提高了生产率。但机床加工前调整刀具及行程挡块所需时间较多，故这种机床只适用于成批生产。

### 2. 回轮车床

回轮车床是在卧式车床的基础上发展起来的，它与卧式车床的主要区别是结构上没有尾座和丝杠，在床身尾部装有一个能纵向移动的多工位刀架，其上可装夹多把刀具。加工过程中，多工位刀架可周期地转位，将不同刀具依次转到加工位置，顺序地对工件进行加工。图 2-41a 所示为回轮车床外形。回轮车床没有前刀架，但布置有回轮刀架 4。该刀架通过绕与主轴轴线平行的自身轴线回转进行换刀。回轮刀架的端面有若干安装刀具用的轴向孔，如图 2-41b 所示。当刀具孔转到最高位置时，其轴线与主轴轴线在同一直线上。回轮刀架可随纵向溜板沿床身 6 的导轨做纵向进给，完成车削内外圆柱面、钻孔、扩孔、铰孔和加工螺纹等工序。回轮刀架缓慢旋转时，可实现横向进给，以完成切槽、切断、车端面等工序。这种车床主要使用棒料毛坯，适用于加工形状较复杂的小直径工件。

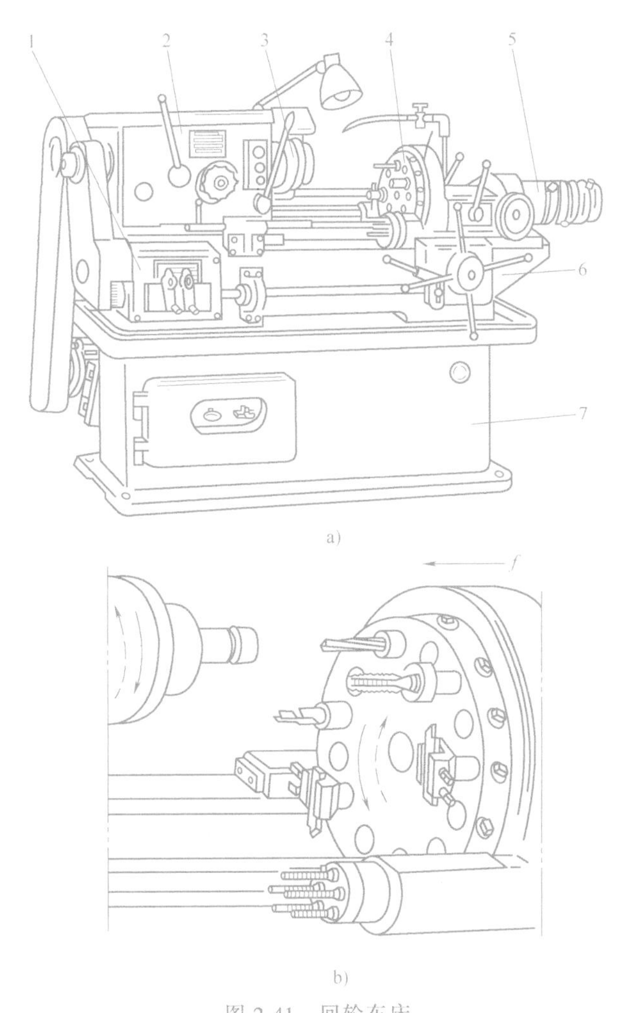


图 2-41 回轮车床

1—进给箱 2—主轴箱 3—夹料夹头 4—回轮刀架 5—挡块轴 6—床身 7—底座

## 2.6.3 多刀半自动车床

图 2-42 所示为 CB3463-1 型半自动转塔车床的外形图。其广泛应用于成批及大批量生产中，主要用于加工形状比较复杂、需要多把刀具顺次切削的盘类零件，如法兰盘、齿轮坯和多台阶套等。

该机床由主电动机经 V 带和齿轮使机床主轴旋转，形成主运动。前刀架 3、后刀架 4、转塔刀架 5 的运动都是用液压驱动，用电气和液压联合控制实现刀架的快进、工作进给和快退的自动工作循环。三个刀架中，转塔刀架是机床的主要工作刀架，它担负主要的切削加工任务。除了具有上述的自动工作循环以外，工作进给完毕，快退到原始位置后，还有一个转塔自动转位的动作，以便转换刀具使下一组刀具进入加工位置。各刀架还能根据加工程序协同动作，完成对整个工件的加工。除装卸工件外，整个加工过程可以实现自动循环，因此具有较高的生产率。

加工过程中，机床各工作部件都由电动机经机械传动系统或液压传动系统来驱动。而各

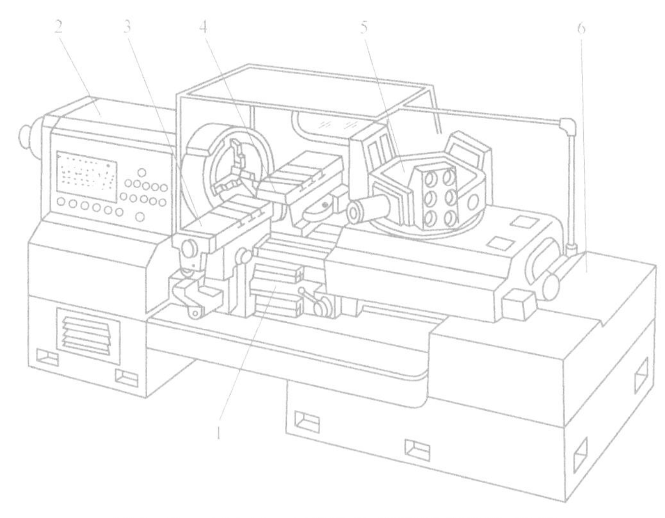


图 2-42　CB3463-1 型半自动转塔车床外形图

1—床身　2—主轴箱　3—前刀架　4—后刀架　5—转塔刀架　6—液压装置

工作部件的动作顺序、运动的起止时间、速度、方向、行程长度和位置则由自动控制系统控制。机床用矩阵板和行程开关等发出控制信号，经电路、油路和某些机构传递到被控制的工作部件，使机床能自动地完成规定内容的工作循环。

## 思考与练习题

2-1　试分析 CA6140 型卧式车床的传动系统。

（1）这台车床的传动系统有几条传动链？指出各条传动链的首端件及末端件。

（2）分析车削模数螺纹和径节螺纹的传动路线，并列出其运动平衡式。

（3）为什么车削螺纹时，用丝杠承担纵向进给，而车削其他表面时用光杠承担纵向和横向进给？能否用一根丝杠既承担纵向进给又承担车削其他表面的进给运动？

2-2　在 CA6140 型卧式车床的主运动、车螺纹运动、纵向、横向进给运动、快速运动等传动链中，哪条传动链的两端件之间需要有严格的传动比？哪条传动链是内联系传动链？

2-3　判断下列结论是否正确，并说明理由。

（1）车米制螺纹转换为车寸制螺纹，用同一组（米制）交换齿轮，但要转换传动路线。

（2）车模数螺纹转换为车径节螺纹，用同一组（模数）交换齿轮，但要转换传动路线。

（3）车米制螺纹转换为车径节螺纹，用寸制传动路线，但要改变交换齿轮。

（4）车寸制螺纹转换为车径节螺纹，用寸制传动路线，但要改变交换齿轮。

2-4　试写出在 CA6140 型卧式车床上车削下列螺纹时的传动路线表达式。

（1）米制螺纹，$P=3\text{mm}$，$k=2$。

（2）寸制螺纹，$a=8$ 牙/in。

（3）模数螺纹，$m=4\text{mm}$，$k=2$。

（4）径节螺纹，$DP=10$ 牙/in，$k=2$。

2-5　CA6140 型车床有几种机动进给路线？列出最大纵向机动进给量及最小横向机动进给量的传动路线表达式，并计算出各自的进给量。

2-6　试分析 CA6140 型卧式车床的主轴组件在主轴箱内如何定位，其径向和轴向间隙如何调整。

2-7　分析 CA6140 型卧式车床出现下列现象的原因，并指出解决方法。

（1）车削过程中产生闷车现象。

（2）扳动主轴开、停和换向手柄十分费力，手柄甚至不能稳定地停留在终点位置上。

（3）将手柄扳至停车位置后，主轴不能很快停转或仍继续旋转不止。

2-8　欲在 CA6140 型卧式车床上车削 $L=10$mm 的米制螺纹，试指出能够加工这一螺纹的传动路线有哪几条。

2-9　CA6140 型卧式车床的进给传动系统中，主轴箱和溜板箱中各有一套换向机构，它们的作用有何不同？能否用主轴箱中的换向机构来变换纵、横向机动进给方向？为什么？

2-10　已知工件螺纹导程 $L=21$mm，试调整 CA6140 型卧式车床的车螺纹的运动传动链（设交换齿轮齿数为 20、25、30、35、40、45、50、55、60、65、70、75、80、85、90、100、127）。

2-11　在 CA6140 型卧式车床的主传动链中，能否用双向牙嵌离合器或双向齿轮式离合器代替双向摩擦片式离合器以实现主轴的开、停及换向？在进给传动链中，能否用单向摩擦片式离合器或电磁离合器代替齿轮式离合器 $M_3$、$M_4$、$M_5$？为什么？

2-12　在车床溜板箱中，开合螺母操纵机构与机动纵向和横向进给操纵机构之间为什么需要互锁？试分析互锁机构的工作原理。

2-13　已知溜板箱传动件完好无损，开动 CA6140 型卧式车床，当主轴正转时，光杠已转动，通过操纵进给机构使 $M_8$ 或 $M_9$ 接合，刀架却没有进给，试分析原因。

# 第3章 铣床

**知识要求**

1）了解铣床的用途、分类。

2）掌握X6132型铣床的组成、传动。

3）掌握X6132型铣床的传动系统及调整计算。

4）了解X6132型铣床主要部件结构。

5）了解常用铣刀的类型、材料。

**能力要求**

1）具有合理选用铣刀及铣削方式加工中等复杂工件的能力。

2）具有正确使用万能分度头加工相应工件的能力。

**素质要求**

培养学生刻苦钻研、精益求精的科学创新精神。

## 3.1 铣床及铣刀概述

### 3.1.1 铣床简介

#### 1. 铣床用途

铣床是用铣刀进行切削加工的机床。见图3-1，在铣床上可以加工平面（水平面、垂直面、台阶面等）、沟槽（键槽、T形槽、燕尾槽等）、多齿零件（齿轮、链轮、棘轮、外花键等）上的齿槽、螺旋形表面（螺纹和螺旋槽）、各种曲面及切断等。铣床经济加工的标准公差等级一般为IT9~IT8，表面粗糙度值 $Ra$ 为12.5~1.6μm，精加工时的标准公差等级可达IT5，表面粗糙度值 $Ra$ 可达0.2μm。

由于铣床使用旋转的多齿刀具加工工件，同时有数个刀齿参加切削，所以生产率高。但是，铣刀每个刀齿的切削过程是断续的，且每个刀齿的切削厚度又是变化的，这就使切削力相应地发生变化，容易引起机床振动，因此，铣床在结构上要求有较高的刚度和抗振性。

#### 2. 铣床运动

一般情况下，铣床工作时的主运动是铣刀的旋转运动。大多数铣床上，进给运动是由工件在垂直于铣刀轴线方向的直线运动来实现的。少数铣床上，进给运动是工件的回转运动或曲线运动。为适应不同形状和尺寸的工件加工，铣床可保证工件与铣刀之间在相互垂直的三个方向上调整位置，并可根据加工要求，在其中任一方向实现进给运动。在铣床上，工作进

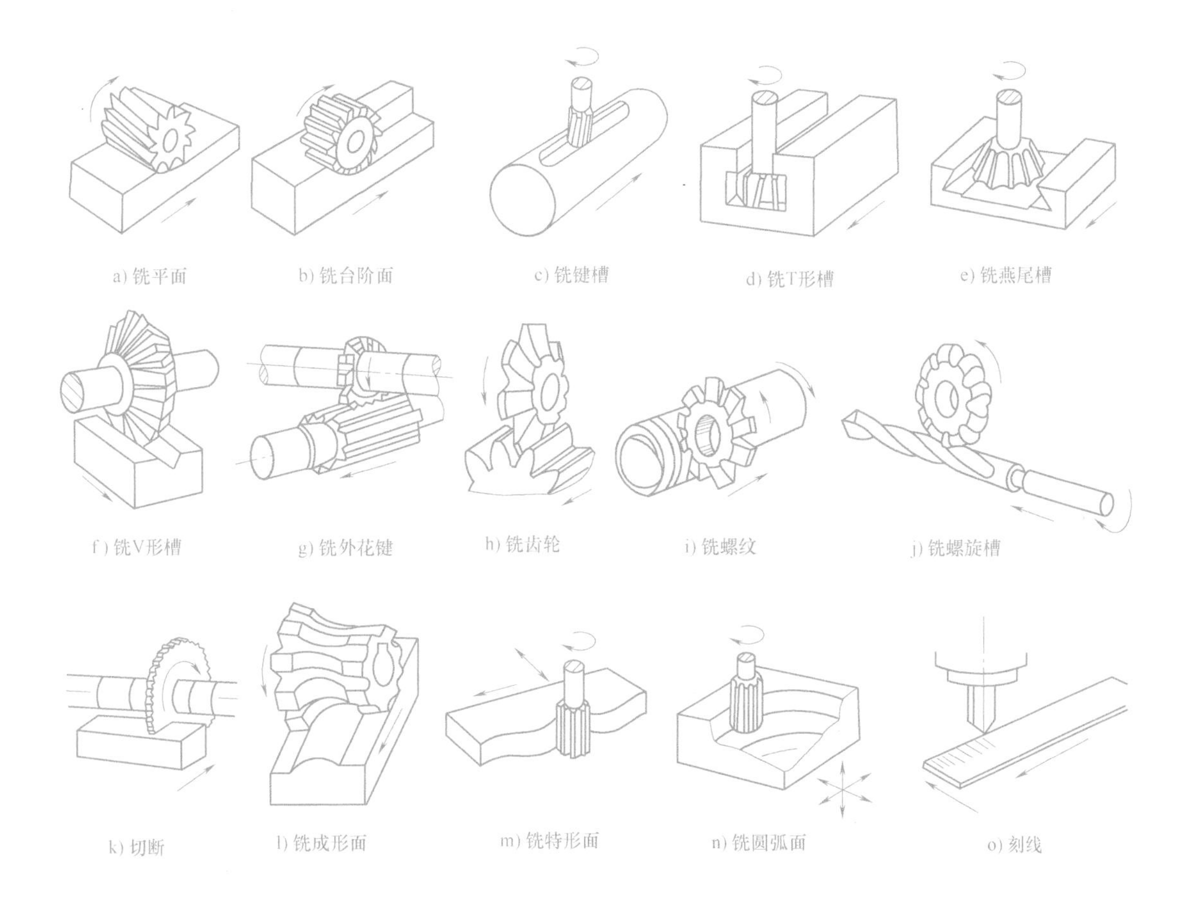


图 3-1 铣削加工范围

给和调整刀具与工件相对位置的运动，根据机床类型的不同，可由工件（万能升降台铣床）或刀具及工件（龙门铣床）来实现。

3. 铣床分类

铣床的类型很多，主要类型有卧式升降台铣床、立式升降台铣床、龙门铣床、工具铣床，此外还有仿形铣床、仪表铣床和各种专门化铣床（如键槽铣床、曲轴铣床）等。

其中升降台铣床应用最广泛。其结构特征是装夹工件的工作台可在相互垂直的三个方向上调整位置，并可在任一方向上实现进给运动。加工时装夹铣刀的主轴仅做旋转运动，其轴线位置一般固定不动。该类机床的工艺范围广，操作灵活、方便，能迅速进行各种加工调整，适用于加工中、小型零件的平面和沟槽，配置相应的附件后可铣削螺旋槽、分齿零件，还可钻孔、镗孔，一般应用于单件或小批量生产的生产车间、工具车间或机修车间。

### 3.1.2 铣刀简介

1. 铣刀材料

1）高速工具钢，具有较好的切削性能，其适宜的切削速度为 16~35m/min，用于制造形状较复杂的铣刀，常用牌号有 W18Cr4V、W6Mo5Cr4V2 等。

2）硬质合金，耐磨性好，低速时切削性能差，工艺性较差。其切削速度比高速工具钢高 4~7 倍，可用作高速切削和硬材料切削的刀具。一般情况下，大都是将硬质合金刀片以焊接或机械夹固的方法固定在铣刀刀体上。

2. 铣刀

铣刀实质上是一种由几把单刃刀具组成的多刃标准刀具，其主、副切削刃根据其类型与结构不同，分布在外圆柱面上或端面上。

铣刀分类方法很多。根据铣刀的安装方法不同，分为带孔铣刀和带柄铣刀两大类。

常用的带孔铣刀有圆柱铣刀、三面刃铣刀（整体式或镶齿式）、锯片铣刀、模数铣刀、角度铣刀和圆弧铣刀（凸圆弧或凹圆弧）等，如图 3-2 所示。带孔铣刀多用在卧式铣床上加工平面、直槽、齿形和圆弧形槽（或圆弧形螺旋槽）以及切断等。

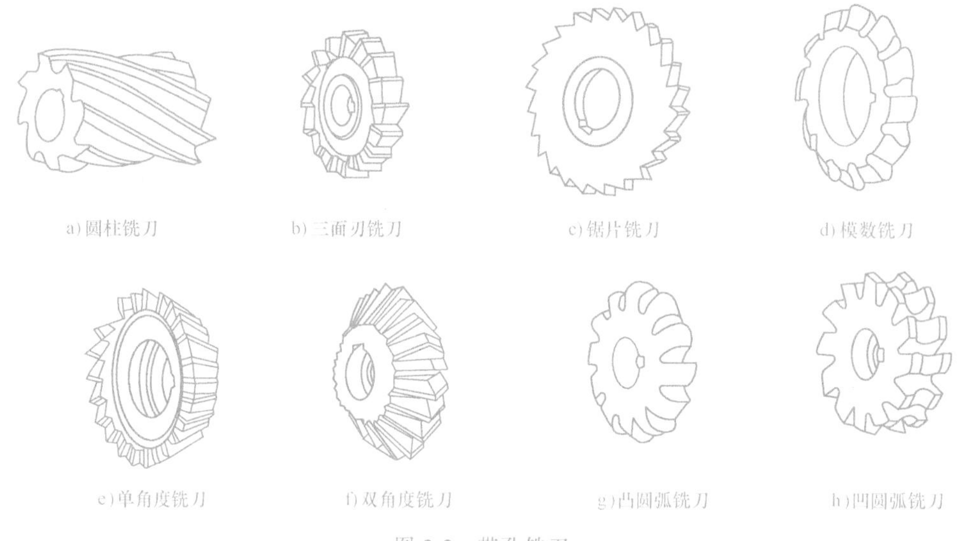


图 3-2 带孔铣刀

带柄铣刀按刀柄形状不同分为直柄和锥柄两种，见图 3-3，常用的有镶齿面铣刀、立铣刀、键槽铣刀、T 形槽铣刀和燕尾槽铣刀等。带柄铣刀多用在立式铣床上加工平面、台阶面、沟槽与键槽、T 形槽或燕尾槽等。

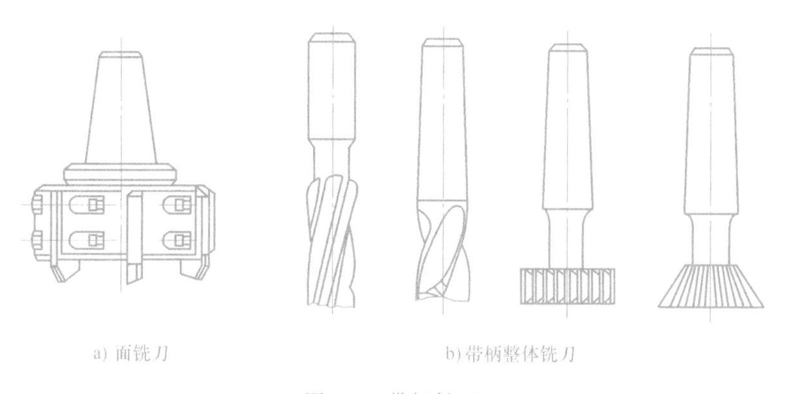


图 3-3 带柄铣刀

3. 铣刀的安装

(1) 带孔铣刀的安装　铣刀尽可能靠近主轴端面安装，以增加工艺系统刚度，减少振动，如图 3-4 所示。

安装时，先擦净定位套筒和铣刀，以减小安装后铣刀的端面圆跳动，将刀杆插入主轴锥孔中，并使刀杆上的键槽与主轴的键配合。拉杆与刀杆柄部螺纹旋合至少 5~6 个螺距，在拧紧刀杆上的压紧螺母前，需先装好挂架，最后使刀杆与主轴、铣刀与刀杆紧密配合。

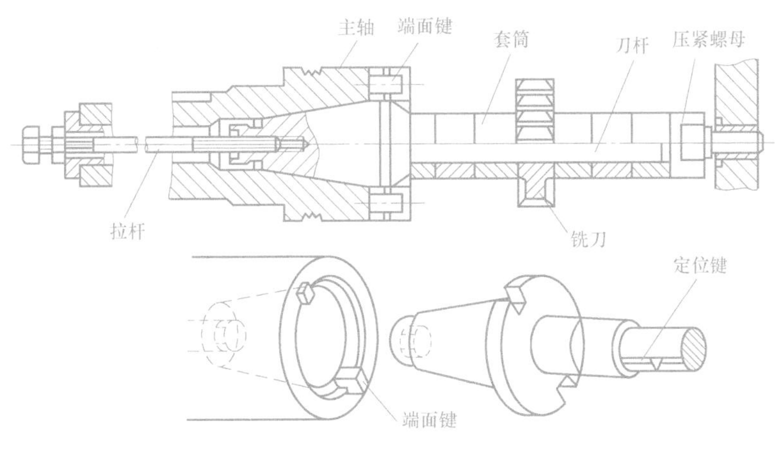


图 3-4　带孔铣刀的安装

(2) 带柄铣刀的安装　直柄铣刀通常为整体式，直径一般都小于 20mm，多用弹性夹头进行安装，如图 3-5a 所示。由于弹性夹头上沿轴向有三条开口，故用螺母压紧弹性夹头的端面，使其外锥面受压而孔径缩小，从而夹紧铣刀。弹性夹头有多种孔径，以适应安装不同直径的直柄铣刀。

锥柄铣刀有整体式和组装式两种。组装式主要安装铣刀头或硬质合金可转位刀片。锥柄铣刀安装时，先选用合适的过渡锥套，再用拉杆将铣刀及过渡锥套一起拉紧在主轴端部的锥孔内，如图 3-5b 所示。

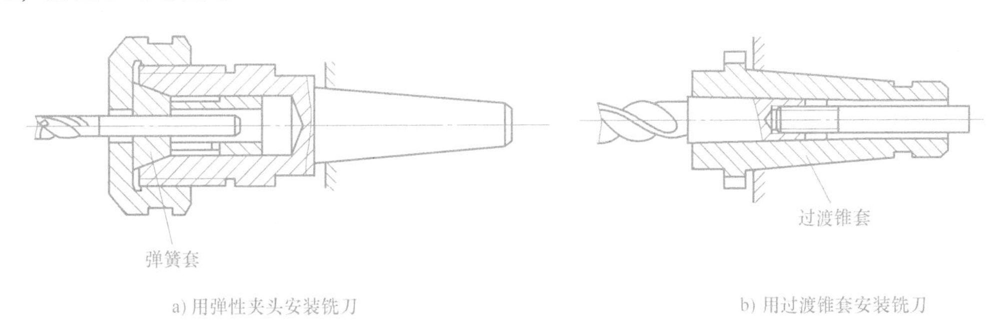


a) 用弹性夹头安装铣刀　　b) 用过渡锥套安装铣刀

图 3-5　带柄铣刀的安装

4. 铣刀安装操作

(1) 在卧式铣床上安装圆柱铣刀或圆盘铣刀　在卧式铣床上安装圆柱或圆盘铣刀的操作，如图 3-6 所示。

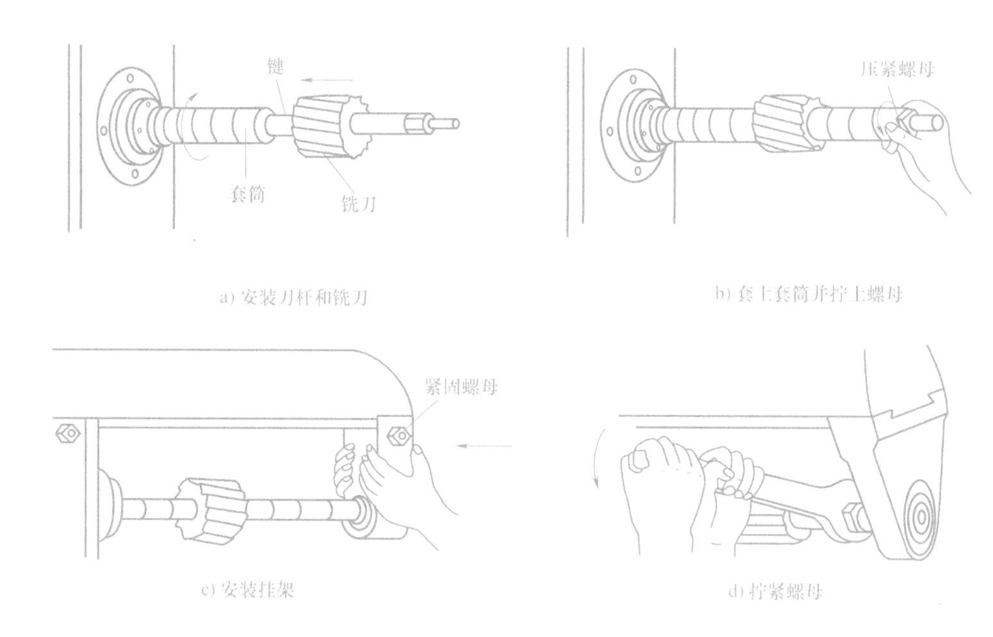


a) 安装刀杆和铣刀　b) 套上套筒并拧上螺母

c) 安装挂架　d) 拧紧螺母

图 3-6　圆柱铣刀的安装

（2）在立式铣床上安装面铣刀　在立式铣床上安装面铣刀的操作，如图 3-7 所示。

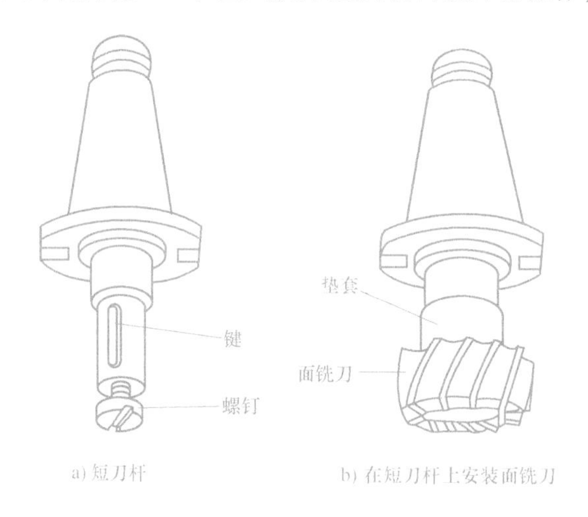


a) 短刀杆　b) 在短刀杆上安装面铣刀

图 3-7　安装面铣刀

## 3.2　X6132 型铣床的工艺范围和主要组成部件

### 1. 工艺范围

X6132 铣床常使用圆柱铣刀、盘铣刀、角度铣刀、成形铣刀及面铣刀、模数铣刀等刀具加工平面、斜面、沟槽、螺旋槽、齿槽等。

### 2. 主要组成部件

如图 3-8 所示，X6132 万能升降台铣床由底座 1、床身 2、悬梁 3、刀杆支架 4、主轴 5、工作台6、床鞍7、升降台8和回转盘9等组成。床身2固定在底座1上，床身内装有主轴部件、主变速传动装置及其变速操纵机构。悬梁3可在床身顶部的燕尾形导轨上沿水平方向调整前后位置，悬梁上的刀杆支架4用于支承刀杆，提高刀杆的刚度。升降台8可沿床身前侧面的垂直导轨上、下移动，升降台内装有进给运动的变速传动装置、快速传动装置及其操纵机构。床鞍7装在升降台的水平导轨上，可沿主轴轴线方向移动（也称横向移动）。床鞍7上装有回转盘9，回转盘上的燕尾形导轨上又装有工作台6，因此，工作台可沿导轨做垂直于主轴轴线方向的移动（也称纵向移动），工作台通过回转盘可绕垂直轴线在±45°范围内调整角度，以铣削螺旋表面。底座1内部是切削液箱。

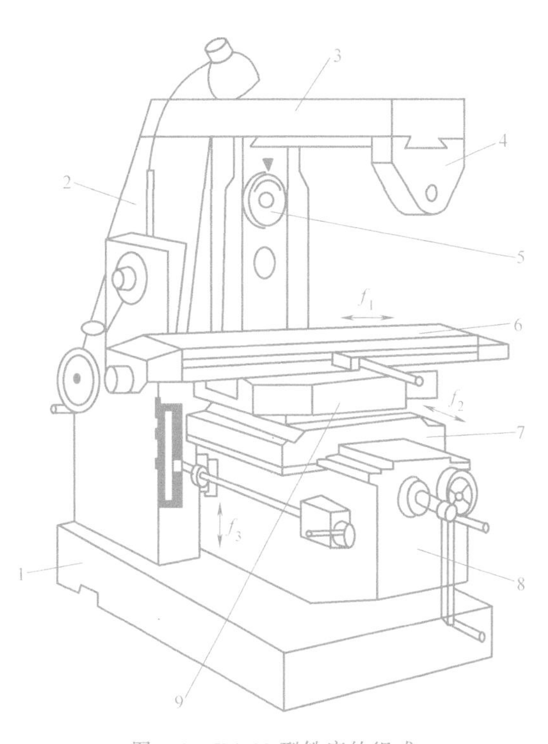

图3-8 X6132型铣床的组成

1—底座 2—床身 3—悬梁 4—刀杆支架 5—主轴 6—工作台 7—床鞍 8—升降台 9—回转盘

X6132型铣床工作台面宽320mm，长1250mm，工作台纵向、横向、垂直三个方向的机动最大行程分别为860mm、240mm、300mm。主轴锥孔锥度为7∶24；主轴轴线至工作台台面的最大、最小距离分别为350mm、30mm；主电动机功率为7.5kW，进给电动机功率为1.5kW，主轴转速级数为18级，转速范围为30~1500r/min，三个相互垂直的进给量均为21级，其中纵向和横向进给速度为10~1000mm/min，垂直方向进给速度为3.3~333mm/min。

## 3.3 X6132型铣床的传动系统

如图3-9所示，X6132型铣床的传动系统由主运动传动链、横向进给运动传动链、纵向进给运动传动链、垂直进给运动传动链及相应方向的快速空行程进给运动传动链组成。

### 3.3.1 主运动传动链

铣床主运动是指带动铣刀旋转，并对工件进行切削的运动。铣床主运动传动装置的主要作用是获得加工时所需的各种转速、转向以及停止加工时快速平稳的制动，它的18级转速通过相互串联的变速组变速后得到。由于加工时主轴换向不频繁，因此由主电动机正、反转实现换向。轴Ⅱ右端安装电磁制动器M，用于机床停止加工时对主传动装置实施制动。

主运动的传动路线表达式为

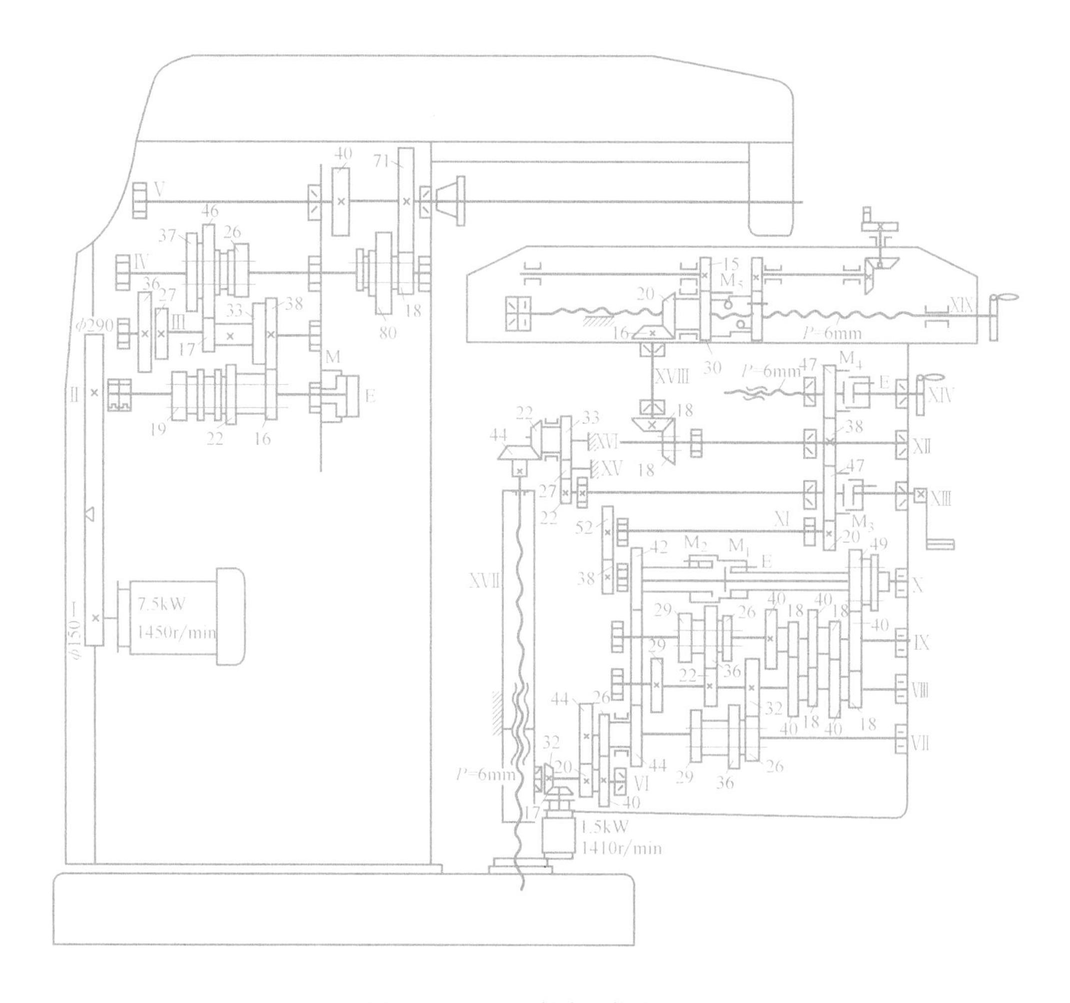


图 3-9　X6132 型铣床的传动系统

$$\begin{matrix}\text{电动机}\\ 7.5\text{kW}\\ 1450\text{r/min}\end{matrix}(\text{Ⅰ轴})-\frac{\phi150}{\phi290}-\text{Ⅱ}-\begin{Bmatrix}\frac{19}{36}\\ \frac{22}{33}\\ \frac{16}{38}\end{Bmatrix}-\text{Ⅲ}-\begin{Bmatrix}\frac{27}{37}\\ \frac{17}{46}\\ \frac{38}{26}\end{Bmatrix}-\text{Ⅳ}-\begin{Bmatrix}\frac{80}{40}\\ \frac{18}{71}\end{Bmatrix}-\text{Ⅴ}(\text{主轴})$$

主运动的传动线路平衡式为

$$n_{\text{Ⅴ}}=1450\times\frac{150}{290}\times u_{\text{Ⅱ-Ⅲ}}u_{\text{Ⅲ-Ⅳ}}u_{\text{Ⅳ-Ⅴ}}$$

$$n_{\text{Ⅴ}\max}=1450\times\frac{150}{290}\times\frac{22}{33}\times\frac{38}{26}\times\frac{80}{40}\text{r/min}\approx1500\text{r/min}$$

$$n_{\text{Ⅴ}\min}=1450\times\frac{150}{290}\times\frac{16}{38}\times\frac{17}{46}\times\frac{18}{71}\text{r/min}\approx30\text{r/min}$$

### 3.3.2 进给运动传动链

铣床的工作台可以做纵向、横向和垂直三个方向的进给运动，以及快速移动。进给运动由进给电动机（1.5kW、1410r/min）驱动。电动机的运动由一对锥齿轮$\frac{17}{32}$传至轴Ⅵ，然后根据轴Ⅹ上电磁离合器 $M_1$、$M_2$ 的接合情况，分两条路线传动。如果轴Ⅹ上的离合器 $M_1$ 脱开、$M_2$ 啮合，轴Ⅵ的运动经齿轮副$\frac{40}{26}$、$\frac{44}{42}$及离合器 $M_2$ 传至轴Ⅹ。这条路线可实现工作台快速移动。如果轴Ⅹ上的离合器 $M_1$ 啮合、$M_2$ 脱开，轴Ⅵ的运动经齿轮副$\frac{20}{44}$传至轴Ⅶ，再经轴Ⅶ-Ⅷ间和轴Ⅷ-Ⅸ间两组三联滑移齿轮变速组以及轴Ⅷ-Ⅸ间的曲回机构，经离合器 $M_1$，将运动传至轴Ⅹ。这是一条实现工作台正常进给的传动路线。

轴Ⅷ-Ⅸ间的曲回机构工作原理如图 3-10 所示。轴Ⅹ上的单联滑移齿轮 Z49 有三个啮合位置。当滑移齿轮 Z49 在 a 啮合位置时，轴Ⅸ的运动直接由齿轮副$\frac{40}{49}$传到轴Ⅹ；当滑移齿轮 Z49 在 b 啮合位置时，轴Ⅸ的运动经曲回机构齿轮副$\frac{18}{40}\times\frac{18}{40}\times\frac{40}{49}$传到轴Ⅹ；当滑移齿轮 Z49 在 c 啮合位置时，轴Ⅸ的运动经曲回机构齿轮副$\frac{18}{40}\times\frac{18}{40}\times\frac{18}{40}\times\frac{18}{40}\times\frac{40}{49}$传到轴Ⅹ。因此，通过轴Ⅹ上单联滑移齿轮 Z49 的三种啮合位置，可使曲回机构得到三种不同的传动比：

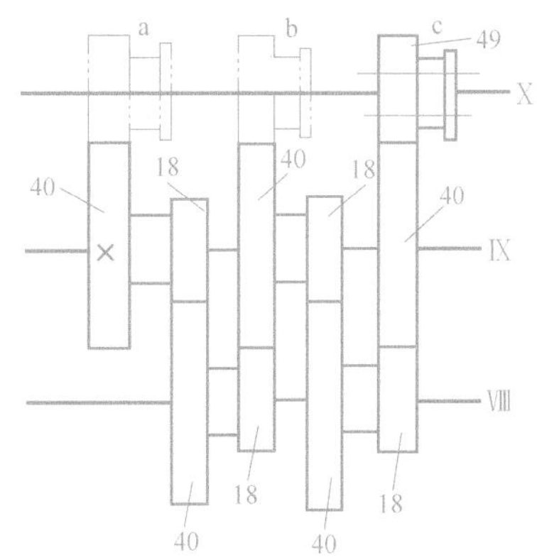

图 3-10 曲回机构原理图

$$u_a=\frac{40}{49},\quad u_b=\frac{18}{40}\times\frac{18}{40}\times\frac{40}{49},\quad u_c=\frac{18}{40}\times\frac{18}{40}\times\frac{18}{40}\times\frac{18}{40}\times\frac{40}{49}。$$

轴Ⅹ的运动可经过离合器 $M_3$、$M_4$、$M_5$ 以及相应的后续传动路线，使工作台分别实现垂直、横向以及纵向的移动。进给运动传动链表达式为

$$\underset{\substack{1.5\text{kW}\\1410\text{r/min}}}{\text{电动机}}—\frac{17}{32}—\text{Ⅵ}—\left\{\begin{array}{c}\frac{20}{44}—\text{Ⅶ}—\begin{bmatrix}\frac{29}{29}\\ \frac{36}{22}\\ \frac{26}{32}\end{bmatrix}—\text{Ⅷ}—\begin{bmatrix}\frac{32}{26}\\ \frac{29}{29}\\ \frac{22}{36}\end{bmatrix}—\text{Ⅸ}—\begin{bmatrix}\frac{40}{49}(\text{左})\\ \frac{18}{40}—\frac{18}{40}—\frac{40}{49}(\text{中})\\ \frac{18}{40}—\frac{18}{40}—\frac{18}{40}—\frac{18}{40}—\frac{40}{49}(\text{右})\end{bmatrix}—M_1\text{合}\begin{array}{c}(\text{工作}\\ \text{进给})\end{array}\\ \frac{40}{26}—\frac{44}{42}—M_2\text{合(快速移动)}\end{array}\right\}—$$

$$\text{X}-\frac{38}{52}-\text{XI}-\frac{20}{47}-\left[\begin{array}{l}\frac{47}{38}-\text{XIII}-\left[\begin{array}{l}\frac{18}{18}-\text{XVIII}-\frac{16}{20}-M_5\text{合}-\text{XIX}(\text{纵向进给})\\ \qquad\frac{38}{47}-M_4\text{合}-\text{XIV}(\text{横向进给})\end{array}\right.\\ \qquad M_3\text{合}-\text{XII}-\frac{22}{27}-\frac{27}{33}-\frac{22}{44}-\text{XVII}(\text{垂直进给})\end{array}\right.$$

理论上，铣床在相互垂直的三个方向上均可获得 3×3×3＝27 种不同的进给量，但由于轴Ⅶ-Ⅸ间的两组三联滑移齿轮变速组的 3×3＝9 种传动比中，有三种是相等的，即

$$\frac{26}{32}\times\frac{32}{26}=\frac{29}{29}\times\frac{29}{29}=\frac{36}{22}\times\frac{22}{36}=1$$

所以，轴Ⅶ-Ⅸ间的两个变速组只有 7 种不同传动比。因此，轴Ⅹ上的滑移齿轮 Z49 只有 7×3＝21 种不同转速。由此可知，X6132 型铣床的纵向、横向、垂直三个方向的进给速度均为 21 级，其中，纵向、横向的进给速度范围为 10～1000mm/min，垂直进给速度范围为 3.3～333mm/min。

进给运动的方向变换是由进给电动机的正、反转来实现。纵向、横向、垂直三个方向的运动用电气方法实现互锁，保证工作时只接通其中一个方向的运动，防止因误操作而发生事故。

## 3.4 X6132 型铣床的主要部件结构

### 3.4.1 主轴部件

图 3-11 所示为 X6132 型铣床的主轴结构，其基本形状为阶梯形空心轴，前端孔径大于后端直径，使主轴前端具有较大的抗变形能力，这符合在切削加工过程中的实际受力状况。

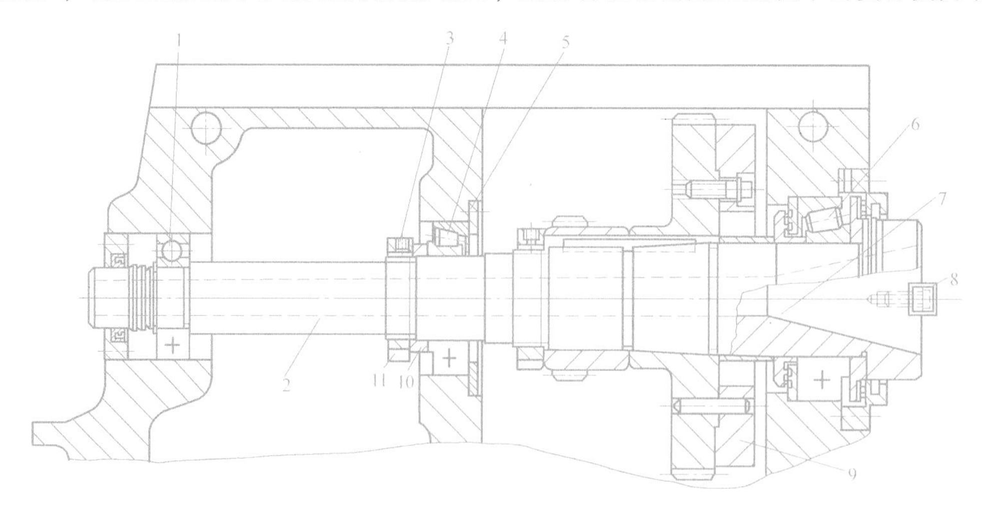


图 3-11 X6132 型铣床的主轴部件

1—后支承 2—主轴 3—紧固螺钉 4—中间支承 5—轴承端盖
6—轴承 7—主轴锥孔 8—端面键 9—飞轮 10—轴套 11—调整螺母

主轴前端锥度为 7 : 24 的精密锥孔，用于安装铣刀刀杆或面铣刀刀柄，使其能准确定心，保证铣刀刀杆或面铣刀的旋转中心与主轴旋转中心同轴，从而使它们在旋转时有较高的回转精度。主轴中心孔可穿入拉杆，拉紧并锁定刀杆或刀具，使它们定位可靠。端面键 8 用于连接主轴和刀杆，并在主轴和刀杆之间传递转矩。

主轴采用三支承结构，其中前、中支承为主支承，后支承为辅助支承。所谓主支承是指在保证主轴部件的回转精度和承受载荷等方面起主导作用，在制造和安装过程中其要求也高于辅助支承。X6132 型铣床主轴部件的前、中支承分别采用 D 级和 E 级精度的圆锥滚子轴承，以承受作用在主轴上的径向力和左、右侧轴向力，并保证主轴的回转精度。后轴承为 G 级深沟球轴承，只承受径向力。调整主轴轴承间隙时，先将悬梁移开，并拆下床身盖板，露出主轴部件。然后拧松中间支承左侧螺母 11 上的紧固螺钉 3，用专用钩头扳手勾住螺母 11，再用一根短铁棍通过主轴前端的端面键 8 扳动主轴顺时针方向旋转，使中间支承的内圈向右移动，从而使中间支承的间隙得以消除。如果继续转动主轴，使其向左移动，并通过轴肩带动轴承 6 的内圈左移，可以消除轴承 6 的间隙。调整后，主轴在最高转速下试运转 1h，轴承温度应不超过 60℃。

为使主轴部件在运转中克服因切削力的变化而引起的转速不均匀性和振动，提高部件运转的质量和抗振能力，在主轴前支承处的大齿轮上安装飞轮 9。通过飞轮的惯性可减轻铣刀间断切削引起的冲击和振动，提高主轴运转的平稳性。

## 3.4.2　集中式孔盘变速操纵机构

图 3-12 所示为集中式孔盘变速操纵机构的工作原理图。X6132 型铣床的主运动和进给运动变速操纵机构都采用集中式孔盘变速操纵机构，拨叉 1 固定在齿条轴 2 上，齿条轴 2 和 2′与齿轮 4 啮合。齿条轴 2 和 2′的右端是具有不同直径的圆柱 m 和 n 形成的阶梯轴，孔盘 3 的不同直径的圆周上分布着大、小孔或无孔与之相对应，共同构成操纵滑移齿轮的变速机构。操作时，先将孔盘 3 向右拉离齿条轴，转动一定的角度后，再将孔盘向左推入，根据孔盘中大、小孔或无孔相对齿条轴的定位状态，决定了齿条轴 2 轴向位置的变化，从而拨动滑移齿轮改变啮合位置。

图 3-12a 表示孔盘无孔处与齿条轴 2 相对，而孔盘的大孔与齿条轴 2′相对，向左推进孔盘，其端面推动齿条轴 2 左移，而齿条轴 2 又通过齿轮 4 推动齿条轴 2′右移并插入孔盘的大孔中，直至齿条轴 2′的轴肩与孔盘端面相碰为止，这时，

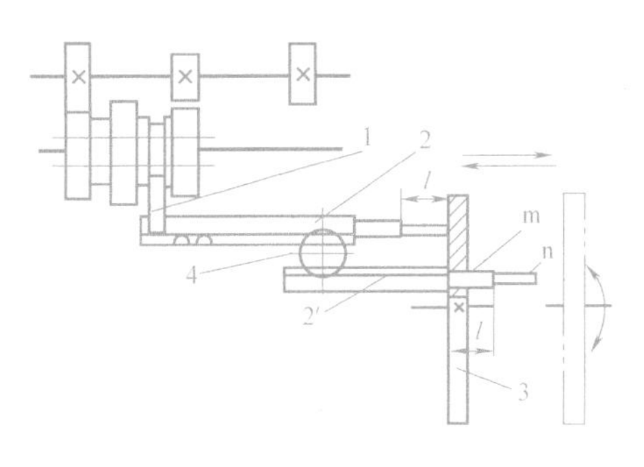

a)

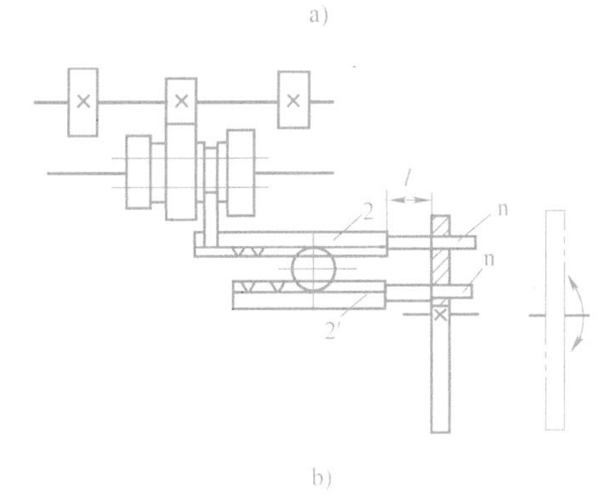

b)

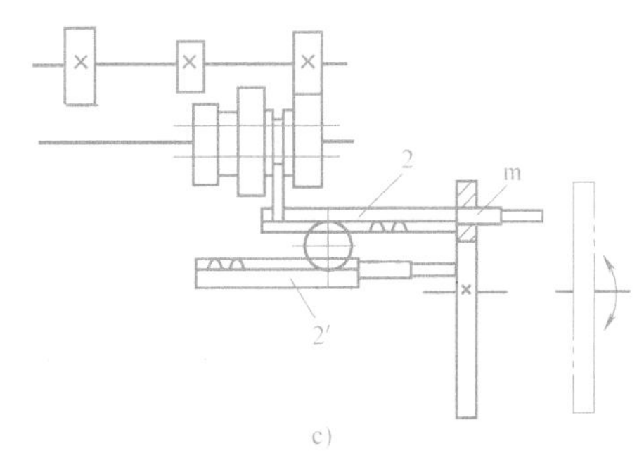

c)

图 3-12　集中式孔盘变速操纵机构

1—拨叉　2、2′—齿条轴　3—孔盘　4—齿轮

拨叉 1 拨动三联滑移齿轮处于左端啮合位置。如图 3-12b 所示，当孔盘两个小孔与齿条轴相对，向左推孔盘时，推动齿条轴 2′左移，带动齿轮 4 顺时针方向转动，推动齿条轴 2 右移，使 2 和 2′分别插入孔盘的小孔中，拨叉 1 拨动三联滑移齿轮移至中间位置。如图 3-12c 所示，若孔盘大孔处对着齿条轴 2，无孔处对着齿条轴 2′时，向左推孔盘时，齿条轴 2′左移，齿轮 4 顺时针方向转动，2 的轴肩 m 插入孔盘的大孔中，拨叉 1 拨动三联滑移齿轮移至最右端。双联滑移齿轮的变速操纵的工作原理与此类似，但因只需左、右两个啮合位置，故齿条 2 和 2′右端只需一段台阶，孔盘对应的位置上只需有孔或无孔两种情况，由齿条轴带动拨叉使双联滑移齿轮改变啮合位置，从而达到变速的目的。

图 3-13 所示为 X6132 型铣床变速操纵机构立体示意图。变速是由手柄 1 和速度盘 4 联合操纵实现。变速时，将手柄 1 向外拉出，手柄 1 绕销子 3 摆动而脱开定位销 2，然后逆时针方向转动手柄 1 约 250°经操纵盘 5、平键带动齿轮套筒 6 转动，再经齿轮 9 使齿条轴 10 向右移动，其上拨叉 11 拨动孔盘 12 右移并脱离各组齿条轴；接着转动速度盘 4，经心轴、一对锥齿轮使孔盘 12 转过相应的角度（由速度盘 4 的速度标记确定）；最后反向转动手柄 1，通过齿条轴 10，由拨叉将孔盘 12 向左推入，推动各组变速齿条轴做相应的移位，改变三个滑移齿轮的位置，实现变速。当手柄 1 转回原位并由定位销 2 定位时，各滑移齿轮达到正确的啮合位置。

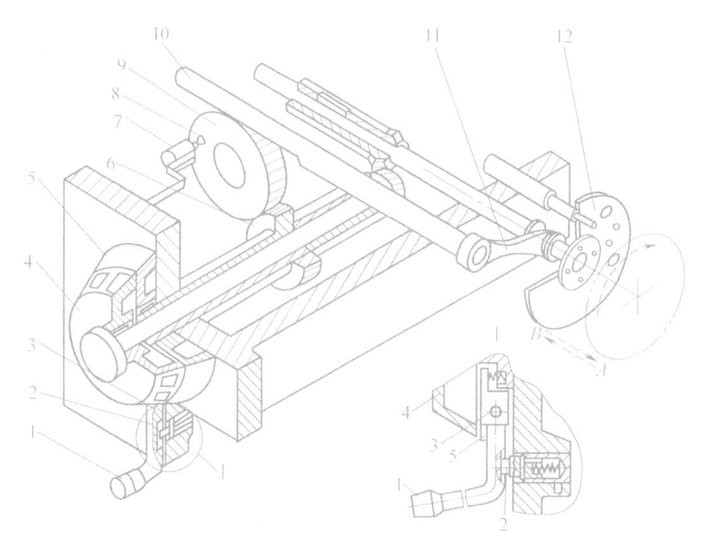

图 3-13　X6132 型铣床的变速操纵机构立体示意图

1—手柄　2—定位销　3—销子　4—速度盘　5—操纵盘　6—齿轮套筒　7—微动开关
8—凸块　9—齿轮　10—齿条轴　11—拨叉　12—孔盘

### 3.4.3　工作台结构

图 3-14 所示为 X6132 型铣床工作台结构图。它由工作台 5、床鞍 1 和回转盘 2 三层组成。床鞍 1 的矩形导轨与升降台（图中未画出）的导轨相配合，使工作台在升降台导轨上做横向移动。工作台不做横向移动时，可通过手柄 9 经偏心轴 8 的作用将床鞍夹紧在升降台上。工作台 5 可沿回转盘 2 上面的燕尾导轨做纵向移动。工作台连同回转盘一起可绕定心圆盘 15 的轴线 XⅧ 回转±45°，并利用螺栓 10 和两块弧形压板 11 紧固在床鞍上。

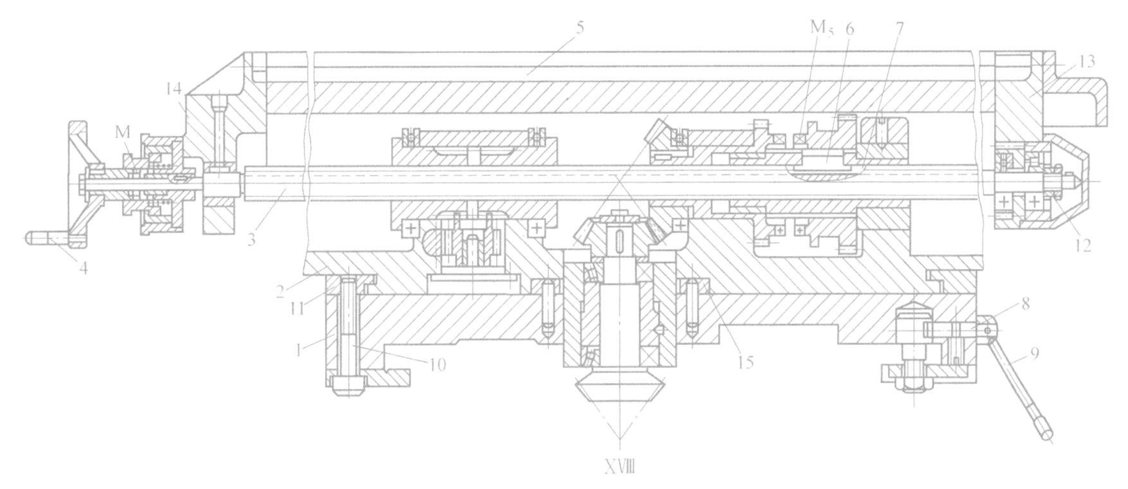


图 3-14 X6132 型铣床工作台结构

1—床鞍 2—回转盘 3—纵向进给丝杠 4—手轮 5—工作台 6—滑键 7—花键套筒 8—偏心轴 9—手柄 10—螺栓 11—压板 12—螺母 13—后支架 14—前支架 15—定心圆盘

将纵向进给丝杠 3 支承在工作台上的两端的支架 13、14 的滚动轴承（前支架 14 处）和推力球轴承、圆锥滚子轴承（后支架 13 处）上，承受径向力和两个方向的轴向力。轴承的间隙由螺母 12 调整。手轮 4 空套在丝杠 3 上，当用手将手轮 4 向里推（图中向右推），并压缩弹簧使端面齿离合器 M 啮合后，可手摇工作台纵向移动。在回转盘 2 上，其左端安装双重螺母，右端装有带端面齿的锥齿轮套筒，离合器 $M_5$ 用花键与花键套筒 7 联接，而花键套筒 7 又以滑键 6 与铣有长键槽的丝杠 3 连接，因此，如果将端面齿离合器 $M_5$ 向左啮合，则来自轴XVIII的运动，经锥齿轮副、$M_5$、滑键 6 传递给丝杠 3 而使其转动。由于双螺母安装在回转盘的左端，它既不能转动又不能轴向移动，所以，当丝杠 3 获得旋转运动后，同时又做轴向移动，从而带动工作台 5 做纵向进给运动。

### 3.4.4 顺铣机构

在铣床上对工件进行加工时，有两种加工方式。一种方式是铣刀的旋转主运动在切削点水平面的速度方向与进给方向相反，称为逆铣，如图 3-15a 所示；另一种方式是铣刀的旋转主运动在切削点水平面的速度方向与进给方向相同，称为顺铣，如图 3-15b 所示。逆铣时，作用在工件上的水平切削分力 $F_x$ 方向始终与进给方向相反，使丝杠的左侧螺旋面与螺母的右侧螺旋面始终保持接触，因此切削过程稳定。顺铣时，主运动 $v$ 的方向与进给运动 $f$ 的方向相同，若工作台向右进给，则丝杠右侧与螺母左侧仍存在间隙，此时铣刀作用在工件上的水平切削分力 $F_x$ 与进给方向相同，$F_x$ 会通过工作台带动丝杠向右窜动。

由于 $F_x$ 大小是变化的，会造成工作台的间歇性窜动，使切削过程不稳定，引起振动甚至打刀。由于丝杠与螺母之间的间隙对铣床切削质量有较大影响，因此，铣床工作台的进给丝杠与螺母之间必须装有顺铣机构（也称双螺母机构）。如图 3-15c 所示，顺铣机构能消除丝杠与螺母之间的间隙，使工作台不产生轴向窜动，保证顺铣顺利进行。逆铣或快速移动时，可使丝杠与螺母自动松开，降低螺母加在丝杠上的预紧力，以减少丝杠与螺母之间不必要的磨损。

图 3-15c 所示为 X6132 型铣床的顺铣机构工作原理图。齿条 5 在弹簧 6 的作用下使冠状齿轮 4 沿图中箭头方向旋转，并带动左、右螺母向相反方向旋转。这时，左螺母 1 的左侧螺旋面与丝杠 3 的右侧螺旋面贴紧；右螺母 2 的右侧螺旋面与丝杠的左侧螺旋面贴紧。逆铣时，水平切削分力 $F_x$ 向左，由右螺母 2 承受，当进给丝杠按箭头方向旋转时，由于右螺母 2 与丝杠间有较大的摩擦力，而使右螺母 2 有随丝杠转动的趋势，并通过冠状齿轮带动左螺母 1 形成与丝杠转动方向相反的转动趋势，使左螺母 1 左侧螺旋面与丝杠右侧螺旋面之间产生一定的间隙，减小丝杠与螺母间的磨损。顺铣时，水平切削分力 $F_x$ 向右，由左螺母 1 承受，进给丝杠仍按箭头方向旋转时，左螺母 1 与丝杠间产生较大的摩擦力，而使左螺母 1 有随丝杠转动的趋势，并通过冠状齿轮带动右螺母 2 形成与丝杠转动方向相反的转动趋势，使右螺母 2 右侧螺旋面与丝杠左侧螺旋面贴紧，整个丝杠螺母机构的间隙被消除。

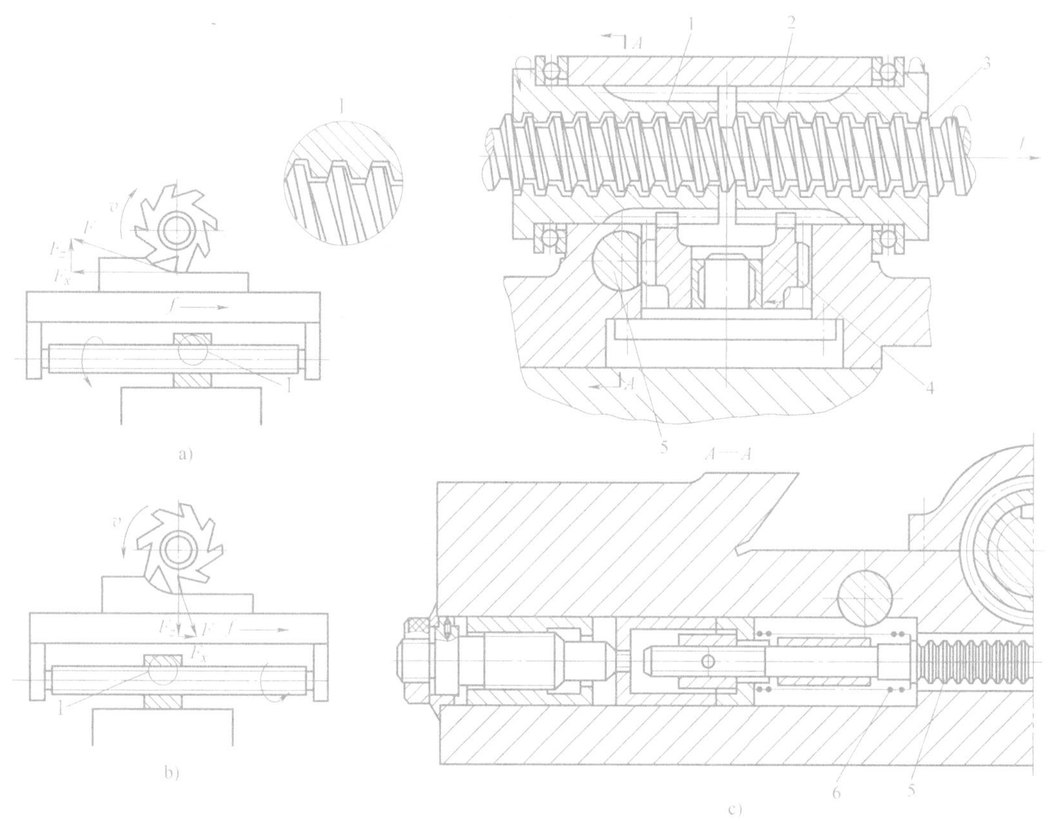


图 3-15　顺铣机构工作原理

1—左螺母　2—右螺母　3—丝杠　4—冠状齿轮　5—齿条　6—弹簧

## 3.5　铣床附件

### 3.5.1　分度头简介

万能分度头是铣床常用的一种附件，用来扩大机床的工艺范围。分度头安装在铣床工作台上，被加工工件支承在分度头主轴顶尖与尾座顶尖之间或安装于卡盘上。利用分度头可以进行以下工作：

1）使工件绕分度头主轴轴线回转一定角度，以完成等分或不等分的分度工作，如用于加工方头、六角头、花键、齿轮以及多齿刀具等。

2）通过分度头使工件的旋转与工作台丝杠的纵向进给保持一定运动关系，以加工螺旋槽、螺旋齿轮及阿基米德螺旋线凸轮等。

3）用卡盘夹持工件，使工件轴线相对于铣床工作台倾斜一定角度，以加工与工件轴线相交成一定角度的平面、沟槽及直齿锥齿轮。

图 3-16 所示为 F1125 型万能分度头的外形。分度头主轴 2 是空心的，两端有莫氏 4 号锥孔，前锥孔是用来安装带有拨盘的顶尖，后锥孔可装心轴，用于差动分度或直线移动分度以及加工小导程螺旋面时安装交换齿轮。主轴前端外部有一段定位锥体，用来与自定心卡盘的法兰盘连接，进行定位。壳体 4 通过轴承支承在底座 10 上，主轴可随壳体 4 在底座 10 的环形导轨内转动。因此，主轴除安装成水平位置外，还可在-6°～95°范围内调整角度。

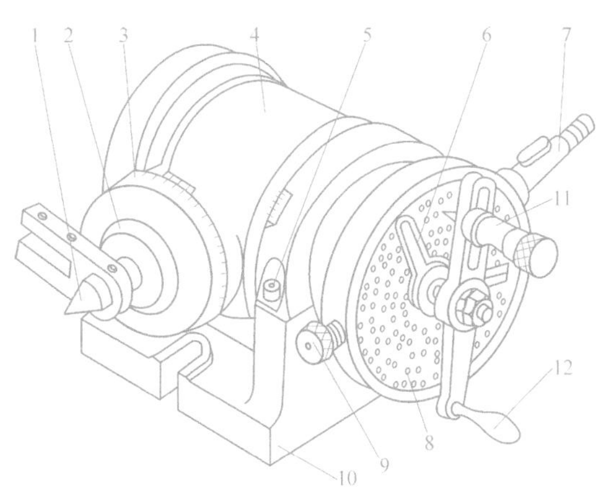


图 3-16　F1125 型万能分度头外形

1—顶尖　2—主轴　3—刻度盘　4—壳体　5—螺母　6—分度叉　7—交换齿轮轴　8—分度盘　9—分度盘锁紧螺钉　10—底座　11—分度定位销　12—分度手柄

转动手柄 12，可使分度头主轴转动到所需位置。分度盘 8 上均布着不同孔数的孔圈，分度定位销 11 可在分度手柄 12 的径向槽中移动，以便定位销插入不同孔数的孔圈中。F1125 型万能分度头带有三块分度盘，每块分度盘有 8 个孔圈，孔数分别为

第一块：16、24、30、36、41、47、57、59。

第二块：22、27、29、31、37、49、53、63。

第三块：23、25、28、33、39、43、51、61。

分度头的传动系统如图 3-17 所示。转动分度手柄 7，通过一对传动比为 1：1 的直齿圆柱齿轮和传动比为 1：40 的蜗杆副带动主轴转动。安装交换齿轮用的交换齿轮轴 5，通过 1：1 的交错轴斜齿轮和空套在分度手柄轴上的孔盘相联系。

### 3.5.2　分度方法

万能分度头常用的分度方法有直接分度法、简单分度法和差动分度法等。

#### 1. 直接分度法

如图 3-17 所示，分度时，首先松开主轴锁紧手柄 4，并用脱落蜗杆手柄 3 使蜗杆与蜗轮脱离啮合，然后直接转动主轴。分度主轴转过的角度，可由刻度盘 2 和固定在壳体上的游标直接读出。分度完毕后，应将脱落蜗杆手柄 3 接合，并将主轴锁紧手柄 4 锁紧，以防主轴在加工中转动，影响分度精度。直接分度法用于对分度精度要求不高，且分度数较少的工件。

#### 2. 简单分度法

利用分度盘进行分度的方法称简单分度法。这是一种常用的分度方法，适用于分度数较

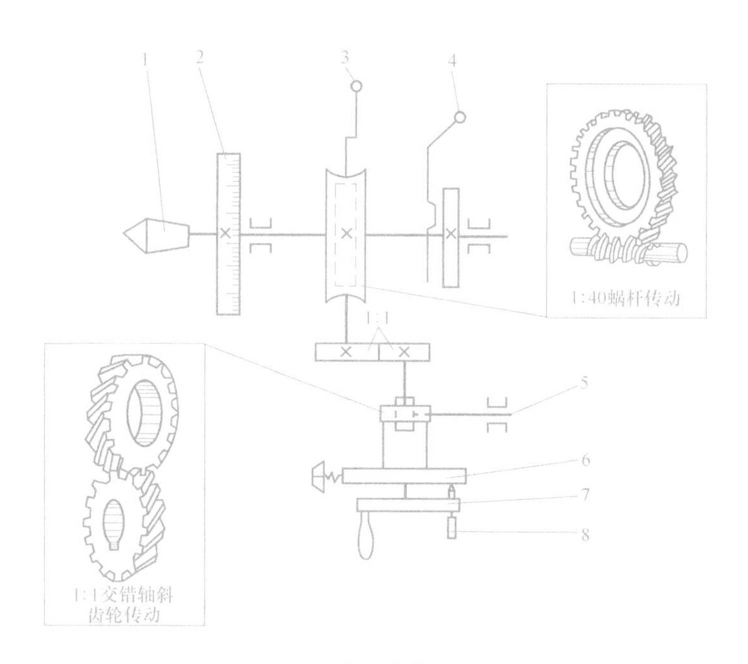


图 3-17 分度头传动系统

1—顶尖 2—刻度盘 3—脱落蜗杆手柄 4—主轴锁紧手柄
5—交换齿轮轴 6—分度盘 7—分度手柄 8—定位销

多的场合。如图 3-16 所示，分度时，用分度盘锁紧螺钉 9 锁紧分度盘，拔出分度定位销 11，转动分度手柄 12，通过传动系统使分度主轴转过所需角度，然后将分度定位销 11 插入分度盘 8 相应的孔中。

设被加工工件所需分度数为 $z$，每次分度时分度头主轴应转过 $1/z$ 转，根据分度头的传动系统，手柄对应转过的转数为

$$n_k=\frac{1}{z}\times\frac{40}{1}\times\frac{1}{1}=\frac{40}{z}$$

式中，$n_k$ 是分度手柄的转数；$z$ 是工件的等分数。

上式还可写成

$$n_k=\frac{40}{z}=a+\frac{p}{q}$$

式中，$a$ 是每次分度时手柄 12 转过的整数圈（当 $z>40$ 时，$a=0$）；$q$ 是所选用分度盘中孔圈的孔总数；$p$ 是定位销 11 在 $q$ 个孔圈数上转过的孔距数。

在分度时，$q$ 值应尽量取分度盘上能实现分度的较大值，可使分度精度高些。为防止由于记忆出错而导致分度操作失误，可调整分度叉 6 的夹角，使分度叉 6 以内的孔数在 $q$ 个孔的孔圈上包含（$p+1$）个孔。

**例 3-1** 在 F1125 型分度头上铣削八边形工件，试确定每铣一边后分度手柄的转数。

**解**

$$n_k=\frac{40}{z}=\frac{40}{8}=5$$

每铣完一边后，分度手柄应转过 5 整圈。

**例 3-2** 在铣床上加工直齿圆柱齿轮，齿数为 26，求用 F1125 型分度头分度，每铣削一个轮齿后分度手柄的转数。

**解**

$$n_k=\frac{40}{z}=\frac{40}{26}=1+\frac{21}{39}$$

每铣完一个轮齿后，分度手柄转过 1 整圈后，再在孔数为 39 的孔圈上转 21 个孔距（22 孔），即工件转 1/26 转。

分度叉由于有弹簧的压力，可以紧贴在孔盘上不松动。每次分度时，定位销 11 从分度叉的一边拔出转过一定角度插入另一边缘的孔中进行定位。再顺时针方向转动分度叉的另一角边，使其靠紧定位销 11，为下一次分度做好准备。

简单分度法还可派生出另一种分度形式，即角度分度法。简单分度法是以工件的等分数作为计算依据，而角度分度法是以工件所需转过的角度 $\theta$ 作为计算依据。由分度头传动系统可知，分度手柄转 40 转，分度头主轴带动工件转一转，也就是 360°。即分度头手柄转一转，工件转 360°/40=9°，根据这一关系，可得出

$$n_k=\frac{\theta}{9^\circ}$$

式中，$\theta$ 是工件等分的角度。

**例 3-3** 在轴上铣相隔 68°的两键槽，应如何分度？

**解**

$$n_k=\frac{\theta}{9^\circ}=\frac{68^\circ}{9^\circ}=7+\frac{5}{9}=7+\frac{35}{63}$$

即分度头手柄转 7 圈后再在 63 孔的孔圈上转过 35 个孔距。

### 3. 差动分度法

由于分度盘的孔圈有限，使得分度盘上没有所需分度数的孔圈，则无法用简单分度法进行分度，如 73、83、97、113 等，此时应采用差动分度法。

差动分度时，应松开分度盘上的锁紧螺钉，使分度盘可随交错轴斜齿轮转动，并在分度头主轴与侧轴之间，安装交换齿轮，齿数分别为 $z_1$、$z_2$、$z_3$、$z_4$（图 3-18）。图 3-19 所示为

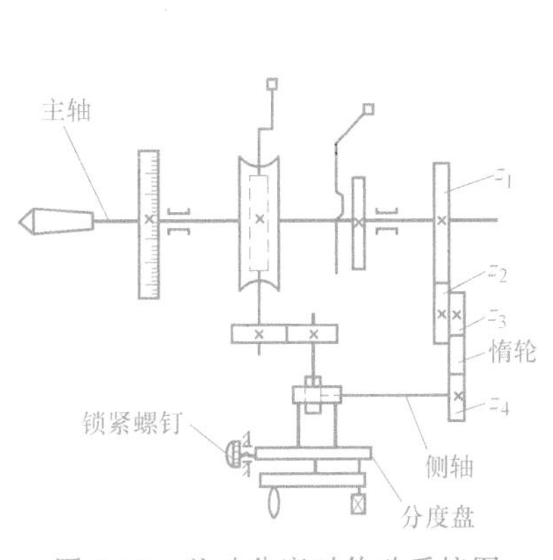


图 3-18 差动分度时传动系统图

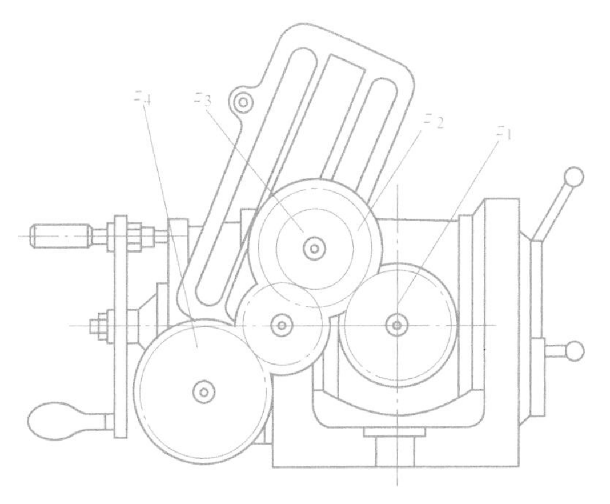


图 3-19 差动分度时交换齿轮的安装示意图

交换齿轮安装示意图。当手柄转动时，通过交错轴斜齿轮、交换齿轮、蜗杆副的传动，驱动分度盘随主轴的转动而慢速转动。此时，手柄的实际转数是手柄相对于分度盘的转数和分度盘本身转数的代数和。这种利用手柄和分度盘同时转动进行分度的方法称为差动分度法。

差动分度法的分度原理：设工件为 $z$ 等分，则分度主轴每次分度转过 $1/z$ 转，即手柄由 $A$ 处转到 $C$ 处（图 3-20），但 $C$ 处无相应的孔供定位销定位，故不能用简单分度法进行分度。为了在分度盘现有孔数的条件下实现所需的分度数 $z$，并能准确定位，可选择一个在现有分度盘上可实现简单分度，同时非常接近所需分度数 $z$ 的假设分度数 $z_0$，并以 $z_0$ 进行分度，则手柄转 $1/z_0$ 转，即定位销从 $A$ 处转至 $B$ 处，离所需分度数 $z$ 的定位点 $C$ 差值为 $\frac{40}{z}-\frac{40}{z_0}=\frac{40(z_0-z)}{zz_0}$，为了补偿这一差值，只要将分度盘上的 $B$ 点转到 $C$ 点，以供定位销定位。实现补差的传动由手柄经分度头的传动系统，再经连接分度头主轴与侧轴的交换齿轮传至分度盘。分度时，分度手柄按所需分度数转 $40/z$ 转时，经上述传动，使分度盘转（$40/z-40/z_0$）转，分度定位销准确插入 $C$ 点定位。因此，分度时，分度手柄轴与分度盘之间的运动关系为手柄轴转 $40/z$ 转，则分度盘转（$40/z-40/z_0$）转。这条差动分度传动链的运动平衡式为

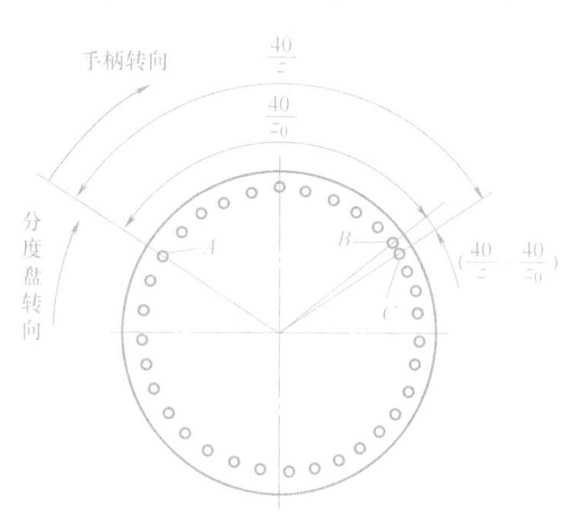

图 3-20　差动分度原理

$$\frac{40}{z}\times\frac{1}{1}\times\frac{1}{40}\times\frac{z_1}{z_2}\times\frac{z_3}{z_4}\times\frac{1}{1}=\frac{40}{z}-\frac{40}{z_0}=\frac{40(z_0-z)}{zz_0}$$

化简得换置公式为

$$\frac{z_1}{z_2}\times\frac{z_3}{z_4}=\frac{40(z_0-z)}{z_0}$$

式中，$z$ 表示工件的等分数；$z_0$ 表示假定等分数；$z_1$、$z_2$、$z_3$、$z_4$ 表示交换齿轮的齿数。

F1125 型万能分度头配备的交换齿轮齿数有 20、25、30、35、40、50、55、60、70、80、90、100。

选取的 $z_0$ 应接近于 $z$，并能与 40 约分，且有相应的交换齿轮，以便调整计算易于实现。当 $z_0>z$ 时，分度盘旋转方向与手柄转向相同；$z_0<z$ 时，分度盘旋转方向与手柄转向相反。分度盘方向的改变通过在 $z_3$ 与 $z_4$ 间加惰轮实现。

**例 3-4**　在铣床上加工齿数为 77 的直齿圆柱齿轮，用 F1125 型万能分度头进行分度，试进行调整计算。

**解**　由于分度数 77 无法与 40 约分，分度盘上又无 77 孔的孔圈，因此采用差动分度。

假设分度数 $z_0=75$，则分度手柄相对孔盘转过的转数为

$$n_0=\frac{40}{z_0}=\frac{40}{75}=\frac{8}{15}=\frac{16}{30}$$

即选孔数为 30 的孔圈，每分度一次，使分度手柄相对孔盘在 30 孔的孔圈上转过 16 个孔距。

计算交换齿轮齿数

$$\frac{z_1}{z_2}\times\frac{z_3}{z_4}=\frac{40(z_0-z)}{z_0}=\frac{40(75-77)}{75}=-\frac{80}{75}=-\frac{16}{15}=-\frac{80}{60}\times\frac{40}{50}$$

即 $z_1=80$，$z_2=60$，$z_3=40$，$z_4=50$，负号表示孔盘旋转方向与手柄转向相反。

分度时注意，只要分度数能约分，或虽然是质数但孔盘的孔圈数恰好有该数值，则应优先选简单分度法，以确保分度精度。若遇等分数为质数而孔圈的孔数又无此数值时，可采用差动分度法。差动分度时，应事先松开孔盘左侧的锁紧螺钉，在交换齿轮、孔圈、孔距都已确定，用切痕法检验分度正确后，才能进行正式的切削加工。

### 3.5.3 铣螺旋槽的调整计算

在铣床上利用万能分度头铣螺旋槽时，应做以下调整计算：

1）工件支承在工作台上的分度头与尾座顶尖之间，扳动工作台绕垂直轴线偏转工件的螺旋角 $\beta$，使铣刀旋转平面与工件螺旋槽方向一致（图 3-21）。偏转方向应根据工件的旋向确定，左旋工件用左手推工作台顺时针方向转工件的螺旋角 $\beta$；右旋工件用右手推工作台逆时针方向转工件的螺旋角 $\beta$。

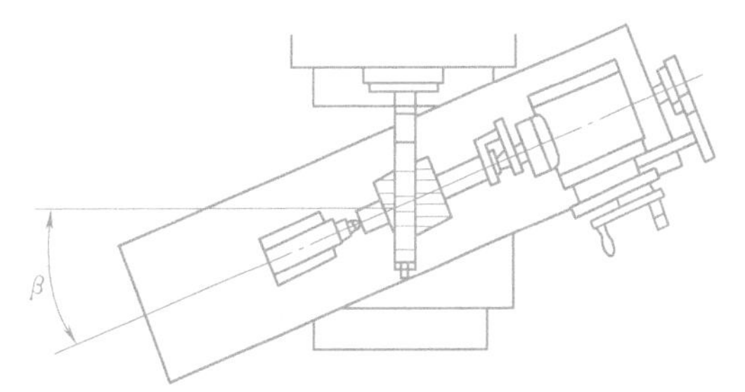


图 3-21 铣螺旋槽工作台的调整

2）在分度头侧轴与工作台丝杠之间装上交换齿轮架及一组交换齿轮，以使工作台带着工件做纵向进给的同时，将丝杠运动经交换齿轮组、侧轴及分度头内部的传动系统使主轴带动工件做相应回转。此时，应松开锁紧螺钉，并将定位销插入分度盘孔内，以便通过锥齿轮，将运动传至手柄轴。

3）加工多头螺旋槽或交错轴斜齿轮等工件时，加工完一条螺旋槽或第一个轮齿后，应将工件退离加工位置，然后通过分度头使工件分度，再加工下一条槽或下一齿。

4）加工不同旋向的工件，工件的旋转方向是不同的。正确地确定惰轮，可保证工件的正确转向。

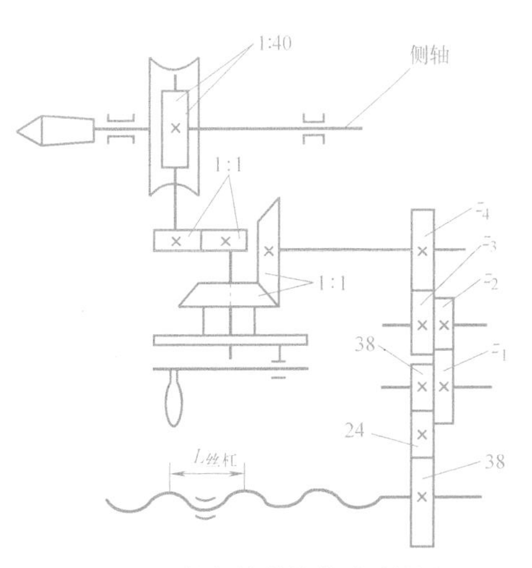


图 3-22 铣螺旋槽的传动系统图

可见，为了在铣螺旋槽时，使工件的直线移动与其绕自身轴线回转之间保持一定运动关系，由交换齿轮组将进给丝杠与分度头主轴之间的运动联系起来，构成了一条内联系的传动链。该传动链的两端件及运动关系为工作台纵向移动一个加工工件螺旋槽导程 $L_{工}$，工件旋转一转。由图 3-22 所示的传动系统，可列出运动的平衡式为

$$\frac{L_{工}}{L_{丝杠}}\times\frac{38}{24}\times\frac{24}{38}\times\frac{z_1}{z_2}\times\frac{z_3}{z_4}\times\frac{1}{1}\times\frac{1}{1}\times\frac{1}{40}=1$$

式中，$L_{工}$是加工工件的导程（mm）；$L_{丝杠}$是工作

台纵向进给丝杠导程（$L_{丝杠}=6\text{mm}$）；$z_1$、$z_2$、$z_3$、$z_4$ 表示交换齿轮的齿数。化简后可得换置公式

$$\frac{z_1}{z_2}\times\frac{z_3}{z_4}=\frac{40L_{丝杠}}{L_{工}}=\frac{240}{L_{工}}$$

**例 3-5** 利用 F1125 型万能分度头铣削一个右旋斜齿轮，齿数 $z=25$，法向模数 $m_n=3\text{mm}$，螺旋角 $\beta=41°24'$，所用铣床工作台纵向丝杠的导程 $L_{丝杠}=6\text{mm}$，试进行铣床及分度头的调整计算。

**解**

1）工作台的调整：铣右旋齿轮，工作台应逆时针方向扳转 41°24′。

2）计算交换齿轮齿数：根据斜齿轮的导程计算公式得

$$L_{工}=\frac{\pi m_n z}{\sin\beta}=\frac{\pi\times3\times25}{\sin41°24'}=356.291\ (\text{mm})$$

故

$$\frac{z_1}{z_2}\times\frac{z_3}{z_4}=\frac{240}{356.29}\approx\frac{33}{49}=\frac{55}{35}\times\frac{30}{70}$$

交换齿轮齿数也可查工件导程与交换齿轮齿数表直接获得（见表 3-1）。

3）每次分度时，手柄的转数：

$$n_k=\frac{40}{z}=\frac{40}{25}=1+\frac{18}{30}$$

即每次分度时，手柄转 1 整圈后，再在孔数为 30 的孔圈上转 18 个孔距。

表 3-1　工件导程与交换齿轮齿数表（部分）

| 导程/mm | 交换齿轮齿数 | | | | 导程/mm | 交换齿轮齿数 | | | |
|---|---|---|---|---|---|---|---|---|---|
| | $z_1$ | $z_2$ | $z_3$ | $z_4$ | | $z_1$ | $z_2$ | $z_3$ | $z_4$ |
| 294.00 | 80 | 35 | 25 | 70 | 347.62 | 90 | 40 | 35 | 100 |
| 294.55 | 80 | 60 | 55 | 90 | 349.09 | 55 | 40 | 50 | 100 |
| 297.00 | 100 | 55 | 40 | 90 | 350.00 | 80 | 70 | 60 | 100 |
| 298.67 | 90 | 70 | 50 | 80 | 352.00 | 100 | 55 | 30 | 80 |
| 299.22 | 70 | 60 | 55 | 80 | 352.65 | 70 | 40 | 35 | 90 |
| 300.00 | 80 | 50 | 35 | 70 | 355.56 | 90 | 80 | 60 | 100 |
| 301.71 | 100 | 55 | 35 | 80 | 356.36 | 55 | 35 | 30 | 70 |
| 302.40 | 100 | 70 | 50 | 90 | 360.00 | 80 | 60 | 35 | 70 |
| 304.76 | 90 | 80 | 70 | 100 | 363.64 | 55 | 25 | 30 | 100 |
| | | | | | 365.71 | 90 | 60 | 35 | 80 |

## 3.6 其他铣床简介

### 3.6.1 立式铣床

立式铣床与卧式铣床的主要区别在于它的主轴是垂直安装的，可用各种面铣刀或立铣刀

加工平面、斜面、沟槽、台阶、齿轮和凸轮以及封闭轮廓表面等。图 3-23 所示为常见的一种立式铣床。主轴 2 安装在立铣头 1 内，可沿其轴线方向进给或经手动调整位置。立铣头 1 可根据加工要求，在垂直平面内向左或向右在 45°范围内回转，使主轴与工作台面倾斜成所需角度，以扩大加工范围。立式铣床的其他部分，如工作台 3、床鞍 4 及升降台 5 的结构与卧式升降台铣床相同。

### 3.6.2 龙门铣床

龙门铣床是一种大型高效通用机床，主要用于加工各种大型工件上的平面、沟槽，通过附件可完成斜面和孔等加工。龙门铣床不仅可以进行粗加工及半精加工，还可以进行精加工。

龙门铣床在布局上以两根立柱 5、7 及顶梁 6 与床身 10 构成龙门式框架而得名，如图 3-24 所示。通用的龙门铣床一般有 3~4 个铣头，分别安装在左、右立柱和横梁 3 上。每个铣头都是一个独立的主运动传动部件，其中包括单独的驱动电动机、变速机构、传动机构、操纵机构及主轴部件等部分。横梁 3 上的两个垂直铣头 4、8 可沿横梁导轨做水平方向的位置调整。横梁本身及立柱上的两个水平铣头 2、9 可沿立柱上的导轨调整垂直方向位置。各铣刀的切削深度均由主轴套筒带动铣刀主轴沿轴向移动来实现。加工时，工作台带动工件做纵向进给运动。由于采用多刀同时切削加工，加工效率高，龙门铣床在成批和大批量生产中得到广泛应用。

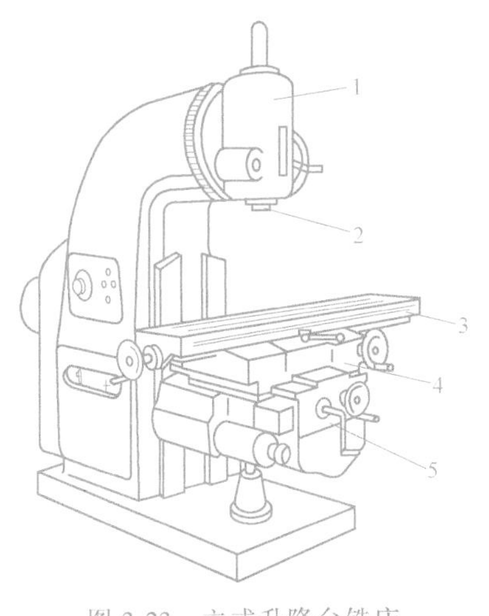


图 3-23 立式升降台铣床

1—立铣头 2—主轴 3—工作台

4—床鞍 5—升降台

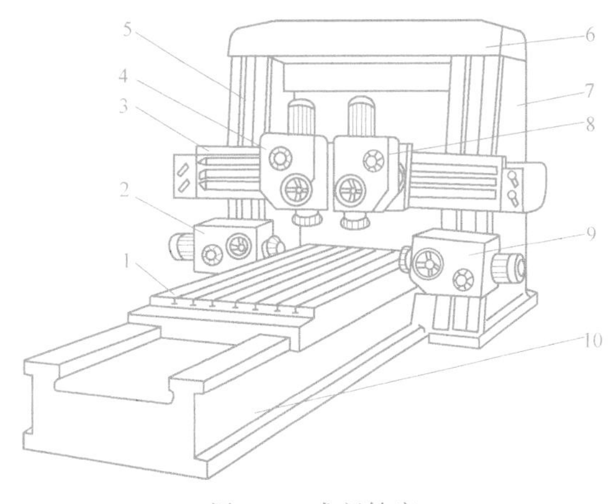


图 3-24 龙门铣床

1—工作台 2、9—水平铣头 4、8—垂直铣头

3—横梁 5、7—立柱 6—顶梁 10—床身

### 3.6.3 万能工具铣床

万能工具铣床的基本布局与万能升降台铣床相似，但配备有多种附件，因而扩大了机床的功能范围。图 3-25 所示为万能工具铣床外形及其附件。在图 3-25a 中，机床安装着主轴座 1、固定工作台 2，此时的机床功能与卧式升降台铣床相似，只是机床的横向进给运动由主轴座 1 的水平移动来实现，而纵向进给运动与垂直进给运动仍分别由工作台 2 及升降台 3 来

实现。根据加工需要，机床还可以安装图示其他附件，图 3-25b 为可倾斜工作台，图 3-25c 为回转工作台，图 3-25d 为机用虎钳，图 3-25e 为分度装置，图 3-25f 为立铣头，图 3-25g 为插削头（用于插削工件上的键槽）。

万能工具铣床由于其万能性，常用于工具车间，加工形状较为复杂的各种切削刀具、夹具及模具零件等。

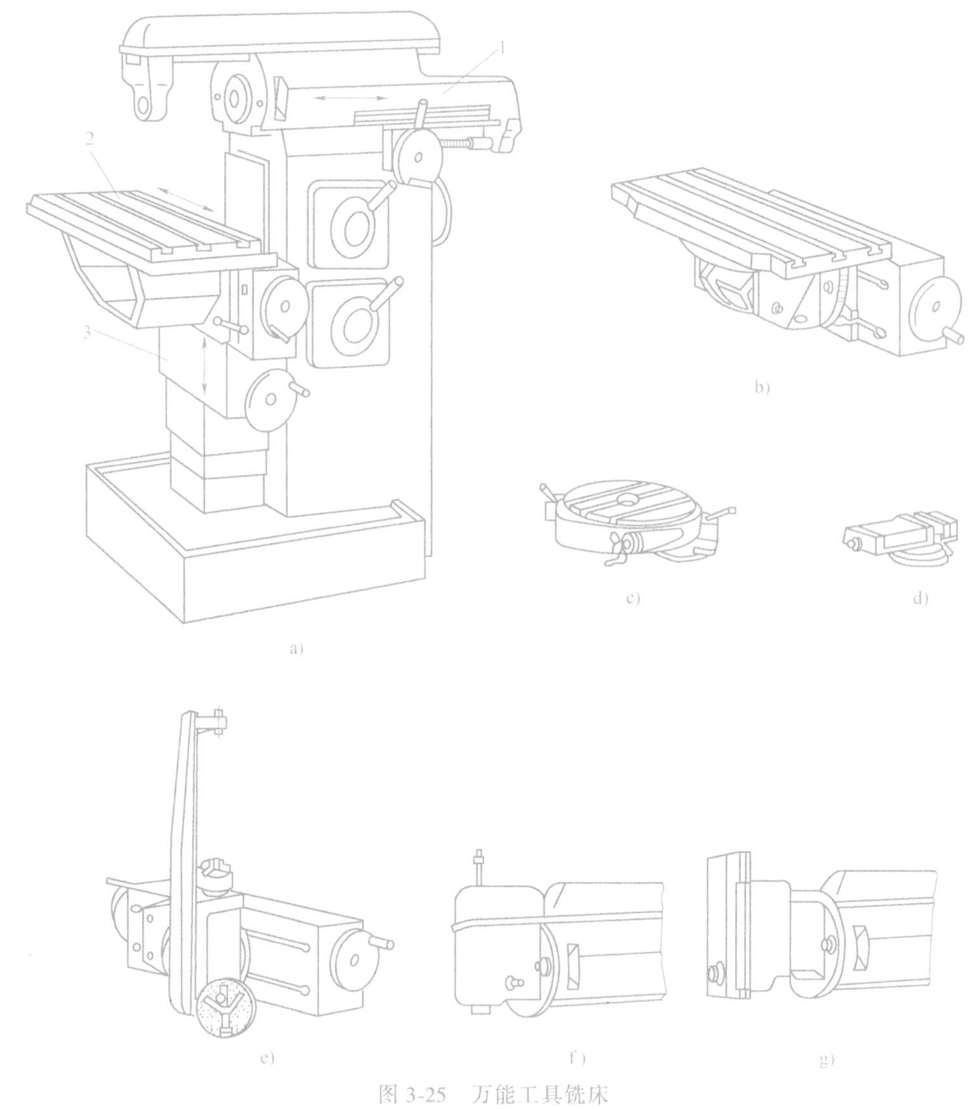


图 3-25 万能工具铣床

1—主轴座 2—固定工作台 3—升降台

## 思考与练习题

3-1 简述铣刀的类型与用途。

3-2 试比较顺铣和逆铣的优、缺点。

3-3 为何 CA6140 型卧式车床的进给运动由主电动机带动，而 X6132 型铣床的主运动和进给运动分别由两台电动机驱动？

3-4 铣床主轴上安装飞轮有何作用？

3-5 说明曲回机构的组成、工作原理及特点。

3-6 为何 X6132 型铣床要设置顺铣机构？顺铣机构的主要作用是什么？

3-7 利用分度头铣螺旋槽时，机床要做哪些调整？

3-8 试分别计算分度数为 5、19、97 时，分度手柄的转数。

3-9 在 X6132 型卧式升降台铣床上利用 F1125 型万能分度头铣削齿数 $z=21$，法向模数 $m_n=2\text{mm}$，螺旋角 $\beta=20°$ 的交错轴斜齿轮，试进行铣床及分度头的调整计算。

# 第4章 磨床

**知识要求**

1）了解磨床的用途、分类。

2）掌握磨削加工的特点。

3）掌握 M1432B 型万能外圆磨床的传动系统及调整计算。

4）熟悉 M1432B 型万能外圆磨床主要部件的结构。

5）了解其他类型磨床的使用场合及特点。

6）了解常用磨具的类型、特点与选择。

**能力要求**

1）具有合理选用磨床并磨削中等复杂工件的能力。

2）掌握砂轮架、头架、横向进给机构的结构与调整方法。

**素质要求**

培养学生积极进取、勇攀科学高峰的责任担当。

## 4.1 磨床及磨具概述

采用磨料或非金属的磨具（如砂轮、砂带、油石和研磨剂等）对工件表面进行加工的机床称为磨床。它是为了适应工件精密加工而出现的一种机床，是精密加工机床的一种。磨床可以加工各种表面，如内外圆柱面和圆锥面、平面、渐开线齿廓面、螺旋面以及各种成形面等，还可以刃磨刀具和进行切断，工艺范围非常广泛。

### 4.1.1 磨床简介

#### 1. 磨削加工特点

1）切削工具是由无数细小、坚硬、锋利的非金属磨粒粘结而成的多刃工具，工作时做高速旋转的主运动。

2）工艺范围广，适应性强。它能加工其他普通机床不能加工的材料和零件，尤其适用于加工硬度很高的淬火钢件或其他高硬度材料。

3）磨床种类多，范围广。由于高速磨削和强力磨削的发展，磨床应用已经扩展到零件的粗加工领域和精密毛坯制造领域，很多零件可以不必经过其他加工而直接由磨床加工成成品。

4）磨削加工余量小，生产率较高，更容易实现自动化和半自动化，可广泛用于流水线和自动线加工。

5）磨削精度高，表面质量好，可进行普通精度磨削，也可以进行精密磨削和高精度磨削加工。

2. 磨床类型

磨床的种类很多，按用途和采用的工艺方法不同，可分为以下几类。

1）外圆磨床。主要磨削回转表面，包括万能外圆磨床、普通外圆磨床及无心外圆磨床等。在普通外圆磨床上可磨削工件的外圆柱面和外圆锥面，在万能外圆磨床上还能磨削内圆柱面、内圆锥面和端面。外圆磨床的主参数为最大磨削直径。

2）内圆磨床。主要包括内圆磨床、无心内圆磨床及行星内圆磨床等。

3）平面磨床。用于磨削各种平面，包括卧轴矩台平面磨床、立轴矩台平面磨床、卧轴圆台平面磨床及立轴圆台平面磨床等。工作台可分为矩形工作台和圆形工作台两种，矩台平面磨床的主参数为工作台台面宽度，圆台平面磨床的主参数为工作台台面直径。

4）工具磨床。用于磨削各种工具，如样板或卡规等，包括工具曲线磨床、钻头沟背磨床、卡规磨床及丝锥沟槽磨床等。

5）刀具、刃具磨床。用于刃磨各种切削刀具，包括万能工具磨床（能刃磨各种常用刀具）、拉刀刃磨床及滚刀刃磨床等。

6）专门化磨床。专门用于磨削一类零件上的一种表面，包括曲轴磨床、凸轮轴磨床、外花键磨床、活塞环磨床、球轴承套圈沟磨床及滚子轴承套圈滚道磨床等。

7）研磨机。以研磨剂为切削工具，对工件进行光整加工，以获得很高的精度和很小的表面粗糙度。

8）其他磨床。包括珩磨机、抛光机、超精加工机床及砂轮机等。

### 4.1.2　磨具简介

1. 普通磨具

（1）普通磨具类型　所谓普通磨具是指用普通磨料制成的磨具，如刚玉类磨料、碳化硅类磨料和碳化硼磨料制成的磨具。按磨料的结合形式分为固结磨具、涂附磨具和研磨膏。根据不同的使用方式，固结磨具可制造成砂轮、油石、砂瓦、磨头、抛磨块等，涂附磨具可制成纱布、砂纸带、砂带等。研磨膏可分成硬膏和软膏。

（2）砂轮的特性及其选择　砂轮是最重要的磨削工具。它是用结合剂把磨粒粘结起来，经压坯、干燥、焙烧及车整而成的多孔疏松物体。砂轮的特性主要取决于以下五个方面。

1）磨料。磨料是制造砂轮的主要材料，直接担负切削工作。磨料应具有高硬度、高耐热性和一定的韧性，在磨削过程中受力破坏后还要能形成锋利的几何形状。常用的磨料有氧化物系（刚玉类）、碳化物系和超硬磨料系三类。

2）粒度。粒度是指磨粒颗粒的大小，通常分为磨粒（颗粒尺寸>40μm）和微粉（颗粒尺寸≤40μm）两类。磨粒用筛选法确定粒度号，粒度号越大，表示磨粒颗粒越小。微粉按其颗粒的实际尺寸分级。一般来说，粗磨用粗粒度（F4～F280），精磨用细粒度（F280～F1200）。

3）硬度。砂轮的硬度是指砂轮工作表面的磨粒在磨削力的作用下脱落的难易程度。它反映磨粒与结合剂的粘结强度。磨粒不易脱落，称砂轮硬度高；反之，称砂轮硬度低。

砂轮的硬度从低到高分为超软、软、中软、中、中硬、硬、超硬7个等级。

工件材料较硬时，为使砂轮有较好的自砺性，应选用较软的砂轮；工件与砂轮的接触面积大，工件的导热性差时，为减少磨削热，避免工件表面烧伤，应选用较软的砂轮；对于精磨和成形磨削，为了保持砂轮的廓形精度，应选用较硬的砂轮；粗磨时应选用较软的砂轮，以提高磨削效率。

4）结合剂。结合剂是将磨料粘结在一起，使砂轮具有必要的形状和强度的材料。结合剂的性能对砂轮的强度、抗冲击性、耐热性、耐蚀性，以及对磨削温度和磨削表面质量都有较大的影响。

常用结合剂的种类有陶瓷、树脂、橡胶及金属等。陶瓷结合剂的性能稳定，耐热，耐酸碱，价格低廉，应用最为广泛。树脂结合剂强度高，韧性好，多用于高速磨削和薄片砂轮。橡胶结合剂适用于无心磨的导轮、抛光轮、薄片砂轮等。金属结合剂主要用于金刚石砂轮。

5）组织。砂轮的组织是指砂轮中磨粒、结合剂和气孔三者间的体积比例关系。按磨粒在砂轮中所占体积的不同，砂轮的组织分为紧密、中等和疏松三大类。生产中常用的是中等组织的砂轮。

（3）砂轮的形状、尺寸与标志　根据不同的用途、磨削方式和磨床类型，砂轮被制成各种形状和尺寸，并已标准化。如：

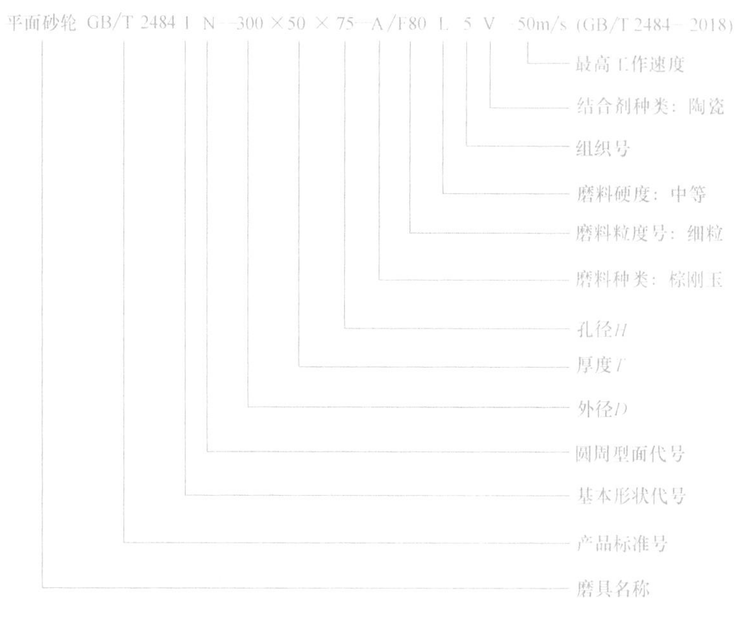


砂轮的特性用代号标注在砂轮端面上，用以表示砂轮的磨料、粒度、硬度、结合剂、组织、形状、尺寸及最高工作线速度。

### 2. 超硬磨具

超硬磨具是指用金刚石、立方氮化硼等以显著高硬度为特征的磨料制成的磨具，可分为金刚石磨具、立方氮化硼磨具和电镀超硬磨具。超硬磨具一般由基体、过渡层和超硬磨料层三部分组成，磨料层厚度为1.5~5mm，主要由结合剂和超硬磨粒组成，起磨削作用。

超硬磨具的粒度、结合剂等特性与普通磨具相似，浓度是超硬磨具所具有的特殊性。浓度是指超硬磨具磨料层内每立方厘米体积内所含的超硬磨料的重量，它对磨具的磨削效率和加工成本有着重大的影响。浓度过高，很多磨粒易过早脱落，导致磨料的浪费；浓度过低，磨削效率不高，不能满足加工要求。

## 4.2　M1432B型万能外圆磨床

M1432B型万能外圆磨床主要用于磨削内外圆柱表面、内外圆锥表面、阶梯轴轴肩和端面、简单的成形回转体表面等。它属于工作台移动式普通精度级磨床，其工作精度为：

1）不用中心架，工件支承在头架、尾座顶尖上，工件尺寸为：直径60mm、长度500mm。精磨后的精度和表面粗糙度为：

圆度公差值：0.003mm；

圆柱度公差值：0.005mm；

表面粗糙度 $Ra$ 值：0.4μm。

2）不用中心架，工件安装在卡盘上，工件尺寸为：直径50mm、悬伸长度150mm。精磨后的精度和表面粗糙度为：

圆度公差值：0.005mm；

表面粗糙度 $Ra$ 值：0.4μm。

3）不用中心架，工件安装在卡盘上，工件孔径60mm、长度125mm。精磨内孔的精度和表面粗糙度为：

圆度公差值：0.005mm；

表面粗糙度 $Ra$ 值：0.8μm。

由于M1432B型万能外圆磨床的自动化程度较低，磨削效率不高，所以该机床适用于工具车间、机修车间和单件、小批量生产车间。

### 4.2.1　主要组成部件

M1432B型万能外圆磨床的外形如图4-1所示，它由下列主要部件组成。

（1）床身　床身1是磨床的基础支承件。床身前部的导轨上安装有工作台3，工作台台面上装有工件头架2和尾座6。床身后部的横向导轨上装有砂轮架5。

（2）工件头架　工件头架2是装有工件主轴并驱动工件旋转的箱体部件，由头架电动机驱动，经变速机构使工件产生不同速度的旋转运动，以实现工件的圆周进给运动。头架体座可绕其垂直轴线在水平面内回转，按加工需要在逆时针方向90°范围内做任意角度的调整，以磨削锥度大的短锥体零件。

（3）工作台　工作台3通过液压传动做纵向直线往复运动，使工件实现纵向进给。工作台分上、下两层，上工作台可相对于下工作台在水平面内顺时针方向最大偏转3°，规格为最大磨削长度750mm的磨床逆时针方向最大偏转8°，规格为最大磨削长度1000mm的磨床逆时针方向最大偏转7°，规格为最大磨削长度1500mm的磨床逆时针方向最大偏转6°，以便磨削锥度小的长锥体零件。

（4）砂轮架　砂轮架5由主轴部件和传动装置组成，安装在床身后部的横导轨上，可沿横导轨做快速横向移动。砂轮的旋转运动是磨削外圆的主体运动。砂轮架可绕垂直轴线转动±30°，以磨削锥度大的短锥体零件。

(5) 内圆磨具　内圆磨具4用于磨削内孔，其上的内圆磨砂轮由单独的电动机驱动，以极高的转速做旋转运动。磨削内孔时，将内圆磨具翻下对准工件，即可进行内圆磨削工作。

(6) 尾座　尾座6的顶尖与工件头架2的前顶尖一起支承工件。

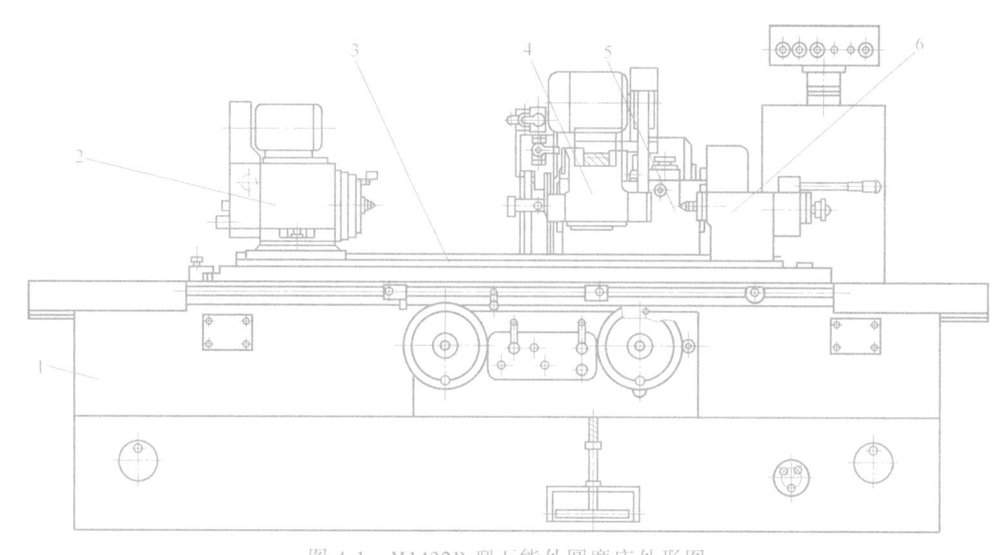


图4-1　M1432B型万能外圆磨床外形图

1—床身　2—工件头架　3—工作台　4—内圆磨具　5—砂轮架　6—尾座

### 4.2.2　主要技术性能

M1432B型万能外圆磨床的主要技术规格如下：

外圆磨削直径 $\phi$8～$\phi$320mm

外圆最大磨削长度（共有三种规格）750mm；1000mm；1500mm

内孔磨削直径 $\phi$30～$\phi$100mm

内孔最大磨削深度 125mm

磨削工件最大质量 150kg

砂轮尺寸（外径×宽度×内径）$\phi$400mm×50mm×$\phi$203mm

外圆砂轮转速 1600r/min

砂轮架回转角度±30°

头架主轴转速（6级）25r/min；50r/min；75r/min、110r/min；150r/min、220r/min

头架体座回转角度+90°

内圆砂轮转速 10000r/min；15000r/min

内圆砂轮尺寸（两种）

　最大 $\phi$50mm×25mm×$\phi$13mm

　最小 $\phi$17mm×20mm×$\phi$6mm

工作台纵向移动速度（液压无级调速）4～0.1m/min

砂轮架主电动机 5.5kW　1500r/min

头架电动机 0.55/1.1kW　750r/min；1500r/min

内圆磨具电动机 1.1kW　3000r/min

机床外形尺寸（三种规格）

长度 3105mm；3605mm；4605mm

宽度 1810mm

高度 1515mm

机床重量（三种规格）3600kg；3700kg；4300kg

### 4.2.3 外圆磨床的典型加工方法

图 4-2 所示为 M1432B 型万能外圆磨床的几种典型加工方法。

图 4-2a 所示为用纵磨法磨削外圆柱表面，此时砂轮的高速旋转为主体运动，工件的旋转为圆周进给运动，工作台带动工件做纵向直线进给运动，两个进给运动共同形成外圆柱表面。另外，砂轮的横向切入运动是周期性的，可以在工件由左至右一次行程完毕后进行，也可以在工件由右至左一次行程完毕后进行，还可以是一次往复行程完毕后进行。

图 4-2b 所示为磨削小锥度的长锥体零件，此时上工作台需相对于下工作台偏转一工件锥体的角度，加工时所需运动与磨削外圆时相同。

图 4-2c 所示为用切入法磨削锥度大的短锥体零件，此时砂轮架需转动一锥体的角度，且做连续的横向切入进给运动，但工作台不需做纵向直线往复运动。

图 4-2d 所示为用内圆磨具磨削内锥孔，此时需将内圆磨具翻下对准工件，砂轮架上的砂轮不做旋转运动，而内磨砂轮做高速旋转主体运动，工做台带动由卡盘夹持的工件做纵向直线进给运动，同时工件也做圆周进给运动，砂轮架带动内圆磨具做周期性的横向切入运动。

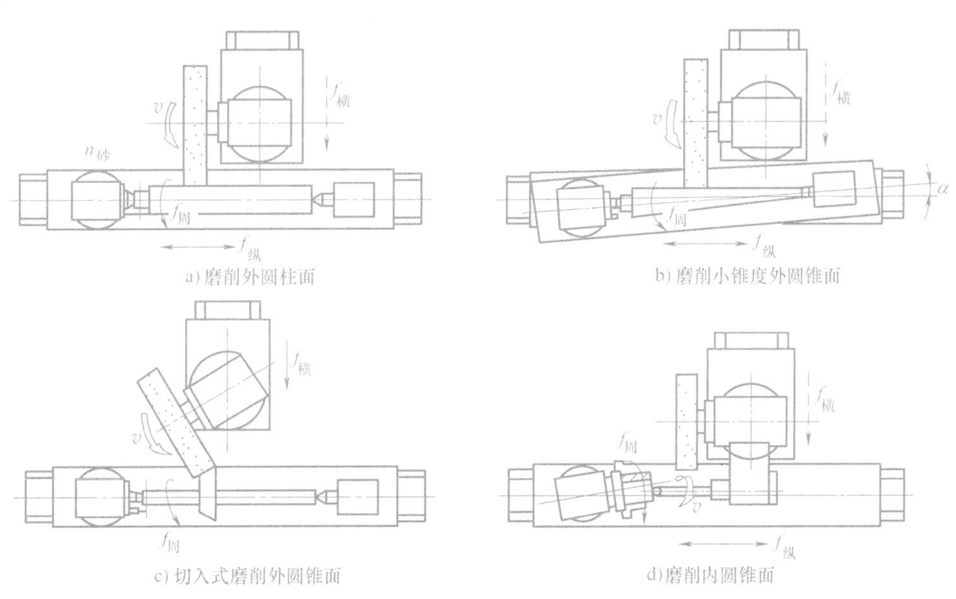


图 4-2 M1432B 型万能外圆磨床加工示意图

### 4.2.4 机床的机械传动系统

M1432B 型万能外圆磨床各部件的运动由液压和机械传动装置来实现。其中工作台纵向往复直线进给运动、砂轮架的快速前进和后退运动、砂轮架自动周期进给运动、砂轮架丝杠螺母间隙消除机构、尾座套筒伸缩运动以及工作台的液动与手动互锁机构等均由液压传动配合机械装置来实现，其他运动由机械传动系统完成。图4-3所示是机床的机械传动系统图。

### 1. 砂轮架主轴的旋转主运动

砂轮架主轴由5.5kW、1500r/min的主电动机驱动，经带传动使主轴获得1600r/min的高转速。

### 2. 内圆磨具主轴的旋转主运动

内圆磨具主轴由内磨装置上的1.1kW、3000r/min的电动机驱动，经平带直接传动，更换带轮，可使主轴获得10000r/min和15000r/min两种转速。

内圆磨具安装在内圆磨具支架上，为了保证工作安全，内圆磨削砂轮电动机的起动和内圆磨具支架的位置有连锁作用，即只有支架翻到磨削内圆的工作位置时，电动机才能起动，同时砂轮架快速进退手柄在原位置上自动锁住，这时砂轮架不能快速移动。

### 3. 工件头架主轴的圆周进给运动

工件头架主轴由双速电动机驱动，经Ⅰ-Ⅱ轴间的一级带传动变速，Ⅱ-Ⅲ轴间的三级带传动变速和Ⅲ-Ⅳ轴间的带传动，使头架主轴获得25~220r/min的六种不同的转速。其传动路线表达式为：

$$\text{头架电动机 I}-\frac{\phi 60}{\phi 178}-\text{II}-\begin{Bmatrix}\dfrac{\phi 172.7}{\phi 95}\\ \dfrac{\phi 178}{\phi 142.4}\\ \dfrac{\phi 75}{\phi 173}\end{Bmatrix}-\text{III}-\frac{\phi 46}{\phi 179}-\text{拨盘(工件)}$$

### 4. 工作台的手动纵向直线移动

为了调整机床及磨削阶梯轴的台阶，还可用手轮A来操纵工作台的手动纵向直线移动。其传动路线表达式为：

$$\text{手轮 A}-\text{V}-\frac{15}{72}-\text{VI}-\frac{18}{72}-\text{VII}-\text{齿轮}\ (z_{18})\ \text{齿条副（工作台纵向移动）}$$

手轮A转一转时，工作台的纵向移动量$f_{纵}$为

$$f_{纵}=1\times\frac{15}{72}\times\frac{18}{72}\times 18\times 2\times\pi\text{mm}\approx 6\text{mm}$$

手摇机构中设置了互锁液压缸，当工作台由液压传动驱动时，互锁液压缸的上腔通液压压油，使齿轮副$\frac{18}{72}$脱开啮合，手动纵向直线移动运动不能实现；当工作台不用液压传动驱动时，互锁液压缸上腔通油箱，在液压缸内弹簧力的作用下，齿轮副$\frac{18}{72}$重新啮合传动，此时转动手轮A，经齿轮副$\frac{15}{72}$、$\frac{18}{72}$和齿轮（$z=18$）齿条副，实现工作台手动纵向直线移动运动。

### 5. 砂轮架的横向手动进给运动

砂轮架的横向手动进给运动由手轮B来操纵，分粗进给和细进给两种。其传动路线表达式为：

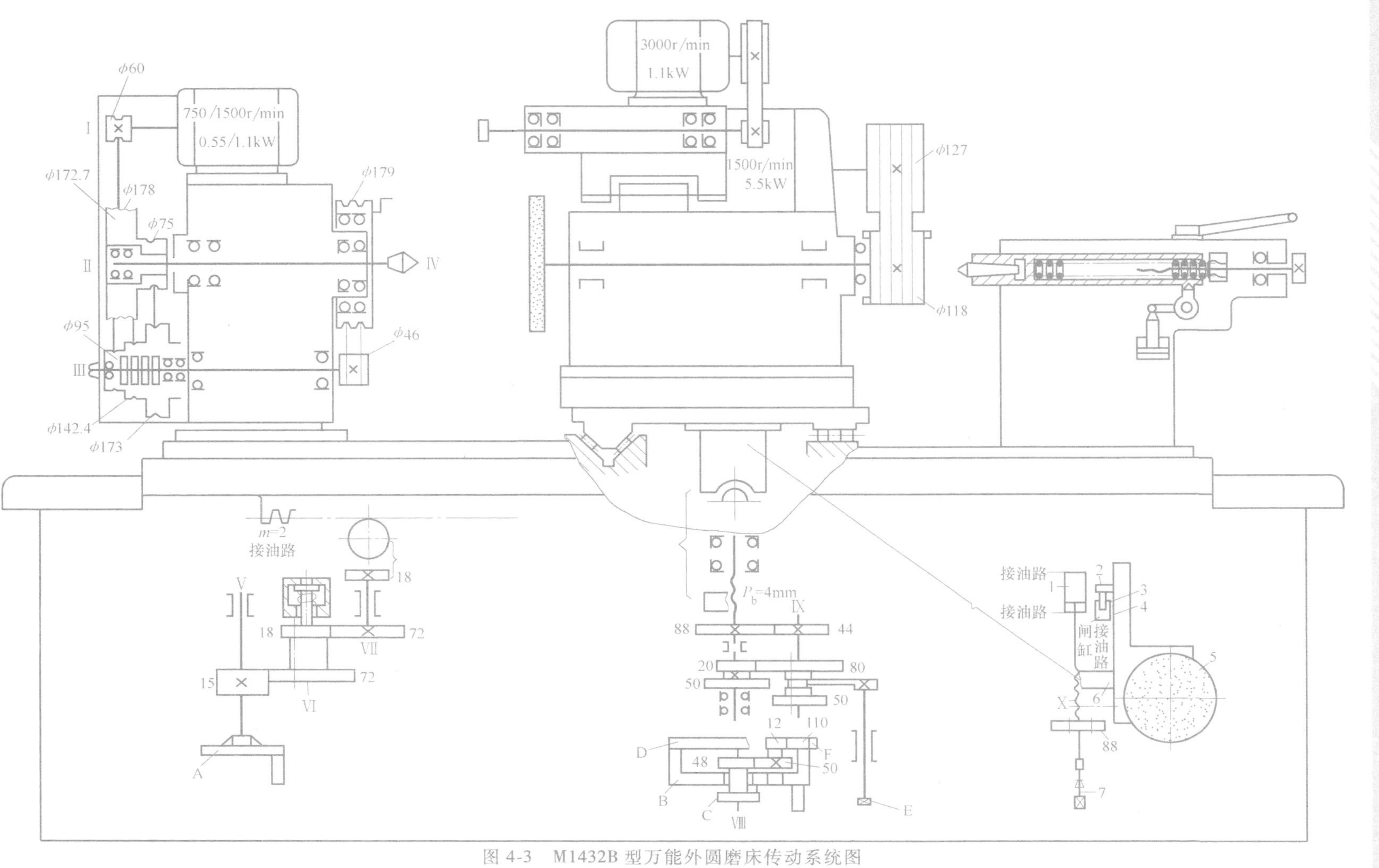


图 4-3 M1432B 型万能外圆磨床传动系统图

1—液压缸 2—挡块 3—柱塞 4—闸缸 5—砂轮 6—半螺母 7—定位螺钉

$$手轮 B—Ⅷ—\begin{Bmatrix}\frac{50}{50}\\\frac{20}{80}\end{Bmatrix}—Ⅸ—\frac{44}{88}—丝杠(T=4mm,滑鞍及砂轮架横向进给)$$

细进给时，将手柄 E 拉到图示位置，转动手轮 B，直接传动轴Ⅷ，经$\frac{20}{80}$和$\frac{44}{88}$齿轮副、丝杠，使砂轮架做横向细进给运动；粗进给时，将手柄 E 向前推，使齿轮副$\frac{50}{50}$啮合传动，则砂轮架做横向粗进给运动。

粗进给时，手轮 B 转一圈，砂轮架的横向移动量为 2mm，手轮 B 刻度盘 D 的圆周分为 200 格，故刻度盘 D 每格的进给量为 0.01mm。细进给时，手轮 B 每转一圈，砂轮架的横向移动量为 0.5mm，这时刻度盘 D 每格的进给量为 0.0025mm。

### 4.2.5 机床的主要结构

#### 1. 砂轮架

M1432B 型万能外圆磨床砂轮架结构如图 4-4 所示。砂轮主轴部件直接影响工件的精度和表面质量，应具有高的回转精度、刚度、抗振性及耐磨性，是砂轮架部件的关键部分。

砂轮主轴 8 的径向支承采用短四瓦动压滑动轴承进行支承。每个滑动轴承由四块包角约 60°的扇形轴瓦 5 组成，四块轴瓦均布在轴颈周围，且轴瓦上的支承球面凹孔与轴瓦沿圆周方向的中心有一约 5°30′的夹角，亦即支承球面凹孔中心在周向偏离轴瓦对称中心。由于采用球头支承，所以轴瓦可以在球头螺钉 4 和轴瓦支承球头销 7 上自由摆动，有利于高速旋转时主轴和轴瓦间形成油楔，并依靠油楔的节流作用产生静压效果，形成油膜压力。轴颈周围均布着四个独立的压力油楔，产生四个独立的压力油膜区，使轴颈悬浮在四个压力油膜区之中，不与轴瓦直接接触，减少了主轴与轴承配合面间的磨损，并使主轴保持较高的回转精度。当由于磨削载荷的作用，砂轮主轴偏向某一块轴瓦时，这块轴瓦的油楔变小，油膜压力升高；而对应的另一方向的轴瓦油楔则变大，油膜压力减小。这样，油膜压力的变化，会使砂轮主轴自动恢复到原平衡位置，即四块轴瓦的中心位置。由此可见，轴承的刚度较高。

主轴与轴承间的径向间隙可通过球头螺钉 4 来调整。调整时，先依次卸下封口螺钉 1、锁紧螺钉 2 和螺套 3，然后旋转球头螺钉 4 至适当位置，使主轴和轴承的间隙保持在 0.01~0.02mm。调整完毕，依次装好螺套 3、锁紧螺钉 2 和封口螺钉 1，以保证支承刚度。一般情况下只调整位于主轴下部（或上部）的两块轴瓦即可，如果调整这两块轴瓦后仍不能满足要求，则需对其余两块轴瓦也进行调整，直至满足旋转精度的要求。但应注意的是，四块轴瓦同时调整时，应在轴瓦上做好相应的标记，保证在调整后装配时，轴瓦保持原来的位置。

砂轮主轴 8 向右的轴向力通过主轴右端轴肩作用在轴承盖 9 上，向左的轴向力通过带轮 13 中的六个螺钉 12、经弹簧 11 和销子 10 以及推力球轴承，最后传递到轴承盖 9 上。弹簧 11 可用来给推力球轴承预加载荷。

砂轮架体壳内装润滑油（通常为 2 号主轴油），以润滑主轴轴承，油面高度可从圆形油窗观察，砂轮主轴两端用橡胶密封圈实现密封。

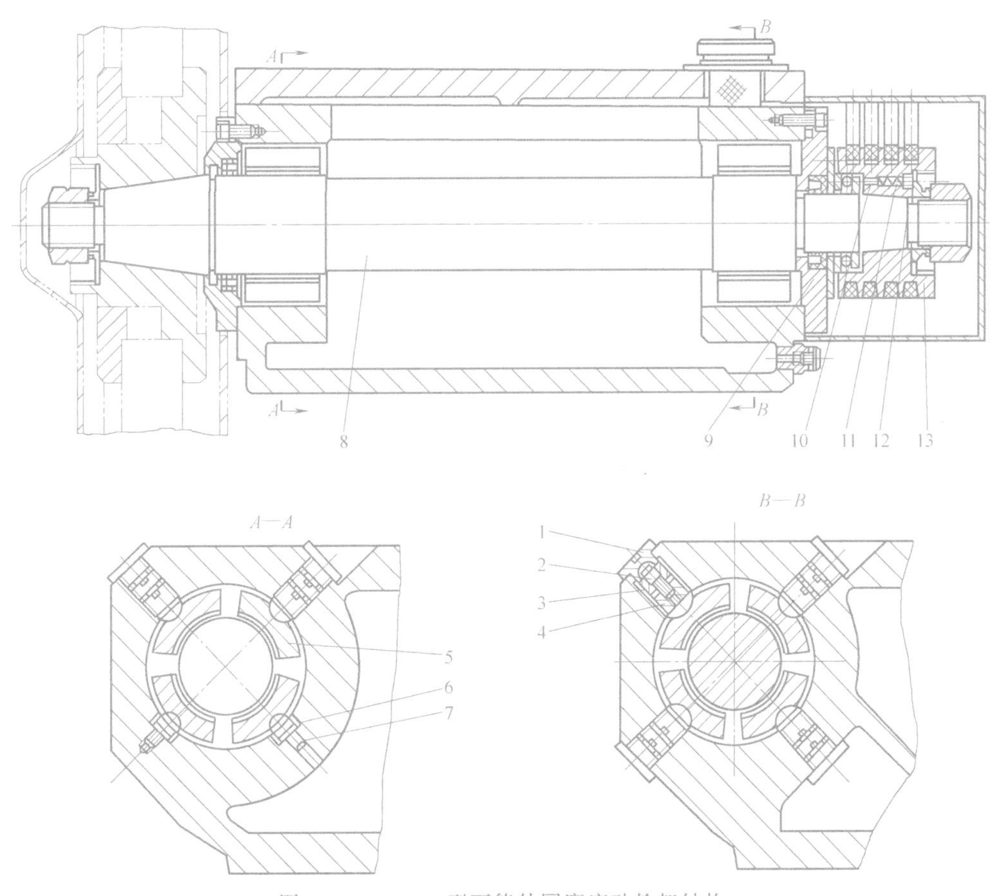


图 4-4　M1432B 型万能外圆磨床砂轮架结构

1—封口螺钉　2—锁紧螺钉　3—螺套　4—球头螺钉　5—轴瓦　6—密封圈　7—轴瓦支承球头销　8—砂轮主轴　9—轴承盖　10—销子　11—弹簧　12—螺钉　13—带轮

装在砂轮主轴上的零件如带轮、砂轮压紧盘、砂轮等都应仔细平衡，四根 V 带的长度也应一致，否则易引起砂轮主轴的振动，直接影响磨削表面的表面质量。

砂轮架用 T 形螺钉紧固在滑鞍上，它可绕滑鞍的定心圆柱销在±30°范围内调整角度位置。加工时，滑鞍带着砂轮架沿垫板上的导轨做横向进给运动。

2. 内圆磨具

图 4-5 所示是内圆磨具结构图，内圆磨具安装在支架的孔中，图 4-1 中所示为工作位

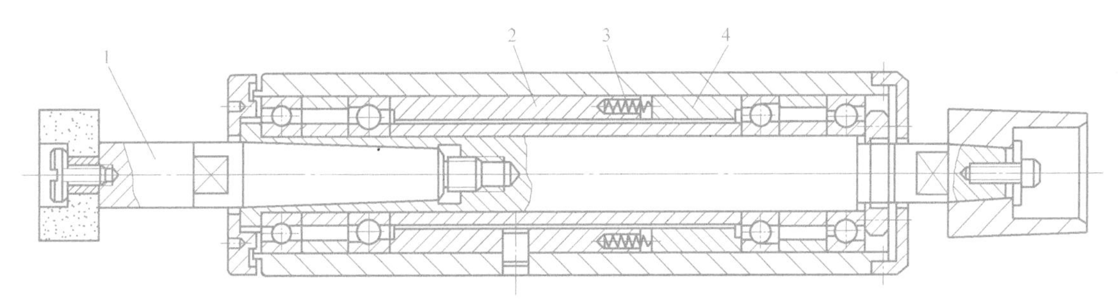


图 4-5　M1432B 型万能外圆磨床内圆磨具

1—接长杆　2、4—套筒　3—弹簧

置。不工作时，内圆磨具支架翻向上方。

内圆磨具有下列特点：

1）磨削内圆时，因砂轮直径大小受到限制，要达到足够的磨削线速度，就要求砂轮轴具有很高的转速。因此，内圆磨具应保证高转速下运转平稳，主轴轴承应有足够的刚度和寿命。目前采用平带传动或内联原动机传动内圆磨具主轴。图 4-5 中的主轴前、后轴承各用两个 P5 级精度的角接触球轴承，用弹簧 3 通过套筒 2 和 4 进行预紧。

2）当被磨削内孔的长度不同时，接长杆 1 可以更换。但由于受结构的限制，接长杆轴颈较细而悬伸又较长，因此刚性较差，是内圆磨具中最薄弱的环节。为了克服这个缺点，某些专用磨床的内圆磨具常改成固定轴形式。

### 3. 工件头架

图 4-6 所示是工件头架的装配图。头架主轴 10 和前顶尖根据不同的工作需要，可以设置成转动或不转动。当用前后顶尖支承工件磨削时，拨盘 9 上的拨杆 20 拨动工件夹头，使工件旋转。这时，头架主轴 10 和顶尖是固定不转的。固定主轴的方法是：顺时针方向旋转捏手 14 到旋转不动为止，通过蜗杆齿轮间隙消除机构将头架主轴间隙消除。这时头架主轴 10 被固定，不能旋转，工件则由与带轮 11 连接的拨盘 9 上的拨杆 20 带动。当用自定心卡盘或单动卡盘、专用夹具夹持工件磨削时，在头架主轴 10 前端安装卡盘。在安装卡盘前，用千分表顶在头架主轴的端部，通过捏手 14 按逆时针方向旋转（并观察千分表读数）。在选择好头架主轴的间隙后，把装在拨盘 9 上的传动键 13 插入头架主轴中，再用螺钉将传动键固定。然后再用螺钉 12 将卡盘安装在头架主轴大端的端部。运动由拨盘 9 带动头架主轴 10 旋转，卡盘也随着一起转动。

头架主轴 10 的后支承为两个“面对面”排列安装的 P5 级精度的角接触球轴承 8。头架主轴后轴颈处有一轴肩，因此主轴的轴向定位由后支承的两个轴承来实现，即两个方向的轴向力由后支承的两个轴承承受。通过仔细修磨隔套 6、7 的厚度，使轴承内外圈产生一定的轴向位移，对头架主轴轴承进行预紧，以提高头架主轴部件的刚度和旋转精度。头架主轴的运动由传动平稳的带传动实现，头架主轴上的带轮采用卸荷式带轮装置，以减少主轴的弯曲变形。头架主轴 10 的前、后端部采用橡胶密封圈进行密封。

头架变速可通过推拉变速捏手 3 及改变双速电动机转速来实现。在推拉变速捏手 3 变速时，应先将电动机停止才可进行。带轮 1 和中间轴 4 装在偏心套 2 和 5 上，转动偏心套可调整各带轮之间传动的张紧力。转动偏心套 5 获得适当的张紧力后，应将螺钉 19 锁紧偏心套 5。

头架壳体 18 可绕底座 16 上的销轴 17 来调整角度，回转角度为逆时针方向 0°~90°，以磨削锥度大的短锥体。头架壳体 18 固定在工作台上，可先旋紧两个螺钉 15，然后再旋紧螺钉 15 中的内六角螺钉（左旋螺牙），这样就可以将头架壳体固定在工作台上了。

头架的侧母线可通过销轴 17 进行微量调整，以保证头架和尾座的中心在侧母线上一致。头架的侧母线与砂轮架导轨的垂直度可通过偏心轴 21 进行微量调整，调整后必须将偏心轴 21 锁紧。

### 4. 尾座

图 4-7 所示是 M1432B 型万能外圆磨床尾座结构。尾座的功用是用尾座套筒顶尖与头架主轴顶尖一起支承工件，因此要求尾座顶尖与头架主轴顶尖同轴。磨削圆柱面时，前、后顶尖的连心线应平行于工作台的移动方向。同时，尾座还应具有足够的刚度。

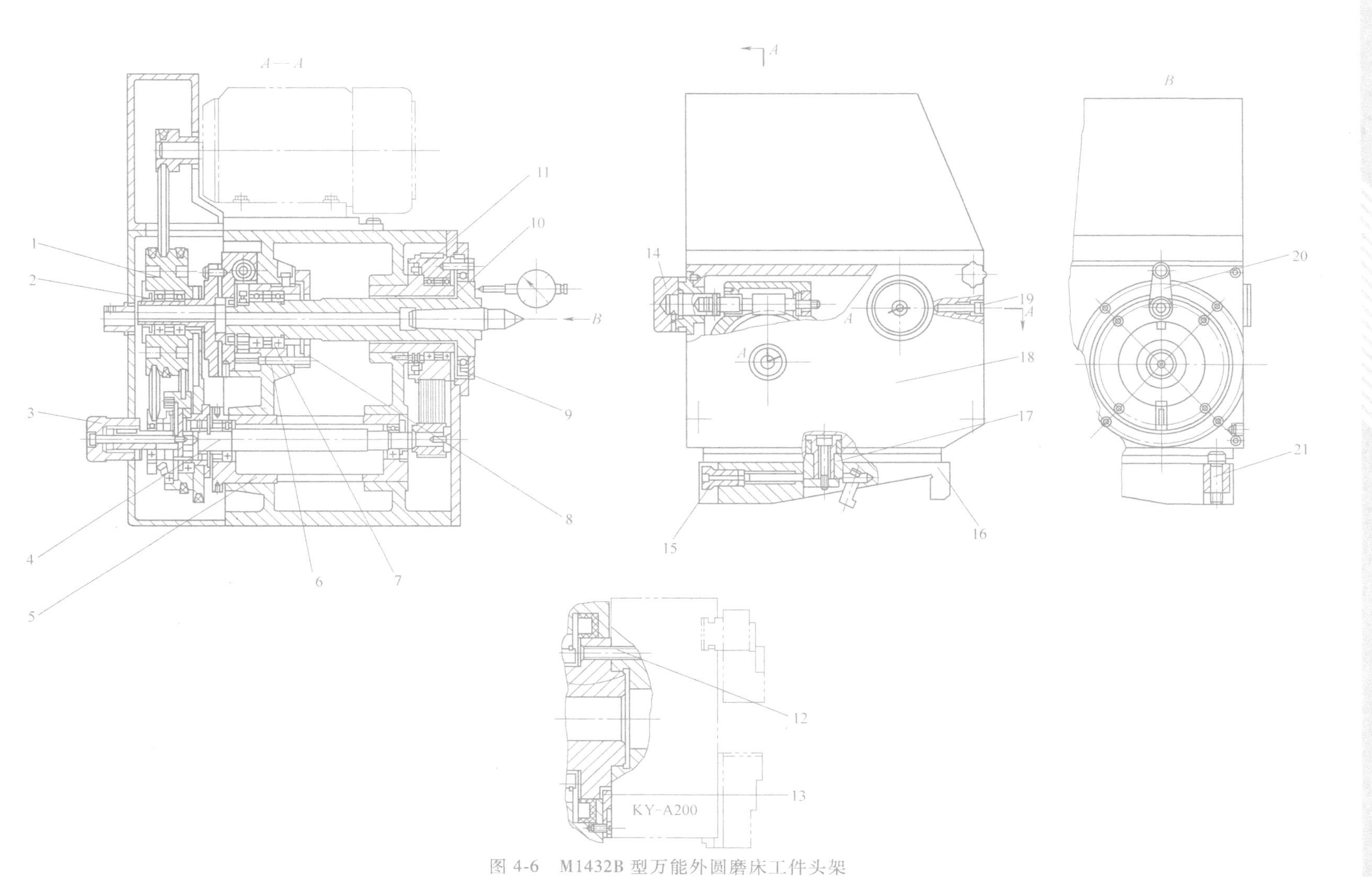


图 4-6 M1432B 型万能外圆磨床工件头架

1、11—带轮 2、5—偏心套 3—变速捏手 4—中间轴 6、7—隔套 8—角接触球轴承 9—拨盘 10—头架主轴
12、15、19—螺钉 13—传动键 14—捏手 16—底座 17—销轴 18—头架壳体 20—拨杆 21—偏心轴

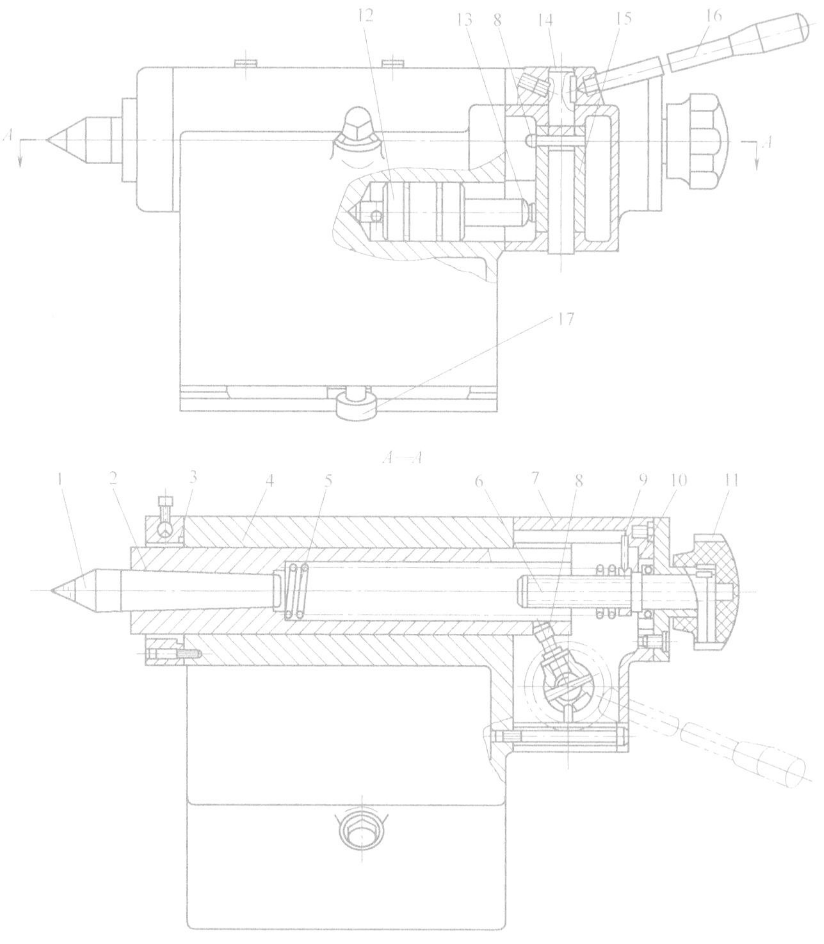


图 4-7 M1432B 型万能外圆磨床尾座结构

1—顶尖 2—套筒 3—密封盖 4、7—体壳 5—弹簧 6—丝杠 8—拨杆 9—销子 10—螺母 11—手轮 12—活塞 13—拨杆 14—小轴 15—套 16—手柄 17—T 形螺钉

尾座顶尖顶紧工件的顶紧力由弹簧 5 产生。顶紧力大小的调整方法为：转动手轮 11，使丝杠 6 旋转，螺母 10 由于销子 9 的限制，不能转动，只能直线移动，螺母 10 移动后，改变了弹簧 5 的顶紧力。

尾座套筒 2 的退回可以采用手动或液动。当用手动退回套筒 2 时，顺时针方向转动手柄 16，通过小轴 14 及拨杆 8，拨动尾座套筒 2 向后退回。当采用液动退回套筒 2 时，砂轮架一定处在退出位置，脚踩“脚踏板”，使液压缸的左腔进入液压油，推动活塞 12，使拨杆 13 摆动，于是拨杆 8 拨动尾座套筒 2 向后退回。

磨削时，尾座用 T 形螺钉 17 紧固在工作台上。尾座密封盖 3 上面的螺钉用来固定修正砂轮用的金刚笔。

### 5. 横向进给机构

图 4-8 所示是 M1432B 型万能外圆磨床的横向进给机构，用于实现砂轮架的横向工作进给、调整位移和快速进退，以确定砂轮和工件的相对位置，控制工件尺寸等。工作进给和调整位移为手动。快速进退的距离是固定的，用液压传动来实现。

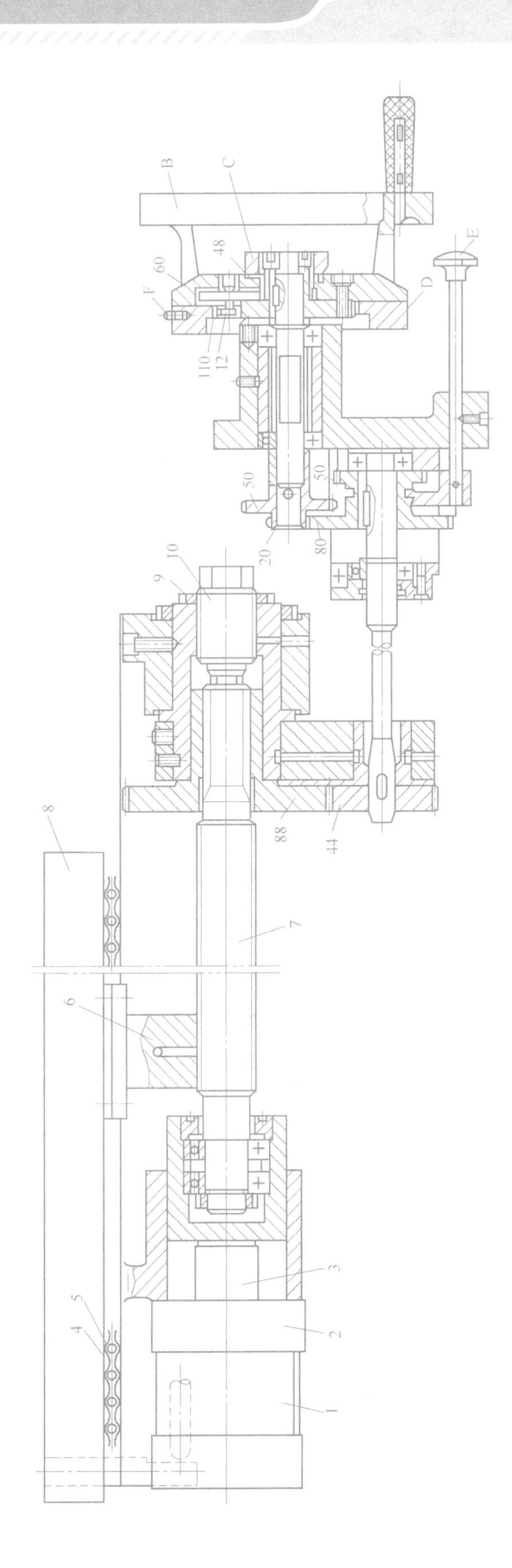


图4-8 M1432B型万能外圆磨床的横向进给机构

1—液压缸 2—活塞 3—活塞杆 4、5—滚动导轨 6—半螺母 7—丝杠 8—滑鞍 9—螺母 10—定位螺钉

（1）砂轮架的快速进退　如图 4-8 所示，砂轮架的快速进退由液压缸 1 实现。液压缸的活塞杆 3 右端用向心推力球轴承与丝杠 7 连接，它们之间可以相对转动，但不能做相对轴向移动。丝杠 7 的右端用花键与 $z=88$ 的齿轮连接，并能在齿轮内花键中滑移。当液压缸 1 的左腔或右腔通液压油时，活塞 2 带动丝杠 7 经半螺母 6 带动砂轮架快速向前趋近工件或快速向后退离工件。砂轮架快进至终点位置时，丝杠 7 的前端顶在刚性定位螺钉 10 上，使砂轮架准确定位。刚性定位螺钉 10 的位置可以调整，调整后用螺母 9 锁紧。

为消除丝杠 7 与半螺母 6 之间的间隙，提高进给精度和重复定位精度，设置有闸缸（见图 4-3）。闸缸固定在垫板上，机床工作时，闸缸通入液压油，经柱塞（见图 4-3）、挡块（见图 4-3）使砂轮架受到一个向后的作用力，此力与径向磨削分力同向，因此半螺母 6 与丝杠 7 始终紧靠在螺纹的一侧工作，消除了丝杠与螺母的间隙。

为了减少摩擦阻力，防止爬行和提高进给精度，砂轮架滑鞍 8 与床身的横向导轨采用 V 形和平面组合的滚动导轨 4、5。滚动导轨的特点是摩擦力小，但是由于滚柱和导轨面是线接触，所以抗振性较差。

（2）定程磨削　手轮 B 的刻度盘 D 上装有定程磨削撞块 F，用于保证成批磨削工件的直径尺寸。通常在加工一批工件时，试磨第一个工件达到要求的直径后，调整刻度盘上撞块 F 的位置，使其在横向进给磨削至所需直径时，正好与固定在床身前罩上的定位爪相碰。因此，磨削后续工件时，只需转动横向进给手轮 B，直到撞块 F 碰在定位爪上时，就达到所需的磨削直径了。这样，在磨削过程中测量工件直径尺寸的次数就减少了。

如果中途由于砂轮磨损或修整砂轮导致工件直径尺寸变大，可通过旋钮 C 微量调整刻度盘上撞块 F 的位置。即拔出旋钮 C（其端面上有沿圆周均匀分布的 21 个定位销孔），使它与手轮 B 上的定位销脱开，然后在手轮 B 不转动的情况下，顺时针方向转动旋钮 C，经齿轮副 $\frac{48}{50}$ 带动 $z=12$ 的齿轮和刻度盘 D 的内齿轮（$z=110$）而使刻度盘 D 连同撞块 F 一起逆时针方向旋转一定的角度（这个角度的大小按工件直径尺寸变化量确定）。调整妥当后，再将旋钮 C 的定位销孔推回手轮 B 的定位销上定位（使旋钮 C 和手轮 B 成一整体）。加工时，转动手轮 B，使砂轮架横向进给，当撞块 F 与床身上的定位爪再度相碰，砂轮架便附加进给了相应的距离，补偿了砂轮的磨损尺寸，保证了工件的直径尺寸。这种调整方法的实质是：刻度盘 D 上的撞块 F（定位件），倒退了一定的距离（角度），使砂轮架在横向进给时，再多进给一定的附加距离，以补偿砂轮直径减小的影响。

因为手轮 B 每转一圈的横向进给量为 2mm（粗进给）或 0.5mm（细进给），所以旋钮 C 每转过一个定位孔距，砂轮架的附加进给距离为：

当手柄 E 处于粗进给位置时：

$$f_{附}=\frac{1}{21}\times\frac{48}{50}\times\frac{12}{110}\times 2\text{mm}=0.01\text{mm}$$

当手柄 E 处于细进给位置时：

$$f_{附}=\frac{1}{21}\times\frac{48}{50}\times\frac{12}{110}\times 0.5\text{mm}=0.0025\text{mm}$$

6. 工作台

如图 4-9 所示，M1432B 型万能外圆磨床工作台由上台面 6 和下台面 5 组成。下台面的底面以一矩一 V 形的组合导轨与床身导轨相配合，其上固定一液压缸 4 和齿条 8，可由液压传动或手动沿床身导轨做纵向运动。下台面的上平面与上台面的底面配合，用销轴 7 定中心，转动螺杆 11，通过带缺口并能绕销轴 10 轻微转动的螺母 9，可使上台面绕销轴 7 相对于下台面转动一定的角度，以磨削锥度较小的长锥体。调整角度时，先松开上台面两端的压板 1 和 2，调好角度后再将压板压紧。角度大小可由上台面右端的刻度尺 13 直接读出，或由工作台右前侧安装的千分表 12 来测量。

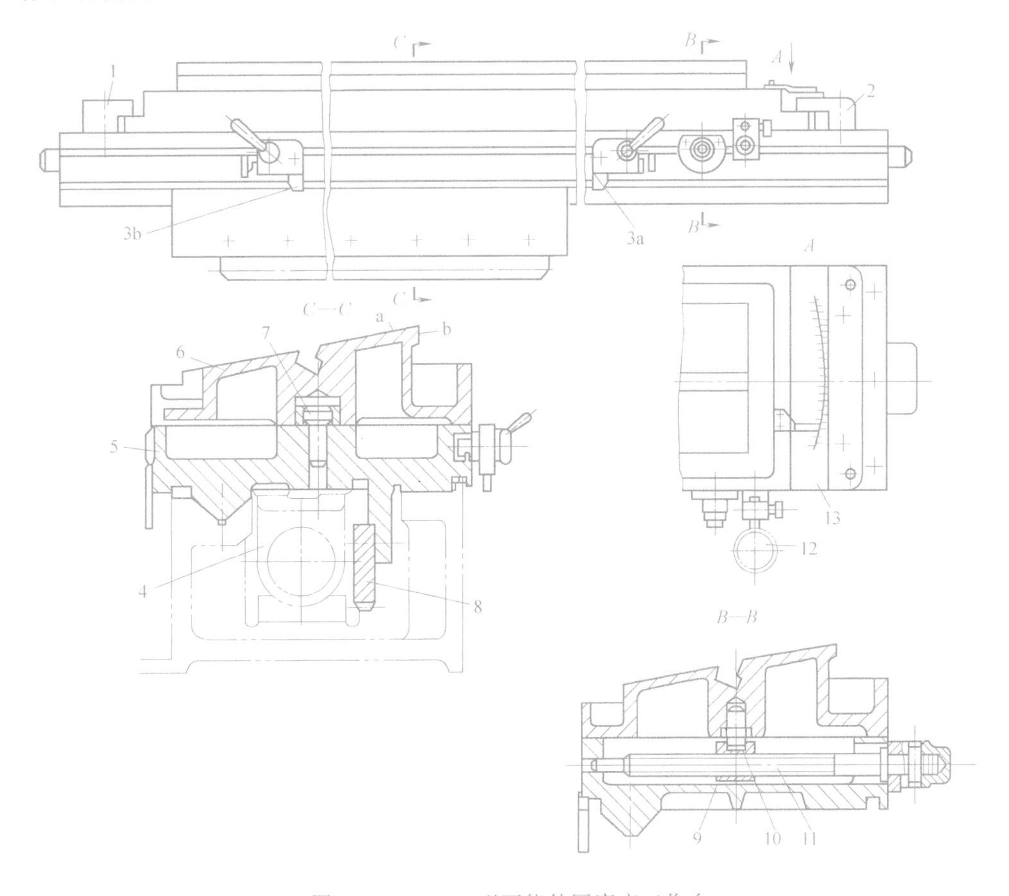


图 4-9 M1432B 型万能外圆磨床工作台

1、2—压板 3a—右行程挡块 3b—左行程挡块 4—液压缸 5—下台面 6—上台面 7—销轴 8—齿条 9—螺母 10—销轴 11—螺杆 12—千分表 13—刻度尺

上台面的顶面 a 做成 10°的倾斜角度，工件头架和尾座安装在上台面上，以顶面 a 和侧面 b 定位，依靠其自身重量的分力紧靠在定位面上，使定位平稳，有利于它们沿台面调整纵向位置时能保持前后顶尖的同轴度。另外，倾斜的台面可使切削液带着磨屑快速流走。台面的中央有一 L 形槽，用以固定工件头架和尾座。下台面前侧有一长槽，用于固定行程挡块 3a 和 3b，液压操纵箱的换向拨杆碰撞这两个挡块时，可使工作台自动换向。调整 3a 与 3b 间的距离，即可控制工作台的行程长度。

# 4.3 其他类型磨床简介

## 4.3.1 无心外圆磨床

### 1. 无心外圆磨床的外形与结构

图 4-10 所示是目前生产中较普遍使用的无心外圆磨床的外形与结构。砂轮架 3 固定在床身 1 的左上部，装在其上的砂轮主轴通常是不变速的，由装在床身内的电动机经 V 带直接传动。导轮架装在床身右上部的滑板 9 上，它由转动体 5 和座架 6 两部分组成。转动体可在垂直平面内相对座架转位，以使装在其上的导轮主轴根据加工需要对水平线偏转一个角度。导轮可有级或无级变速，它的传动装置装在座架内。在砂轮架左上方以及导轮架转动体的上面，分别装有砂轮修整器 2 和导轮修整器 4，在滑板的左端装有工件座架 11，其上装着支承工件用的托板，以及使工件在进入与离开磨削区时保持正确运动方向的导板。利用快速进给手柄 10 或微量进给手轮 7，可使导轮沿滑板上的导轨移动（此时滑板被锁紧在回转底座上），以调整导轮和托板间的相对位置；或者使导轮架、工件座架同滑板一起，沿回转底座 8 上的导轨移动（此时导轮架被锁紧在滑板上），实现横向进给运动。回转底座可在水平面内扳转角度，以便磨削锥度不大的圆锥面。

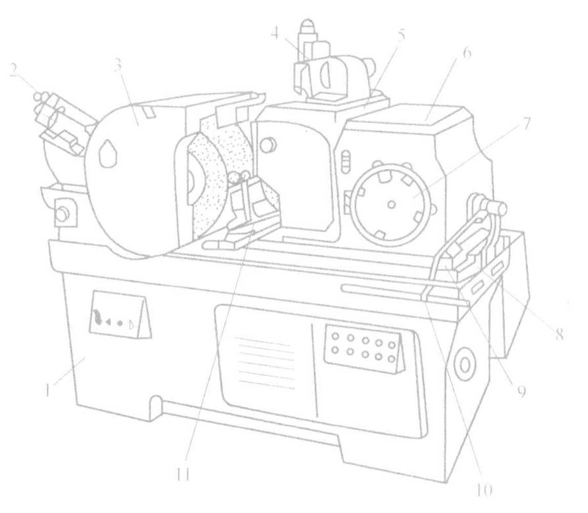

图 4-10 无心外圆磨床的外形与结构
1—床身 2—砂轮修整器 3—砂轮架 4—导轮修整器 5—转动体 6—座架 7—微量进给手轮 8—回转底座 9—滑板 10—快速进给手柄 11—工件座架

### 2. 无心外圆磨床的加工

图 4-11a 所示为无心外圆磨床加工示意图。无心外圆磨床工作时，工件不是支承在顶尖上或夹持在卡盘中，而是放在砂轮和导轮之间，以被磨削外回转表面作为定位基准，支承在托板和导轮上，在磨削力以及导轮和工件间的摩擦力作用下被带动旋转，实现圆周进给运动。导轮是摩擦系较大的树脂或橡胶结合剂砂轮，其转速较低，线速度一般在 20～80m/min 范围内，它不起磨削作用，而是用于支承工件和控制工件的进给速度。在正常磨削情况下，高速旋转的磨削轮通过切向磨削力带动工件旋转，导轮则依靠摩擦力对工件进行“制动”，限制工件的圆周线速度，使之基本上等于导轮的线速度，从而在磨削轮和工件间形成很大的速度差，产生磨削作用。改变导轮的转速，可调节工件的圆周进给速度。

无心外圆磨床磨削时，工件直接由砂轮、导轮及托板定位、支承，磨削质量较好，刚度和生产率高。适宜磨削细长轴或长度短而无法装夹的圆柱面，如滚针、滚柱和心轴等，但不能加工有轴向槽的圆柱面或内、外圆有同轴度要求的柱面。

由于无心外圆磨床配备自动装料和卸料机构，易实现自动化，但机床调整费时，常用于

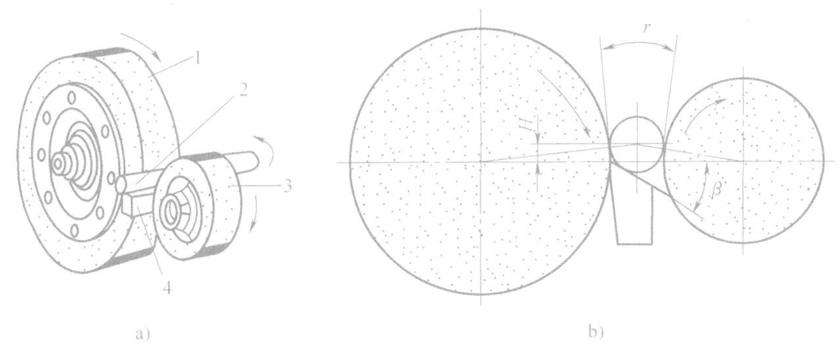

图 4-11 无心外圆磨床加工示意图
1—砂轮 2—工件 3—导轮 4—托板

大批量生产。无心磨削时，工件的中心必须高于导轮和砂轮中心连线（高出的距离一般为 0. 15$d$~0. 25$d$，$d$ 为工件直径），如图 4-11b 所示，使工件与砂轮、导轮间的接触点不在工件同一直径线上，从而使工件在多次转动中逐渐被磨圆。

### 3. 无心外圆磨床的磨削方法

无心外圆磨床的磨削方法有纵磨法和横磨法。如图 4-12a 所示，纵磨法是将工件从机床前面放到前导板上，推入磨削区。由于导轮在垂直平面内倾斜，导轮与工件接触处的线速度 $v_{导}$ 可分解为水平和垂直两个方向的分速度 $v_{导水平}$ 和 $v_{导垂直}$，垂直方向控制工件的圆周进给运动，水平方向的速度使工件做纵向进给，所以工件进入磨削区后，既做旋转运动，又做轴向移动，穿过磨削区，从机床后面出去，完成一次走刀。磨削时，工件一个接一个地通过磨削区，加工是连续进行的。为了保证导轮和工件间为直线接触，导轮的形状应修整成回转双曲面形。这种磨削方法适用于不带台阶的圆柱形工件。如图 4-12b 所示，横磨法是先将工件放在托板和导轮上，然后工件连同导轮做横向进给。由于工件不需纵向进给，导轮的中心线仅倾斜微小的角度，以便对工件产生一个不大的轴向推力，使之靠住挡块 4，得到可靠的轴向定位。此方法适用于具有阶梯或成形回转表面的工件。

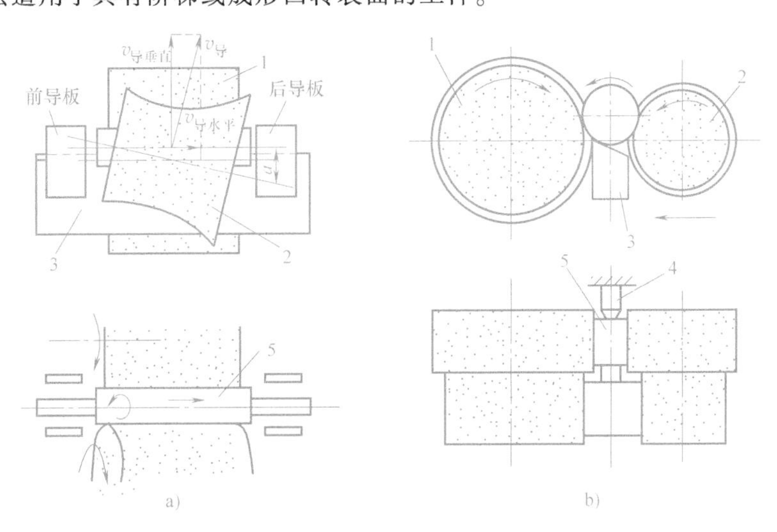

图 4-12 无心外圆磨床加工示意图
1—砂轮 2—导轮 3—托板 4—挡块 5—工件

## 4.3.2 平面磨床

### 1. 平面磨床的结构

图 4-13 所示为卧轴矩台平面磨床外形图。这种机床的砂轮主轴通常是由内连式异步电动机直接驱动的。通常电动机轴就是主轴，电动机的定子就装在砂轮架 3 的壳体内，砂轮架 3 可沿滑座 4 的燕尾导轨做间歇的横向进给运动（手动或液动），滑座 4 和砂轮架 3 一起沿立柱 5 的导轨做间歇的垂直切入运动（手动），工作台 2 沿床身 1 的导轨做纵向往复运动（液压传动）。我国生产的卧轴矩台平面磨床分普通精度级和高精度级。使用普通精度级机床精磨后，加工面对定位基准的平行度为 0.015mm/1000mm，表面粗糙度 $Ra$ 为 0.32～0.63μm；使用高精度级机床精磨后，加工面对定位基准的平行度为 0.005mm/1000mm，表面粗糙度 $Ra$ 为 0.04～0.01μm。

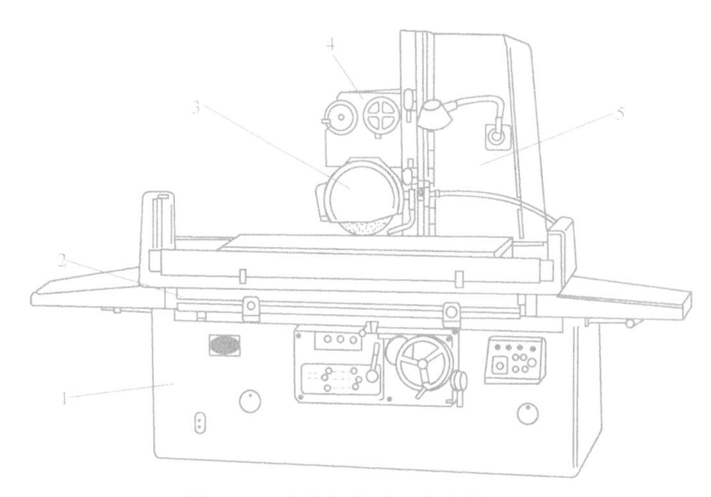


图 4-13 卧轴矩台平面磨床外形图

1—床身 2—工作台 3—砂轮架 4—滑座 5—立柱

### 2. 平面磨床的类型

平面磨床磨削时，工件安放在带电磁吸盘的工作台上，适宜加工中小型钢件或铸铁件的平面，磨削后工件上有剩磁，应去磁。多个工件同时磨削时高度应一致，磨削刚性好，操作方便，生产率高。

平面磨床用于磨削各种零件的平面。根据砂轮的工作面不同，平面磨床可分为用砂轮轮缘（即圆周）进行磨削和砂轮端面进行磨削两类。用砂轮轮缘磨削的平面磨床，砂轮主轴常处于水平位置；而用砂轮端面磨削的平面磨床，砂轮主轴通常为立式的。根据工作台的形状不同，平面磨床又可分为矩形工作台和圆形工作台两类。

因此，根据砂轮工作面和工作台形状的不同，普通平面磨床可分为 4 类：卧轴矩台平面磨床（图 4-14a）；立轴矩台平面磨床（图 4-14b）；卧轴圆台平面磨床（图 4-14c）；立轴圆台平面磨床（图 4-14d）。

### 3. 平面磨床的加工特点

在上述 4 种平面磨床中，用砂轮端面磨削的平面磨床与用砂轮轮缘磨削的平面磨床相比，由于端面磨削的砂轮直径往往比较大，能同时磨出工件的全宽，磨削面积较大，所以生

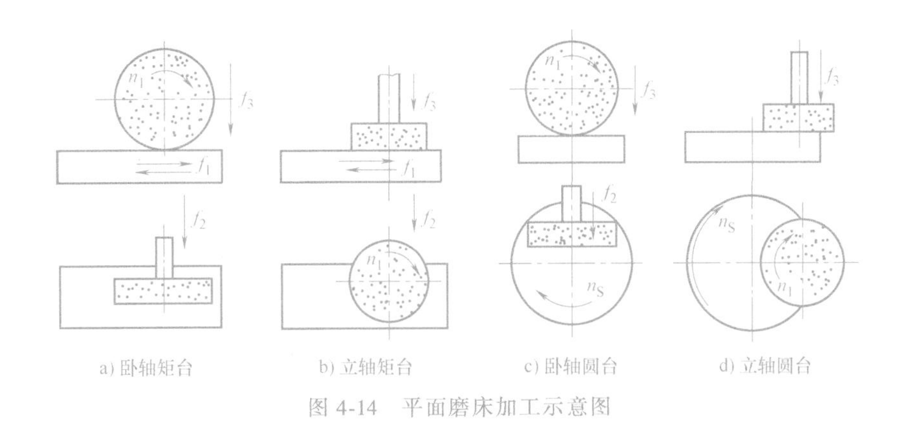


图 4-14 平面磨床加工示意图

产率较高。但是端面磨削时，冷却困难，切屑也不易排除，所以加工精度和表面质量不高。圆台平面磨床与矩台平面磨床相比，由于圆台磨床是连续进给的，生产率较高。圆台磨床只适用于磨削小零件和大直径的环形零件端面，不能磨削长零件，而矩台磨床可方便磨削各种常用零件，包括直径小于矩台宽度的环形零件。在机械制造行业中，用得较多的是卧轴矩台平面磨床和立轴圆台平面磨床。

### 4.3.3 内圆磨床

内圆磨床主要用于磨削各种圆柱孔（包括通孔、不通孔、阶梯孔和断续表面的孔等）和圆锥孔。内圆磨床的主要类型有普通内圆磨床、无心内圆磨床、行星内圆磨床和坐标磨床等。

#### 1. 普通内圆磨床

普通内圆磨床是生产中应用最广泛的一种内圆磨床，其磨削方法如图 4-15 所示。磨削时，工件用卡盘或其他的夹具安装在主轴上，由主轴带动工件旋转做圆周进给运动，用符号 $n_w$ 表示。砂轮高速旋转完成主运动，用符号 $n_t$ 表示。砂轮或工件往复直线运动完成纵向进给运动（也称为轴向运动），用符号 $f_a$ 表示。在完成纵向进给运动后，砂轮或工件还要做一次横向进给运动（也称为径向运动），用符号 $f_r$ 表示。实际磨削时，根据工件形状和尺寸的不同，可采用纵磨法或切入法（横磨法）磨削内孔，如图 4-15a、b 所示。某些普通内圆磨床上装备有专门的端磨装置，采用这种端磨装置，可在工件一次装夹中完成内孔和端面的磨削，如图 4-15c、d 所示。这样既容易保证孔和端面的垂直度，又可提高生产率。

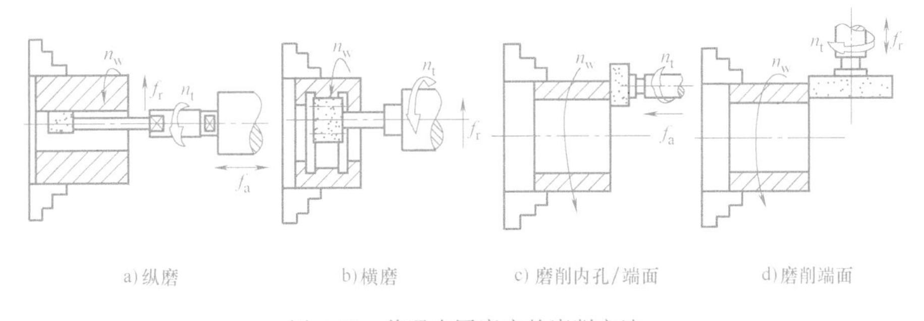


图 4-15 普通内圆磨床的磨削方法

2. 无心内圆磨床

无心内圆磨床的工作原理如图 4-16 所示。磨削时，工件 4 支承在滚轮 1 和导轮 3 上，压紧轮 2 使工件紧靠导轮，由导轮带动工件旋转，实现圆周进给运动（$n_w$）。砂轮除了完成主运动（$n_t$）外，还做纵向进给运动（$f_a$）和周期横向进给运动（$f_r$）。加工结束时，压紧轮沿箭头 $A$ 的方向摆开，以便装卸工件。磨削锥孔时，可将滚轮 1、导轮 3 和工件 4 一起偏转一定角度。这种磨床主要适用于大批量生产中，加工那些外圆表面已经精加工且又不宜用卡盘装夹的薄壁工件以及内、外圆同轴度要求较高的工件，如轴承环。

3. 行星内圆磨床

行星内圆磨床的工作原理如图 4-17 所示。磨削时，工件固定不转，砂轮除了绕自身轴线高速旋转实现主运动（$n_t$）外，同时还要绕被磨削孔的轴线以缓慢的速度公转，实现圆周进给运动（$n_w$）。此外，砂轮还做周期性的横向进给运动（$f_r$）及纵向进给运动（$f_a$），纵向进给也可由工件的移动来实现。由于砂轮所需运动种类较多，致使砂轮架的结构复杂，刚度较差，主要适用于磨削重量和体积较大、形状不太规整、不适宜旋转的工件，例如磨削大型高速柴油机大连杆上的孔和发动机的各种孔等。

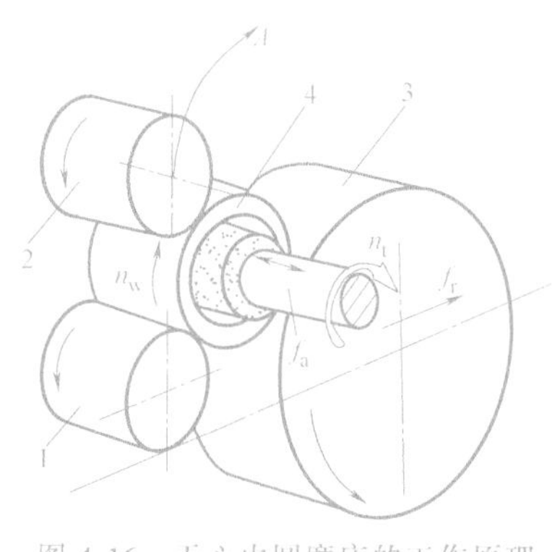

图 4-16 无心内圆磨床的工作原理

1—滚轮 2—压紧轮 3—导轮 4—工件

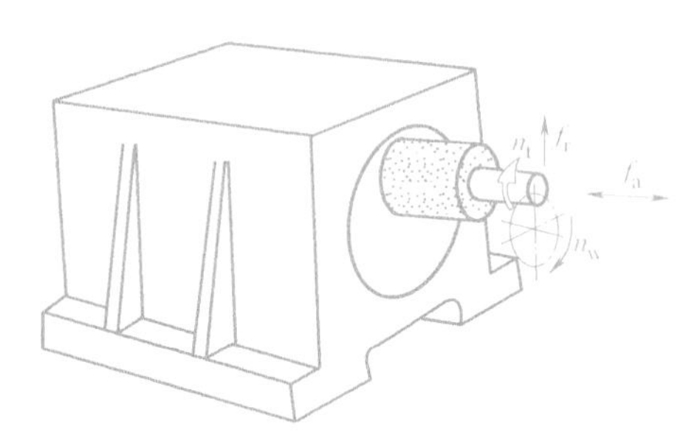

图 4-17 行星内圆磨床的工作原理

## 思考与练习题

4-1 万能外圆磨床上磨削圆锥面有哪些方法？各适用于什么场合？机床应如何调整？

4-2 在 M1432B 型万能外圆磨床上磨削内、外圆时，工件有哪几种装夹方法？采用不同的装夹方法时，头架的调整有何不同？工件怎样获得圆周进给运动？

4-3 简要说明 M1432B 型万能外圆磨床砂轮主轴轴承的工作原理和调整方法。

4-4 在 M1432B 型万能外圆磨床上磨削工件时，当磨削了若干工件后，发现砂轮磨钝，经修整后砂轮直径小了 0.04mm，试调整磨床的横向进给机构，并列出调整运动平衡式。

4-5 如果磨床头架和尾座的锥孔中心线在垂直平面内不等高，磨削的工件将产生什么误差，如何解决？如果两者在水平面内不同轴，磨削的工件又将产生什么误差，如何解决？

4-6 说明 M1432B 型万能外圆磨床工作台台面做成斜面的理由。

4-7 无心外圆磨床的加工精度和生产率为什么比普通外圆磨床高？

4-8 试分析卧轴矩台平面磨床与立轴圆台平面磨床在磨削方法、加工质量以及生产率等方面有何不同，它们的适用范围如何。

# 第5章 其他通用机床

**知识要求**

1）了解齿轮加工机床的类型、用途。

2）掌握Y3150E型滚齿机的组成、运动。

3）了解插齿机、刨齿机、剃齿机和磨齿机的运动与应用范围。

4）了解钻床、镗床和直线运动机床的工艺范围、适用场合。

5）掌握摇臂钻床主轴平衡装置的组成和工作原理。

6）掌握卧式镗铣床的加工方法。

7）了解常用切齿刀具的类型与应用范围。

**能力要求**

1）具有熟练装夹刀具、工件并加工中等复杂工件的能力。

2）具有正确配算、安装、调整滚齿机各传动链交换齿轮的能力。

3）具有熟练判断滚齿机展成运动与附加运动方向的能力。

4）具有依据工件加工表面形状与精度要求合理选用机床的能力。

**素质要求**

培养学生的职业认同感，激发学生科技报国的家国情怀和使命担当。

## 5.1 齿轮加工机床

齿轮加工机床用于加工各种齿轮的轮齿。由于齿轮传动准确可靠、效率高，在高速、重载下的齿轮传动装置体积较小，齿轮在各种机械及仪表中被广泛应用。随着科学技术的不断发展，对齿轮的需求量、传动精度和圆周速度等的要求日益提高，为此，齿轮加工机床已成为机械制造业中一种重要的技术装备。

### 5.1.1 齿轮加工方法

按形成齿轮轮齿的原理来分，齿轮的加工方法可分为仿形法和展成法两类。

#### 1. 仿形法

用仿形法加工齿轮，所采用的刀具为成形刀具，其切削刃形状与被加工齿轮齿槽形状相吻合。一般情况下，当齿轮模数 $m$ 小于10时，可采用模数盘铣刀进行加工，如图5-1a所示；当 $m$ 大于10时，则采用模数指状铣刀进行加工，如图5-1b所示。用这种方法加工，每次只加工一个齿槽，然后用分度装置进行分度而依次切出齿轮来。这种方法的优点是既可以在专门的齿轮加工机床上加工，也可以在通用机床如万能升降台铣床或刨床上用分度装置进行加工。缺点是不能获得准确的渐开线齿形，因为同一模数的齿轮齿数不同，齿形曲线也不相同，但同一模数的铣刀，一般一套只有 8 把，见表 5-1。每一把铣刀只能加工一定齿数范围的齿轮，其齿形曲线是按该范围内最小齿数的齿形制造的，因此，在加工其他齿数的齿轮时就存在着不同程度的齿形误差。所以，它只适用于单件小批量生产和机修车间中加工精度不高的齿轮。

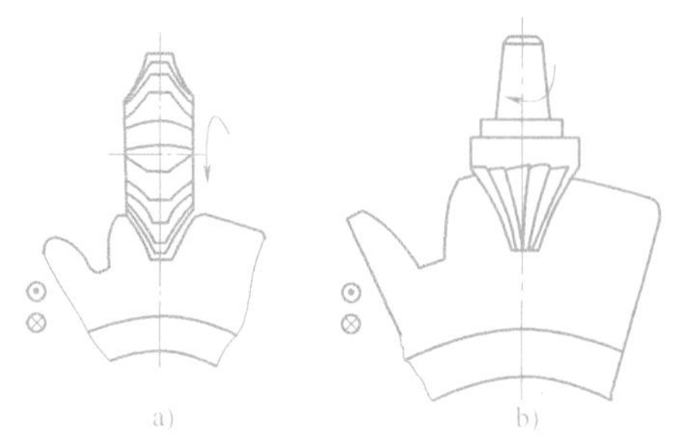

图 5-1　仿形法齿轮加工

表 5-1　模数铣刀的刀号和加工范围

| 刀号 | 1 | 2 | 3 | 4 | 5 | 6 | 7 | 8 |
|---|---|---|---|---|---|---|---|---|
| 加工齿数范围 | 12～13 | 14～16 | 17～20 | 21～25 | 26～34 | 35～54 | 55～134 | 135 以上 |

2. 展成法

按展成法加工圆柱齿轮的基本原理是建立在齿轮的啮合原理基础上的，下面以滚齿加工为例加以说明。

在滚齿机上滚齿加工的过程，相当于一对交错轴斜齿轮互相啮合运动的过程，如图 5-2a 所示，只是其中一个交错轴斜齿轮的齿数极少（常用的齿数为 1），且分度圆上的螺旋升角也很小，所以这个交错轴斜齿轮便成了蜗杆形状，如图 5-2b 所示。如果在这个蜗杆形交错轴斜齿轮的圆柱面上等分地开有一定数量的槽，加以铲背、淬火以及刃磨出前面和后面，就形成一把刀齿分布在蜗杆螺纹表面上的齿轮滚刀，如图 5-2c 所示。一般蜗杆螺纹的法向截面形状近似齿条形，因此，当齿轮滚刀按给定的切削速度做旋转运动时，它在空间便形成一个以等速 $v$ 移动着的假想齿条，当这个假想齿条与被切齿轮做一定速比的啮合运动时，便在轮坯上铣出渐开线齿形。渐开线齿形是滚刀在旋转中依次对轮坯切削的数条切削刃线包络而成的。展成法切齿所用的刀具，其切削刃的形状相当于齿条或齿轮的齿廓，它与被加工齿轮的齿数没有关系。用展成法加工齿轮，可以用同一把刀具加工同一模数不同齿数的齿轮，其加工精度和生产率较高，因此，各种齿轮加工机床广泛应用这种方法。

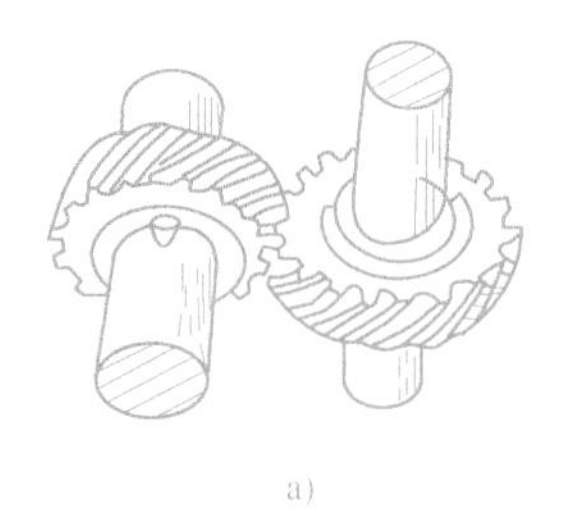

a)　b)

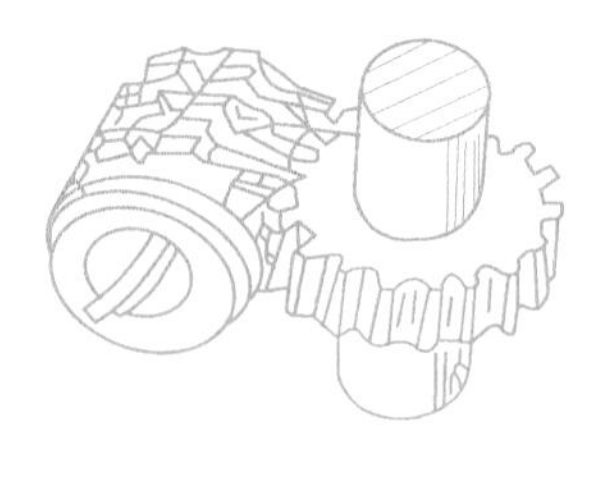

c)

图 5-2　展成法齿轮加工

## 5.1.2　齿轮加工机床分类

按照被加工齿轮种类不同，齿轮加工机床可分为圆柱齿轮加工机床和锥齿轮加工机床两大类。

1. 圆柱齿轮加工机床

1）滚齿机：主要用于加工直齿、斜齿圆柱齿轮和蜗轮。

2）插齿机：主要用于加工单联及多联的内、外直齿圆柱齿轮。

3）剃齿机：主要用于淬火前的直齿和斜齿圆柱齿轮的齿廓精加工。

4）珩齿机：主要用于对热处理后的直齿和斜齿圆柱齿轮的齿廓加工。珩齿对齿形精度改善不大，主要是减小齿面的表面粗糙度值。

5）磨齿机：主要用于淬火后的圆柱齿轮的齿廓精加工。

2. 锥齿轮加工机床

加工锥齿轮的机床，一般按轮齿形状和加工方法分为直齿锥齿轮加工机床和弧齿锥齿轮加工机床等。

1）直齿锥齿轮加工机床包括直齿锥齿轮刨齿机、铣齿机、拉齿机和磨齿机等。

2）弧齿锥齿轮加工机床包括弧齿锥齿轮铣齿机、拉齿机和磨齿机等。

此外，齿轮加工机床还包括加工齿轮所需的倒角机、淬火机和滚动检查机等。

### 5.1.3　切齿刀具简介

切齿刀具是指切削各种齿轮、蜗轮、链轮和花键等齿廓形状的刀具。按照齿形的形成原理，切齿刀具可分为两大类。

1. 成形法切齿刀具

这类刀具切削刃的廓形与被切齿槽形状相同或近似相同。较典型的成形法切齿刀具有两类。

（1）成形齿轮铣刀　图 5-3a 所示是一把铲齿成形铣刀，可加工直齿与斜齿轮。工作时铣刀旋转并沿齿槽方向进给，铣完一个齿后工件进行分度，再铣第二个齿。成形齿轮铣刀加工精度不高，效率也较低，适合单件、小批量生产或修配工作。

（2）指形齿轮铣刀　图 5-3b 所示是一把成形立铣刀。工作时铣刀旋转并进给，工件转动做分齿运动。这种铣刀适合于加工大模数的直齿、斜齿轮，并能加工人字齿轮。

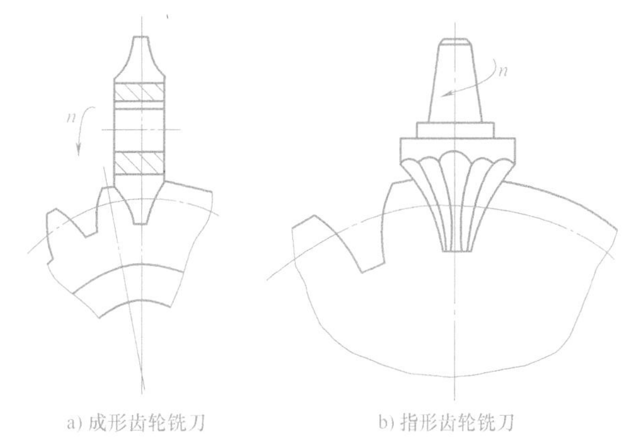


a) 成形齿轮铣刀　　b) 指形齿轮铣刀

图 5-3　成形齿轮铣刀

2. 展成法切齿刀具

这类刀具切削刃的廓形不同于被切齿轮任何断面的槽形。切齿时除主运动外，还需有刀具与齿坯的相对啮合运动，称为展成运动。工件齿形是由刀具齿形在展成运动中若干位置包络切削形成的。

展成切齿法的特点是一把刀具可加工同一模数的任意齿数的齿轮，通过机床传动链的配置实现连续分度，因此刀具通用性较广，加工精度与生产率较高，在成批加工齿轮时被广泛使用。较典型的展成法切齿刀具如图 5-4 所示。

图 5-4a 所示为齿轮滚刀的工作情况。滚刀相当于一个开有容屑槽、有切削刃的蜗杆状

的交错轴斜齿轮。滚刀与齿坯啮合传动比由滚刀的头数与齿坯的齿数决定，在展成滚切过程中切出齿轮齿形。滚齿可对直齿或斜齿轮进行粗加工、半精加工或精加工。

图 5-4b 所示为插齿刀的工作情况。插齿刀相当于一个有前后角的齿轮。插齿刀与齿坯啮合传动比由插齿刀的齿数与齿坯的齿数决定，在展成滚切过程中切出齿轮齿形。插齿刀常用于加工带台阶的齿轮，如双联齿轮、三联齿轮等，特别还能加工内齿轮及无空刀槽的人字齿轮，故在齿轮加工中应用很广。

图 5-4c 所示为剃齿刀的工作情况。剃齿刀相当于齿侧面开有容屑槽形成切削刃的螺旋齿轮。剃齿时剃齿刀带动齿坯滚转，相当于一对螺旋齿轮的啮合运动。在啮合压力下剃齿刀与齿坯沿齿面的滑动将切除齿侧的余量，完成剃齿工作。剃齿一般用于 6 级、7 级精度齿轮的精加工。

图 5-4d 所示为弧齿锥齿轮铣刀盘的工作情况。这种铣刀盘是专用于铣切弧齿锥齿轮的刀具。铣刀盘高速旋转是主运动。刀盘上刃齿回转的轨迹相当于假想平顶齿轮的一个刀齿，这个平顶齿轮由机床摇台带动与齿坯做展成啮合运动，切出被切齿坯的一个齿槽。然后齿坯退回分齿，摇台反向旋转复位，再展成切削第二个齿槽，依次完成弧齿锥齿轮的铣切工作。

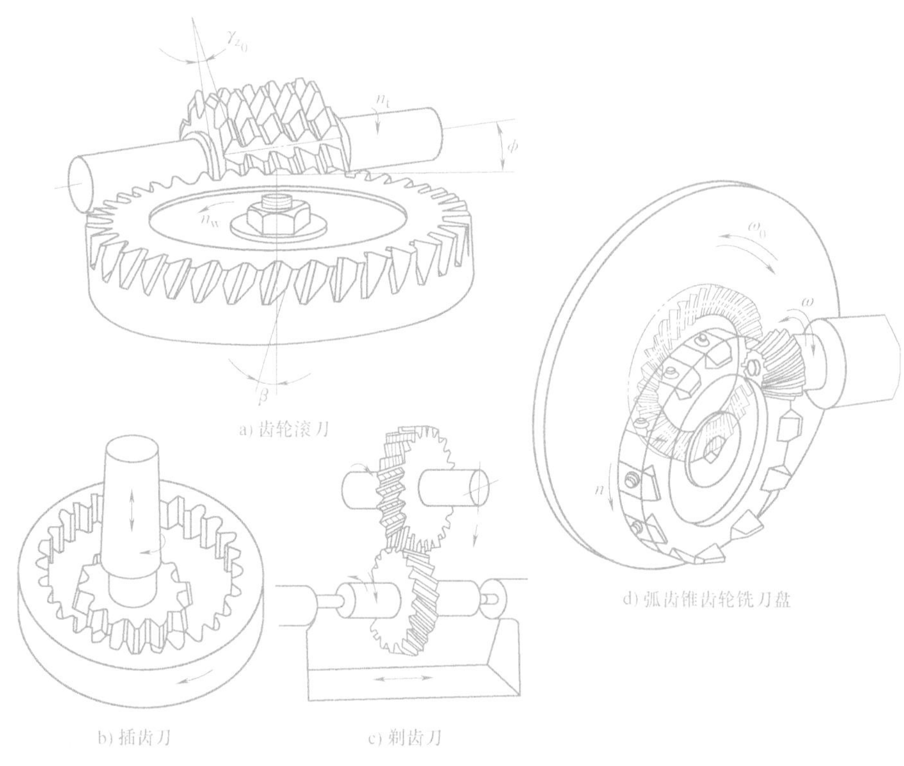


图 5-4　展成法切齿刀具

此外，按照被加工齿轮的类型，切齿刀具又可分为以下几类：

1）加工渐开线圆柱齿轮的刀具，如齿轮铣刀、滚刀、插齿刀、剃齿刀等。

2）加工蜗轮的刀具，如蜗轮滚刀、飞刀、剃刀等。

3）加工锥齿轮的刀具，如直齿锥齿轮刨刀、弧齿锥齿轮铣刀盘等。

4）加工非渐开线齿形工件的刀具，如摆线齿轮刀具、花键滚刀、链轮滚刀等。

这类刀具有的虽然不用于切削齿轮，但其齿形的形成原理也属于展成法，所以也归属于切齿刀具类。

## 5.2 Y3150E型滚齿机

Y3150E型滚齿机用于加工直齿和交错轴斜齿圆柱齿轮，并可用手动径向进给加工蜗轮，还可用于加工外花键及链轮。

机床的主要技术参数：加工齿轮最大直径为500mm，最大宽度为250mm，最大模数为8mm，最小齿数为5$k$（$k$为滚刀头数），允许安装滚刀的最大直径为160mm，最大长度为160mm。

### 5.2.1 主要组成部件

如图5-5所示，机床由床身1、立柱2、刀架溜板3、滚刀架5、后立柱8和工作台9等主要部件组成。立柱2固定在床身上。刀架溜板3带动滚刀架5可沿立柱导轨做垂直进给运动和快速移动；安装滚刀的刀杆4装在滚刀架5的主轴上；滚刀架连同滚刀一起可沿刀架溜板的圆形导轨在0°~240°范围内调整安装角度。工件安装在工作台9的心轴7上或直接安装在工作台上，随同工作台一起做旋转运动。工作台和后立柱装在同一块溜板上，并沿床身的水平导轨做水平移动，以调整工件的径向位置或做手动径向进给运动。后立柱上的支架6可通过轴套或顶尖支承心轴的上端，以增加心轴的刚度，从而增加滚切工作的平稳性。

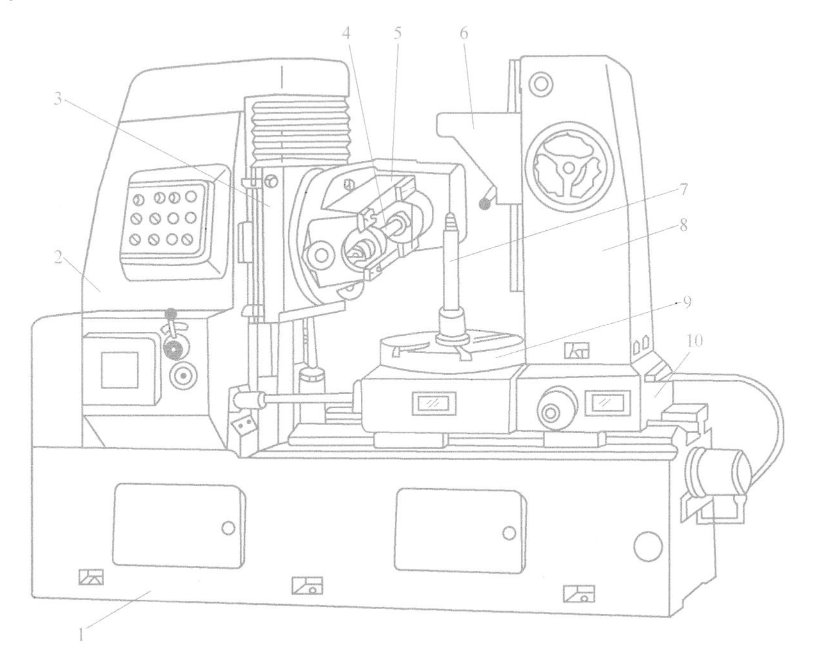

图5-5 Y3150E型滚齿机

1—床身 2—立柱 3—刀架溜板 4—刀杆 5—滚刀架

6—支架 7—心轴 8—后立柱 9—工作台 10—床鞍

## 5.2.2 机床的运动和传动原理

齿轮齿廓由渐开线表面组成。渐开线的母线沿着直线的轨迹运动，则形成直齿渐开线表面，若沿着螺旋线的轨迹运动，则形成交错轴斜齿渐开线表面。在滚齿机上加工直齿圆柱齿轮，为形成渐开线齿廓，需具有如下运动：

（1）主体运动　主体运动即滚刀的旋转运动。根据合理的切削速度和滚刀直径，即可确定其转速大小。

（2）展成运动（也称分齿运动）　展成运动即工件相对于滚刀所做的啮合对滚运动。滚刀与工件间必须准确地保持一对啮合齿轮的传动比关系。设滚刀头数为 $k$，工件齿数为 $z$，则每当滚刀转一转时，工件应转 $k/z$ 转。上述两个运动，共同形成渐开线的母线。

（3）垂直进给运动　垂直进给运动即滚刀沿工件轴线方向做连续的进给运动，以形成直线的运动轨迹，从而在工件上切出整个齿宽上的齿形。为了实现上述 3 个运动，机床必须有 3 条传动链，而在每一条传动链中，又必须有可调环节，以保证传动链两个端件之间的运动关系。

如图 5-6 所示，滚切直齿圆柱齿轮时，轮齿表面成形运动有形成渐开线（母线）的运动和形成直线（导线）的运动。渐开线是在滚刀旋转（$B_{11}$）与工件旋转（$B_{12}$）两个运动单元复合的展成运动中形成；轮齿表面成形运动中所需要的直线是由滚刀的旋转（$B_{11}$）和刀架沿工件轴线的直线运动（$A_2$）形成，这两个运动属于简单运动。由滚刀主轴经 4—5—$u_x$—6—7 传动工作台的传动链为展成运动传动链，该传动链可实现滚刀与工件之间严格的运动关系，为内联系传动链。$u_x$ 为传动链的换置机构，是根据滚刀头数和被加工齿轮的齿数确定的，以保证展成运动所需的运动关系。滚刀加工圆柱齿轮的过程相当于一对交错轴斜齿轮啮合，因此，滚刀和工件的旋转方向必须符合交错轴斜齿啮合传动时的相对运动方向，并在调整换置机构传动比时通过槽轮使其符合这一要求。

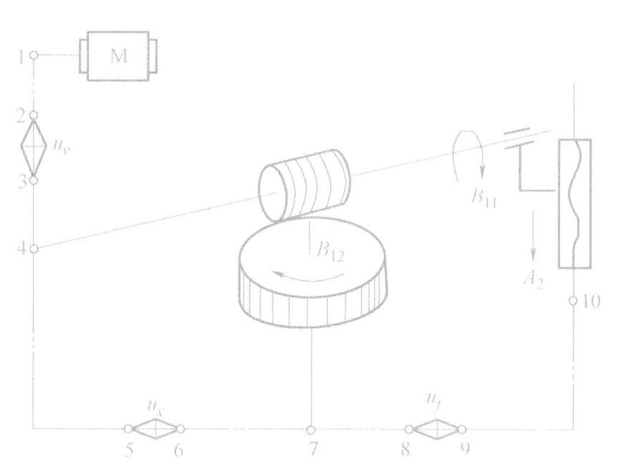

图 5-6　加工圆柱直齿轮的传动原理图

上述展成运动传动链确定了滚刀与工件之间所需的准确运动关系，但要实现展成运动，还需接入动力源，使滚刀和工件获得所需的速度。这条传动链由动力源 M（电动机）经 1—2—$u_v$—3—4 传动滚刀主轴，通常将联系动力源 M 与滚刀主轴的传动链称为主运动传动链，该传动链为外联系传动链。传动链中的换置机构 $u_v$ 用来调整渐开线成形运动的快慢。从理论上讲，滚刀刀架沿工件轴线方向做轴向进给运动是一个独立的简单成形运动，可由电动机单独驱动。但是从工艺上分析，工件每转一转，刀架沿其轴线进给量的大小对轮齿表面的表面粗糙度影响较大，因此，将工作台作为间接动力源，工作台经 7—8—$u_f$—9—10 传动滚刀刀架的传动链称为轴向进给运动传动链，该传动链也属于外联系传动链。传动链中的换置机构 $u_f$ 用于调整工件转一转时刀架轴向位移量的大小，以满足工艺上的要求。

如图 5-7 所示，当加工斜齿圆柱齿轮时，除加工直齿圆柱齿轮所需的 3 个运动外，为了形成螺旋线的运动轨迹，必须给工件一个附加运动。这个附加运动就像卧式车床切削螺纹一样，当刀具沿工件轴线进给量等于工件螺旋线的一个导程 $T$ 时，工件应转一转，并通过可调环节予以保证。

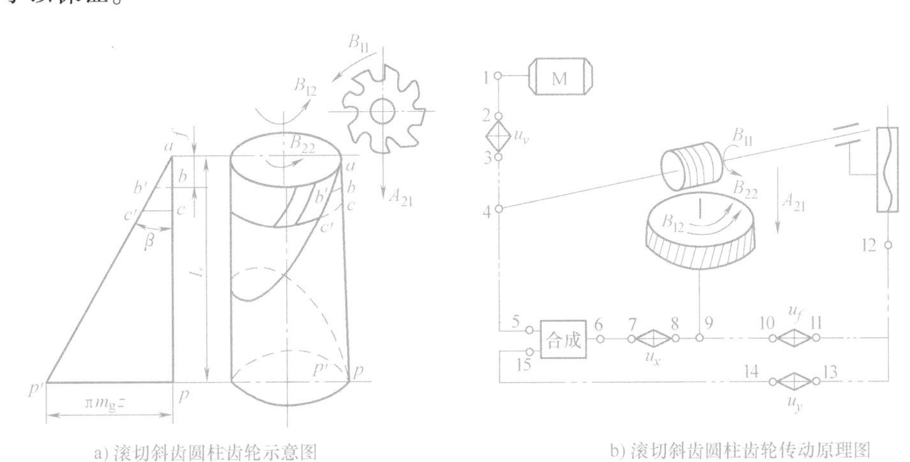


a) 滚切斜齿圆柱齿轮示意图　　b) 滚切斜齿圆柱齿轮传动原理图

图 5-7　加工圆柱斜齿轮的传动原理图

展成运动要求工件做有规律的旋转运动，而附加运动又要求工件做有规律的补充旋转运动，因此，传动链中必须设置一个合成运动的机构，称为运动合成机构。一般用周转轮系作为合成机构。

### 5.2.3　机床的工作调整

#### 1. 滚刀旋转方向和展成运动方向的确定

滚切齿轮时，不仅要解决各传动链两端件相对运动的数量关系，即配算符合相对运动所需的传动比的交换齿轮，还需确定各运动的旋转方向，如果旋转方向不正确，就加工不出符合要求的齿轮。

如图 5-8 所示，在滚刀与被切齿轮做啮合运动时，滚刀的旋转方向由滚刀安装后的前、后刀面的位置所确定。工作台旋转的方向通常称为展成运动方向，可由以下方法确定：当选用右旋滚刀时，用左手法则判定展成运动方向，其方法是除大拇指外，其余 4 个手指握的方向表示滚刀的旋转方向，大拇指所指方向为切削点上齿轮的速度方向，如图 5-8a 所示，这时工作台带动工件逆时针方向回转；当选用左旋滚刀时，用右手法则判定展成运动方向，其方法是除大拇指外，其余 4 个手指握的方向表示滚刀的旋转方向，大拇指所指方向为切削点上齿轮的速度方向，如图 5-8b 所示，这时工作台带动工件顺时针方向回转。从以上分析可知，当滚刀的旋转方向一定时，展成运动的方向只与滚刀的螺旋线方向有关。

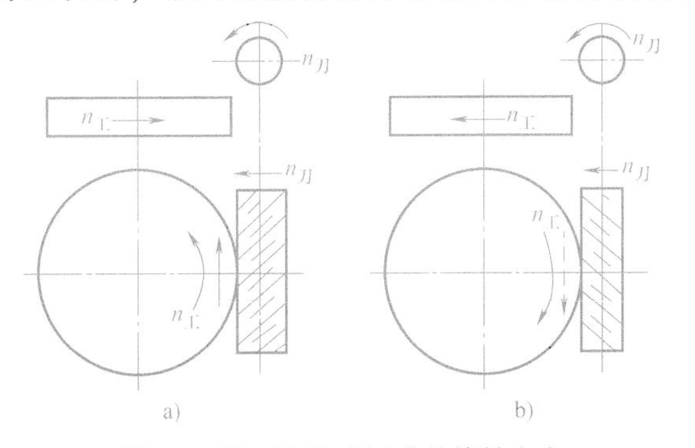

图 5-8　滚刀和展成运动的旋转方向

### 2. 滚刀刀架扳动角度的方法

在滚齿机上加工齿轮，相当于一对交错轴斜齿轮的啮合。一对交错轴斜齿轮的正确啮合，必须要求两个齿轮在同一假想的法向剖面中具有相等的齿距和齿形角，其参数也为标准值。为此，滚刀轴线应该相对齿轮端面倾斜一个安装角。图 5-9 所示为滚切直齿和斜齿圆柱齿轮时滚刀与被加工齿轮间的安装角，其安装角 $\gamma_{安}$ 为

$$\gamma_{安}=\beta_f \pm \lambda_f$$

式中，$\beta_f$ 是被切齿轮的螺旋角；$\lambda_f$ 是滚刀的螺旋升角。当被加工的斜齿轮与滚刀的螺旋线方向相反时取“+”号，螺旋线方向相同时取“-”号。

滚切斜齿轮时，如图 5-9b、c 所示，应尽量采用与工件螺旋线方向相同的滚刀，使滚刀安装角较小，有利于提高机床运动的平稳性及加工精度。

如图 5-9a 所示，在滚切直齿圆柱齿轮时，因 $\beta_f=0$，所以滚刀安装角为

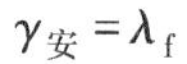

$$\gamma_{安}=\lambda_f$$

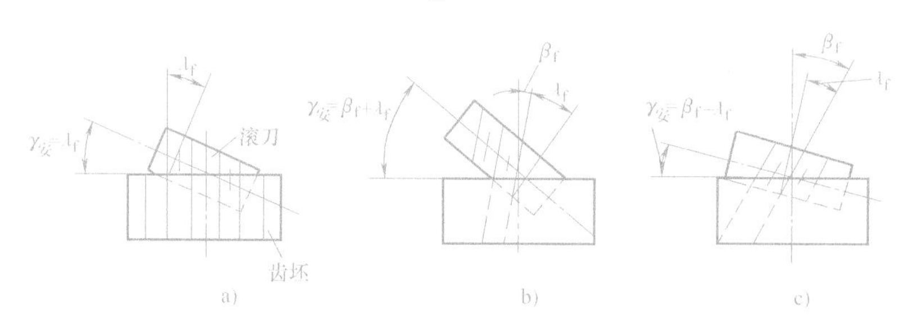


图 5-9 滚刀的安装角度

## 5.3 Y5132 型插齿机

插齿机主要用于加工直齿圆柱齿轮，尤其适用于加工内啮合齿轮和多联齿轮。

### 5.3.1 插齿机工作原理

如图 5-10 所示，插齿机是按展成法原理来加工齿轮的，以一对相互啮合的直齿圆柱齿轮传动为基础。将其中一个齿轮的端面上磨出前角，齿顶和齿侧磨出后角，使之成为一个有切削刃的插齿刀。插齿时，插齿刀沿工件轴向做直线往复运动以完成切削主运动，刀具和工件齿坯做无间隙啮合运动的过程中，在齿坯上渐渐切出齿廓。加工过程中，刀具每往复一次，仅切出工件齿槽的一小部分，齿廓曲线是在插齿刀切削刃多次相继切削中，由切削刃各瞬时位置的包络线所形成的。

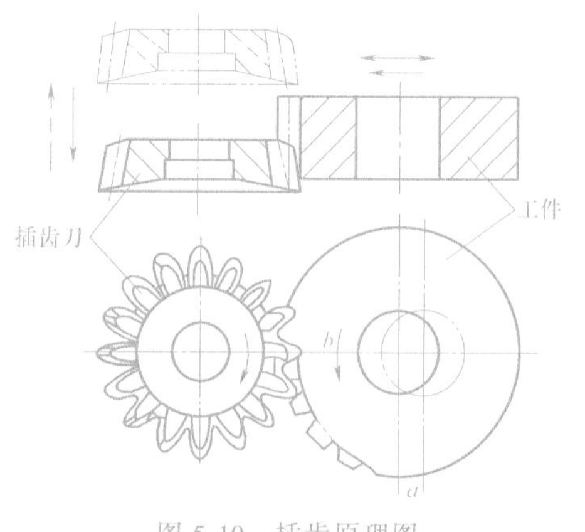


图 5-10 插齿原理图

### 5.3.2 插齿的运动

加工直齿圆柱齿轮时，插齿机应具有如下运动：

#### 1. 主运动

插齿机的主运动是插齿刀沿工件轴向所做的直线往复运动，它以插齿刀每分钟的往复行程次数来表示，即双行程/min。

#### 2. 圆周进给运动

圆周进给运动是插齿刀绕自身轴线的旋转运动，其旋转速度的快慢直接关系到插齿刀的切削负荷、被加工齿轮的表面质量、机床生产率和插齿刀的使用寿命。圆周进给量以插齿刀每往复行程一次，插齿刀转过的分度圆弧长来表示，单位为mm/往复行程。

#### 3. 展成运动

展成运动即工件与插齿刀所做的啮合旋转运动。当插齿刀转一个齿（即$1/z_{刀}$转）时，工件应严格地也转一个齿（即$1/z_{工}$转），以保证一对齿轮啮合运动的运动关系。

#### 4. 径向进给运动

径向进给运动就是工件逐渐地向插齿刀做径向移动。插齿时，工件逐渐地向插齿刀做径向送进，直至插齿刀切至齿根后。工件再回转一整转，就可以加工出完整的齿形。径向送进量是以插齿刀每往复行程一次，工件径向送进的距离来表示，其单位为mm/往复行程。

#### 5. 让刀运动

插齿时，插齿刀向下做直线运动进行切削，为工作行程。向上做直线运动不进行切削，为空回程。为了避免插齿刀在回程时擦伤工件已加工表面，并减少刀具磨损，刀具和工件间应让开一小段距离（一般为0.5mm的间隙），在插齿刀进入工作行程之前，又迅速恢复到原位，以使刀具进行切削工作，这种让开和恢复原位的运动称为让刀运动。Y5132型插齿机由刀具主轴座的摆动来实现让刀运动。

### 5.3.3 插齿机的传动原理

插齿机的传动原理如图5-11a所示。图中，主运动传动链由“电动机—1—2—$u_v$—3—

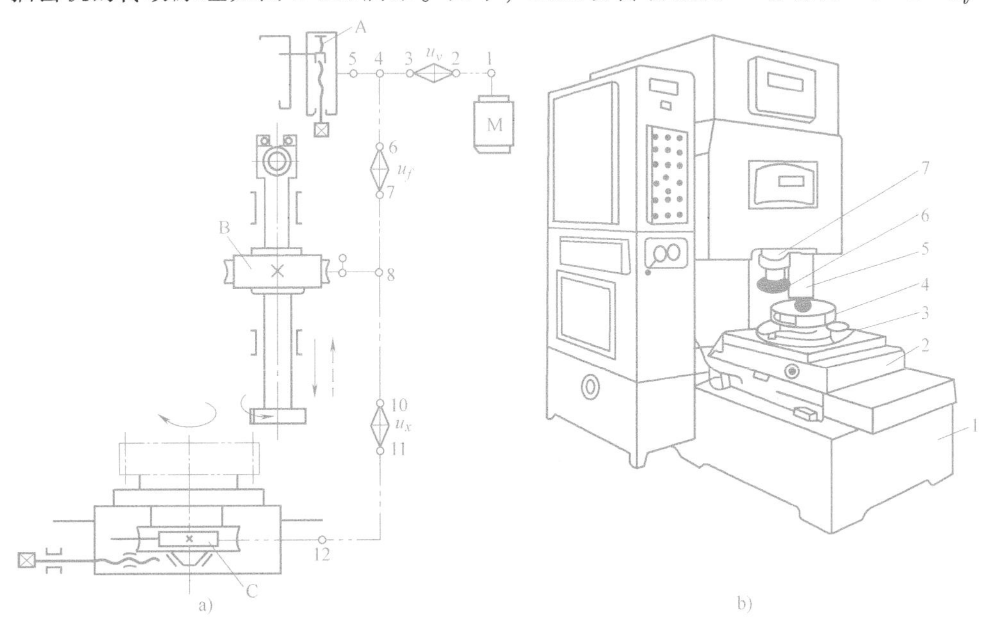


图5-11 插齿机工作原理和外形图

1—床身 2—床鞍 3—工作台 4—工件 5—立柱 6—插齿刀 7—主轴

4—5—曲柄偏心盘 A—插齿刀主轴（往复直线运动）”组成，曲柄偏心盘 A 将旋转运动转换成往复直线运动，每分钟的往复次数由换置机构 $u_v$ 调整。圆周进给运动传动链由“插齿刀主轴—(往复直线运动)—曲柄偏心盘 A—5—4—6—$u_f$—7—8—9—蜗杆副 B—插齿刀主轴(旋转运动)”组成，圆周进给量的大小由换置机构 $u_f$ 来调整。展成运动传动链由“插齿刀主轴（旋转运动)—蜗杆副 B—9—8—10—$u_x$—11—12—蜗杆副 C—工作台主轴（旋转运动)”组成，插齿刀与工件所需的准确相对运动关系由换置机构 $u_x$ 来调整。插齿机的展成运动传动链中比滚齿机多了一个刀具蜗杆副，即多了一部分传动误差，因此，插齿的运动精度一般比滚齿低。

插齿机的布局可按径向进给运动和调位运动的不同分为两种基本形式：工作台移动式和刀架移动式。图 5-11b 所示为工作台移动式插齿机。

## 5.4 其他齿轮加工机床

### 5.4.1 刨齿机

根据锥齿轮轮齿表面的成形原理，锥齿轮加工方法主要有两种：一种为成形法，通常是使用盘形铣刀或指状铣刀和分度头在万能铣床上切齿，这种方法不但费时，而且加工精度较低；另一种是在锥齿轮加工中使用较多的展成法，刨齿机属于展成法加工直齿锥齿轮的机床。

展成法加工锥齿轮的基本原理，相当于一对啮合传动的锥齿轮，将其中一个锥齿轮转化为可对工件进行切削加工的刀具，并使它们保证准确的展成运动关系，即可加工出齿轮的渐开线齿形。为使刀具制造容易，机床结构简单，构成刀具的锥齿轮应采用平面齿轮或平顶齿轮。

图 5-12a 所示为一对锥齿轮相啮合的情况。如果将锥齿轮 2 转化为加工另一个锥齿轮的刀具，希望该刀具切削刃的线形越简单越好。将锥齿轮背锥展开后所形成的当量齿轮的齿形为渐开线，且大端到小端各截面上的齿廓各不相同，将这样的锥齿轮做成刀具，并要形成切削运动是很困难的。现将锥齿轮 2 的分锥角 $\delta_2'$增大至 90°，其分锥面变为一个圆形平面，如图 5-12b 所示，这时其背锥则变为一个圆柱面，当量齿轮的节圆半径为无穷大，有背锥展开后所形成的当量齿轮的齿形为齿条，锥齿轮 2 转化成平面齿轮。平面齿轮在任意截面上的齿形都是直线。因此制造刀具容易，而且可获得较高的精度。

刨齿机就是按这个原理对锥齿轮进行加工。如图 5-12c 所示，切齿时，两把相当于平面齿轮一个齿槽两个齿廓的刨刀，沿平面齿轮半径方向做直线运动 $A$，形成切削加工的主运动，同时与被加工的锥齿轮做啮合运动，即 $B_{22}$ 与 $B_{21}$ 的旋转运动，形成渐开线齿廓。每切完一个轮齿，被切锥齿轮退出并进行分度，再切第二个轮齿，依次进行便可加工出全部轮齿。

按照上述原理加工锥齿轮，虽然刀具易于制造，但是由于平面齿轮的顶锥角是 $90°+\theta_f$ ($\theta_f$ 是被加工锥齿轮的齿根角)，刀具的刀尖必须沿平面齿轮的顶锥面运动，或者说必须沿被加工锥齿轮的齿根运动。锥齿轮的齿根角不同，则刀具的运动轨迹也不相同，这就使得机床的结构较为复杂。在实际应用中将上述原理中的平面齿轮改为“近似平面齿轮”的平顶

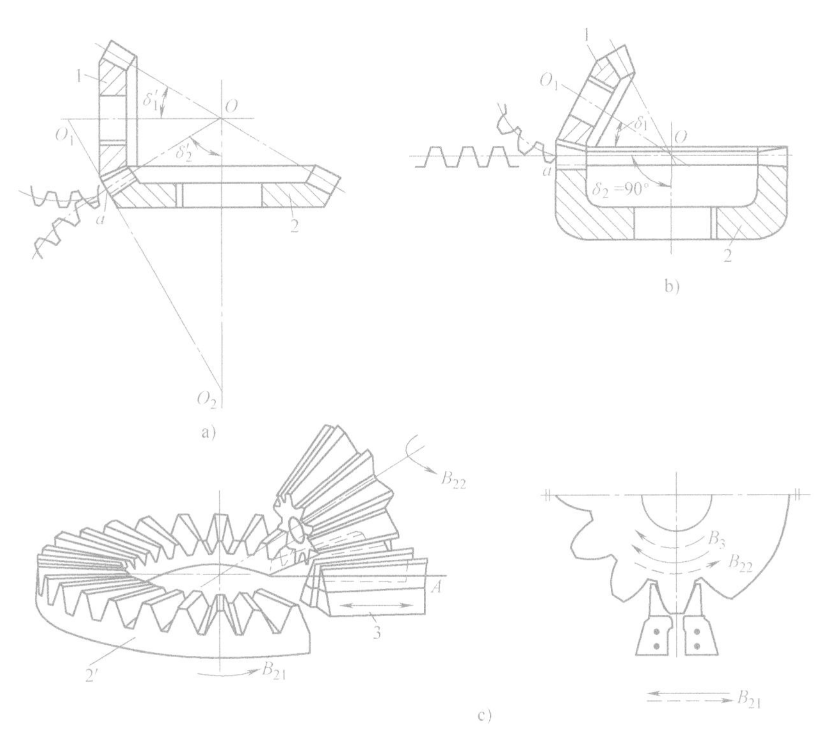


图 5-12 锥齿轮展成原理

齿轮，其顶锥角为 90°，分锥角为（$90°-\theta_f$），顶面为平面。这时加工锥齿轮的刀尖的运动轨迹沿齿顶平面运动，而且固定不变，不考虑被加工锥齿轮的齿根角 $\theta_f$ 的变化，使机床结构简化，减少了刀架调整。平顶齿轮的当量圆柱齿轮的齿形，非常接近直线，但是理论上仍为渐开线。为了使刀具制造、刃磨方便，切削刃仍然制成直线，虽然存在理论误差，但由于齿根角一般都小，对加工精度影响很小。

图 5-13 所示为直齿锥齿轮刨齿机的工作原理。图 5-13a 为刨齿刀 3 的结构和两把切削刃

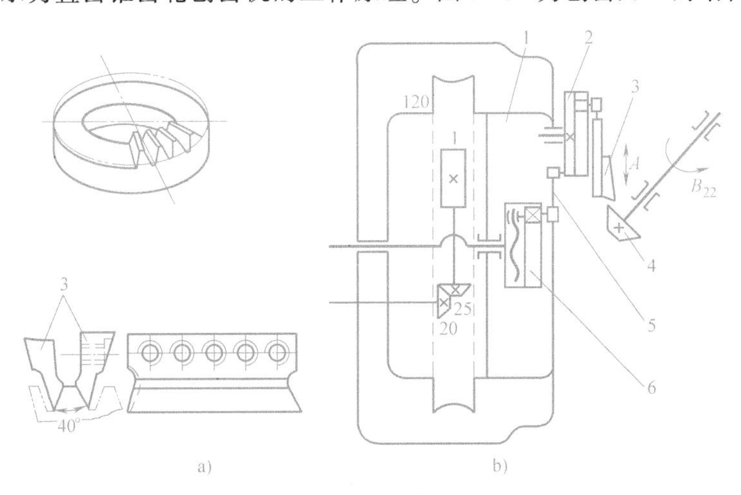


图 5-13 直齿锥齿轮刨齿机的工作原理

1—摇台 2—摇盘 3—刨齿刀 4—齿坯 5—连杆 6—曲轴盘

切齿的情况，图 5-13b 中，摇台 1 的运动由锥齿轮副 20/25 传入，通过蜗杆副 1/120 传至蜗轮，从而使摇台摆动，实现假想冠轮的传动；齿坯 4 的旋转运动（$B_{22}$）与假想冠轮的转动组成展成运动；同时齿坯 4 还有分度运动；刨齿刀 3 的往复直线运动（$A$）由曲柄连杆摆盘机构经曲轴盘 6、连杆 5 和摇盘 2 实现。

## 5.4.2 剃齿机

剃齿加工是对滚（插）齿后未淬火的直齿和斜齿圆柱齿轮进行齿形精加工的方法。如图 5-14a 所示，剃齿刀是一个精度很高的斜齿轮，只是在齿面上沿渐开线方向开有许多小槽，以形成切削刃。

用圆盘剃齿刀加工直齿圆柱齿轮的原理如图 5-14c 所示。被剃直齿圆柱齿轮装夹在心轴上，它与剃齿刀啮合，并由剃齿刀驱动其旋转，如同一对斜齿轮双面紧密啮合的齿轮副，因此，剃齿加工是一种自由啮合的展成加工。

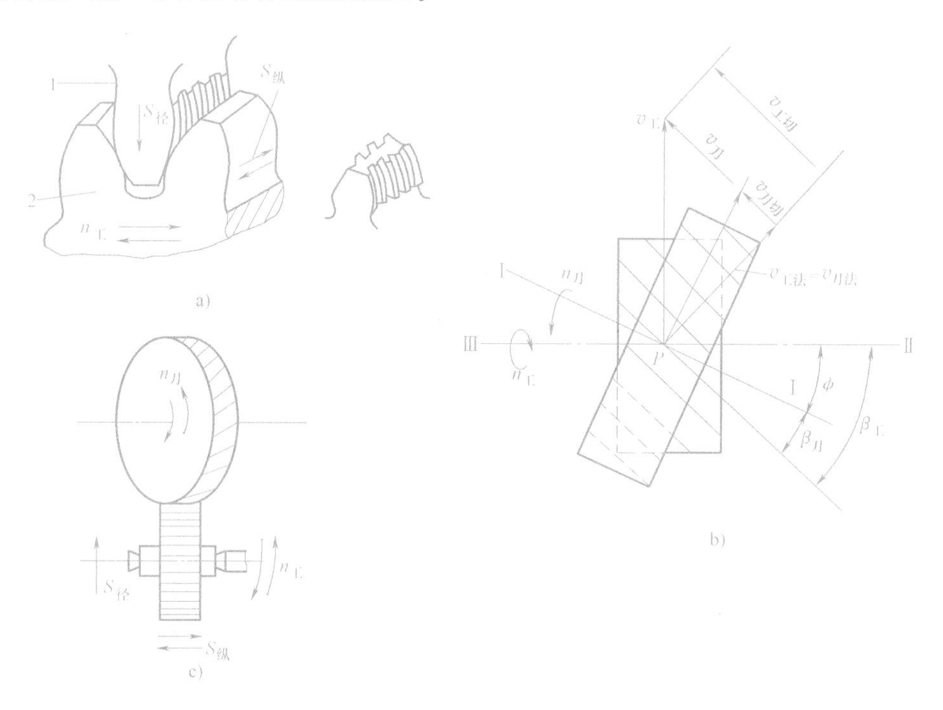


图 5-14 剃齿原理

剃齿所需的切削速度就是交错轴斜齿轮啮合传动中齿面相对滑动速度。图 5-14b 所示为一把左旋剃齿刀对右旋齿轮进行剃齿的情况，$v_{刀}$和 $v_{工}$分别为啮合点 $P$ 剃齿刀旋转的圆周速度与工件旋转的圆周速度。$v_{刀}$和 $v_{工}$都可分解成切向分量和法向分量，在啮合点上的法向分量相等，两个切向分量不等，因而产生齿面相对滑动，这个相对滑动速度就是剃齿时的切削速度，可按下式计算：

$$v_{切削}=v_{工切}\pm v_{刀切}=\frac{v_{刀}}{\cos\beta_{工}}\times\sin\phi$$

式中，$\phi$ 是剃齿刀轴线与工件轴线的夹角，$\phi=\beta_{工}\pm\beta_{刀}$；$\beta_{工}$、$\beta_{刀}$分别是工件与剃齿刀的螺旋角。

剃齿刀与被剃齿轮是点接触。如果剃齿时，工件不沿轴线做纵向进给，齿面上只能剃出一条接触点的痕迹，要剃出齿面的全齿宽，工作台必须带动工件沿其轴线做纵向往复运动。工作台每往复一次，剃齿刀应沿工件径向进给一次，直至被切齿轮得到所需的齿厚。

普通的剃齿机应具备的运动：剃齿刀的高速旋转；工作台沿着工件轴线的纵向往复运动；每次往复运动后剃齿刀沿工件径向做进给运动。

### 5.4.3　磨齿机

磨齿机是用磨削方法对淬硬齿轮的齿面进行精加工的精密机床。通过磨齿可以纠正磨削前预加工中的各项误差。齿轮精度可达 6 级或更高。

按齿廓的形成方法，磨齿有成形法和展成法两种，大多数的磨齿机采用展成法来磨削齿轮。

#### 1. 按成形法工作的磨齿机

这类磨齿机又称为成形砂轮型磨齿机。它所用砂轮的截面形状被修整成工件轮齿间的齿廓形状。图 5-15a 所示为磨削内啮合齿轮用的砂轮截面形状；图 5-15b 所示为磨削外啮合齿轮用的砂轮截面形状。

成形法磨齿时，砂轮高速旋转并沿工件轴线方向做往复运动，一个齿磨完后，工件需分度一次，再磨第二个齿。砂轮对工件的切入进给运动，由装夹工件的工作台做径向进给运动得到。这种磨齿方法使机床的运动比较简单。

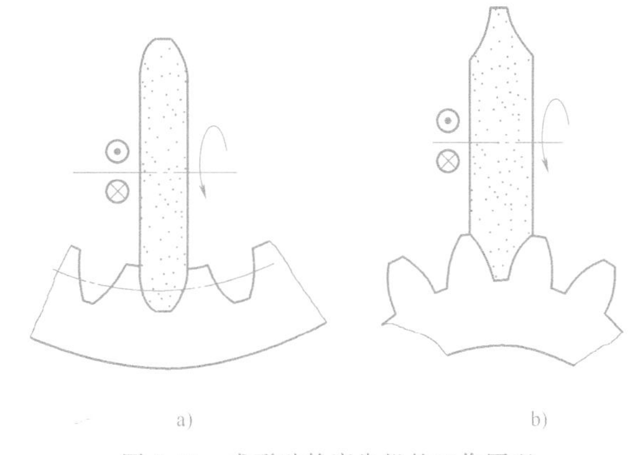

图 5-15　成形砂轮磨齿机的工作原理

成形法磨齿机的优点是加工时砂轮和工件接触面积大，生产率较高。缺点是砂轮修整时容易产生误差，并且在磨削过程中，由于砂轮各部分的磨损不均匀，直接影响加工精度和表面质量。这种类型的磨齿机一般用于大批量生产中对磨削精度要求不高的齿轮。

此外，展成法由于结构上的限制，难以磨削内齿轮，因此，内齿轮一般采用成形法进行加工。

#### 2. 按展成法工作的磨齿机

（1）蜗杆砂轮型磨齿机　蜗杆砂轮型磨齿机是用直径很大的修整成蜗杆形的砂轮磨削齿轮，其工作原理与滚齿机相同，但形成齿线的轴向进给运动一般由工件完成，如图 5-16a 所示。这类机床在加工过程中因是连续磨削，其生产率在各类磨齿机中是最高的，对于模数较小的齿轮，也可直接从轮坯上磨出轮齿。其缺点是砂轮修整困难，不易达到高的精度，磨削不同模数的齿轮时需要更换砂轮，联系砂轮与工件的内联系传动链中的各个传动环节转速很高，用机械传动容易产生噪声，磨损较快。目前有的机床已采用同步电动机驱动，靠电气系统保证砂轮和工件之间的严格运动关系。这种机床适用于中小模数齿轮的成批和大批量生产。

图 5-16 展成法磨齿机的工作原理

（2）锥形砂轮型磨齿机 锥形砂轮型磨齿机是利用齿条和齿轮啮合原理来磨削齿轮的，它所使用的砂轮截面形状是按照齿条的齿廓修整的。如图 5-16b 所示，当砂轮按切削速度旋转，并沿工件齿线方向做直线往复运动时，砂轮两侧锥面的素线就形成了假想齿条的一个齿廓，如果强制被磨削齿轮在此假想齿条上做无间隙的啮合滚转运动，即被磨削齿轮转动一个齿（$1/z$ 转）的同时，其轴线移动一个齿距（$\pi m$）的距离，便可磨出工件上一个轮齿一侧的齿面。因此，渐开线齿廓由工件转动 $B_{31}$ 和移动 $A_{32}$ 所组成的复合运动用展成法形成，而齿线则由砂轮旋转 $B_1$ 和直线移动 $A_2$ 用相切法形成。

在这类机床上磨削齿轮时，一个齿槽的两侧齿面是分别磨削的。工件向左滚动时，磨削左侧齿面，向右滚动时，磨削右侧齿面。工件往复滚动一次，磨完一个齿槽的两侧齿面后，工件滚离砂轮，并进行分度，即工件在不做直线移动的情况下绕其轴线转过一个齿。然后，再重复上述过程，磨削下一个齿槽。可见，工件上全部轮齿齿面需经多次分度和磨削后才能完成。

这种机床的优点是工艺范围广，砂轮形状简单，缺点是内联系传动链长，砂轮形状不易修整得准确，精度难以提高，生产率也较低，主要用于小批量和单件生产。

（3）双碟形砂轮型磨齿机 双碟形砂轮型磨齿机是按照单齿分度法磨削。如图 5-16c 所示，该磨齿机用两个碟形砂轮的端平面来形成假想齿条的两个齿侧面，同时磨削齿槽的左、右齿面。工作时，砂轮做旋转的主运动 $B_1$，工件既做转动 $B_{31}$，同时又做直线移动 $A_{32}$，工件的这两个运动即是形成渐开线齿廓所需的展成运动；为了磨削整个齿宽，工件还需要做轴向进给运动 $A_2$；在每磨完一个齿后，工件还需要进行分度。

这种机床的加工精度较高，其主要原因是砂轮工作棱边很窄，磨削接触面积小，磨削力和磨削热也很小，机床具有砂轮自动修整与补偿装置，使砂轮能始终保持锐利状态和良好的工作精度，因而磨齿精度较高，最高可达4级，是各类磨齿机中磨齿精度最高的一种。其缺点是砂轮刚性较差，磨削用量受到限制，所以生产率较低。

# 5.5 钻床

## 5.5.1 钻床的用途

钻床是孔加工的主要机床，在钻床上主要用钻头加工精度不高的孔，也可以通过钻孔—扩孔—铰孔的工艺手段加工精度要求较高的孔，还可以利用夹具加工有一定位置精度要求的孔系。另外，钻床还可用于锪平面、锪孔和攻螺纹等工作，如图5-17所示。

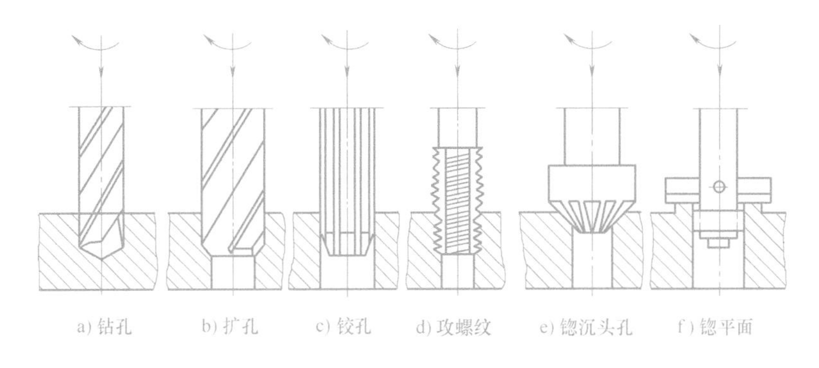


图 5-17 钻床的加工方法

钻床在加工时，一般工件不动，刀具一面旋转做主运动，一面做轴向进给运动。故钻床适用于加工没有对称回转轴线的工件上的孔，尤其是多孔加工，如箱体和机架等零件上的孔。

## 5.5.2 钻床的主要类型

钻床根据用途和结构不同，主要有台式钻床、立式钻床、摇臂钻床和深孔钻床等类型。

### 1. 立式钻床

图5-18所示为最大钻孔直径为35mm的Z5135型立式钻床，钻床的主参数是最大钻孔直径。机床由主轴箱5、进给箱4、立柱7、工作台2和底座1组成，电动机6通过主轴箱5带动主轴3回转，同时通过进给箱4获得轴向进给运动。主轴箱和进给箱内部均有变速机构，分别实现主轴转速的变换和进给量的调整，还可以实现机动进给。工作台2和进给箱4可沿立柱7上的导轨上下移动，调整其位置的高低，以适应在不同高度的工件上进行钻孔加工。在立式钻床上钻不同位置的孔时，需要移动工件，因此，立式钻床仅适用于中、小零件

的单件、小批量生产。

## 2. Z3040 型摇臂钻床

（1）主要组成部件和运动　图 5-19 所示为摇臂钻床的外形图。在大型零件上钻孔时，因工件移动不便，就希望工件不动，而钻床主轴能在工作空间调整到任意位置，这就产生了摇臂钻床。摇臂 3 可绕立柱 2 回转和升降，主轴箱 7 又可在摇臂 3 上做水平移动。因此，主轴 8 的位置可在工作空间任意地调整。被加工工件安装在工作台上，如果工件较大，还可以卸掉工作台，直接安装在底座 1 上，或直接放在周围的地面上，这就为在各种批量的生产中，加工大而重的工件上的孔带来了很大的方便。

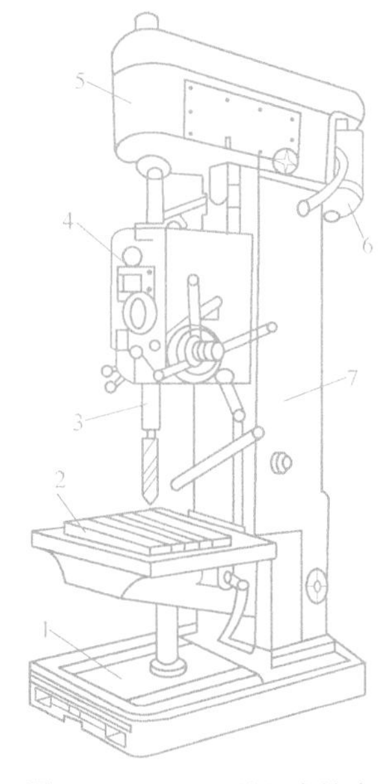


图 5-18　Z5135 型立式钻床

1—底座　2—工作台　3—主轴　4—进给箱
5—主轴箱　6—电动机　7—立柱

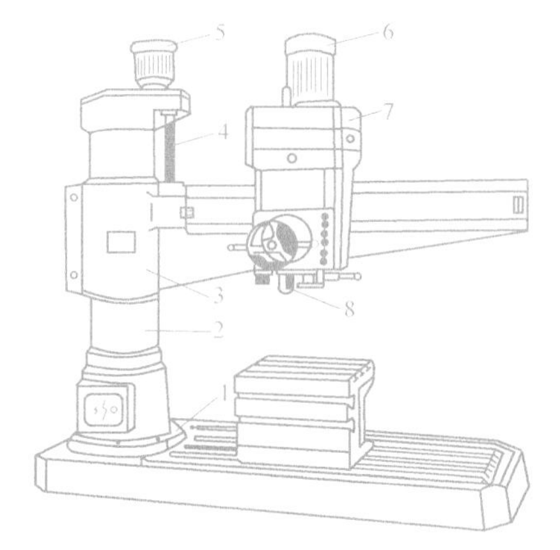


图 5-19　摇臂钻床的外形图

1—底座　2—立柱　3—摇臂　4—摇臂升降丝杠
5、6—电动机　7—主轴箱　8—主轴

摇臂钻床具有主轴旋转、主轴轴向进给、主轴箱沿摇臂水平导轨的移动、摇臂的摆动和摇臂沿立柱的升降 5 个运动。前 2 个运动为表面成形运动，后 3 个为调整位置的辅助运动。

（2）主轴部件　图 5-20 所示为 Z3040 型摇臂钻床主轴部件的结构图。主轴 1 支承在主轴套筒 2 内的深沟球轴承和推力球轴承上，在套筒内做旋转主运动。套筒外圆的一侧铣有齿条，由齿轮传动，连同主轴一起做轴向进给运动。主轴的旋转运动由主轴箱内的齿轮，经主轴尾部的花键传入，而该传动齿轮则通过轴承直接支承在主轴箱箱体上，使主轴卸荷。这样既可减少主轴的弯曲变形，又可使主轴移动轻便。主轴的前端有莫氏锥孔，用于安装和紧固刀具。还有两个并列的横向腰形孔，下孔用于倒刮内端面时插入楔铁，防止刀具脱落，上孔用于插入楔铁后，卸下钻头或钻套。

图 5-20 所示的主轴部件采用弹簧凸轮平衡装置。由于主轴部件是垂直布置的，需要有平衡装置平衡其重力，使上、下移动时的操纵力基本相同，并得到平稳的轴向进给。压力弹簧 8 的上端相对于弹簧套筒是固定的，下端通过套筒与链条的一端相连，链条的另一端绕过链轮与凸轮 9 相连。弹簧 8 向下的弹力经链条、凸轮和一对齿轮传至主轴套筒上，与主轴部

件的重力相平衡。当主轴部件上下移动时，由于其所处位置的变化，改变了弹簧的压缩量，致使弹力发生变化；另一方面，由于链条绕在凸轮上，凸轮随主轴上下移动而转动时，凸轮曲线使链条对凸轮的拉力作用线位置发生相应的变化，从而使作用在凸轮上的平衡力矩始终保持恒定，即主轴部件在任何位置上都呈平衡状态。

（3）立柱　图 5-21 所示为 Z3040 型摇臂钻床的立柱结构。由圆柱形内外双层立柱组成，内立柱 5 用螺钉紧固在底座 1 上，外立柱 3 上部由深沟球轴承 6 和推力球轴承 7 支承，下部由滚柱 2 支承在内立柱上，摇臂 4 用其一端的套筒套在外立柱上，并用导向键连接。调整主轴位置时，松开夹紧机构，摇臂和外立柱都可以围绕内立柱转动，摇臂也可以相对外立柱上下运动。摇臂转动到适当的位置后，夹紧机构产生的向下夹紧力迫使平衡弹簧 8 变形，外立柱向下移动，压紧在圆锥面上，依靠锥面之间的摩擦力将外立柱和内立柱夹紧。

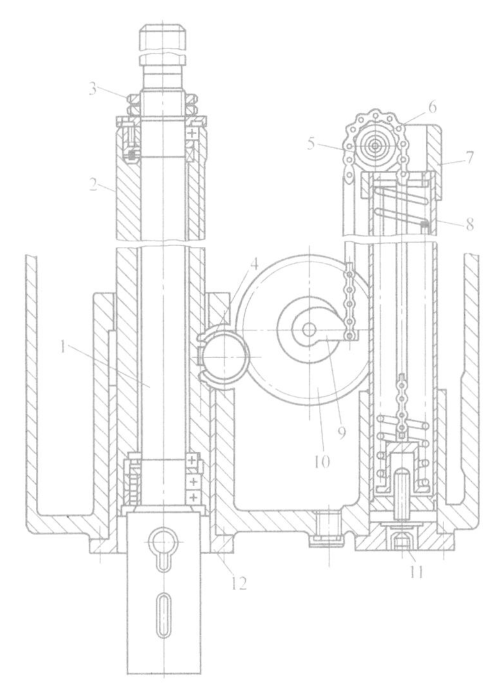

图 5-20　Z3040 型摇臂钻床主轴部件的结构图

1—主轴　2—套筒　3—螺母　4—齿轮　5—链条　6—链轮　7—弹簧座　8—压力弹簧　9—凸轮　10—齿轮　11—螺钉　12—镶套

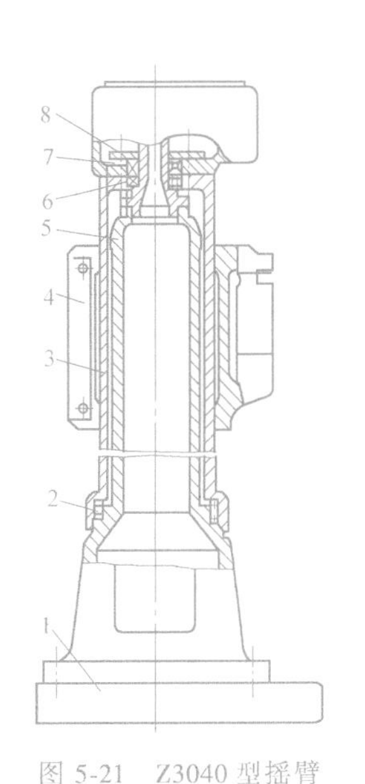

图 5-21　Z3040 型摇臂钻床的立柱结构

1—底座　2—滚柱　3—外立柱　4—摇臂　5—内立柱　6—深沟球轴承　7—推力球轴承　8—平衡弹簧

### 3. 其他钻床

（1）台式钻床　台式钻床是放置在台桌上使用的小型钻床，其主轴垂直布置，用于钻削中小型工件上的小孔，按最大钻孔直径划分有 2mm、6mm、12mm、16mm、20mm 等多种规格。台式钻床小巧灵活，使用方便，主轴通过变换 V 带在塔形带轮上的位置来实现变速，钻削时只能手动进给，多用于单件、小批量生产。

（2）深孔钻床　深孔钻床是用特制的深孔钻头专门加工深孔的钻床，如加工炮筒、枪管和机床主轴等零件中的深孔。为避免机床过高和便于排除切屑，深孔钻床一般采用卧式布局。为保证获得良好的冷却效果，在深孔钻床上配有周期退刀排屑装置及切削液输送装置，使切削液由刀具内部输入至切削部位。

# 5.6 镗床

## 5.6.1 镗床的用途

镗床和钻床同属孔加工机床，镗床通常用于加工尺寸较大且精度要求较高的孔，特别是分布在不同表面上、孔距和位置精度（平行度、垂直度和同轴度等）要求很严格的孔与孔系，如各种箱体和汽车发动机缸体等零件的孔系加工。

镗床主要是用镗刀镗削工件上铸出或已粗钻出的孔。大部分镗床还可以进行铣削或钻孔、扩孔和铰孔等工作。

## 5.6.2 镗床的主要类型

镗床的主要类型有卧式铣镗床、落地铣镗床、精镗床和坐标镗床等。

### 1. 卧式铣镗床

卧式铣镗床因其工艺范围非常广泛和加工精度高而得到普遍应用。卧式铣镗床除了镗孔外，还可以铣平面及各种形状的沟槽，钻孔、扩孔和铰孔，车削端面和短外圆柱面，车槽和车螺纹等。零件可在一次安装中完成大量的加工工序，而且其加工精度比钻床和一般的车床、铣床高，因此特别适合加工大型、复杂的箱体类零件上精度要求较高的孔系及端面。

（1）卧式铣镗床的结构　卧式铣镗床的外形如图 5-22 所示，机床工作时，刀具安装在主轴箱 1 的主轴 3 或平旋盘 4 上。主轴箱 1 可沿前立柱 2 的导轨上下移动。工件安装在工作台 5 上，可与工作台一起随下滑座 7 或上滑座 6 做纵向或横向移动。工作台还可沿滑座的圆形导轨绕垂直轴线转动。镗刀可随主轴一起做轴向移动。当镗刀杆伸出较长时，可用后立柱

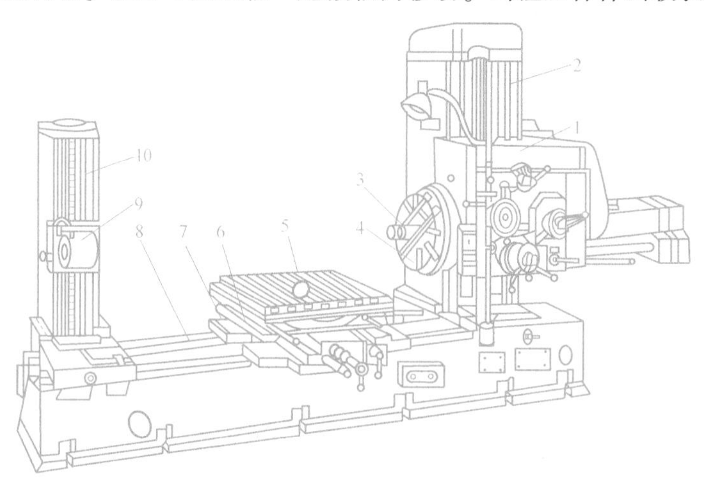


图 5-22　卧式铣镗床的外形图

1—主轴箱　2—前立柱　3—主轴　4—平旋盘　5—工作台　6—上滑座　7—下滑座　8—床身　9—镗刀杆支承座　10—后立柱

10上的镗刀杆支承座来支承左端。当刀具装在平旋盘4的径向刀架上时，可随径向刀架做径向运动。

（2）卧式铣镗床的加工方法　卧式铣镗床的典型加工方法如图5-23所示。刀具装在镗轴或镗杆上，由镗轴带动做主运动，做进给运动的可以是镗轴（图5-23a），也可以是工件（图5-23b）。加工大孔时，镗刀装在平旋盘上做主运动，由工件完成进给运动（图5-23c）。图5-23d是用铣刀加工平面，卧式铣镗床还可以铣削各种沟槽或成形面。若将刀具安装在径向滑块的刀架上，可以车削端面，内、外环形沟槽和短的外圆柱面（图5-23e、f）。利用主轴后端的交换齿轮，可以车内、外螺纹。因此，卧式铣镗床能在工件一次安装后完成大部分或全部的加工工序，是一种应用范围很广的机床。

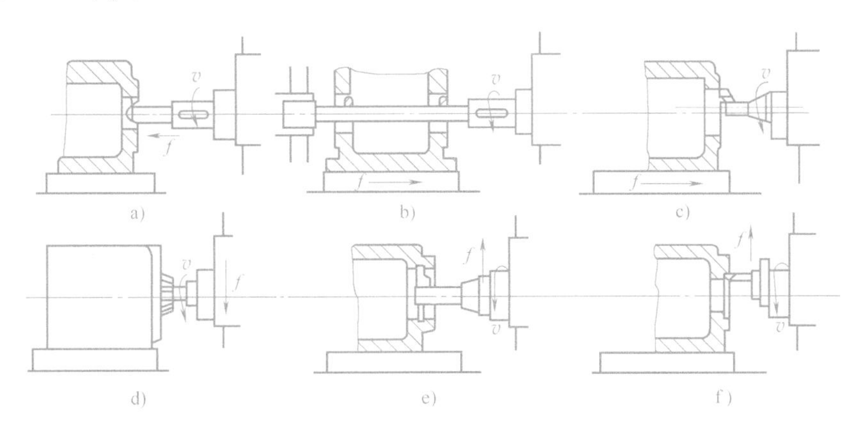


图5-23　卧式铣镗床的典型加工方法

2. 坐标镗床

（1）坐标镗床的应用范围　坐标镗床主要用于孔本身精度及位置精度要求都很高的孔系加工，例如钻模、镗模和量具等零件上的精密孔加工。坐标镗床除主要零件的制造和装配精度很高，具有良好的刚度和抗振性、较小的热变形外，其主要特点是具有精密的坐标测量装置。依靠坐标测量装置，能精确地确定工作台和主轴箱等移动部件的移动量，实现工件和刀具的精确定位。例如，工作台面宽200~300mm的坐标镗床，坐标定位精度可达0.002mm。坐标镗床除用于镗孔外，还可进行钻孔、扩孔和铰孔，锪端面以及铣平面和沟槽等。因坐标镗床具有很高的定位精度，故可用于精密刻线、精密划线、孔距及直线尺寸的测量等。所以，坐标镗床是一种用途比较广泛的精密机床。

坐标镗床过去主要用在工具车间进行单件生产，近年来也逐步应用于生产车间成批加工具有精密孔系的零件，例如，加工飞机、汽车、内燃机和机床上的某些箱体类零件，可以省掉钻模和镗模等夹具。

（2）坐标镗床的组成　图5-24所示为单柱坐标镗床。带有主轴部件的主轴箱装在立柱的垂直导轨上，可以上下调整位置，以适应加工不同高度的工件。主轴由精密轴承支承在主轴套筒中，由主传动机构传动，完成旋转主运动。加工孔时，主轴由主轴套筒带动，在垂直方向做机动或手动进给。孔的坐标位置由工作台沿床鞍导轨纵向移动和床鞍沿床身导轨横向移动来确定。铣削时，则由工作台做纵向或横向进给运动。

单柱坐标镗床的工作台三面敞开，操作方便，但主轴箱悬伸安装，机床尺寸大时，将影响刚度。因此，单柱坐标镗床一般为中、小型机床（工作台面宽度小于630mm）。

图5-25所示为双柱坐标镗床。由两个立柱、顶梁和床身构成龙门框架，主轴箱装在可沿立柱上下调整位置的横梁2上，工作台直接由床身导轨支承。镗孔坐标位置由主轴箱沿横梁导轨移动和工作台沿床身导轨移动来确定。

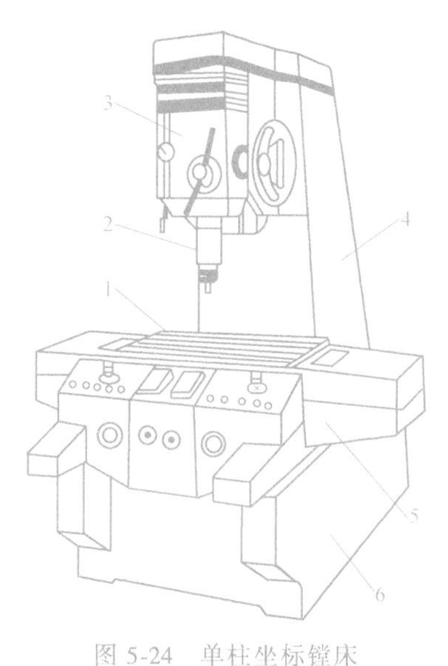


图5-24 单柱坐标镗床

1—工作台 2—主轴 3—主轴箱 4—立柱 5—床鞍 6—床身

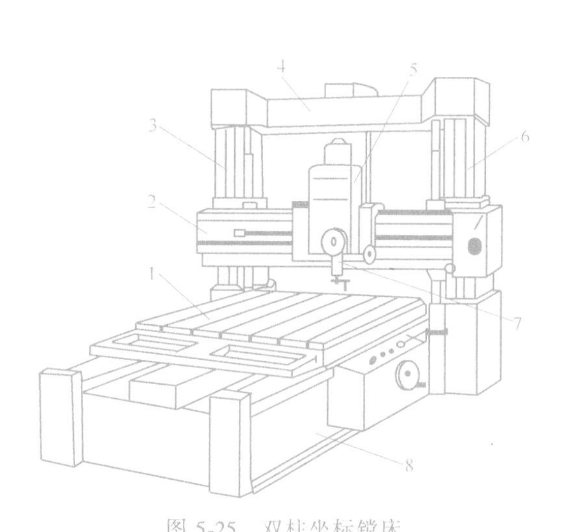


图5-25 双柱坐标镗床

1—工作台 2—横梁 3、6—立柱 4—顶梁 5—主轴箱 7—主轴 8—床身

双柱坐标镗床主轴箱悬伸距离小，且装在龙门框架上，机床刚度大。此外，工作台与床身之间层次少，提高了承载能力和刚度。因此，双柱坐标镗床一般为大、中型机床。

### 3. 精镗床

精镗床是一种高速精密镗床，它因采用金刚石镗刀而得名，原称为金刚镗床。现除采用金刚石刀具外，还广泛使用硬质合金刀具和陶瓷刀具。这类型机床的特点是切削速度很高，而切深和进给量很小，因此，可加工出高精度（圆度为0.003～0.005mm）和低表面粗糙度（$Ra$为0.16～1.25μm）的工件。精镗床主要用于成批、大批量生产中加工连杆轴瓦、活塞和油泵壳体等零件上的精密孔。

单面卧式精镗床外形如图5-26所示。机床的主轴箱固定在床身上，主轴高速旋转带动镗刀做主运动。工件通过夹具固定在工作台上，工作台沿床身导轨做平稳低速的纵向进给运动。为了加工出低的表面粗糙度，精镗床的主轴短而粗，具有很高的刚度，且传动平稳无振动。

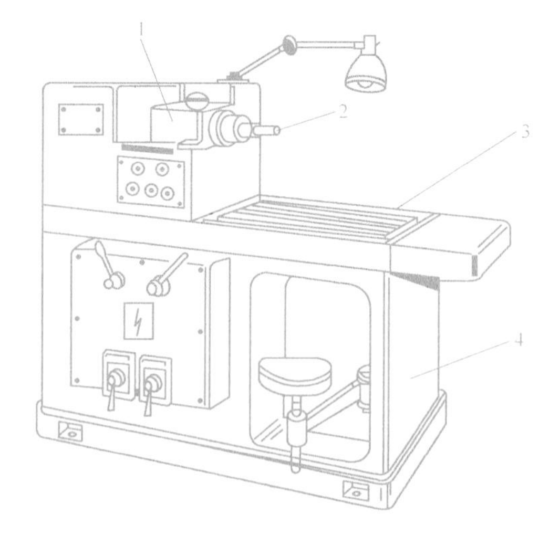


图5-26 单面卧式精镗床外形图

1—主轴箱 2—主轴 3—工作台 4—床身

精镗床按其布局型式分为单面、双面和多

面式，按主轴在空间的方位可分为立式、卧式和倾斜式，根据主轴数又可分为单轴、双轴及多轴。

## 5.7 插床

插削加工可认为是立式刨削加工，主要用于单件、小批量生产中加工零件的内表面，例如孔内键槽、方孔、多边形孔和内花键等，也可以加工某些不便于铣削或刨削的外表面（平面或成形面）。其中用得最多的是插削各种盘形零件的内键槽。

插削是在插床上进行的，插床外形如图 5-27 所示。在插床上加工，工件安装在工作台上，插刀装在滑枕的刀架上。滑枕带动刀具在垂直方向的往复直线运动为主切削运动，工作台带动工件做垂直于主运动方向的间歇运动为进给运动，圆工作台还可绕水平轴线在前后小范围内调整角度，以便加工倾斜的面和沟槽。

图 5-28 所示为插削孔内键槽示意图。插削前需在工件端面上画出键槽加工线，以便对刀和加工。工件用自定心卡盘或单动卡盘夹持在工作台上。插削速度一般为 20~40m/min。

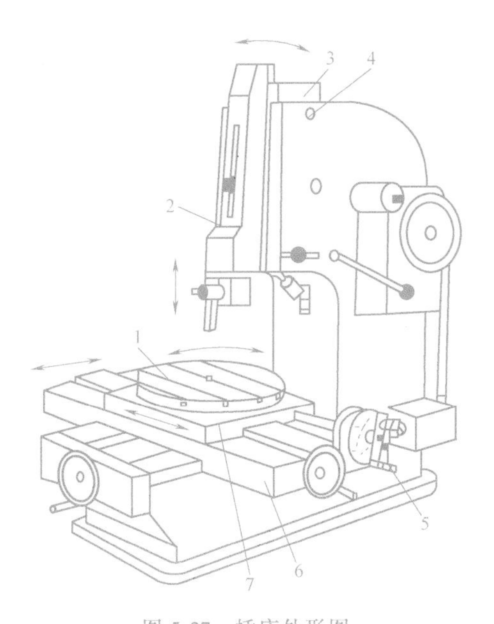


图 5-27 插床外形图

1—圆工作台 2—滑枕 3—滑枕导轨座 4—销轴 5—分度装置 6—床鞍 7—溜板

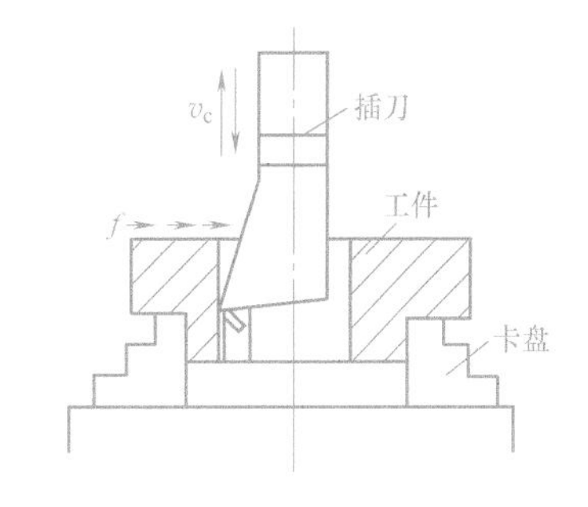


图 5-28 插削孔内键槽

## 5.8 拉床

### 5.8.1 拉床的用途、特点及类型

拉床是用拉刀进行加工的机床。采用不同结构形状的拉刀，可加工各种形状的通孔、通

槽、平面及成形表面。图 5-29 所示为适用于拉削的一些典型表面形状。

图 5-29　适用于拉削的典型表面形状

拉床是一种比较简单的机床，它只有主运动，没有进给运动。拉削时，一般由拉刀做低速直线的主运动。拉刀在做主运动的同时，依靠拉刀刀齿的齿升量来完成切削时的进给，所以拉床不需要有进给运动机构。考虑到拉削所需的切削力很大，同时为了获得平稳的且能无级调速的运动速度，因此拉床的主运动通常采用液压驱动。

拉削加工的生产率高，被加工表面在一次走刀中成形。由于拉刀的工作部分有粗切齿、精切齿和校准齿，工件加工表面经过粗切、精切和校准，可获得较高的加工精度和较小的表面粗糙度值，一般拉削的标准公差等级可达 IT8～IT7，表面粗糙度 $Ra<0.63\mu m$。但拉削的每一种表面都需要用专门的拉刀，且拉刀的制造和刃磨费用较高，所以它主要用于成批和大批量生产。

常用的拉床按加工的表面可分为内拉床和外拉床两类，按机床的布局型式可分为卧式拉床和立式拉床两类。此外，还有连续拉床和专用拉床。

拉床的主参数是额定拉力，如 L6120 型卧式内拉床的额定拉力为 200kN。

### 5.8.2　典型拉床简介

图 5-30 所示为卧式内拉床。床身 1 的内部装有液压缸 2，由液压系统中的液压泵提供压力油，驱动液压缸的活塞做直线运动，从而带动拉刀也做直线运动，完成拉削的主运动。加工时，工件用端面紧靠在支承座 3 的平面上，护送夹头 5 及滚柱 4 向左运动，护送拉刀穿过工件的预制孔，并将拉刀左端柄部插入拉刀的夹头。加工过程中滚柱 4 起下降作用。

拉削加工的生产率很高，并可获得较高的加工精度和较小的表面粗糙度，由于刀具结构复杂，制造和刃磨费用较大，所以仅用于大批量生产。

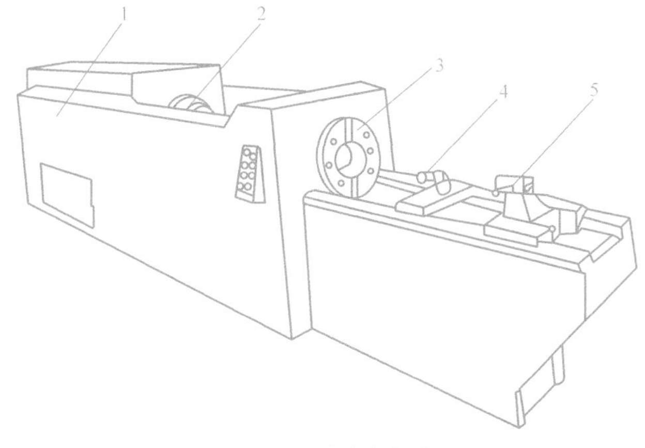


图 5-30　卧式内拉床

1—床身　2—液压缸　3—支承座　4—滚柱　5—护送夹头

## 思考与练习题

5-1　分别说明用成形法加工齿轮和用展成法加工齿轮会产生哪些加工误差？指出其产生误差的主要原因。

5-2　何种齿轮适合用滚齿机加工？何种齿轮适合用插齿机加工？

5-3　在 Y3150E 型滚齿机上加工直齿圆柱齿轮和斜齿圆柱齿轮时，机床的传动调整有哪些相同之处，哪些不同之处？

5-4　在滚齿机上加工斜齿圆柱齿轮时，工件的展成运动和附加运动的方向如何确定？以 Y3150E 型滚齿机为例，说明如何判断这两种运动的方向。

5-5　在滚齿机上加工直齿和斜齿圆柱齿轮时，如何确定滚刀刀架扳转角度与方向？如果扳转角度有误差或方向有误，将会产生什么后果？

5-6　插齿机为什么要有径向和圆周两个进给运动？圆周进给运动是如何产生的？其相应的传动链是内联系传动链吗？

5-7　说明磨齿机与剃齿机的加工特点与应用范围。

5-8　各类机床中，用于加工内孔、平面和沟槽的机床有哪些？

5-9　摇臂钻床的运动有哪些？主要加工哪类零件？

5-10　简要说明 Z3040 型摇臂钻床平衡机构的组成和工作原理。

5-11　简述卧式铣镗床的工作运动及辅助运动以及这些运动的作用。

5-12　单柱、双柱及卧式坐标镗床在布局上各有什么特点？它们各适用于什么场合？

5-13　说明拉削加工的特点，拉床主运动与进给运动是由哪个执行件完成的？

# 第6章 数控车床

**知识要求**

1）理解数控机床的工作原理和组成结构。

2）熟悉数控车床的工艺范围、分类、特点以及相应刀具。

3）掌握 CK6136 型数控车床的传动系统。

4）了解 CK6136 型数控车床主要部件的结构。

**能力要求**

1）具有依据数控车床传动系统图分析主运动链、进给运动链的能力。

2）具有分析 CK6136 型数控车床主要部件结构与工作原理的能力。

3）具有结合加工要求正确选用刀具并加工相应工件的能力。

**素质要求**

以“大国工匠”为学习榜样，引导学生不断磨练技能，争做时代工匠。

## 6.1 数控机床概述

随着科学技术的飞速发展，当前社会对产品多样化的要求日益强烈，产品更新的周期日益缩短，复杂形状的零件越来越多，精度要求也越来越高，传统的加工设备和制造方法已经无法满足这种多样化、柔性化与复杂形状，高效、高质量的加工要求。

数控加工技术的迅速发展和广泛应用，能有效解决复杂、精密、小批、多变零件的加工问题，使机械制造行业发生了根本性的变化。目前，随着网络信息化、智能化的发展，机械制造行业的发展向着更高层次的自动化、柔性化、敏捷化、网络化和数字化制造方向推进。

### 6.1.1 数控机床的发展历史

1952 年，美国帕森斯公司和麻省理工学院研制成功了世界上第一台数控铣床——电子管数控铣床。

1959 年，数控系统广泛采用晶体管元器件和印制电路板，从而使机床跨入了第二代——晶体管数控机床。同年 3 月，美国可耐·杜度列克公司发明了带有自动换刀装置的数控机床，称为“加工中心”。

1965 年，小规模集成电路研制成功。由于其体积小，功耗低，使数控系统的可靠性进一步提升，标志着数控机床跨入了第三代——集成电路控制数控机床。

以上三代数控系统都是采用专用控制硬件逻辑数控系统，称为普通数控系统，即 NC 系统。

1967 年，英国首先把几台数控机床连接成具有柔性的制造系统，这就是最初的柔性制造系统（Flexible Manufacturing System，FMS）。随后，欧美国家相继做了技术革新。

1971 年，美国英特尔公司开发和使用了微处理器。数控的许多功能由软件程序来实现，由计算机作为控制单元的数控系统就是数控机床的第四代——小型计算机数控机床。

1974 年，美国、日本等国首先研制了以微处理器为核心的数控系统的数控机床，这就是第五代——微型计算机数控系统。

20 世纪 80 年代初，国际上又出现了柔性制造单元（Flexible Manufacturing Cell，FMC）。这种单元投资少，见效快，可以单独地长时间实现无人看管运行。FMC 和 FMS 也是实现计算机集成系统的核心基础。

### 6.1.2　数控机床的分类

#### 1. 按控制的运动轨迹分类

（1）点位控制数控机床　其特点是只控制刀具或机床工作台从一点精确地移动到另一点，而对点与点之间移动的轨迹不加控制，而且在移动过程中刀具不进行切削，如数控钻床、数控镗床和数控冲床、数控点焊机和数控折弯机等，其相应的数控装置称为点位数控装置。

（2）直线控制数控机床　其特点是除了控制点与点之间的准确定位外，还要保证被控制的两个坐标点之间移动的轨迹是一条直线，而且在移动过程中刀具能按指定的进给速度进行切削，如数控镗铣床、数控车床和数控磨床。其相应的数控装置称为直线数控装置。

（3）轮廓控制数控机床（也称为连续轨迹控制数控机床）　其特点是能够对两个或两个以上坐标方向的同时运动进行严格的不间断控制，并且在运动过程中刀具对工件表面进行连续切削，形成所需的复杂斜面、曲线、曲面等。这类机床有数控车床、数控铣床和加工中心等。其相应的数控装置称为轮廓数控装置。轮廓数控装置比点位、直线数控装置的结构更加复杂，功能更加齐全。

#### 2. 按控制方式分类

（1）开环控制数控机床　开环控制系统通常指系统中不带有位置检测元件，指令信号单方向传送，指令发出后，不再反馈回来的控制系统，一般由步进电动机驱动线路和步进电动机组成。这种伺服机构比较简单，工作稳定，容易使用，但精度和速度的提高受到限制。

（2）闭环控制数控机床　闭环控制系统带有位置检测元件，随时可以检测出工作台的实际位移并反馈给数控装置，与设定的指令值进行比较，利用其差值控制伺服电动机，直至差值为零为止。这种机构定位精度高但系统复杂，调试、维修较困难，价格较贵，常用于高精度和大型数控机床。

（3）半闭环控制数控机床　如图 6-1 所示，半闭环控制系统是将位置检测元件安装在伺服电动机的轴上或滚珠丝杠的端部，不直接反馈机床的位移量，而是检测伺服机构的转角，将此信号反馈给数控装置进行指令值比较，用差值控制伺服电动机。这种伺服机构所能达到的精度、速度和动态特性优于开环伺服机构，其复杂度低于闭环伺服机构，被大多数中、小型数控机床采用。

### 6.1.3　数控机床的工作原理

在数控机床上，传统加工过程中的人工操作均被数控系统的自动控制所取代。其工作过

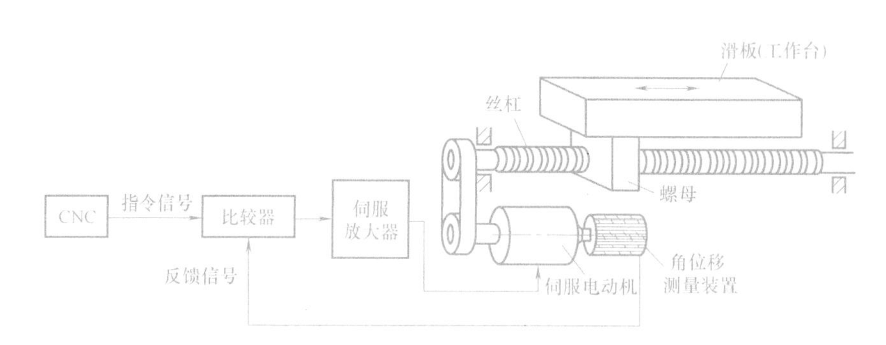


图 6-1　数控机床的半闭环控制

程如下：首先要将被加工零件图上的几何信息和工艺信息数字化，即将刀具与工件的相对运动轨迹、加工过程中主轴速度和进给速度的变换、切削液的开关、工件和刀具的交换等控制和操作，都按规定的规则、代码和格式编成加工程序，然后将该程序送入数控系统；数控系统则按照程序的要求，进行相应的运算、处理，然后发出控制命令，使各坐标轴、主轴以及辅助动作相互协调，实现刀具与工件的相对运动，自动完成零件的加工，如图 6-2 所示。

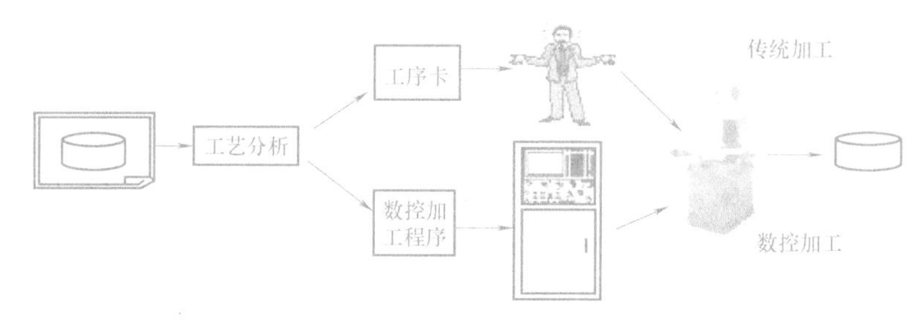


图 6-2　数控机床的工作原理

## 6.1.4　数控机床的基本组成

数控机床主要组成部分，如图 6-3 所示。图中虚线框部分为计算机数控系统，即 CNC 系统，其中各方框为其组成模块，带箭头的连线表示各模块间的信息流向。图右边的实线框部分为计算机数控系统的控制对象——机床部分。下面分别介绍各模块的功能。

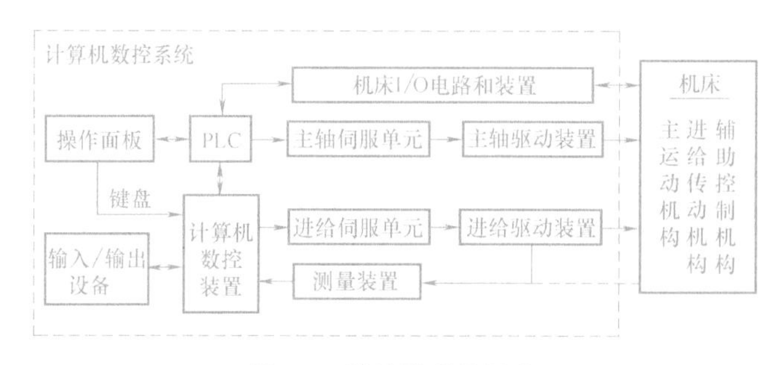


图 6-3　数控机床的组成

### 1. 操作面板（控制面板）

操作面板是操作人员与数控机床（系统）进行交互的工具。它主要由机床操作按键、

MDI、显示屏和功能软键部分组成，如图 6-4 所示。它是数控机床的一个输入/输出部件，是数控机床的特有部件。功能如下：

1）操作人员可以通过它对数控机床（系统）进行操作、编程、调试或对机床参数进行设定和修改。

2）操作人员可以通过它了解或查询数控机床（系统）的运行状态。

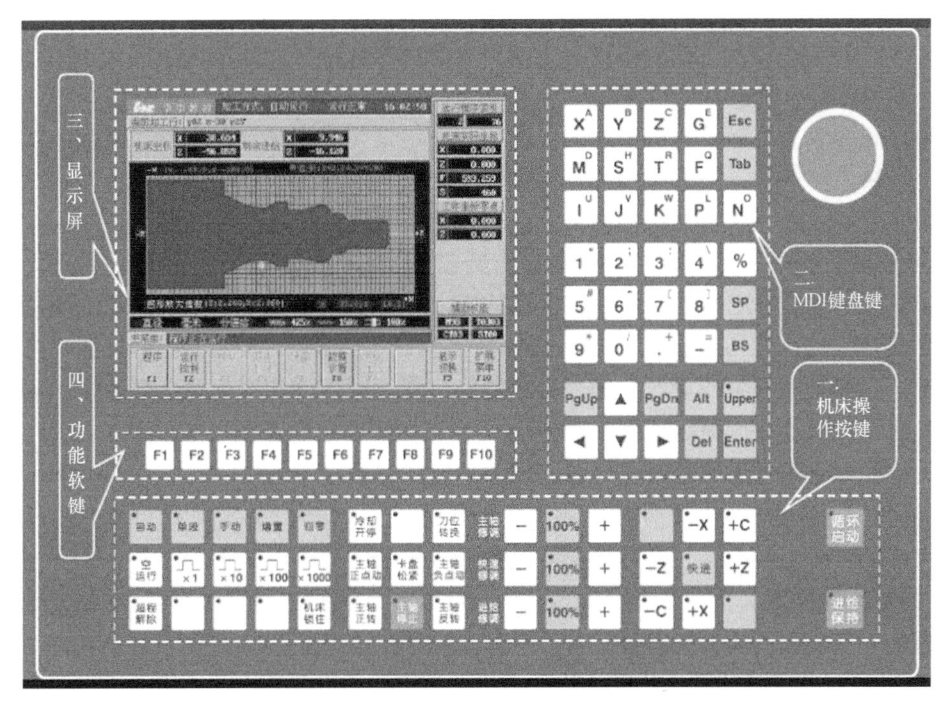


图 6-4 数控机床的操作面板

### 2. 控制介质与输入/输出设备

控制介质是记录零件加工程序的媒介，记录着零件加工程序等主要信息。

输入/输出设备是 CNC 系统与外部设备进行信息交互的装置。它的作用是将编制好的记录在控制介质上的零件加工程序输入 CNC 系统或将 CNC 系统中已调试好的零件加工程序通过输出设备存放或记录在相应的控制介质上。

现代数控系统一般都具有利用通信方式进行信息交换的能力。这种方式是实现 CAD/CAM 集成、FMS 和 CIMS 的基本技术。目前在数控机床上常采用的方式：

1）串行通信（RS232 等串口）。

2）自动控制专用接口和规范（DNC 方式、MAP 协议等）。

3）网络技术（Internet、LAN 等）。

### 3. 计算机数控（CNC）装置（或 CNC 单元）

计算机数控（CNC）装置是计算机数控系统的核心。它主要由计算机系统、位置控制板、PLC 接口板、通信接口板、扩展功能模块以及相应的控制软件等模块组成。其主要作用是根据输入的零件加工程序或操作命令进行相应的处理（如运动轨迹处理、机床输入/输出处理等），然后输出控制命令到相应的执行部件（伺服单元、驱动装置和 PLC 等），完成零件加工程序或操作命令所要求的工作。所有这些都是由 CNC 装置进行协调配合，合理组织，从而使整个系统能有条不紊地工作。

4. 伺服系统

伺服系统是数控系统的执行部分，它的作用是将来自数控装置插补产生的脉冲信号转化为受控设备的执行机构的位移（运动）。每个进给运动的执行部件都配有一套伺服驱动系统。

伺服系统由伺服驱动电路、功率放大电路、伺服电动机、传动机构和检测反馈装置组成。常用的伺服电动机有步进电动机、直流伺服电动机和交流伺服电动机。伺服系统的性能是决定数控机床加工精度和生产率的主要因素之一。

闭环控制的数控机床带有检测反馈系统，其作用是将机床移动的实际位置、速度参数检测出来，转换成电信号，并反馈到CNC装置中，使CNC装置能随时判断机床的实际位置、速度是否与指令一致，并发出相应指令，修正所产生的偏差，提高加工精度。

5. 可编程控制器PLC、机床I/O电路和装置

数控机床的自动控制由CNC和可编程控制器PLC共同完成。其中CNC负责完成与数字运算和管理有关的功能，如编辑加工程序、插补运算、译码、位置伺服控制等。PLC负责完成与逻辑运算有关的各种动作，如进行与逻辑运算、顺序动作有关的I/O控制，它由硬件和软件组成。机床I/O电路和装置是用于实现I/O控制的执行部件，是由继电器、电磁阀、行程开关、接触器等组成的逻辑电路。它们共同完成以下任务：

1）接受CNC的M（辅助功能）、S（主轴转速）、T（选刀、换刀）指令，对其进行译码并转换成对应的控制信号，控制辅助装置完成机床相应的开、关动作。

2）接收操作面板和机床侧的I/O信号，送给CNC装置，经其处理后，输出指令控制CNC系统的工作状态和机床的动作。

6. 机床本体

机床是数控机床的主体，是数控系统的被控对象，也是实现制造加工的执行部件。它主要由主运动部件、进给运动部件（工作台、拖板以及相应的传动机构）、支承件（立柱、床身等）以及特殊装置（刀具自动交换系统、工件自动交换系统）和辅助装置（如冷却、润滑、排屑、转位和夹紧装置等）组成。

数控机床机械部件的组成与普通机床相似，但传动结构和变速系统较为简单，在精度、刚度、抗振性等方面要求高。

### 6.1.5 数控机床的特点

1. 适应性强

适应性即所谓的柔性，是指数控机床随生产对象变化而变化的适应能力。在数控机床上改变加工零件时，只需重新编制程序，输入新的程序后就能实现对新的零件的加工，而不需改变机械部分和控制部分的硬件，且生产过程是自动完成的。这就为复杂零件的单件、小批量生产以及试制新产品提供了极大的方便。适应性强是数控机床最突出的优点，也是数控机床得以产生和迅速发展的主要原因。

2. 精度高、质量稳定

数控机床是按数字形式给出的指令进行加工的，一般情况下，工作过程不需要人工干预，这就消除了人为产生的误差。在设计、制造数控机床时，采取了许多措施，使数控机床

的机械部分达到了较高的精度和刚度。此外，数控机床的传动系统与机床结构都具有很高的刚度和热稳定性。通过补偿技术，数控机床可获得比本身精度更高的加工精度，尤其提高了同一批零件生产的一致性，产品合格率高，加工质量稳定。

#### 3. 生产率高

零件加工所需的时间主要包括机动时间和辅助时间两部分。数控机床主轴的转速和进给量的变化范围比普通机床大，因此数控机床每一道工序都可选用最有利的切削用量。由于数控机床结构刚性好，允许进行大切削量的强力切削，这就提高了数控机床的切削效率，节省了机动时间。数控机床的移动部件空行程运动速度快，工件装夹时间短，刀具可自动更换，辅助时间相对一般机床大为减少。

数控机床更换被加工零件时几乎不需要重新调整机床，节省了零件安装调整时间。数控机床加工质量稳定，一般只做首件检验和工序间关键尺寸的抽样检验，因此节省了停机检验时间。在加工中心机床上加工时，一台机床实现了多道工序的连续加工，生产率的提高更为显著。

#### 4. 能实现复杂的运动

数控机床能完成普通机床难以实现或无法实现的曲线或曲面的加工，如螺旋桨、汽轮机叶片等的空间曲面。因此，数控机床可实现几乎是任意轨迹的运动和加工任何形状的空间曲面，适用于复杂异形零件的加工。

#### 5. 良好的经济效益

数控机床虽然昂贵，加工时分摊到每个零件上的设备折旧费较高，但在单件、小批量生产的情况下，使用数控机床加工可节省划线工时，减少调整、加工和检验时间，节省直接生产费用。数控机床加工零件一般不需制作专用夹具，节省了工艺装备费用。数控机床加工精度稳定，降低了废品率，使生产成本进一步下降。此外，数控机床可实现一机多用，节省厂房面积和建厂投资。因此，使用数控机床可获得良好的经济效益。

#### 6. 有利于生产管理的现代化

数控机床使用数字信息与标准代码处理、传递信息，有利于与计算机连接，构成由计算机控制和管理的生产系统，实现计算机辅助设计、制造与生产管理的一体化。

### 6.1.6 数控机床的发展趋势

#### 1. 向高速度、高精度方向发展

近10年来，普通级数控机床的加工精度已由10μm提高到5μm，精密级加工中心则从3~5μm提高到1~1.5μm，超精密加工精度已开始进入纳米级（0.001μm）。加工精度的提高不仅在于采用了滚珠丝杠副、静压导轨、直线滚动导轨、磁浮导轨等部件，提高了CNC系统的控制精度，应用了高分辨率位置检测装置，还在于使用了各种误差补偿技术，如丝杠螺距误差补偿、刀具误差补偿、热变形误差补偿、空间误差综合补偿等。

高速加工源于20世纪90年代初，以电主轴和直线电动机的应用为特征，使主轴转速大大提高，主轴转速超过100000r/min，进给速度超过60m/min。高速进给要求数控系统的运算速度快、采样周期短，还要求数控系统具有足够的超前路径加（减）速优化预处理能力（前瞻处理），有些系统可提前处理5000个程序段。为保证加工速度，高档数控系统可进行2000~10000次/s进给速度的改变。

### 2. 向柔性化、功能集成化方向发展

数控机床在提高单机柔性化的同时，也在朝单元柔性化和系统化方向发展，如出现了数控多轴加工中心、自动换刀加工中心、自动换箱加工中心等具有柔性的高效加工设备，出现了由多台数控机床组成底层加工设备的柔性制造单元（Flexible Manufacturing Cell，FMC）、柔性制造系统（Flexible Manufacturing System，FMS）、柔性制造自动线（Flexible Manufacturing Line，FML）。

在现代数控机床上，自动换刀装置、自动工作台交换装置等已成为基本装置。随着数控机床向柔性化方向发展，功能集成化更多地体现在工件自动装卸，工件自动定位，刀具自动对刀，工件自动测量与补偿，集钻、车、镗、铣、磨为一体的“万能加工”和集装卸、加工、测量为一体的“完整加工”等。

### 3. 向智能化方向发展

随着人工智能在计算机领域不断渗透和发展，数控系统已开始向智能化方向发展。新一代的数控系统，由于采用进化计算（Evolutionary Computation）、模糊系统（Fuzzy System）和神经网络（Neural Network）等控制机理，性能大大提高，具有加工过程的自适应控制、负载自动识别、工艺参数自动生成、运动参数动态补偿、智能诊断、智能监控等功能。

### 4. 向高可靠性方向发展

数控机床的可靠性一直是用户最关心的主要指标，它主要取决于数控系统各伺服驱动单元的可靠性。为提高可靠性，目前主要采取以下措施：

1）采用更高集成度的电路芯片，采用大规模或超大规模的专用及混合式集成电路，以减少元器件的数量，提高可靠性。

2）通过硬件功能软件化，以适应各种控制功能的要求，同时通过硬件结构的模块化、标准化、通用化及系列化，提高硬件的生产批量和质量。

3）增强故障自诊断、自恢复和保护功能，对系统内硬件、软件和各种外部设备进行故障诊断、报警。当发生加工超程、刀损、干扰、断电等各种意外时，系统自动进行相应的保护。

### 5. 向网络化方向发展

数控机床的网络化将极大地满足柔性制造自动线、柔性制造系统、制造企业对信息集成的需求，也是实现新的制造模式如敏捷制造（Agile Manufacturing，AM）、虚拟企业（Virtual Enterprise，VE）、全球制造（Global Manufacturing，GM）的基础单元。目前先进的数控系统为用户提供了强大的联网能力，除了具有 RS232C 接口外，还带有远程缓冲功能的 DNC 接口，可以实现多台数控机床间的数据通信和直接对多台数控机床进行控制。有的已配备与工业局域网通信的功能以及网络接口，促进了系统集成化和信息综合化，使远程在线编程、远程仿真、远程操作、远程监控及远程故障诊断成为可能。

### 6. 向标准化方向发展

数控标准化是制造业信息化发展的一种趋势。数控技术诞生后的 50 多年间的信息交换都是基于 ISO 6983 标准，即采用 G、M 代码对加工过程进行描述，显然，这种面向过程的描述方法已无法满足现代数控技术高速发展的需要。为此，国际上研究和制定了一种新的 CNC 系统标准 ISO 14649（STEP-NC），其目的是提供一种不依赖于具体系统的中性机制，能够描述产品整个生命周期内的统一数据模型，从而实现整个制造过程，乃至各个工业领域产品信息的标准化。

7. 向驱动并联化方向发展

并联机床由基座、平台、多根可伸缩杆件组成，每根杆件的两端通过球面支承分别将运动平台与基座相连，并由伺服电动机和滚珠丝杠按数控指令实现伸缩运动，使运动平台带动主轴部件或工作台部件做任意轨迹的运动。并联机床结构简单，但整个平台的运动涉及相当复杂的数学运算，因此并联机床是一种知识密集型机构。并联机床与传统串联式机床相比具有高刚度、高承载能力、高速度、高精度、重量轻、机械结构简单、制造成本低、标准化程度高等优点，在许多领域都得到了成功的应用。

## 6.2 数控车床概述

### 6.2.1 数控车床的工艺范围与分类

数控车床主要用于车削加工，包含了普通车床上各种回转表面的加工，如内外圆柱面、圆锥面、成型回转表面及螺纹面等，另外还可以加工高精度的曲面和端面螺纹。数控车床加工零件的标准公差等级可达 IT5～IT6，表面粗糙度值可低于 1.25μm。数控车床具有加工灵活、通用性强、能适应产品的品种和规格频繁变化的特点。

数控车床的种类很多，根据主轴型式可以分为数控卧式车床和数控立式车床；根据通用性分类可分为数控通用车床、数控专门化车床和数控专用车床（如数控凸轮车床、数控曲轴车床、数控丝杠车床等）；根据机床复杂程度可分为普通数控车床和车削加工中心。

### 6.2.2 数控车床常用刀具简介

数控车床所用刀具跟普通车床类似，如图 6-5 所示。它可以在数控车床上加工外圆、端平面、螺纹、内孔、成形面，也可用于切槽和切断等。

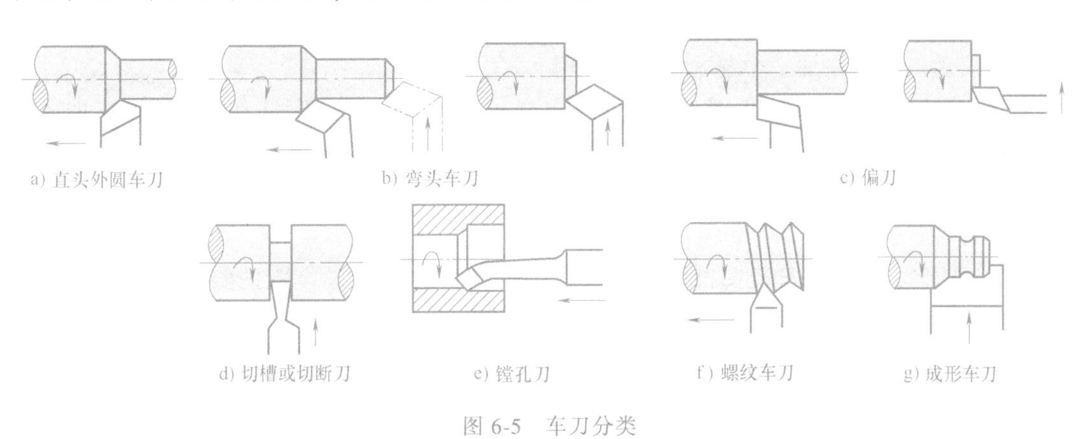


图 6-5 车刀分类

## 6.3 CK6136 型数控车床的主要组成部件

图 6-6 所示为 CK6136 型数控车床的外形和主要组成部件。

1）主轴箱。主轴箱固定在床身的最左边，在数控操作面板之后。主轴箱中的主轴上通

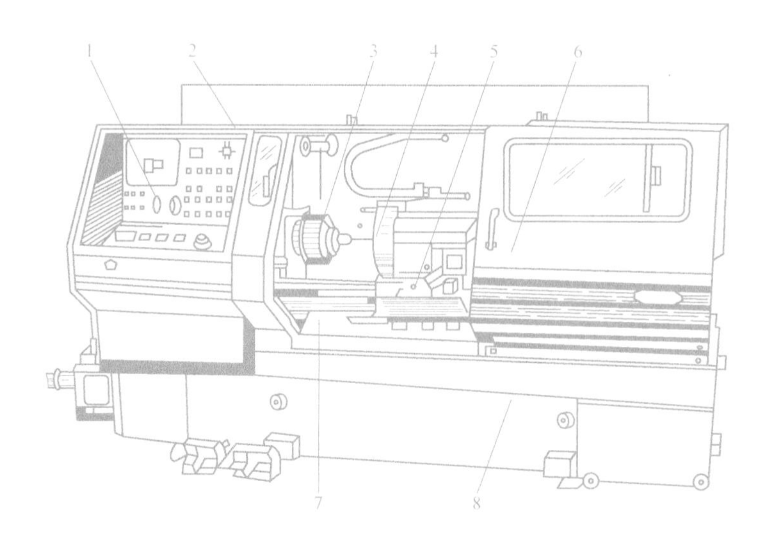


图 6-6　CK6136 型数控车床的外形与组成部件

1—操作面板　2—主轴箱　3—卡盘　4—转塔刀架　5—刀架滑板　6—防护罩　7—导轨　8—床身

过卡盘等夹具装夹工件。主轴箱的功能是支承主轴，使主轴带动工件按照规定的转速旋转，以实现机床的主运动。

2）机械式转塔刀架。机械式转塔刀架安装在机床的刀架滑板上，加工时可实现自动换刀。刀架的作用是装夹车刀、孔加工刀具及螺纹刀具，并在加工时能准确、迅速选择刀具。

3）刀架滑板。刀架滑板由纵向（*Z* 向）滑板和横向（*X* 向）滑板组成。纵向滑板安装在床身导轨上，沿床身实现纵向（*Z* 向）运动；横向滑板安装在纵向滑板上，沿纵向滑板上的导轨实现横向（*X* 向）运动。刀架滑板的作用是使安装在其上的刀具在加工中实现纵向进给和横向进给运动。

4）尾座。尾座安装在床身导轨上，并沿导轨可进行纵向移动调整位置。尾座的作用是安装顶尖支承工件，在加工中起辅助支承作用。

5）床身。床身固定在机床底座上，是机床的基本支承件，在床身上安装着车床的各主要部件。床身的作用是支承各主要部件，并使它们在工作时保持准确的相对位置。

6）底座。底座是车床的基础，用于支承机床的各部件，连接电气柜，支承防护罩和安装排屑装置。

7）防护罩。防护罩安装在机床底座上，用于加工时保护操作者的安全和保持环境的清洁。

8）机床的液压传动系统。机床的液压传动系统用来实现机床上的一些辅助运动，主要是实现机床主轴的变速、尾座套筒的移动及工件自动夹紧机构的操作。

9）机床润滑系统。机床润滑系统为机床运动部件间提供润滑和冷却。

10）机床切削液系统。机床切削液系统为机床在加工中提供充足的切削液，以满足切削加工的要求。

11）机床的电气控制系统。机床的电气控制系统主要由数控系统（包括数控装置、伺服系统及可编程控制器）和机床的强电气控制系统组成。机床电气控制系统能完成对机床的自动控制。

## 6.4 CK6136 型数控车床的传动系统

### 6.4.1 主传动系统

CK6136 型数控车床的传动系统如图 6-7 所示。主运动传动由主轴直流伺服电动机（27kW）驱动，经齿数为$\frac{27}{48}$同步带传动到主轴箱中的轴 I 上；再经轴 I 上的双联滑移齿轮，经齿轮副$\frac{84}{60}$或$\frac{29}{86}$传递到轴Ⅱ（即主轴），使主轴获得高（800～3150r/min）、低（700～800 r/min）两档转速范围。在各转速范围内，由主轴伺服电动机驱动实现无级调速。主轴箱内部省去了大部分齿轮传动变速机构，因此，减少了齿轮传动对主轴精度的影响，并且维修方便，振动小。

同时，主轴的运动经过齿轮副$\frac{60}{60}$传递到轴Ⅲ上，由轴Ⅲ经联轴器驱动圆光栅。圆光栅将主轴的转速信号转变为电信号送回数控装置，一方面实现主轴调速用的数字反馈，另一方面可用于进给运动的控制，如实现车削螺纹，即主轴转一转，进给轴移动一个加工工件的导程。

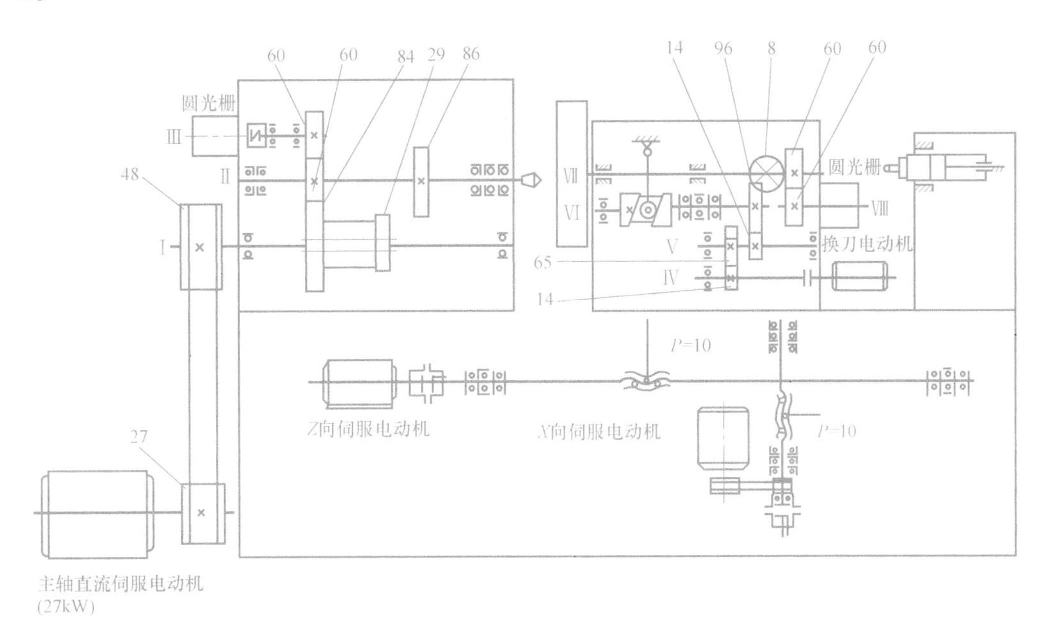


图 6-7 CK6136 型数控车床的传动系统图

### 6.4.2 进给传动系统

如图 6-7 所示，CK6136 型数控车床的进给传动系统分为 *X* 轴（横向）进给传动和 *Z* 轴（纵向）进给传动。

$X$ 轴进给传动是由横向直流伺服电动机通过齿数均为$\frac{24}{24}$同步带轮，经安全联轴器驱动滚珠丝杠副，使横向滑板实现横向进给运动。

$Z$ 轴进给传动也是由直流伺服电动机驱动，经安全联轴器直接驱动滚珠丝杠副，从而带动机床上的纵向滑板实现纵向进给运动。

### 6.4.3 刀盘传动系统

刀盘运动是实现刀架上刀盘的转动和刀盘的开定位、定位与夹紧的运动，以实现刀具的自动转换。如图 6-7 所示，刀盘传动是由换刀交流电动机提供动力，刀架上的轴Ⅳ，经过齿数为$\frac{14}{65}$和$\frac{14}{96}$两对斜齿轮副将运动传递到轴Ⅵ，轴Ⅵ是凸轮轴。运动传递到轴Ⅵ后分成两条传动支路：一条传动支路由凸轮转动，凸轮槽驱动拨叉带动轴Ⅶ（刀盘主轴）实现轴向移动，使刀盘实现开定位、定位、夹紧；另一条传动支路由轴Ⅵ上齿数为 96 的齿轮与在其上的滚子组成的槽杆与槽数为 8 的槽轮形成的槽杆槽轮副传动轴Ⅶ，实现轴Ⅵ转一转，轴Ⅶ转 45°的运动，实现刀具的转动换位。

轴Ⅶ的转动经一对齿数为$\frac{60}{60}$的齿轮副传到轴Ⅷ，再传到圆光栅，将转动转换为脉冲信号送给数控机床的电控系统，正常时用于刀盘上刀具刀位的计数，撞刀时用于产生刀架报警信号。刀盘的转动可根据最近找刀原则实现正、反向转动，以达到快速找刀的目的。

## 6.5 CK6136 型数控车床的主要部件结构

### 6.5.1 主轴箱结构

CK6136 型数控车床主轴箱结构展开图如图 6-8 所示，该图是沿轴Ⅰ—Ⅱ—Ⅲ的轴线剖开后展开的。变速轴Ⅰ是外花键。左端装有齿数为 48 的同步带轮，接收来自主电动机的运动。轴上花键部分安装有一个双联滑移齿轮 3，齿轮齿数分别为 29 和 84。齿数为 29 的齿轮工作时，主轴运转在低速区；齿数为 84 的齿轮工作时，主轴运转在高速区。双联滑移齿轮为分体组合式，上面安装有拨叉轴承 2，拨叉轴承 2 隔离齿轮和拨叉的运动。双联滑移齿轮由液压缸带动拨叉驱动，在轴Ⅰ上轴向移动，分别实现齿轮副$\frac{29}{86}$、$\frac{84}{60}$的啮合，完成主轴的变速。变速轴靠近带轮的一端是球轴承支承，外圈固定；另一端由长圆柱滚子轴承支承，外圈在箱体上不固定，以提高轴的刚度和减少热变形的影响。

主轴是一个空心的台阶轴，主轴的内孔是用于通过长的棒料及卸下顶尖时穿过钢棒，也可用于通过气动、电动及液压夹紧装置的机构。主轴前端采用短圆锥法兰盘式结构，用于定位安装卡盘和拨盘。

主轴安装在两个支承上，转速较高，刚度要求也较高。所以前、后支承都用角接触球轴承。前支承是三个一组，前面两个大口朝外（朝主轴前端），接触角为 25°；后面一个大口朝里，接触角为 14°。在前支承的后两个轴承的内圈之间留有间隙，装配时加压消隙，使轴

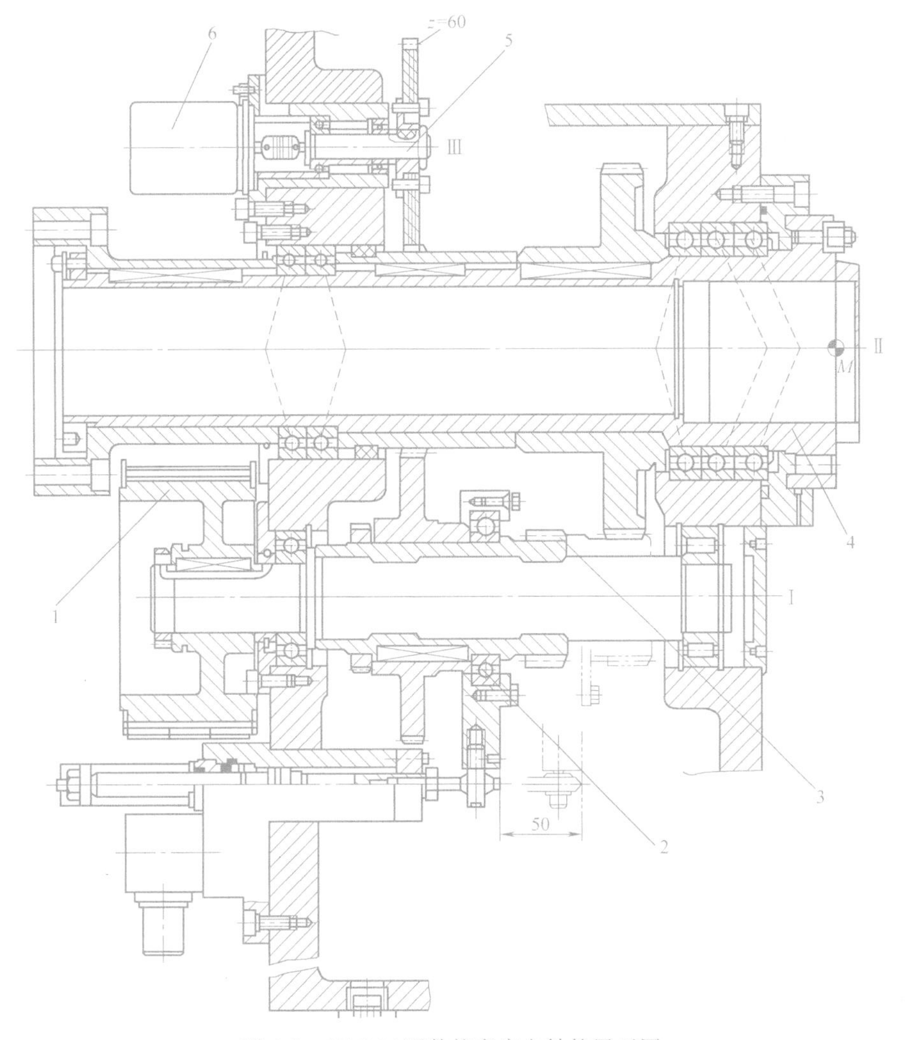


图 6-8 CK6136型数控车床主轴箱展开图

1—带轮 2—拨叉轴承 3—双联滑移齿轮 4—变速轴 5—主轴 6—圆光栅

承预紧，纵向切削力由前面两个轴承承受，故其接触角大，同时也减少了主轴的悬伸量，并且前支承在箱体上轴向固定。后支承为两个角接触球轴承，小口相对，接触角均为14°。这两个轴承用以共同承担支承的径向载荷。纵向载荷由前轴承承担，故后轴承的外圈轴向不固定，使得主轴在热变形时，后支承可沿轴向微量移动，减少热变形影响。

主轴轴承都属于超轻型。前、后轴承由轴承厂配好，成套提供，装配时无须修理、调整。轴承精度等级相当于我国的C级。主轴轴承对主轴的运动精度及刚度影响很大，主轴轴承应在无间隙（或少量过盈）条件下进行运转，轴承中的间隙和过盈量直接影响到机床的加工精度。因此，主轴轴承必须处于合适的状态，这就要进行间隙或过盈量的调整。调整方法：旋紧主轴尾部螺母，使其压紧托架，由托架压紧后支承轴承，并压紧主轴上的齿轮（齿数为60），推动齿轮（齿数为86），压紧前支承轴承到轴肩上，从而达到调整前、后轴承间隙和过盈量的目的。最后，旋紧调整螺母的锁紧螺钉。

轴Ⅲ是检测轴，通过两个球轴承支承在轴承套中。它的一端装有齿数为60的齿轮，另一端通过联轴器转动圆光栅齿轮与主轴上的齿数为 60 的齿轮相啮合，将主轴运动传到圆光栅上。圆光栅每转一圈发出 1024 个脉冲，该信号送到数控装置，使数控装置完成对螺纹切削的控制。

主轴箱体的作用是支承主轴和支承主轴运动的传动系统。主轴箱体材料一般为铸铁。主轴箱体使用底部定位面在床身左端定位，并用螺钉紧固。

### 6.5.2 进给传动装置

由于工件最后的尺寸精度和轮廓精度都直接受进给运动的传动精度、灵敏度和稳定性影响，为此，数控车床的进给传动系统应充分注意减少摩擦力，提高传动精度和刚度，消除传动间隙以及减小运动件的惯量等。

如图 6-9 所示，纵向直流伺服电动机 2，经安全联轴器直接驱动滚珠丝杠副，带动纵向滑板沿床身上的纵向导轨运动。直流伺服电动机由尾部的旋转变压器和测速发电机进行位置反馈和速度反馈，纵向进给的最小脉冲是 0.001mm。这样构成的伺服系统为半闭环伺服系统。Ⅰ放大图为无键锥环连接结构。无键锥环是相互配合的锥环，如拧紧螺钉，紧压环就压紧锥环，使内环的内孔收缩，外环的外圆胀大，靠摩擦力连接轴和孔，锥环的对数可根据所传递的转矩进行选择。这种结构不需要开键槽，避免了传动间隙。

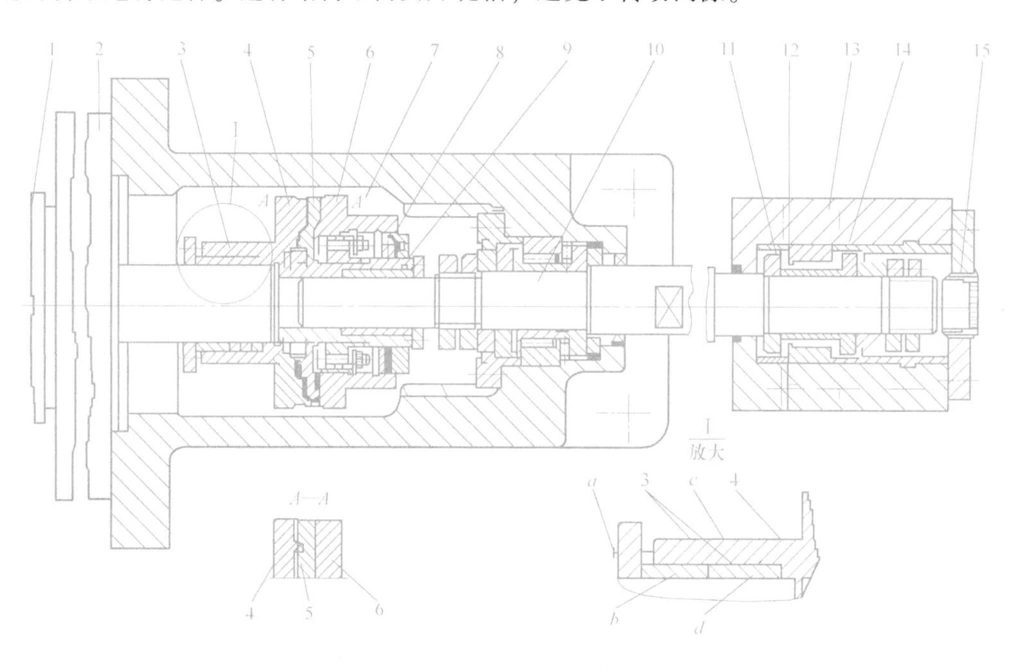


图 6-9 CK6136 型数控车床 Z 轴进给装置

1—旋转变压器和测速发电机 2—直流伺服电动机 3—锥环 4、6—半联轴器 5—滑块 7—钢片 8—碟形弹簧 9—套 10—滚珠丝杠 11—垫圈 12、13、14—滚针轴承 15—堵头

安全联轴器的作用是在进给过程中当进给力过大或滑板移动过载时，为了避免整个运动传动机构的零件损坏，安全联轴器动作，终止运动的传递，其原理如图 6-10 所示。在正常情况下，运动由联轴器传递到滚珠丝杠上，当出现过载时，滚珠丝杠上的转矩增大，这时通过安全联轴器端面上的三角齿传递的转矩也随之增大，致使端面三角齿处的轴向力超过弹簧

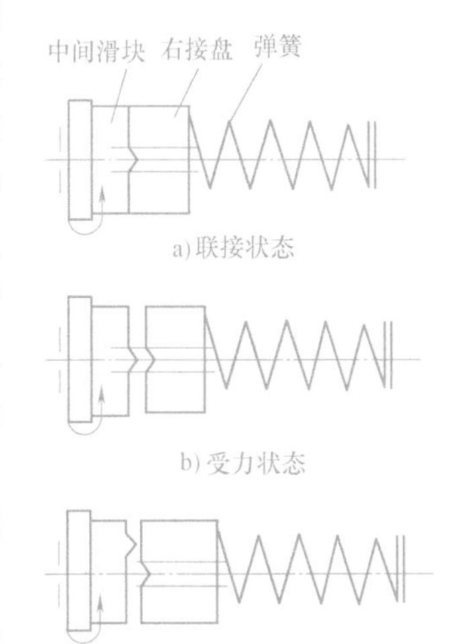

图 6-10 安全联轴器的工作原理

的压力，于是将联轴器的右半部分推开，这时连接的左半部分和中间环节继续旋转，而右半部分却不能被带动，所以在两者之间产生打滑现象，将传动链断开，因此，使传动机构不致因为过载而损坏。机床允许的最大进给力取决于弹簧的弹力。拧动弹簧的调整螺母可以调整弹簧的弹力。在机床上采用了无触点磁传感器监测安全联轴器的右半部分的工作情况，当右半部分产生滑移时，传感器产生过载报警信号，通过机床可编程序控制器使进给系统制动，并将此状态信号送到数控装置，由数控装置发出报警指示。

在图 6-9 中，安全联轴器由零件 4～9 组成。半联轴器 4 与滑块 5 之间由矩形齿相连，滑块 5 和半联轴器 6 之间由三角形齿相连（参见 *A—A* 剖视图）。半联轴器 6 上用螺栓装有一组钢片 7，钢片 7 的形状像摩擦离合器的内片，中心部分是内花键。钢片 7 和套 9 的外圆上的花键部分相配合，半联轴器 6 的转动能通过钢片 7 传递至套 9，并且半联轴器 6 和钢片 7 一起能沿套 9 进行轴向相对移动。套 9 通过无键锥环与滚珠丝杠相连。碟形弹簧 8 使半联轴器 6 紧紧地靠在滑块 5 上。如果进给力过大，则滑块 5、半联轴器 6 之间的三角形齿产生的轴向力超过碟形弹簧 8 的弹力，使半联轴器 6 右移，无触点磁传感器发出监控信号传给数控装置，使机床停机，直到消除过载因素后才能继续运行。

横向滑板通过导轨安装在纵向滑板的上面，做横向进给运动。横向滑板的传动系统与纵向滑板的传动系统类似，但由于横向电动机的安装，在安全联轴器和直流伺服电动机之间增加了精密同步带传动，使机床的横向尺寸减小。

在数控机床上，将回转运动转换为直线运动一般都采用滚珠丝杠螺母机构，因为它具有摩擦阻力小，传动效率高，运动灵敏，无爬行现象，可进行预紧以实现无间隙传动，传动刚度高，反向时无空程死区等特点。

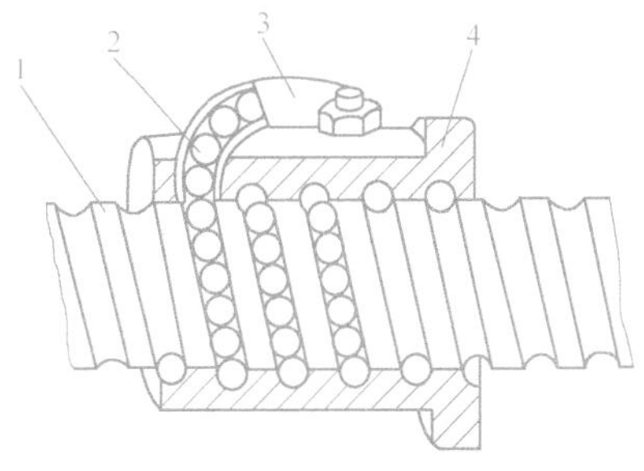

图 6-11 滚珠丝杠机构的工作原理
1—丝杠 2—滚珠 3—回珠管 4—螺母

滚珠丝杠机构的工作原理如图 6-11 所示。在丝杠 1 和螺母 4 上均有圆弧形螺旋槽，将它们套装起来便形成螺旋形滚道，在滚道内装满滚珠 2。当丝杠相对螺母旋转时，丝杠的螺旋面经滚珠推动螺母轴向移动，同时滚珠沿螺旋形滚道滚动，使丝杠和螺母之间的滑动摩擦转变为滚珠与丝杠、螺母之间的滚动摩擦。螺母螺旋槽的两端用回珠管 3 连接起来，使滚珠能够从一端重新回到另一端，构成一个闭合的循环回路。为了消除丝杠和螺母之间的轴向间隙，并进行适当预紧，机床上实际都采用双螺母结构，如图 6-12 所示。结构相同的两个单螺母 1 和 2 装在螺母座 3 的孔中，通过调整垫片 4、调整螺母 6 等调整间隙，螺母座则固定在工作台等运动部件上。

图 6-12a 所示为垫片调隙式双螺母结构，两个单螺母用螺钉固定在螺母座上，通过修磨调整垫片 4 的厚度，使螺母 2 相对于螺母 1 产生一定的轴向位移，即可消除间隙，并获得所需预紧量。

图 6-12b 所示为螺纹调隙式双螺母结构，单螺母 1 和 2 由平键 5 限制其在螺母座中的转动，螺母 1 用螺钉固定在螺母座上，螺母 2 则可用调整螺母 6 使其产生一定的轴向位移量，从而达到消除间隙和实现预紧的目的。

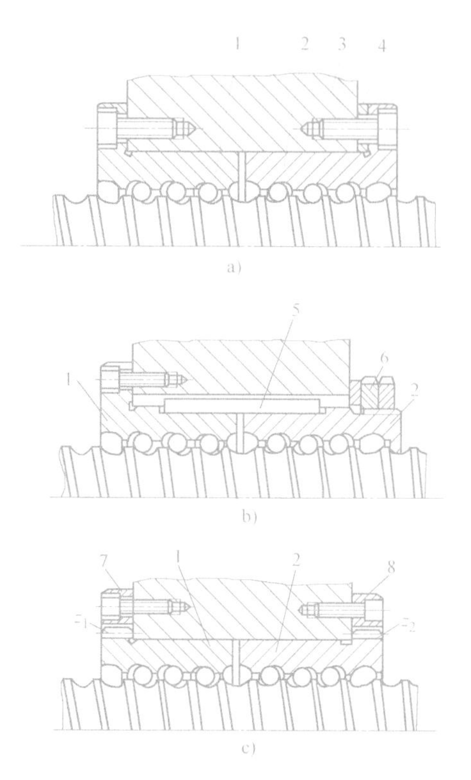

图 6-12　滚珠丝杠螺母机构的调整结构
1、2—单螺母　3—螺母座　4—调整垫片
5—平键　6—调整螺母　7、8—内齿扇

图 6-12c 所示为齿差调隙式双螺母结构，在单螺母 1 和 2 的凸缘上各制有外圆柱齿轮，其齿数分别为 $z_1$、$z_2$，且两者的差值 $\Delta z = z_1 - z_2 = 1$；在螺母座的左、右端面上，用螺钉和销钉固定着内齿扇 7 和 8，分别与两螺母上的外齿轮啮合。轴向间隙可通过两个螺母相对转过一定角度而加以调整，调整方法如下：先在螺母与内齿扇端面上做记号以标明原先的相对位置，然后松开内齿扇的紧固螺钉，并将其向外拉出（由销钉导向以保持其周向位置不变），使其与螺母上的齿轮脱开啮合；此时可根据间隙与所需预紧力大小，将螺母转过一定齿数，使螺母上的螺旋槽相对丝杠的螺旋槽轴向移动相应距离，从而使间隙得以调整。调整妥当后，重新将内齿扇向里推入，并加以紧固。调整时，如果只将一个螺母转过一齿，则间隙调整量 $\Delta = \frac{L}{z_1}$ 或 $\Delta = \frac{L}{z_2}$（$L$ 为丝杠导程，单位为 mm）；如需微量调整，可将两个螺母同向各转过一齿，此时间隙调整量 $\Delta = \frac{L}{z_1 z_2}$。设 $z_1$、$z_2$ 分别为 99 和 100，丝杠导程 $L$=10mm，则可以获得的最小调整量 $\Delta = \frac{10\text{mm}}{99 \times 100} \approx 0.001\text{mm}$。由于这种调整结构能非常可靠地获得精确的调整量，在数控机床上应用较广。

在数控车床采用外循环式滚珠丝杠螺母。丝杠精度等级为 3 级，由于纵向丝杠较长，丝杠轴两端采用了预拉伸支承形式。丝杠的支承轴承为组合轴承。

### 6.5.3　刀盘运动传动装置

数控刀架作为数控机床必需的功能部件，直接影响机床的性能和可靠性，是机床的故障高发点。这就要求刀架具有转位快、定位精度高、切向转矩大的特点。刀架的关键技术在于：保证转位的高重复定位精度，保证加工时的可靠锁紧。现在一般都是用电动刀架和液压刀架，液压的刀架比较稳定，转位较快，比电动刀架故障率低，也容易维修。

（1）排刀式刀架　排刀式刀架一般用于小规格数控车床，以加工棒料为主的机床较为常见。它的结构型式为夹持着各种不同用途刀具的刀架沿着机床的 $X$ 坐标轴方向排列在横向滑板或快换台板上。刀具典型布置方式如图 6-13 所示。这种刀架的特点是刀具布置和机床调整都很方便，可根据具体工件的车削工艺要求，任意组合各种不同用途的刀具。在一把

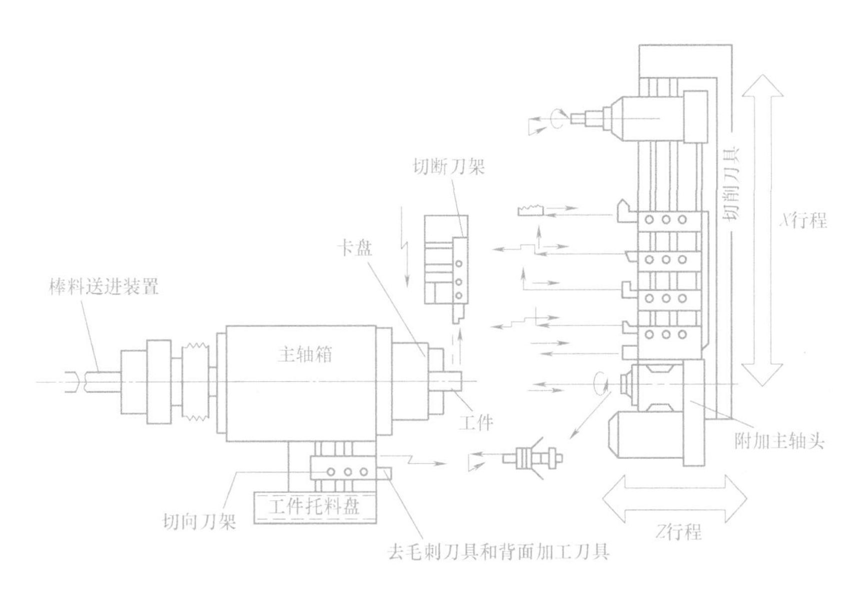


图 6-13　刀具典型布置方式

刀完成车削任务后，横向滑板只要按程序沿 *X* 轴向移动预先设定的距离后，第二把刀就达到了加工位置，这样就完成了机床的换刀动作。这种换刀方式迅速、省时，有利于提高机床的生产率。

（2）转塔刀架　转塔刀架是普遍采用的刀架型式，它通过转塔头的旋转、分度、定位来实现机床的自动换刀工作。目前国内中、低档数控刀架普遍以电动为主，分为立式和卧式两种，如图 6-14 所示。立式刀架有四、六工位两种型式，主要用于简易数控车床；卧式刀架有八、十、十二等工位，可正、反方向旋转，就近选刀，用于全功能数控车床。中档数控车床采用普及型数控刀架，高档数控车床采用动力型刀架，兼有液压刀架、伺服刀架、立式刀架等品种。下面以液压转塔刀架为例简单介绍数控车床转塔刀架的换刀过程。

a) HLT系列数控液压刀架

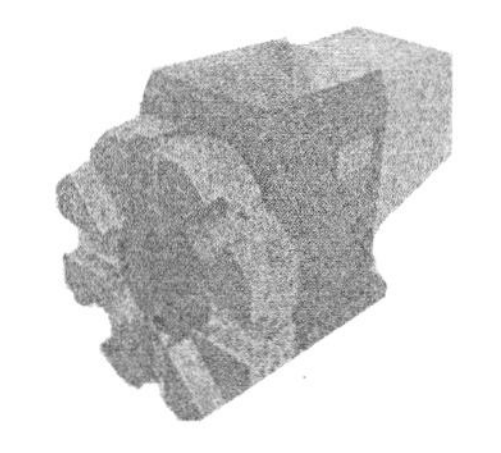
b) WD系列电动卧式刀架

c) LD系列电动立式刀架

图 6-14　转塔刀架

如图 6-15 所示，数控车床一般为六角回转刀架，它适用于盘类零件的加工，如果加工轴类零件，可以换用四方回转刀架。由于两者底部安装尺寸相同，更换刀架十分方便。这种刀架的动作根据数控指令，全部由液压系统通过电磁换向阀和顺序阀进行控制，其动作过程分为如下 4 个步骤。

1）刀架抬起。当数控装置发出换刀指令后，压力油从 A 孔进入压紧液压缸的下腔，使活塞 1 上升，刀架 2 抬起使定位用活动插销 10 与固定插销 9 脱开。同时，活塞杆下端的端

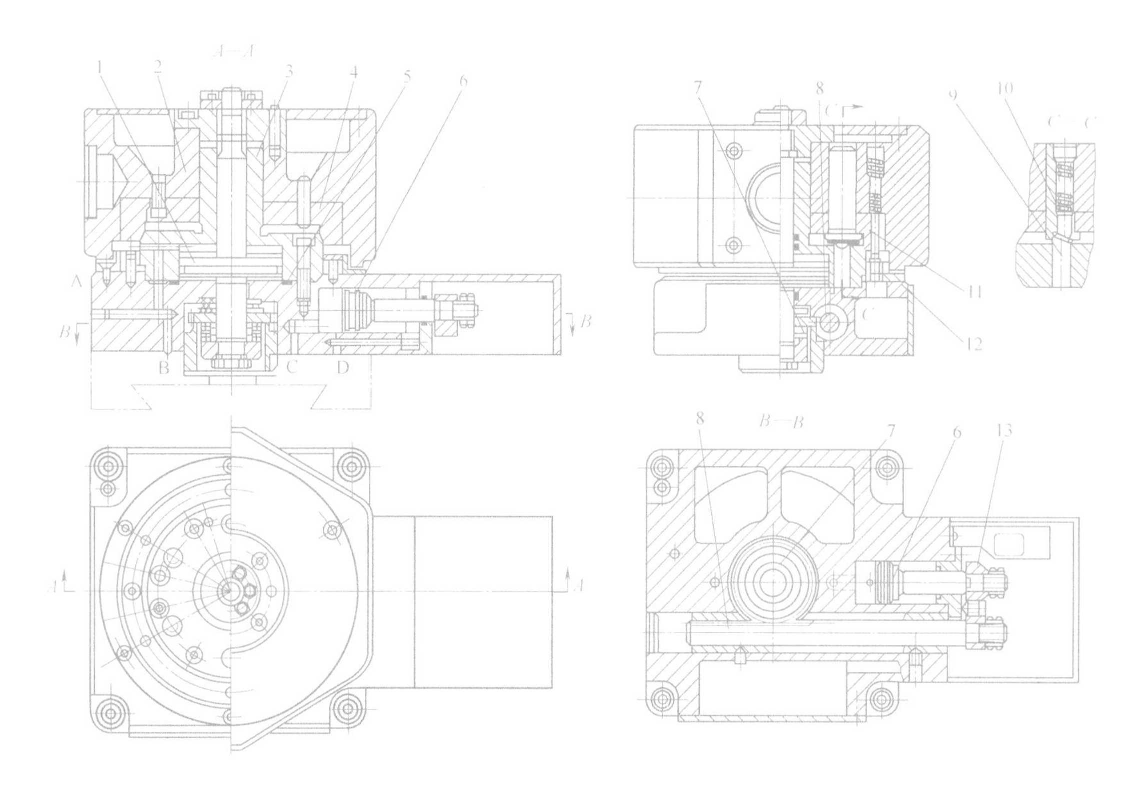


图 6-15　液压转塔刀架结构

1—压紧液压缸活塞　2—刀架　3—缸体　4—压盘　5—端面齿离合器　6—转位液压缸活塞　7—空套齿轮　8—齿条　9—固定插销　10—活动插销　11—推杆　12—触头　13—连接板

面齿离合器 5 与空套齿轮 7 接合。

2）刀架转位。当刀架抬起后，压力油从 C 孔进入转位液压缸的左腔，活塞 6 向右移动，通过连接板 13 带动齿条 8 移动，使空套齿轮 7 连同端面齿离合器 5 逆时针方向旋转 60°，实现刀架转位。活塞行程应当等于空套齿轮 7 的节圆周长的 1/6，并由限位开关控制。

3）刀架压紧。刀架转位后，压力油从 B 孔进入压紧液压缸的上腔，活塞 1 带动刀架 2 下降。缸体 3 的底盘上精确地安装着 6 个带斜楔的圆柱固定插销 9，利用活动插销 10 消除定位销与孔之间的间隙，实现反靠定位。当刀架 2 下降时，定位活动插销与另一个固定插销 9 卡紧，同时，缸体 3 与压盘 4 以锥面接触，刀架在新的位置上定位并压紧。此时，端面离合器与空套齿轮脱开。

4）转位液压缸复位。刀架压紧后，压力油从 D 孔进入转位液压缸右腔，活塞 6 带动齿条 8 复位。由于此时端面齿离合器已脱开，齿条带动齿轮在轴上空转。

如果定位、压紧动作正常，推杆 11 与相应的触头 12 接触，发出信号表示已经完成换刀过程，可进行切削加工。

## 6.5.4　尾座

如果加工长轴类零件时需要尾座，CK6136 型数控车床出厂时配置有标准尾座，如图 6-16 所示。尾座的移动由滑板带动实现。尾座移动后，由手动控制的液压缸将其锁紧在

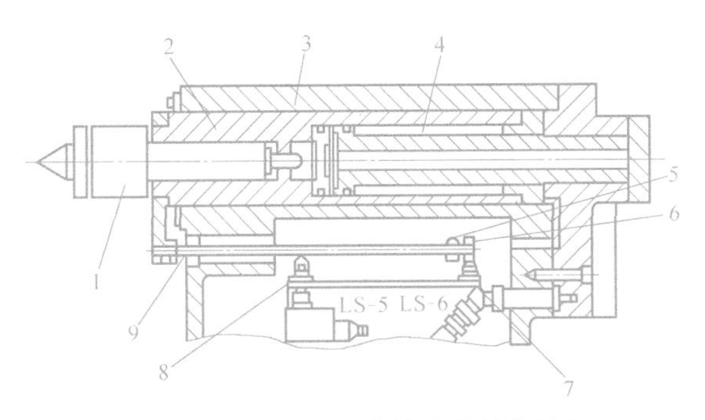


图 6-16　CK6136 型数控车床尾座结构

1—顶尖　2—套筒　3—尾座　4—活塞杆　5—移动挡块　6—固定挡块　7、8—确认开关　9—行程杆

床身上。

尾座装在床身导轨上，可根据工件的长、短调整位置后，用拉杆夹紧定位。顶尖 1 与尾座套筒 2 用锥孔连接，尾座套筒可带动顶尖一起移动。在机床自动工作循环中，可通过加工程序由数控系统控制尾座套筒的移动。当数控系统发出尾座套筒伸出的指令后，液压电磁阀动作，压力油通过活塞杆 4 的内孔进入套筒 2 的左腔，推动尾座套筒伸出。当数控系统令其退回时，压力油进入套筒液压缸的右腔，从而使尾座套筒退回。尾座套筒移动的行程，靠调整套筒外部连接的行程杆 9 上面的移动挡块 5 来完成。如图 6-16 所示，移动挡块的位置在右端极限位置时，套筒的行程最长。当套筒伸出到位时，行程杆上的移动挡块 5 压下确认开关 8，向数控系统发出尾座套筒到位信号。当套筒退回时，行程杆上的固定挡块 6 压下确认开关 7，向数控系统发出套筒退回的确认信号，停止套筒的运动。

## 思考与练习题

6-1　何为数控机床？数控机床有何特点？

6-2　数控机床的工作原理是什么？

6-3　数控机床的基本组成有哪几部分？

6-4　数控车床与普通车床在主运动和进给运动的传动结构上有何区别？

6-5　在 CK6136 型数控车床上，当主轴转速为 500r/min 时，主轴电动机的实际转速为多少？

6-6　简述一个完整刀盘换刀的实现过程。

6-7　在 CK6136 型数控车床上，安全联轴器如何保护进给系统的安全？

6-8　数控车床怎样实现车螺纹？

6-9　数控机床为什么常采用滚珠丝杠副作为传动元件？滚珠丝杠传动有何特点？

# 第7章 数控铣床

**知识要求**

1）熟悉数控铣床的工艺范围、分类与结构特征。

2）了解XK5040A型数控铣床的主要组成部件。

3）掌握XK5040A型数控铣床的传动系统。

4）熟悉XK5040A型数控铣床的典型部件结构。

**能力要求**

1）具有分析XK5040A型数控铣床主传动链、进给传动链的能力。

2）具有分析XK5040A型数控铣床典型部件结构的能力。

3）具有结合加工要求正确选用数控铣刀并加工相应工件的能力。

**素质要求**

引导学生要勇于思考、善于发现问题并解决问题，在修正中不断创新、不断完善、不断精进。

数控铣床是一种用途广泛的机床，有立式和卧式两种。一般数控铣床是指规格较小的升降台式数控铣床，其工作台宽度多在400mm以下。规格较大的数控铣床，例如工作台宽度在500mm以上的，其功能已向加工中心靠近，进而演变成柔性制造单元。数控铣床多为三坐标、两轴联动，也称两轴半控制，即在$X$、$Y$、$Z$三个坐标轴中任意两轴可以联动。一般情况下，数控铣床只能用来加工平面曲线的轮廓。对于有特殊要求的数控铣床，还可以加一个回转的$A$坐标或$C$坐标，即增加一个数控分度头或数控回转工作台，这时机床的数控系统为四轴的数控系统，可用来加工螺旋槽、叶片等立体曲面零件。

## 7.1 数控铣床的工艺范围、分类与结构特征

### 7.1.1 数控铣床的工艺范围

数控铣床是一种用途广泛的机床，它除了能铣削普通铣床所能铣削的各种平面、沟槽、螺旋槽、成形表面和孔等各种零件表面外，还能加工各种复杂型面，适用于各种模具、凸轮、板类及箱体类零件的加工。它还能铣削普通铣床不能铣削的需要二到五坐标联动的各种平面轮廓和立体轮廓。适合数控铣削的主要加工对象有以下几类。

#### 1. 平面类零件

加工面平行、垂直于水平面或其加工面与水平面的夹角为定角的零件称为平面类零件，

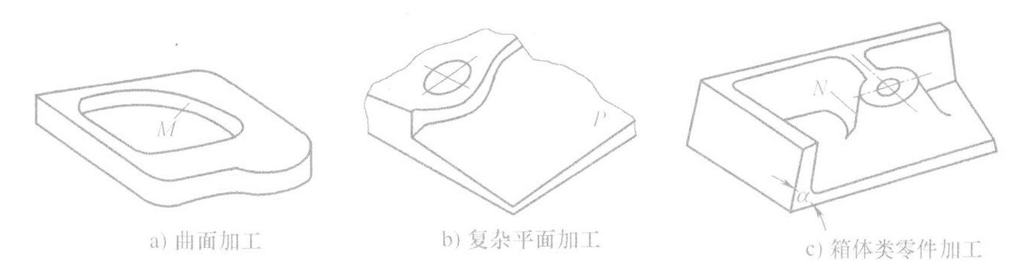


a) 曲面加工　b) 复杂平面加工　c) 箱体类零件加工

图 7-1　数控铣床典型平面曲线加工

图 7-1 所示为典型的平面类零件。其特点是各个加工单元面是平面或可以展开为平面。数控铣床上加工的绝大多数零件属于平面类零件。

2. 变斜角类零件

加工面与水平面的夹角连续变化的零件称为变斜角类零件，如图 7-2 所示的飞机变斜角梁缘条。变斜角类零件的变斜角加工面不能展开为平面，但在加工中，加工面与铣刀圆周的瞬间接触为一条直线。加工这类零件最好采用四坐标或五坐标数控铣床摆角加工，如果没有上述机床，也可以用三坐标数控铣床进行两轴半近似加工。

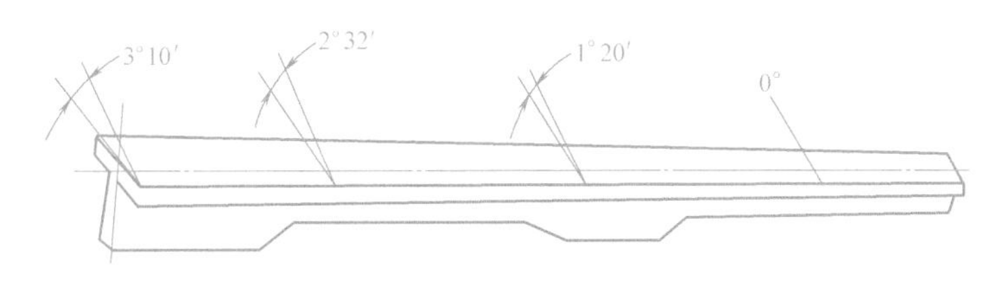


图 7-2　飞机上的变斜角梁缘条

3. 曲面类零件

加工面为空间曲面的零件称为曲面类零件，如模具、叶片、螺旋桨等。曲面类零件加工面不能展开为平面。加工时，铣刀与加工面始终为点接触。一般采用球头刀在三轴数控铣床上加工。当曲面较复杂、通道较狭窄、会伤及相邻表面及需要刀具摆动时，要采用四坐标或五坐标数控铣床加工。

### 7.1.2　数控铣床的分类

数控铣床按照主轴部件的角度可分为数控立式铣床、数控卧式铣床和数控立卧转换铣床；按照数控系统控制的坐标轴数量，又可分为两轴半联动铣床、三轴联动铣床、四轴联动及五轴联动铣床等。

(1) 数控立式铣床　主轴垂直的数控立式铣床是数控铣床中数量最多的一种，应用范围也最为广泛。小型数控立式铣床一般情况下与普通立式升降台铣床结构相似，都采用工作台移动、升降台及主轴不动的方式；中型数控立式铣床往往采用工作台纵向与横向移动的方式，且主轴呈铅垂状态；大型数控立式铣床因需要考虑扩大行程，缩小占地面积及刚度等技术问题，大多采用龙门架移动式，其主轴可以在龙门架的横向与垂直溜板上运动，而龙门架则沿床身做纵向运动。

从机床数控系统控制的坐标数量来看，目前三坐标数控立式铣床仍占大多数，一般能够进行三坐标联动的加工。但也有部分机床只能进行三坐标中的任意两个坐标联动加工，这种运用三轴可控两轴联动数控机床进行的数控加工被称为两轴半加工。有些数控铣床的主轴能够绕 *X*、*Y*、*Z* 坐标轴中的一个或两个轴做数控摆角运动，这些基本都是四轴和五轴数控立式铣床。一般情况下，机床控制的坐标轴越多，特别是要求联动的轴越多，机床的功能、加工范围及可选择的加工对象也越多。但随之而来的问题是机床的结构更复杂，对数控系统的要求更高，编程的难度更大，设备的价格也更高。

数控立式铣床还可以通过附加数控回转工作台、增加靠模装置等来扩展机床自身的功能、加工范围和加工对象，进一步提高生产率。

（2）数控卧式铣床　与普通卧式铣床相同，数控卧式铣床的主轴轴线平行于水平面。为了扩大加工范围和扩充功能，数控卧式铣床通常采用增加数控转盘或万能数控转盘来实现四轴或五轴的加工。这种数控铣床不但可以加工工件侧面上的连续回转轮廓，而且能够实现在工件一次安装中，通过转盘不断改变工位，从而执行“四面加工”。尤其是万能数控转盘可以把工件上各种不同角度的加工面转成水平位置来加工，省去了许多专用夹具或专用角度成形铣刀。选择带数控转盘的卧式铣床对箱体类零件或需要在一次安装中改变工位的工件进行加工是非常合适的。

（3）数控立卧转换铣床　数控立卧转换铣床主轴的方向可以更换，能实现在一台机床上既能进行立式加工，又能进行卧式加工。数控立卧转换铣床的使用范围更广，功能更全，可选择加工的对象更多，给用户带来了很多方便。特别是当生产批量较少，品种较多，又需要立、卧两种方式加工时，用户可以通过购买一台这样的数控铣床来解决很多实际问题。

数控立卧转换铣床主轴方向的更换有手动与自动两种。采用数控万能主轴头的数控立卧转换铣床，其主轴头可以任意转换方向，可以加工与水平面呈各种不同角度的工件表面。如果数控立卧转换铣床增加数控转盘，就可以实现对工件的“五面加工”，即除了工件与转盘贴合的定位面外，其他表面都可以在一次安装中进行加工。

### 7.1.3　数控铣床的结构特征

数控铣床的主轴起动与停止，主轴正、反转与主轴变速等都可以按编入的程序自动执行。主轴套筒内一般都设有自动拉、退刀装置，能在数秒内完成装刀与卸刀，换刀比较方便。此外，多坐标数控铣床的主轴可以绕 *X*、*Y* 或 *Z* 轴做数控摆动，扩大了主轴自身的运动范围，但是这样会使得主轴的结构更加复杂。

为了把工件上各种复杂的轮廓连续加工出来，必须控制刀具沿设定的平面或空间的直线、圆弧轨迹运动，因此要求数控铣床的伺服系统能在多坐标方向同时协调动作，并保持预定的相互关系，这就要求机床应能实现多坐标联动。

## 7.2　XK5040A 型数控铣床的主要组成部件

图 7-3 所示为 XK5040A 型数控铣床的外形图。床身 6 固定在底座 1 上，主运动变速系统安装在床身 6 中，由主轴变速手柄 5 和按钮对主轴进行变速，正、反转及切削液开、停等操作。纵向工作台 16、横向溜板 12 安装在升降台 15 上，*X*、*Y*、*Z* 三个方向分别由纵向、横向、垂直进给伺服电动机 13、14、4 驱动，整个机床的数控系统安装在数控柜 7 内。操纵

台 10 上有 CRT 显示器、各种操作按钮、开关及指示灯。电气控制柜 2 中装有机床电气部分的接触器和继电器等。变压器箱 3 安装在床身 6 立柱的后面。限位开关 8、11 可控制纵向行程硬限位；挡铁 9 为纵向参考点设定挡铁。

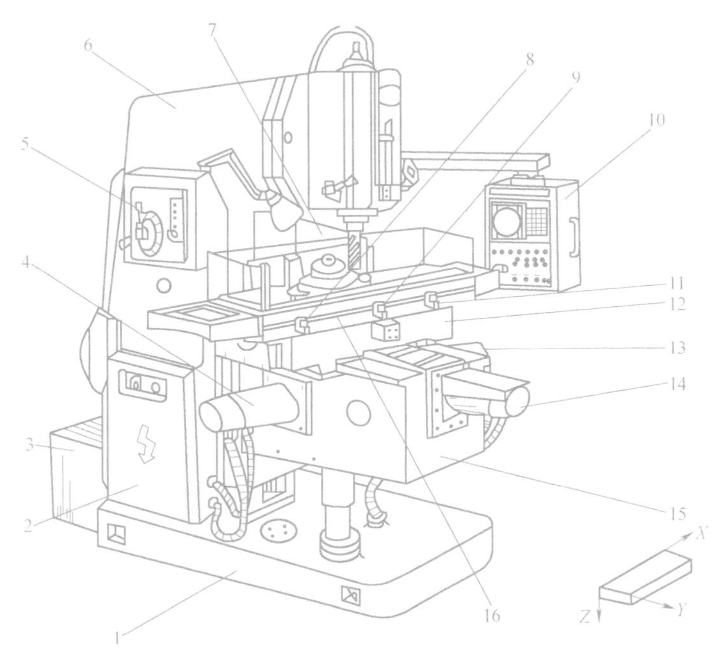


图 7-3 XK5040A 型数控铣床外形图

1—底座 2—电气控制柜 3—变压器箱 4—垂直进给伺服电动机 5—主轴变速手柄 6—床身 7—数控柜 8、11—限位开关 9—挡铁 10—操纵台 12—横向溜板 13—纵向进给伺服电动机 14—横向进给伺服电动机 15—升降台 16—纵向工作台

## 7.3 XK5040A 型数控铣床的传动系统

图 7-4 所示为 XK5040A 型数控铣床的传动系统。该传动系统包括主运动和进给运动两个部分。

### 7.3.1 主运动

XK5040A 型数控铣床的主运动采用有级变速。由转速为 1450r/min、功率为 7.5kW 的主电动机经 V 带传动、Ⅰ与Ⅱ轴间的三联滑移齿轮变速组、Ⅱ与Ⅲ轴间的三联滑移齿轮变速组、Ⅲ与Ⅳ轴间的双联滑移齿轮变速组传至Ⅳ轴，再经Ⅳ与Ⅴ轴间的一对锥齿轮副及Ⅴ和Ⅵ轴上的一对圆柱齿轮传至主轴Ⅵ，使主轴获得 18 级转速。主运动的传动线路表达式为

$$\text{电动机}\begin{pmatrix}1450\text{r/min}\\7.5\text{kW}\end{pmatrix}-\frac{\phi 140}{\phi 285}-\text{Ⅰ}-\begin{Bmatrix}\frac{16}{39}\\\frac{19}{36}\\\frac{22}{23}\end{Bmatrix}-\text{Ⅱ}-\begin{Bmatrix}\frac{18}{47}\\\frac{28}{37}\\\frac{39}{26}\end{Bmatrix}-\text{Ⅲ}-\begin{Bmatrix}\frac{19}{71}\\\frac{82}{38}\end{Bmatrix}-\text{Ⅳ}-\frac{29}{29}-\text{Ⅴ}-\frac{67}{67}-\text{Ⅵ}$$

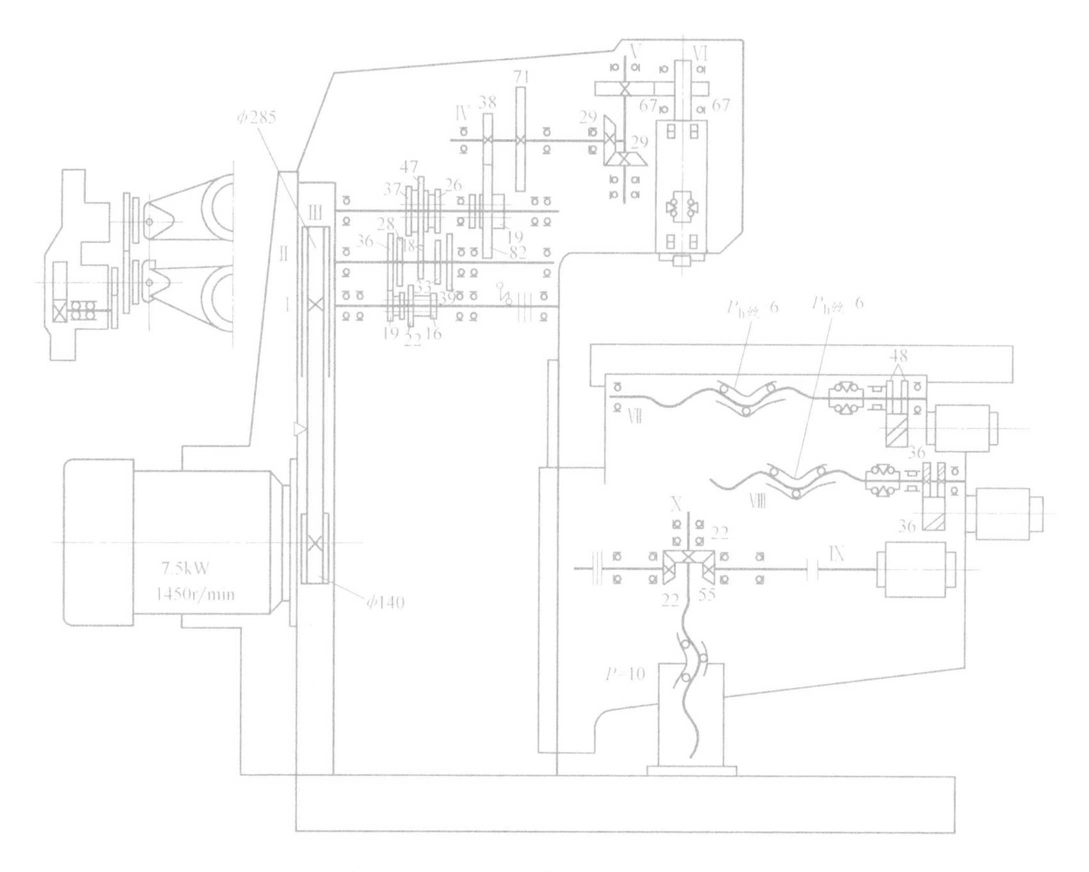


图 7-4 XK5040A 型数控铣床的传动系统

## 7.3.2 进给运动

进给运动有工作台的纵向、横向和垂直三个方向的运动。

1）纵向进给运动。由 FB-15 直流伺服电动机驱动，经圆柱齿轮（$z=48$）传动带动滚珠丝杠转动，通过丝杠螺母机构实现。

2）横向进给运动。由 FB-15 直流伺服电动机驱动，经圆柱齿轮（$z=36$）传动带动滚珠丝杠转动，通过丝杠螺母机构实现。

3）垂直方向进给运动。由 FB-25 直流伺服电动机驱动，经锥齿轮（$z_1=55$，$z_2=22$）传动带动滚珠丝杠转动。实现垂直方向进给的伺服电动机带有制动器，当断电时工作台上下运动方向制动，以防止升降台因自重而下滑。

# 7.4 数控铣床的典型部件结构

## 7.4.1 主轴部件结构

数控铣床的主轴部件是铣床的重要组成部分，除了与普通铣床一样要求具有良好的旋转精度、静刚度、抗振性、热稳定性及耐磨性外，由于数控铣床在加工过程中不进行人工调整，且数控铣床要求的转速更高、功率更大，所以对数控铣床的主轴部件的要求比普通铣床更高、更严格。

数控铣床典型的二级齿轮变速主轴结构如图 7-5 所示。主轴采用两支承结构，其主电动机的运动经双联齿轮带动中间传动轴，再经一对圆柱齿轮带动主轴旋转。

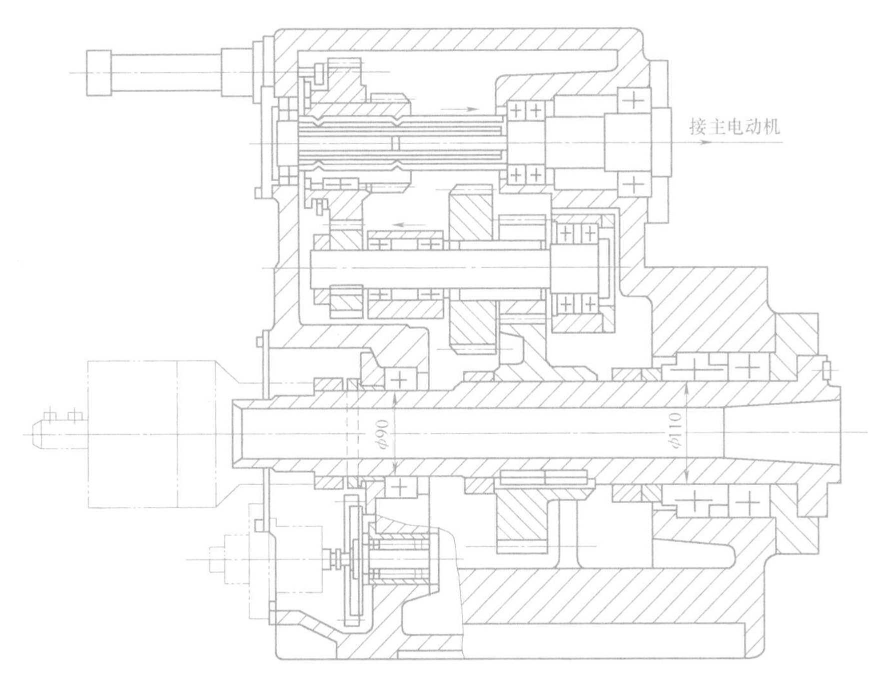


图 7-5 数控铣床典型的二级齿轮变速主轴结构

## 7.4.2 主轴的准停装置

有的数控铣床由于需要进行自动换刀，要求主轴每次停在一个固定的准确位置上，所以在主轴上必须设有准停装置。准停装置有机械式和电气式两种。

机械准停装置如图 7-6 所示，其工作原理：准停前，主轴必须是处于停止状态，当接收到主轴准停指令后，主轴电动机以低速转动，主轴箱内齿轮换档，使主轴以低速旋转，时间继电器开始动作，并延时 4~6s，保证主轴转速稳定后接通无触点开关 1 的电源，当主轴转到图示位置，即凸轮定位盘 3 上的感应块 2 与无触点开关 1 接触后发出信号，使主轴电动机停转。另一延时继电器延时 0.2~0.4s 后，液压油进入定位液压缸 6 的右腔，使定位活塞 5 向左移动，当定位活塞 5 上的定位滚轮 4 顶入凸轮定位盘 3 的凹槽内时，行程开关 LS2 发出信号，主轴准停完成。若延时继电器延时 1s 后，行程开关

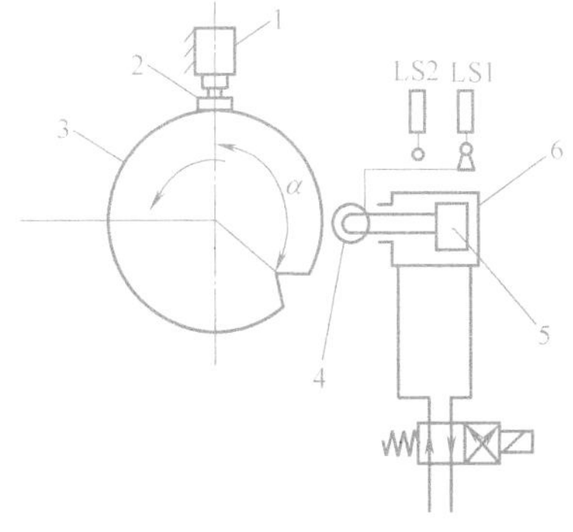


图 7-6 机械准停装置

1—无触点开关 2—感应块 3—凸轮定位盘 4—定位滚轮 5—定位活塞 6—定位液压缸 LS1、LS2—行程开关 α—凸轮定位盘缺口与感应块的夹角

LS2 仍不发出信号，说明准停没完成，需使定位活塞 5 向右移动，重新准停。当定位活塞 5 向右移动到位时，行程开关 LS1 发出定位滚轮 4 退出凸轮定位盘凹槽的信号，此时主轴可起动工作。机械准停装置比较准确可靠，但结构较为复杂。

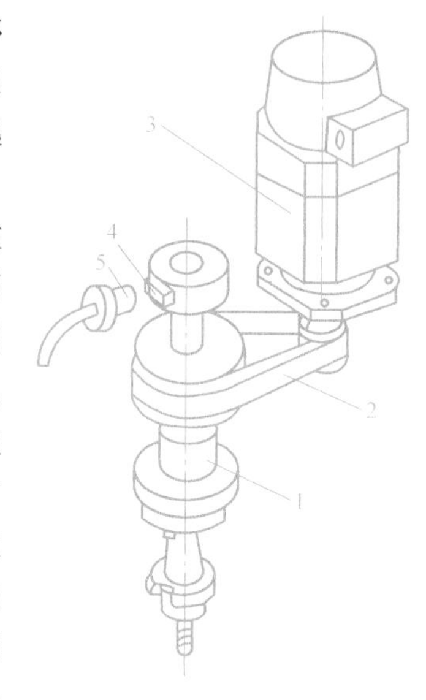

图 7-7 磁传感器准停装置
1—主轴 2—同步感应器 3—主轴电动机 4—永久磁铁 5—磁传感器

现代的数控铣床一般采用电气式主轴准停装置，只要数控系统发出指令信号，主轴就可以准确地停转定位。较常用的电气方式有两种：一种是利用主轴上光电脉冲发生器的同步脉冲信号；另一种是用磁传感器检测定位，如图 7-7 所示。磁传感器的工作原理为在主轴上安装有一个永久磁铁 4 与主轴一起旋转，在距离永久磁铁 4 旋转轨迹外 1～2mm 处固定有一个磁传感器 5，当铣床主轴 1 需要停车换刀时，数控装置发出主轴停转指令，主轴电动机 3 立即减速，使主轴 1 以很低的转速转动，当永久磁铁 4 对准磁传感器 5 时，磁传感器发出准停信号，该信号经放大后，由定位电路使电动机准确地停止在规定的周向位置上。这种准停装置的机械结构简单，永久磁铁 4 与磁传感器 5 之间没有接触摩擦，准停的定位精度可达 ±1°，能满足一般换刀要求的数控铣床，而且定位时间短，可靠性较高。

### 7.4.3 升降台自动平衡装置

图 7-8 所示为 XK5040A 型数控机床的升降台自动平衡装置。由于滚珠丝杠副的摩擦阻力很小，不能实现自锁，通常垂直运行的滚珠丝杠副都会因其上部件的重力作用而自动下落，为了平衡部件的自重，XK5040A 型数控机床的垂直进给系统设置了升降台自动平衡装置。伺服电动机 1 经锥环连接带动十字联轴节，经锥齿轮 2 和 3 传给垂直进给丝杠，使升降

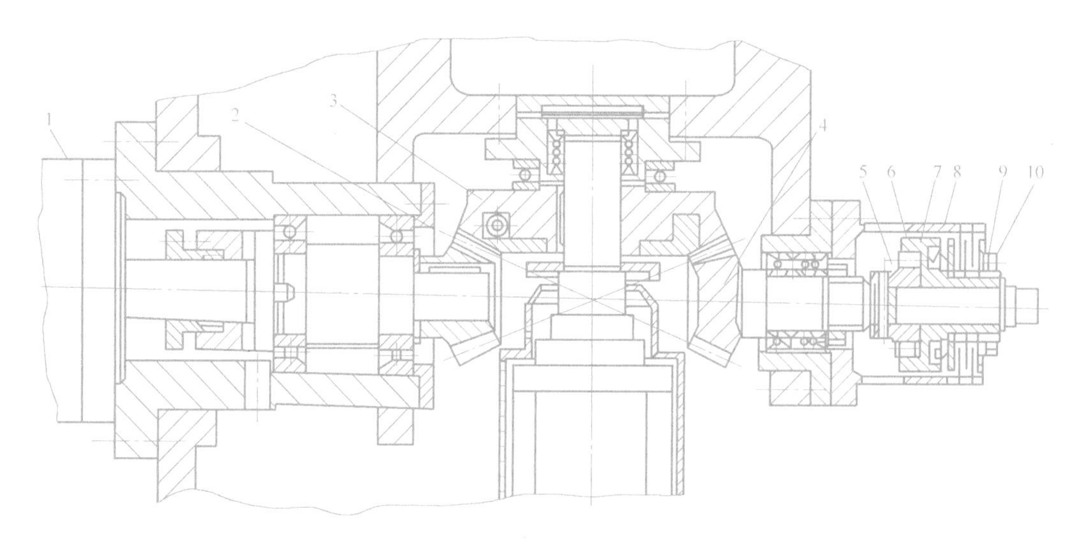

图 7-8 XK5040A 型数控机床升降台自动平衡装置
1—伺服电动机 2、3、4—锥齿轮 5—星轮 6—滚柱 7—套筒 8—弹簧 9—螺母 10—锁紧螺钉

台上升或下降，同时经锥齿轮 3 和 4 传给由单向超越离合器和摩擦离合器组成的升降台自动平衡装置。当升降台上升时，锥齿轮转动并通过销带动单向超越离合器的星轮 5 旋转，星轮 5 的转向使滚柱 6 与超越离合器的外环套筒 7 脱开，套筒 7 不转，摩擦片不起作用；当升降合下降时，转向与上述相反，此时单向超越离合器处于滚柱 6 楔紧的传动状态，运动经星轮、楔紧的滚柱带动套筒 7 旋转。经套筒右端花键带动内摩擦片转动，从而与外摩擦片之间产生相对运动，内、外摩擦片之间被弹簧 8 压紧，产生一定的摩擦阻力，与作用在垂直进给系统上的自重所产生的力矩相平衡。平衡力矩的大小，可通过螺母 9 来调整。

### 7.4.4　数控回转工作台

数控回转工作台是数控铣床的常用附件，可使数控铣床增加一个数控轴，增强数控铣床功能。数控回转工作台适用于板类和箱体类工件的连续回转表面和多面加工。

图 7-9 所示为立卧式数控回转工作台，有两个相互垂直的定位面，而且装有定位键 22，

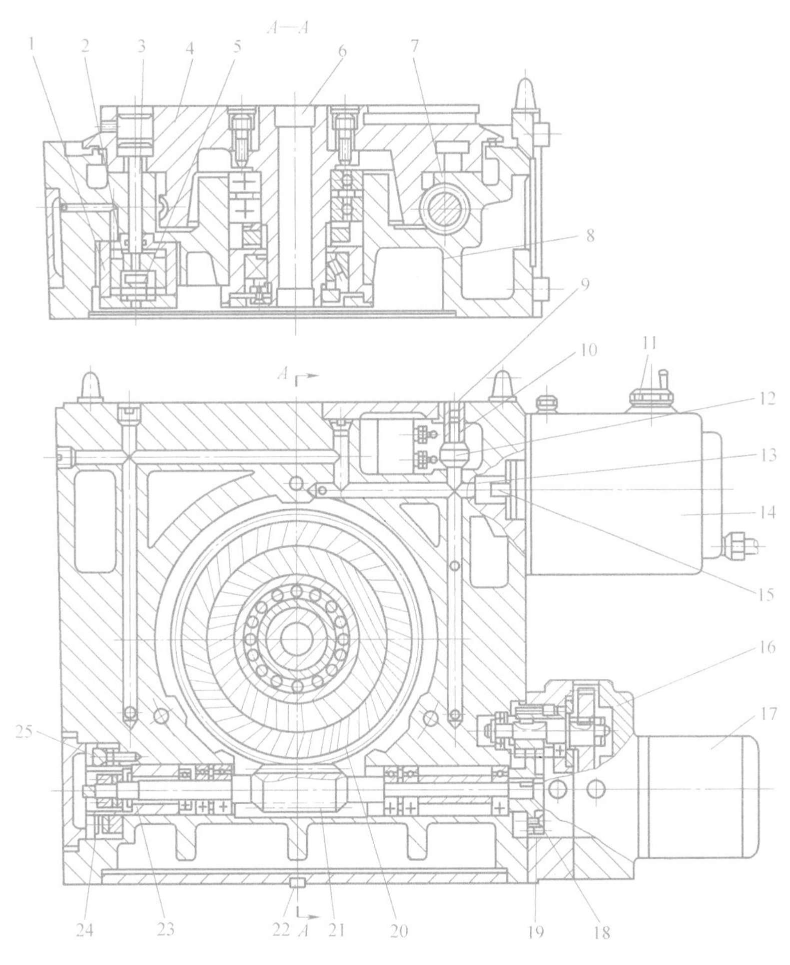


图 7-9　立卧式数控回转工作台

1—夹紧液压缸　2—活塞　3—拉杆　4—工作台　5—弹簧　6—主轴孔　7—工作台导轨面　8—底座　9、10—信号开关　11—手摇脉冲发生器　12—触头　13—油腔　14—气液转换装置　15—活塞杆　16—法兰盘　17—直流伺服电动机　18、24—螺钉　19—齿轮　20—蜗轮　21—蜗杆　22—定位键　23—螺纹套　25—螺母

可方便地进行立式或卧式安装。工件可由主轴孔 6 定心，也装夹在工作台 4 的 T 形槽内。工作台可以完成任意角度分度和连续回转进给运动。工作台的回转由直流伺服电动机 17 驱动，伺服电动机尾部装有检测用的每转 1000 个脉冲信号的编码器，实现半闭环控制。机械传动部分是两对齿轮副和一对蜗杆副。齿轮副采用双片齿轮错齿消隙法消隙。调整时卸下电动机 17 和法兰盘 16，松开螺钉 18，转动双片齿轮消隙。蜗杆副采用变齿厚双导程蜗杆消隙法消隙。调整时松开螺钉 24 和螺母 25，转动螺纹套 23，使蜗杆 21 轴向移动，改变蜗杆 21 与蜗轮 20 的啮合部位，消除间隙。工作台导轨面 7 贴有聚四氟乙烯，改善了导轨的动、静摩擦系数，提高了运动性能和减少了导轨磨损。

工作时，首先气液转换装置 14 中的电磁换向阀换向，使其中的气缸左腔进气，右腔排气，气缸活塞杆 15 向右退回，油腔 13 及管路中的油压下降，夹紧液压缸 1 上腔减压，活塞 2 在弹簧的作用下向上运动，拉杆 3 松开工作台。同时触头 12 退回，松开夹紧信号开关 9，压下松开信号开关 10。此时伺服电动机 17 开始驱动工作台回转（或分度）。工作台回转完毕（或分度到位），气液转换装置 14 中的电磁阀换向，使气缸右腔进气，左腔排气，活塞杆 15 向左伸出，油腔 13、油管及夹紧液压缸 1 上腔的油压增加，使活塞 2 压缩弹簧 5，拉杆 3 下移，将工作台压紧在底座 8 上，同时触头 12 在油压作用下向外伸出，放开松开信号开关 10，压下夹紧信号开关 9。工作台完成一个工作循环时，零位信号开关（图中未画出）发信号，使工作台返回零位。手摇脉冲发生器 11 可用于工作台的手动微调。

## 思考与练习题

7-1　试描述数控铣床的用途。

7-2　数控铣床可以分为哪些类型？

7-3　分析 XK5040A 型数控铣床与 X6132 型铣床在传动系统上有何异同？

7-4　简述数控铣床升降台自动平衡装置的工作原理。

7-5　数控铣床主轴为什么要设有准停装置？简述其工作原理。

7-6　简述数控回转工作台的工作原理。

# 第8章

# 加工中心

**知识要求**

1）熟悉加工中心的特点、分类和发展动向。

2）了解和掌握加工中心的组成及各部分的功用、结构。

3）了解五轴加工的相关知识。

4）了解柔性制造技术以及其他现代加工设备的特点与用途。

**能力要求**

1）具有理解并分析加工中心主传动系统和进给传动系统的能力。

2）具有分析自动换刀装置结构及工作原理的能力。

3）具有结合加工要求正确选用刀具、合理选用数控机床并加工相应工件的能力。

**素质要求**

1）要求学生了解先进制造设备，把握机床发展趋势与方向，立志为机械事业的明天而努力奋斗。

2）培养学生科技强国，强国有我的爱国主义精神。

## 8.1 加工中心简介

### 8.1.1 加工中心概述

加工中心又称为多工序自动换刀数控机床。它主要是指具有自动换刀及自动改变工件加工位置功能的数控机床，能对需要镗孔、铰孔、攻螺纹、铣削等的工件进行多工序的自动加工。因此，加工中心除了可加工各种复杂曲面外，还可加工各种箱体类和板类等复杂零件。

与其他机床相比，加工中心大大减少了工件的装夹、测量和机床的调整时间，缩短工件的周转、搬运和存放时间，使机床的切削时间利用率高于普通机床的3~4倍；同时，还具有较好的加工一致性，并且能排除工艺过程中人为干扰因素，从而提高加工精度和加工效率，缩短生产周期。此外，加工中心具有高度自动化的多工序加工管理，是构成柔性制造系统的重要单元。

### 8.1.2 加工中心的组成

#### 1. 基础部件

基础部件是加工中心的基础结构，主要由床身、工作台、立柱三大部分组成。这三部分不仅要承受加工中心的静载荷，还要承受切削加工时产生的动载荷，所以，必须有足够的刚度。通常这三大部件都是铸造而成的。

2. 主轴部件

主轴部件由主轴箱、主轴电动机、主轴和主轴轴承等零部件组成。主轴是加工中心切削加工的功率输出部件，它的起动、停止、变速、变向等动作均由数控系统控制。主轴的旋转精度和定位准确性是影响加工中心加工精度的重要因素。

3. 数控系统

加工中心的数控系统由 CNC 装置、可编程序控制器、伺服驱动系统以及面板操作系统组成，是执行顺序控制动作和加工过程的控制中心。CNC 装置是一种位置控制系统，其控制过程是根据输入的信息进行数据处理、插补运算，获得理想的运动轨迹信息，然后输出到执行部件，加工出所需要的工件。

4. 自动换刀系统

换刀系统主要由刀库、机械手等部件组成。当需要更换刀具时，数控系统发出指令后，由机械手从刀库中取出相应的刀具装入主轴孔内，然后再把主轴上的刀具送回刀库完成整个换刀动作。

5. 辅助装置

辅助装置包括润滑、冷却、排屑、防护、液压、气动和检测系统等部分。这些装置虽然不直接参与切削运动，但是加工中心不可缺少的部分，对加工中心的加工效率、加工精度和可靠性起着保障作用。

### 8.1.3 加工中心分类

1. 按机床布局方式分类

1）卧式加工中心指主轴轴线为水平状态设置的加工中心，如图 8-1 所示，通常配有可进行分度回转的正方形分度工作台。卧式加工中心一般具有 3~5 个运动坐标，常见的是 3 个直线运动坐标（沿 $X$、$Y$、$Z$ 轴方向）加一个回转运动坐标（回转工作台），它能够使工件在一次装夹后完成除安装面和顶面以外的其余 4 个面的加工，最适合箱体类工件的加工。卧式加工中心的结构复杂，占地面积大，重量大，价格也较高。

2）立式加工中心指主轴轴线为垂直状态设置的加工中心，如图 8-2 所示。其结构型式多为固定立柱式，工作台为长方形，无分度回转功能。它具有 3 个直线运动坐标（沿 $X$、$Y$、$Z$ 轴方向），适合加工盘类零件，如果在工作台上安装一个水平轴的数控回转台，还可用于加工螺旋线类零件。

图 8-1 卧式加工中心

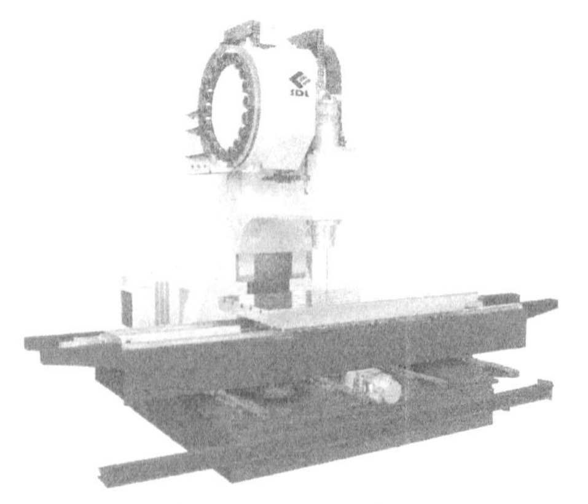

图 8-2 立式加工中心

与卧式加工中心相比较，立式加工中心结构简单，占地面积小，价格低。

3）龙门式加工中心。与龙门铣床结构类似，其主轴多为垂直设置，如图 8-3 所示，带有自动换刀装置及可更换的主轴头附件，能够一机多用。龙门型布局具有结构刚性好，尤其适合于加工大型或形状复杂的工件，如航天工业及大型汽轮机上的某些零件。

4）万能加工中心。它具有立式和卧式加工中心的功能，工件一次装夹能够完成非安装面的所有加工，也称为五面加工中心，如图 8-4 所示。常见的万能加工中心有 2 种型式，一种是主轴可实现立、卧转换；另一种是主轴不改变方向，工作台带着工件旋转 90°完成对工件 5 个表面的加工。

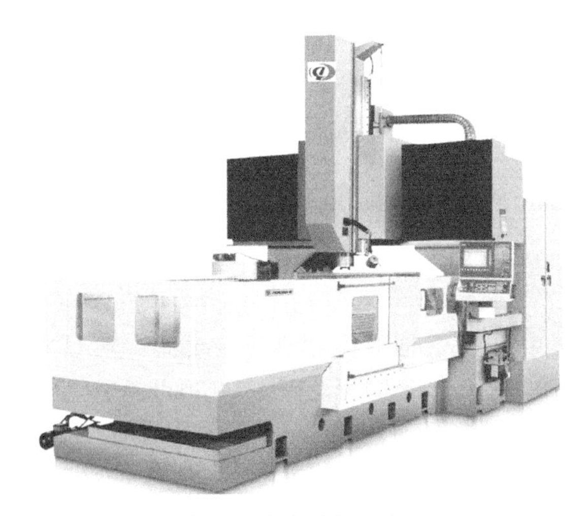

图 8-3　龙门式加工中心

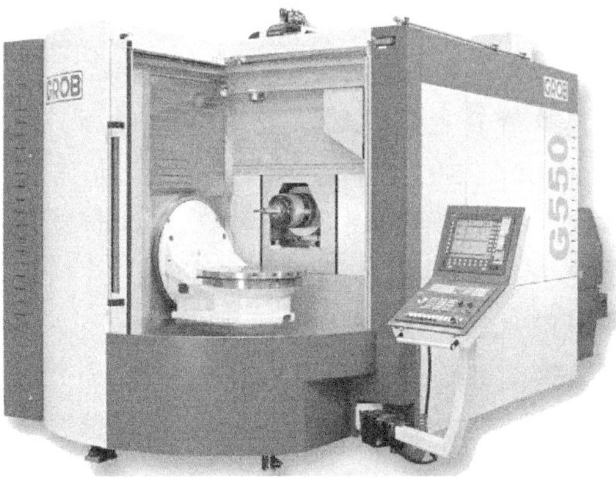

图 8-4　万能加工中心

2. 按加工范围分类

加工中心按加工范围可分为车削加工中心、钻削加工中心、镗铣加工中心、磨削加工中心、电火花加工中心等。一般镗铣加工中心简称加工中心。其余种类的加工中心要有前面的定语。

3. 按换刀形式分类

1）带刀库、机械手的加工中心。加工中心的换刀装置（ATC）是由刀库和机械手组成的，机械手完成换刀工作。这是加工中心普遍采用的形式，JCS-018A 型立式加工中心就属于这一类。

2）无机械手的加工中心。加工中心的换刀是通过刀库和主轴箱的配合动作来完成的，刀库中刀具存放位置方向与主轴装刀方向一致。换刀时，主轴运动到换刀位置，由主轴直接取走或放回刀具，多用于采用 40 号以下刀柄的小型加工中心。XH754 型卧式加工中心就属于这一类。

3）转塔头加工中心。在带有旋转刀具的数控机床中，利用转塔的转位更换主轴头是一种比较简单的换刀方式，结构紧凑，因为一般主轴数为 6~12 个，所以容纳刀具数目少。

4. 按数控系统分类

加工中心按数控系统分类，有两坐标加工中心、三坐标加工中心和多坐标加工中心；有半闭环加工中心和全闭环加工中心。

### 8.1.4 加工中心传动系统

EV810 型立式加工中心是一种带有水平刀库的以铣削为主的单柱式铣镗类数控机床，属于连续控制型，如图 8-5 所示。该加工中心具有足够的切削刚性和可靠的精度稳定性。其刀库容量为 24 把刀，可在一次装夹中，按程序自动完成铣、镗、钻、铰、攻螺纹及加工三维曲面等多个工序。EV810 型加工中心主要适用于板类、盘类及中小型箱体、模具等零件的加工。

图 8-5 EV810 型立式加工中心外观

1—主轴箱 2—刀库 3—工作台 4—操作面板 5—床身

该加工中心的主运动是主轴带着刀具的旋转运动，其他运动有 $X$ 轴、$Y$ 轴、$Z$ 轴 3 个方向的伺服进给运动和换刀时刀库圆盘的旋转运动。各个运动的驱动电动机均可无级调速，所以加工中心的传动系统相对普通的机床是很简单的。

1）主运动传动系统。主运动电动机采用西门子交流伺服电动机，连续额定功率为 7.5kW，30min 过载功率可达 11kW。电动机可以无级变速，其转速范围为 8～8000r/min。电动机与主轴采用直联式结构，结构简单。

2）伺服进给系统。纵向（$X$）、横向（$Y$）及竖向（$Z$）都是采用宽调速直流伺服电动机拖动。3 个坐标可以联动。伺服电动机经锥环无键连接、十字滑块联轴节驱动滚珠丝杠。十字滑块联轴节材料为青铜，可以补偿电动机轴与丝杠中心的径向偏移量。伺服进给系统为半闭环。位置反馈元件为脉冲编码器、旋转变压器。速度反馈元件为测速发电机。旋转变压器的分解精度为 2000 脉冲/r，电动机到旋转变压器的升速比为 5∶1，滚珠丝杠的导程为 10mm，因此检测分辨率为 0.001mm。这 3 条传动链除了长度不同，其他结构基本相同。

### 8.1.5 主要部件结构

#### 1. 自动换刀装置

加工中心利用刀库实现换刀，这是目前加工中心大量使用的换刀方式。由于有了刀库，机床只需要一个固定主轴夹持刀具，有利于提高主轴刚度。独立的刀库，大大增加了刀具的储存数量，有利于扩大机床的加工范围，并能较好地隔离各种影响加工精度的干扰因素。

（1）刀库　加工中心刀库的型式很多，结构也各不相同，最常用的有盘式刀库、链式刀库和格子盒式刀库。

1）盘式刀库。盘式刀库结构紧凑、简单，在钻削中心上应用较多。一般存放刀具不超过 32 把。图 8-6 所示为刀具轴线与鼓盘轴线平行布置的刀库，其中图 8-6a 为径向取刀型式，图 8-6b 为轴向取刀型式。图 8-6c 为刀具径向安装在刀库上的结构，图 8-6d 为刀具轴线与鼓盘轴线成一定角度布置的结构。

图 8-7 所示为加工中心的盘式刀库的结构简图。当数控系统发出换刀指令后，直流伺服电动机 1 接通，其运动经过十字联轴器 2、蜗杆 4、蜗轮 3 传到刀盘 14，刀盘带动其上

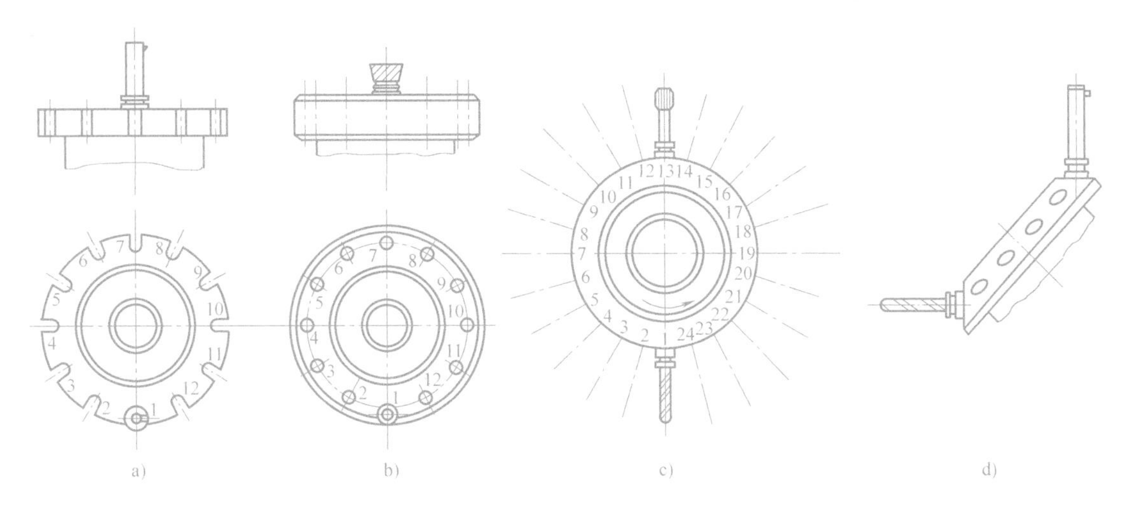


图 8-6　盘式刀库

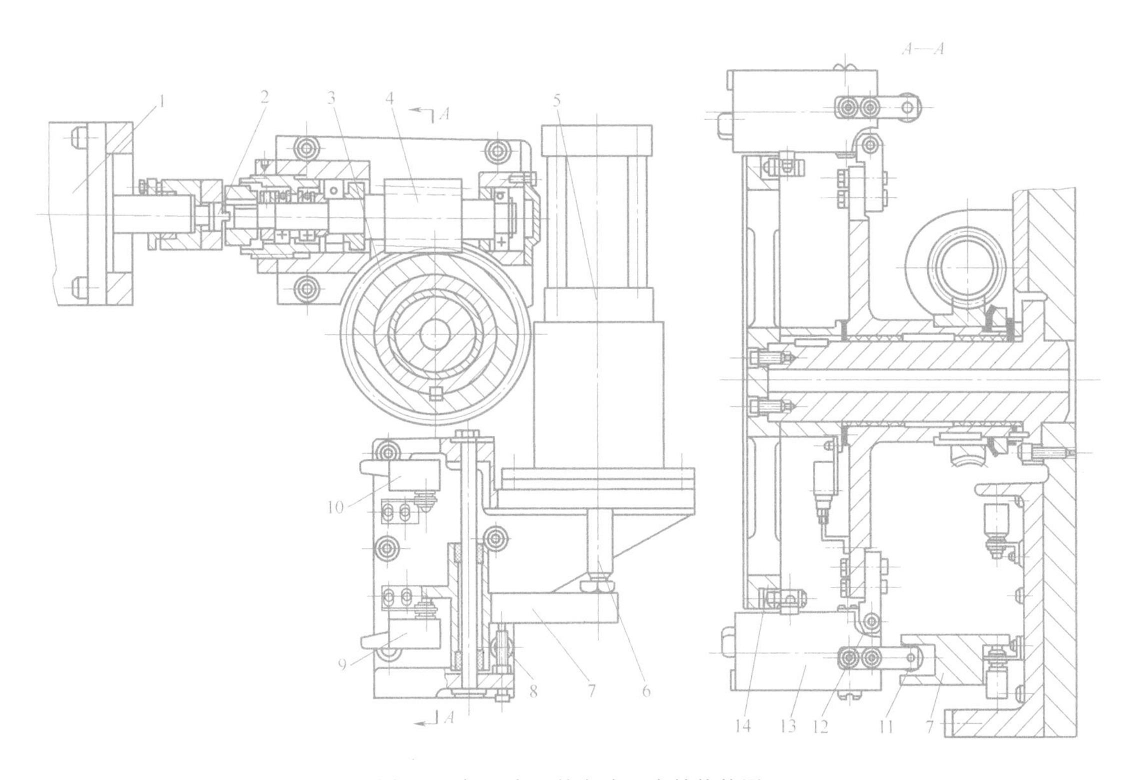


图 8-7　加工中心的盘式刀库结构简图

1—直流伺服电动机　2—十字联轴器　3—蜗轮　4—蜗杆　5—气缸　6—活塞杆　7—拨叉　8—螺杆　9—位置开关　10—定位开关　11—滚子　12—销轴　13—刀套　14—刀盘

面的 16 个刀套 13 转动，完成选刀工作。每个刀套尾部有一个滚子 11，当待换刀具转到换刀位置时，滚子 11 进入拨叉 7 的槽内。同时气缸 5 的下腔通压缩空气，活塞杆 6 带动拨叉 7 上升，放开位置开关 9，用以断开相关的电路，防止刀库、主轴误动作。拨叉 7 在上升的过程中，带动刀套绕着销轴 12 逆时针方向向下翻转 90°，从而使刀具轴线与主轴轴线平行。

刀套逆时针方向转90°后，拨叉7上升到终点，压住定位开关10，发出信号使机械手抓刀。通过螺杆8，可以调整拨叉的行程。拨叉的行程决定刀具轴线相对主轴轴线的位置。

刀套的结构如图8-8所示，刀套4的锥孔尾部有两个球头销钉3。在螺纹套2与球头销之间装有弹簧1，当刀具插入刀套后，由于弹簧力的作用，使刀柄被夹紧。拧动螺纹套，可以调整夹紧力大小。刀套在刀库中处于水平位置时，靠刀套上部的滚子5来支承。

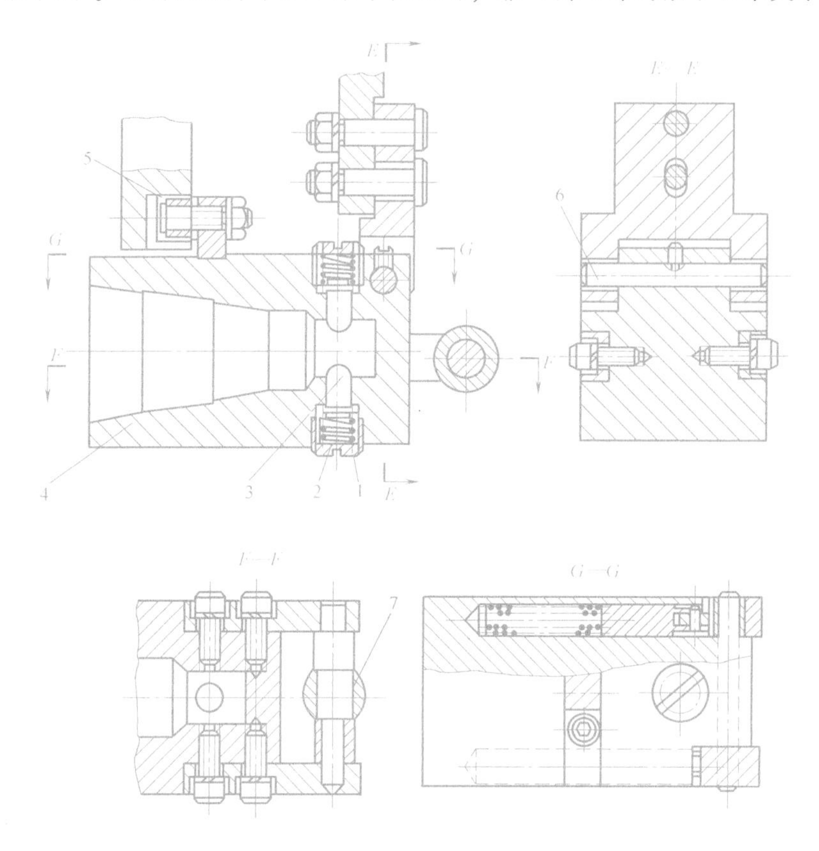


图8-8　刀套结构图

1—弹簧　2—螺纹套　3—球头销钉　4—刀套　5、7—滚子　6—销轴

2）链式刀库。在环形链条上装有许多刀座，刀座的孔中装夹各种刀具，链条由链轮驱动。链式刀库适用于刀库容量较大的场合，且多为轴向取刀。链式刀库有单环链式和多环链式等，如图8-9a、b所示。当链条较长时，可以增加支承链轮的数目，使链条折叠回绕，提高空间利用率，如图8-9c所示。

3）格子盒式刀库。图8-10所示为固定型格子盒式刀库。刀具分几排直线排列，由纵、横向移动的取刀机械手完成选刀运动，将选取的刀具送到固定的换刀位置刀座上，由换刀机械手交换刀具。格子盒式刀库由于刀具排列密集，因此空间利用率高，刀库容量大。

(2) 换刀装置　加工中心常见的换刀装置包括转塔式、刀库式和成套更换3种方式，见表8-1。

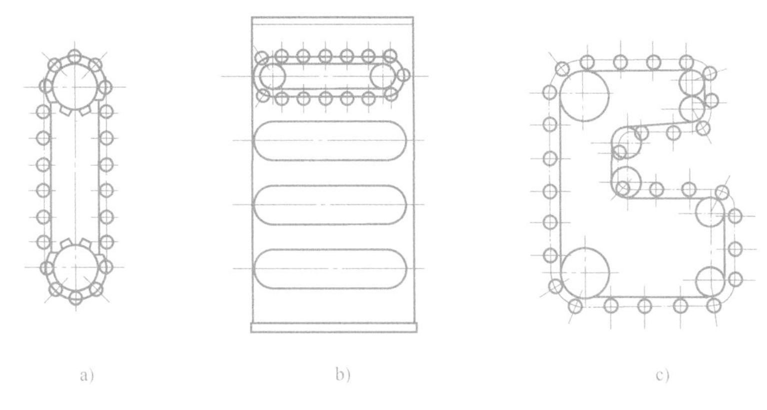


图 8-9 几种链式刀库

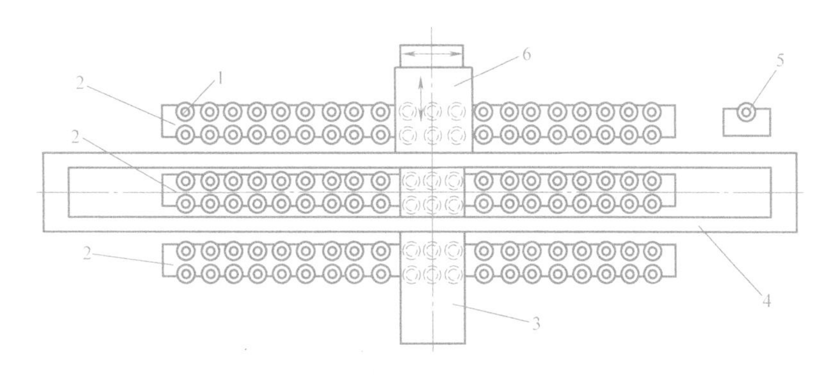


图 8-10 固定型格子盒式刀库

1—刀座 2—刀具固定板架 3—取刀机械手横向导轨

4—取刀机械手纵向导轨 5—换刀位置刀座 6—换刀机械手

表 8-1 加工中心上的换刀装置

| 类别 | 型式 | 特 点 | 应用范围 |
|---|---|---|---|
| 转塔式 | 垂直转塔头 | 1)根据驱动方式不同,可分为顺序换刀或任意换刀<br>2)结构紧凑简单<br>3)容纳刀具数目少 | 用于钻削加工中心 |
| | 水平转塔头 | | |
| 刀库式 | 无机械手换刀 | 1)利用刀库运动与主轴直接换刀,省去机械手<br>2)结构紧凑<br>3)刀库运动较多 | 小型加工中心 |
| | 机械手换刀 | 1)刀库只做选刀运动,由机械手换刀<br>2)布局灵活,换刀速度快 | 各种加工中心 |
| | 机械手和刀具运送器 | 1)刀库距机床主轴较远时,用刀具运送器将刀具送至机械手<br>2)结构复杂 | 大型加工中心 |

（续）

| 类别 | 型式 | 特　点 | 应用范围 |
| --- | --- | --- | --- |
| 成套更换方式 | 更换转塔 | 1)利用更换转塔头,增加换刀数目<br>2)换刀时间基本不变 | 扩大工艺范围的钻削加工中心 |
| | 更换主轴箱 | 1)利用更换主轴箱,扩大加工工艺范围<br>2)结构比较复杂 | 提高柔性的组合机床 |
| | 更换刀库 | 1)更换刀库,扩大加工工艺范围,另有刀库存储器<br>2)充分提高机床利用率和自动化程度 | 加工复杂零件,适用于需要刀具很多的加工中心或组成高度自动化的生产系统 |

由于转塔式换刀装置容纳刀具数量少，换刀顺序受限，所以常用在以孔类加工为主的钻削加工中心。

刀库式换刀装置是目前应用比较广泛的一种。刀库换刀根据是否有机械手参与换刀过程可分为以下两种：

有机械手换刀：有机械手的系统在刀库配置、与主轴的相对位置及刀具数量上都比较灵活，换刀时间短。

无机械手换刀：无机械手换刀装置结构简单，但是换刀时间较长。

成套更换方式包括 3 种：更换转塔、更换主轴箱、更换刀库。这 3 种换刀方式都扩大了机床的工艺范围，更适用于复杂机床和自动化程度较高的生产系统。

1）更换转塔换刀装置　更换转塔换刀是一种比较简单的换刀方式。这种机床的主轴头就是一个转塔刀库，主轴头有卧式和立式两种。八方形主轴头（转塔头）上装有 8 根主轴，每根主轴上装有一把刀具。根据各加工工序的要求按顺序自动地将所需要的刀具由其主轴转到工作位置，实现自动换刀，同时接通主传动。不处在工作位置的主轴便与主传动脱开。转塔头的转位由槽轮机构来实现，其结构如图 8-11 所示。转塔头径向分布着 8 根结构完全相同的主轴，每次转位包括下列动作：

① 脱开主轴传动。液压缸 4 卸压，弹簧推动齿轮 1 与主轴上的齿轮 12 脱开。

② 转塔头抬起。当齿轮 1 脱开后，固定在其上的支板接通行程开关 3，控制电磁阀，使液压油进入液压缸 5 的左腔，液压缸活塞带动转塔头向右移动，直至活塞与液压缸端部相接触。固定在转塔头上的鼠牙盘 10 便脱开。

③ 转塔头转位。当鼠牙盘脱开后，行程开关发出信号起动转位电动机，经蜗杆 8 和蜗轮 6 带动槽轮机构的主动曲拐使槽轮 11 转过 45°，并由槽轮机构的圆弧槽来完成主轴头的分度位置粗定位。主轴的选定是通过行程开关组来实现的。若处于加工位置的主轴不是所需要的，转位电动机继续回转，带动转塔头间歇地再转 45°，直至选中需要的主轴。主轴选好后，由行程开关 7 关停转位电动机。

④ 转塔头定位夹紧。通过电磁阀使压力油进入液压缸 5 的右腔，转塔头向左返回，由鼠牙盘 10 精确定位，并利用液压缸 5 右腔的油压作用，将转塔头可靠地压紧。

⑤ 主轴传动重新接通。由电磁阀控制压力油进入液压缸 4，压缩弹簧使齿轮 1 与主轴上的齿轮 12 啮合。此时转塔头转位、定位动作全部完成。

这种换刀装置优点是省去了自动松、夹、卸刀、装刀以及刀具搬运等一系列的复杂操作，从而缩短了换刀时间，并提高了换刀的可靠性。但是由于空间位置的限制，主轴部件结构不能设计得十分坚实，影响了主轴系统的刚度。所以更换转塔换刀装置通常只适应于工序较少、精度要求不太高的机床。

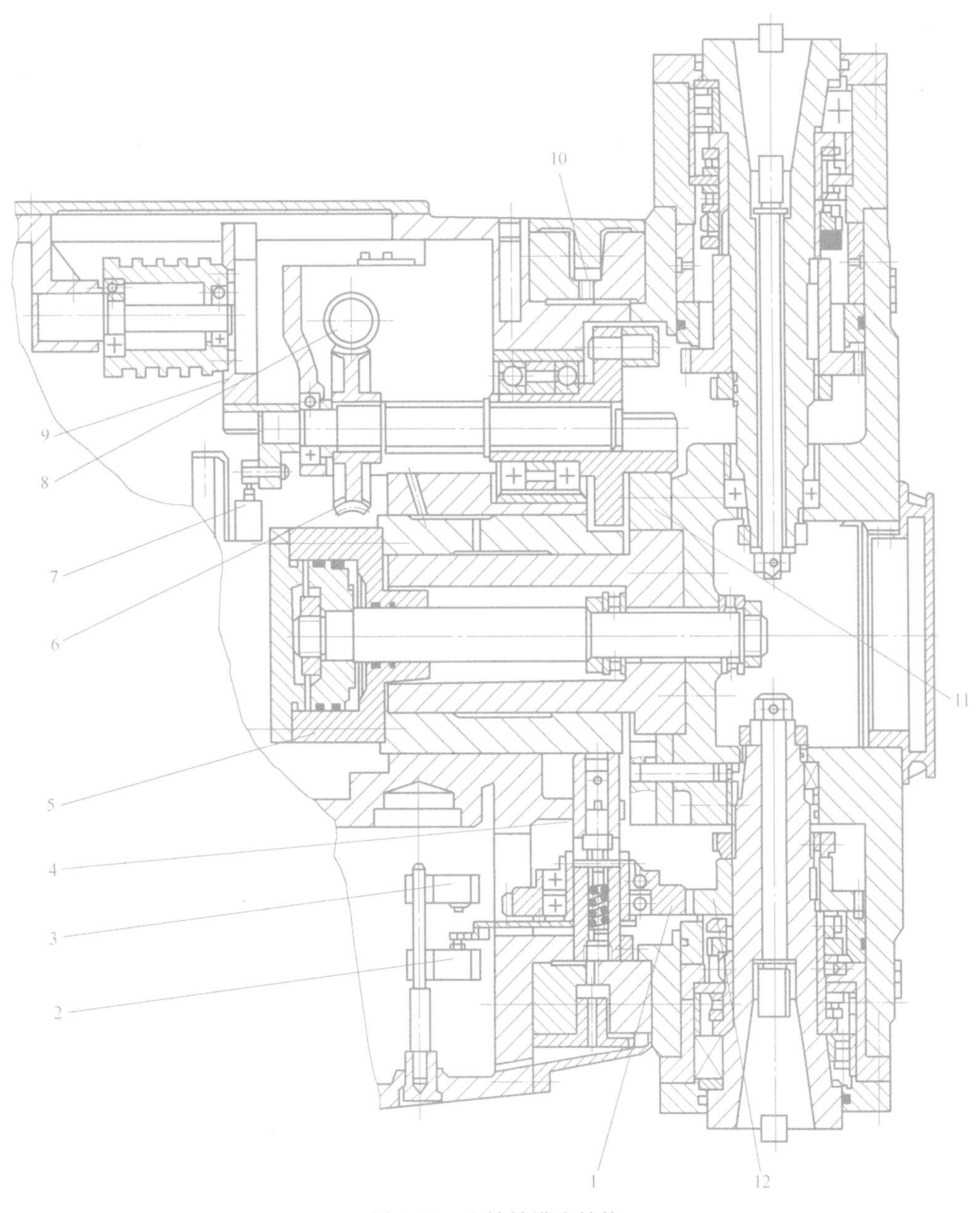


图 8-11 八轴转塔头结构

1、12—齿轮 2、3、4、7—行程开关 5—液压缸 6—蜗轮 8—蜗杆 9—盘 10—鼠牙盘 11—槽轮

2）更换主轴箱换刀装置。采用多主轴的主轴箱，利用更换主轴箱来达到换刀的目的，如图 8-12 所示。机床立柱后面的主轴箱库两侧的导轨上，装有同步运行的小车Ⅰ和Ⅱ，它们在主轴箱库与机床动力头之间进行主轴箱的运输。根据加工要求，先选好所需的主轴箱，等两辆小车运行至该主轴箱处，将它推到小车Ⅰ上，小车Ⅰ载着它与空车Ⅱ同时运行到机床动力头两侧的更换位置。当上一道工序完成后，动力头带着主轴箱 1 上升到更换位置，动力

头上的夹紧机构将主轴箱松开，定位销也从定位孔中拔出，推杆机构将用过的主轴箱1从动力头上推到小车Ⅱ上。同时又将待用主轴箱从小车Ⅰ推到机床动力头上，并进行定位与夹紧。然后动力头沿立柱导轨下降开始新的加工。与此同时，两辆小车回到主轴箱库，停在待换的主轴箱旁。由推杆机构将下次待换的主轴箱推上小车Ⅰ，并把用过的主轴箱从小车Ⅱ推入主轴箱库中的空位。小车又一次载着下次待换的主轴箱运行到动力头的更换位置，等待下一次换箱。

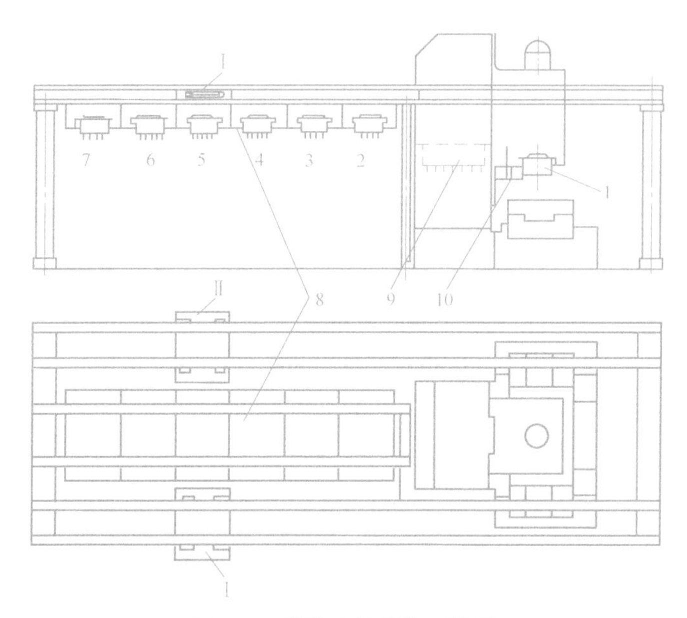


图 8-12　更换主轴箱换刀装置

1—主轴箱　2~7—备用主轴箱　8—主轴箱库　9—刀库　10—机械手　Ⅰ、Ⅱ—小车

3）更换刀库的换刀装置。这类换刀装置由刀库、选刀机构、刀具交换机构及刀具在主轴上的自动装卸机构4部分组成，应用广泛。刀库可装在机床的立柱（如图8-13所示）、主轴箱或工作台上。当刀库容量大且刀具较重时，也可装在机床之外，作为一个独立部件。如果刀库远离主轴，常常要附加运输装置，来完成刀库与主轴之间刀具的运输。

更换刀库的换刀装置的整个换刀过程比较复杂。首先要把加工过程中要用的全部刀具分别安装在标准的刀柄上，在机外进行尺寸预调整后，插入刀库中。换刀时，根据选刀指令先在刀库中选刀，由刀具交换机构从刀库和主轴上取出刀具，进行刀具交换，然后将新刀具装入主轴，将用过的刀具放回刀

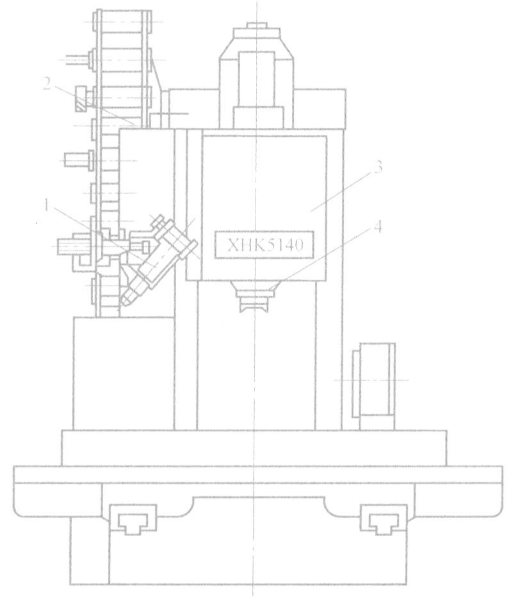


图 8-13　刀库装在机床立柱一侧

1—机械手　2—刀库　3—主轴箱　4—主轴

库。这种换刀装置和更换转塔的换刀装置相比，由于机床主轴箱内只有一根主轴，在结构上可以增强主轴的刚度，有利于精密加工和重切削加工，可采用大容量的刀库，以实现复杂零件的多工序加工，从而提高了机床的适应性和加工效率，但换刀过程的动作较多，同时，影响换刀工作可靠性的因素也较多。

利用更换刀库实现换刀，是目前加工中心大量使用的换刀方式。因为，独立的刀库大大增加了刀具的储存数量，有利于扩大机床的工艺范围，并能较好地隔离各种影响加工精度的干扰。由于有了刀库，机床只需要一个固定主轴夹持刀具，有利于提高主轴刚度。

（3）典型换刀过程

1）无机械手换刀。无机械手换刀的方式是利用刀库与机床主轴的相对运动实现刀具交换，如图 8-14 所示。

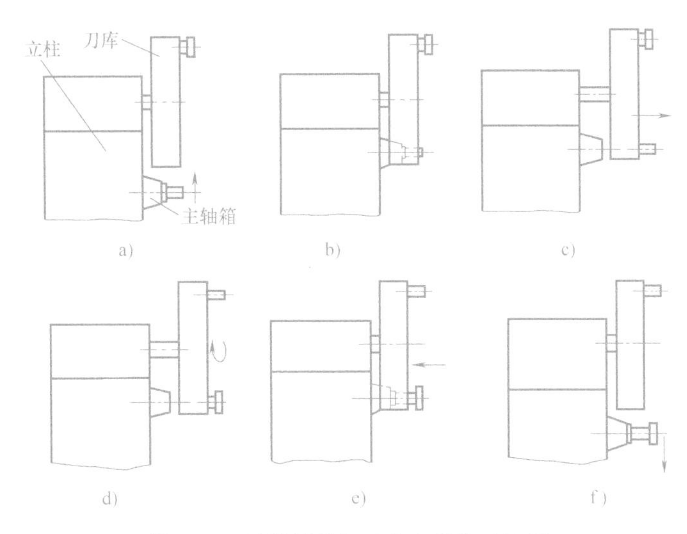


图 8-14　无机械手加工中心的换刀过程

换刀的具体过程说明见表 8-2。

表 8-2　无机械手加工中心的换刀过程

| 图号 | 动作内容 |
| --- | --- |
| 图 8-14a | 主轴准停，主轴箱沿 $Y$ 轴上升，装夹刀具的卡爪打开 |
| 图 8-14b | 刀具定位卡爪钳住，主轴内刀杆自动夹紧装置放松刀具 |
| 图 8-14c | 刀库伸出，从主轴锥孔中将刀拔出 |
| 图 8-14d | 刀库转位，选好的刀具转到最下面的位置，用压缩空气将主轴锥孔吹净 |
| 图 8-14e | 刀库退回，同时将新刀插入主轴锥孔，刀具夹紧装置将刀杆拉紧 |
| 图 8-14f | 主轴下降到加工位置后起动，开始下一工步的加工 |

这种换刀机构不需要机械手，结构简单、紧凑。由于交换刀具时机床不工作，不会影响加工精度，但会影响机床的生产率。其次，受刀库尺寸限制，装刀数量不能太多。这种换刀方式常用于小型加工中心。

在无机械手换刀方式中，刀库卡爪既起着刀套的作用，又起着手爪的作用。图 8-15 所示为无机械手换刀方式的刀库卡爪图。

2）机械手换刀。采用机械手进行刀具交换的方式应用得最为广泛。这是因为机械手换刀有很大的灵活性，而且可以减少换刀时间。机械手的结构型式是多种多样的，因此换刀运动也有所不同。下面以 TH65100 型卧式镗铣加工中心为例说明采用机械手换刀的工作原理。

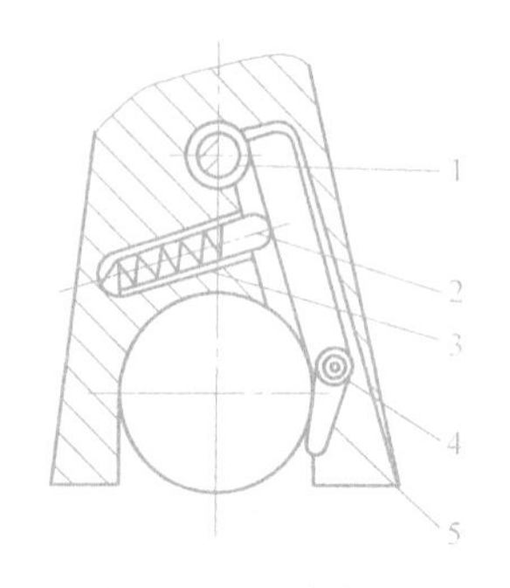

图 8-15　刀库卡爪
1—锁销　2—顶销　3—弹簧
4—支点轴　5—手爪

该加工中心采用的是链式刀库，位于机床立柱左侧。由于刀库中存放刀具的轴线与主轴的轴线垂直，机械手需要有 3 个自由度。机械手沿主轴轴线的插、拔刀动作由液压缸来实现；90°的摆动送刀运动及 180°的换刀动作均由液压马达实现。其换刀分解动作如图 8-16 所示。

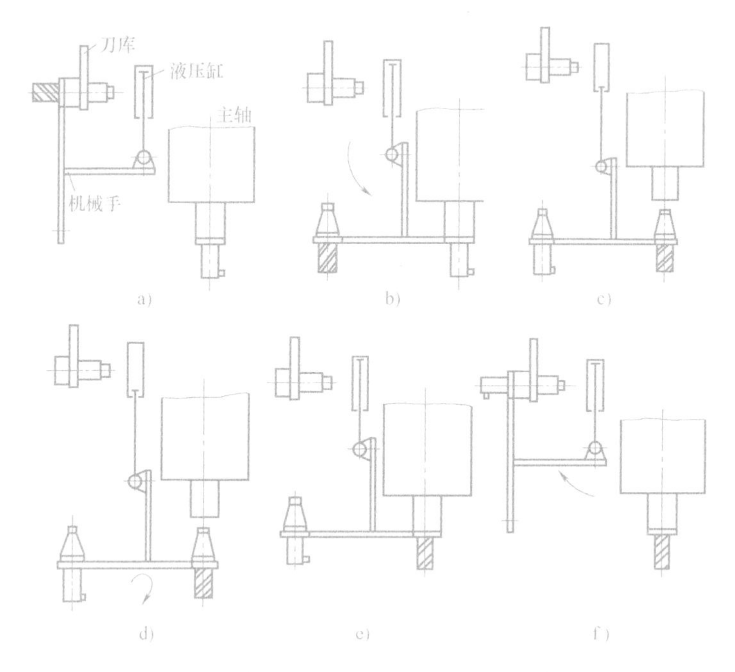

图 8-16　采用机械手换刀的分解动作示意图

换刀的具体过程说明见表 8-3。

表 8-3　采用机械手换刀的分解动作

| 图号 | 动作内容 |
| --- | --- |
| 图 8-16a | 抓刀爪伸出抓住刀库上的待换刀具，刀库刀座上的锁板拉开 |
| 图 8-16b | 机械手带着待换刀具逆时针方向转 90°，另一个抓刀爪抓住主轴上的刀具，主轴将刀杆松开 |
| 图 8-16c | 机械手前移，将刀具从主轴锥孔内拔出 |
| 图 8-16d | 机械手后退，将新刀具装入主轴，主轴将刀具锁住 |
| 图 8-16e | 抓刀爪缩回，松开主轴上的刀具，机械手顺时针方向转 90°，将刀具放回刀库的相应刀座上，刀库上的锁板合上 |
| 图 8-16f | 抓刀爪缩回，松开刀库上的刀具，恢复到原始位置 |

3）带刀套机械手换刀。VP1050 换刀机械手如图 8-17 所示。套筒 1 由气缸带动做垂直方向的运动，实现对刀库中刀具的抓刀，滑座 2 通过气缸作用在两条圆柱导轨上水平移动，用于将刀库刀夹上的刀具（或换刀臂上的刀具）移到换刀臂上（或移到刀库刀夹上）。换刀臂可以上升、下降及 180°旋转实现主轴换刀。换刀臂的上下运动由气缸实现，回转运动由齿轮齿条机构实现。换刀过程如下：

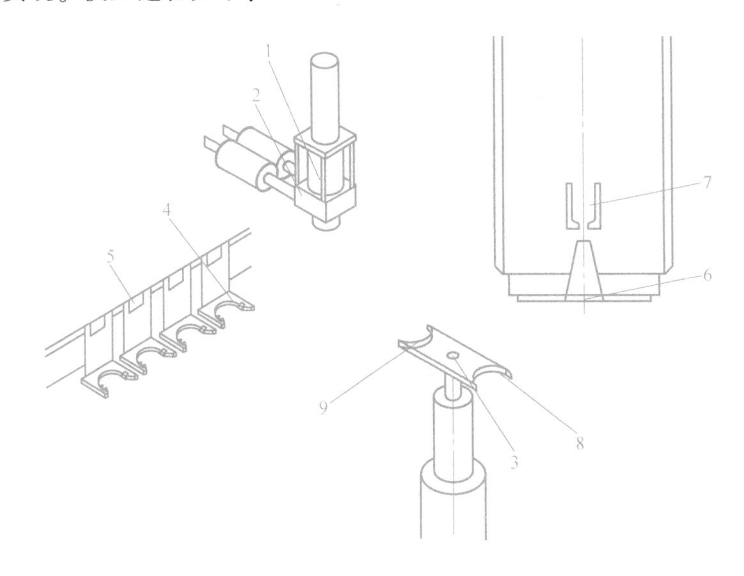


图 8-17 VP1050 换刀机械手

1—套筒 2—滑座 3—换刀臂 4—弹簧刀夹 5—刀号 6—主轴
7—主轴抓刀爪 8—换刀臂外侧爪 9—换刀臂内侧爪

① 取刀。套筒 1 下降（套进刀柄）→滑座 2 前移至换刀臂（将刀具从刀库中移到换刀臂）→换刀臂 3 刀号更新（换刀臂的刀号登记为刀链的刀号，此过程在数控系统内部由 PLC 程序完成，用于刀库的自动管理）→套筒 1 上升（套筒脱离刀柄）→滑座 2 移进刀库（恢复初始预备状态）。

② 换刀。主轴 6 运动至还（换）刀参考点（运动顺序为先 $Z$ 轴，后 $X$ 轴，将刀柄送入换刀臂外侧爪）→主轴抓刀爪 7 松开→换刀臂 3 下降（从主轴上取下刀具）→换刀臂 3 旋转（刀具转至刀库侧）→换刀臂 3 上升（换刀臂刀爪与刀库刀爪对齐）→滑座 2 前移（套筒 1 对正刀柄）→套筒 1 下降（套进刀柄）→滑座 2 移进刀库（刀具从换刀臂移进刀库）→换刀臂 3 刀号设置为 0（换刀臂刀号为空白，由数控系统 PLC 完成）→套筒上升（脱离刀柄）→还刀完成。

2. 回转工作台

加工中心常用的回转工作台有分度工作台和数控回转工作台。分度工作台又可分为插销式和鼠牙盘式两种。分度工作台的功用是将工件转位换面，和自动换刀装置配合使用，工件一次安装能实现几面加工。而数控回转工作台除了分度和转位的功能之外，还能实现圆周进给运动。此处主要介绍分度工作台，数控回转工作台见第 7 章数控铣床中的图 7-9。

分度工作台的分度、转位和定位按照控制系统的指令自动进行。分度工作台只能完成分度运动。由于结构上的原因，分度工作台只能完成规定角度（如 45°、60°或 90°等）的分度运动，以改变工件相对于主轴的位置，完成工件大部分或全部平面的加工。为满足分度精度，分度运动需要使用专门的定位元件。常用的定位方式按定位元件的不同可分为定位销式、鼠牙盘定位和钢球定位等几种。

（1）定位销式分度工作台　图 8-18 所示为卧式镗铣床加工中心的定位销式分度工作台。这种工作台的定位分度主要靠配合的定位销和定位孔来实现。分度工作台 1 嵌在长方形工作台 10 之中。在不单独使用分度工作台时，2 个工作台可以作为一个整体使用。

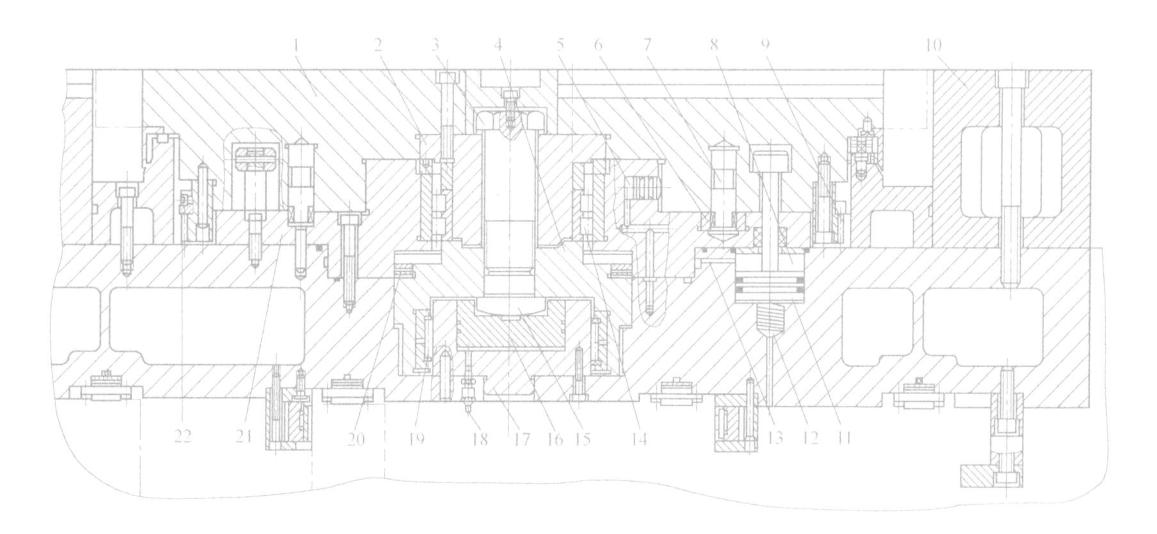


图 8-18　定位销式分度工作台的结构

1—分度工作台　2—锥套　3—螺钉　4—支座　5—消隙液压缸　6—定位孔衬套　7—定位销　8—锁紧液压缸　9—大齿轮　10—长方形工作台　11—活塞杆　12—弹簧　13—油槽　14、19、20—轴承　15—螺栓　16—活塞　17—中央液压缸　18—油管　21—底座　22—挡块

回转分度时，工作台须经过松开、回转、分度定位、夹紧 4 个过程。在分度工作台 1 的底部均匀分布着 8 个圆柱定位销 7，在底座 21 上有一个定位孔衬套 6 及供定位销移动的环形槽。其中只有一个定位销 7 进入定位孔衬套 6 中，其他 7 个定位销则都在环形槽中。因为定位销之间的分布角度为 45°，因此工作台只能做 2、4、8 等分的分度运动。

1）松开。分度时，机床的数控系统发出指令，由电气控制的液压缸使 6 个均布的锁紧液压缸 8 中的压力油，经环形油槽 13 流回油箱，活塞杆 11 被弹簧 12 顶起，工作台 1 处于松开状态。同时消隙液压缸 5 卸荷，液压缸中的压力油经回油路流回油箱。油管 18 中的压力油进入中央液压缸 17，使活塞 16 上升，并通过螺栓 15、支座 4 把推力轴承 20 向上抬起 15mm，顶在底座 21 上。分度工作台 1 用 4 个螺钉与锥套 2 相连，而锥套 2 用六角头螺钉 3 固定在支座 4 上。所以，当支座 4 上移时，通过锥套 2 使工作台 1 抬高 15mm，固定在工作台面上的定位销 7 从定位孔衬套 6 中拔出，做好回转准备。

2）回转。当工作台抬起之后发出信号，使液压马达驱动减速齿轮，带动固定在工作台 1 下面的大齿轮 9 转动实现回转运动。

3）定位。分度工作台的回转速度由液压马达和液压系统中的单向节流阀来调节，分度初始做快速转动，在将要到达规定位置前减速，减速信号由固定在大齿轮 9 上的挡块 22

(周向均布8个)碰撞限位开关发出。当挡块碰到第1个限位开关时，发出信号使工作台降速，碰到第2个限位开关时，分度工作台停止转动。此时，相应的定位销7正好对准定位孔衬套6。

4）夹紧。分度定位完毕后，数控系统发出信号使中央液压缸17卸荷，油液经油管18流回油箱，分度工作台1靠自重下降，定位销7插入定位孔衬套6中。定位完毕后消隙液压缸5通压力油，活塞顶向分度工作台1，以消除径向间隙。经油槽13来的压力油进入锁紧液压缸8的上腔，推动活塞杆11下降，通过其上的T形头将工作台锁紧。至此分度工作进行完毕。

定位销式分度工作台的定位精度取决于定位销和定位孔的精度，最高可达±5″。定位销和定位孔衬套的制造和装配精度要求都很高，其硬度的要求也很高，而且耐磨性要好。

(2) 鼠牙盘式分度工作台　鼠牙盘式分度工作台主要由工作台面、底座、夹紧液压缸、分度液压缸及鼠牙盘等零件组成，如图8-19所示。

机床需要分度时，数控系统就发出分度指令（也可用手压按钮进行手动分度)，由电磁铁控制液压阀（图中未示出)，使压力油经管道23至分度工作台7中央的夹紧液压缸下腔10，推动活塞6上移（液压缸上腔9的回油经管道22排出)，经推力轴承5使工作台7抬起，上鼠牙盘4和下鼠牙盘3脱离啮合。工作台上移的同时带动内齿圈12上移并与齿轮11啮合，完成了分度前的准备工作。

当工作台7向上抬起时，推杆2在弹簧作用下向上移动，使推杆1在弹簧的作用下右移，松开微动开关D的触点，控制电磁阀（图中未示出）使压力油经管道21进入分度液压缸的左腔19内，推动齿条活塞8右移（分度液压缸右腔18的油经管道20及节流阀流回油箱)，与它相啮合的齿轮11做逆时针方向转动。根据设计要求，当齿条活塞8移动113mm时，齿轮11回转90°，因此时内齿圈12已与齿轮11相啮合，故分度工作台7也回转90°。分度运动的速度快慢可通过进、回油管道20中的节流阀控制齿条活塞8的运动速度进行调整。

齿轮11开始回转时，挡块14放开推杆15，使微动开关C复位。当齿轮11转过90°时，它上面的挡块17压推杆16，使微动开关E被压下，控制电磁铁使夹紧液压缸上腔9通入压力油，活塞6下移（夹紧液压缸下腔10的油经管道23及节流阀流回油箱)，工作台7下降。鼠牙盘4和3又重新啮合，并定位夹紧，分度运动进行完毕。用管道23中的节流阀用来限制工作台7的下降速度，避免产生冲击。

当分度工作台下降时，推杆2被压下，推杆1左移，微动开关D的触点被压下，通过电磁铁控制液压阀，使压力油从管道20进入分度液压缸的右腔18，推动齿条活塞8左移（分度液压缸左腔19的油经管道21流回油箱)，使齿轮11顺时针方向回转。它上面的挡块17离开推杆16，微动开关E的触点被放松。因工作台面下降夹紧后齿轮11下部的轮齿已与内齿圈12脱开，故分度工作台面不转动。当活塞齿条8向左移动113mm时，齿轮11就顺时针方向转90°，齿轮11上的挡块14压下推杆15，微动开关C的触点又被压紧，齿轮11停在原始位置，为下次分度做好准备。

鼠牙盘式分度工作台的优点是分度和定心精度高，分度精度可达±(0.5″~3″)。由于采用多齿重复定位，重复定位精度稳定，而且定位刚性好，只要分度数能除尽鼠牙盘的齿数，都能分度，适用于多工位分度。

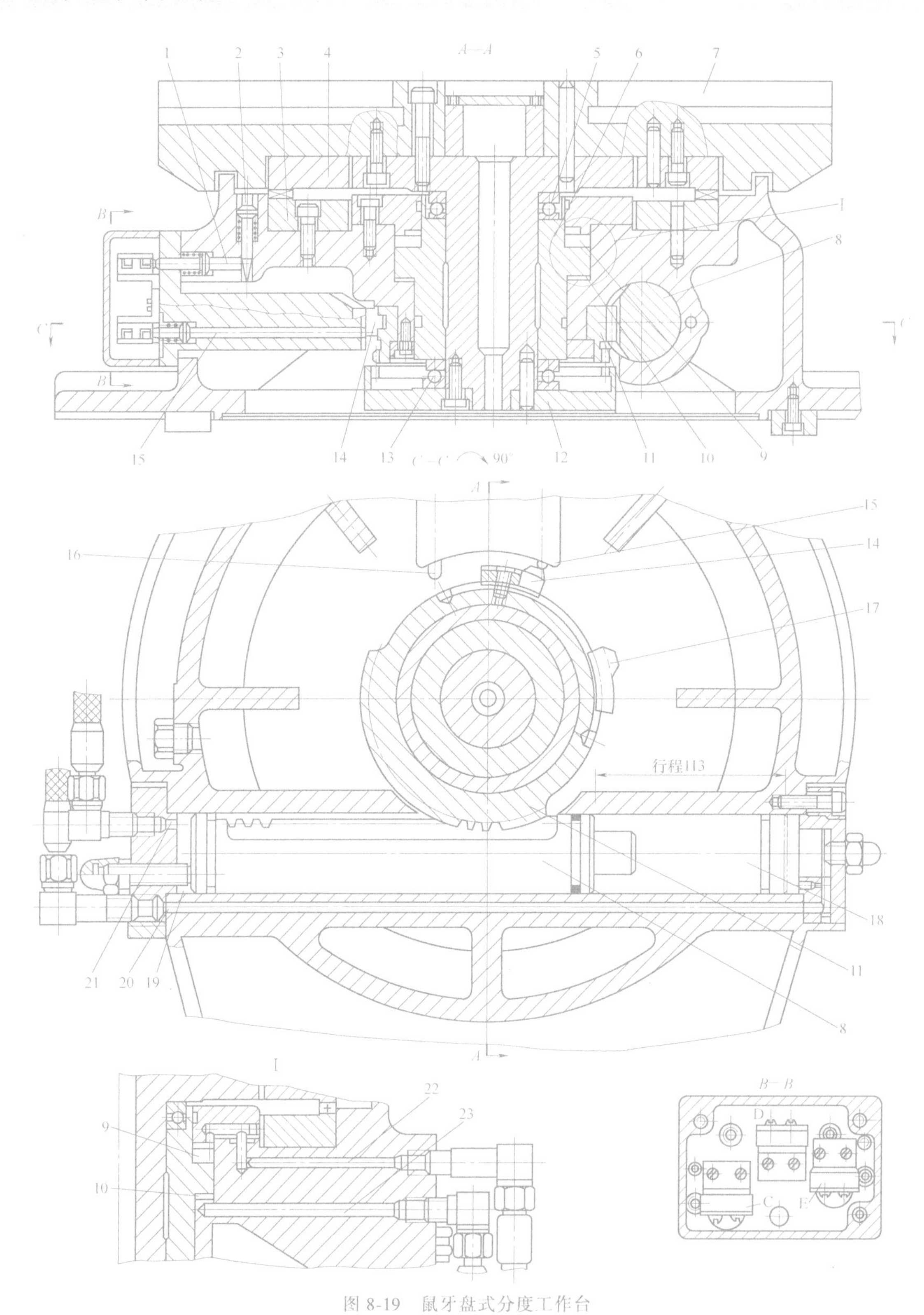


图 8-19 鼠牙盘式分度工作台

1、2、15、16—推杆 3、4—下、上鼠牙盘 5、13—推力轴承 6—活塞 7—工作台 8—活塞齿条
9、10—夹紧液压缸上、下腔 11—齿轮 12—内齿圈 14、17—挡块 18、19—分度液压缸右、左腔
20、21—分度液压缸进、回油管道 22、23—升降液压缸进、回油管道

# 8.2 五轴加工中心简介

五轴加工中心是一种科技含量高、精密度高、专门用于加工复杂曲面的加工中心，这种加工中心的应用对航空航天、军事、精密器械、高精医疗设备等行业有着举足轻重的影响力。目前，五轴加工中心的应用是解决叶轮、叶片、船用螺旋桨、重型发电机转子、汽轮机转子、大型柴油机曲轴等加工问题的唯一手段。

## 8.2.1 五轴加工中心类型

五轴加工中心按主轴箱的分布型式分为立式五轴加工中心和卧式五轴加工中心。

### 1. 立式五轴加工中心

立式五轴加工中心的主轴箱位于工作台的上方，主轴的四周空间很大，一般无机械装置干涉。所以，五轴加工可以通过多种形式实现，如主轴摆动式、工作台回转式和混合回转式。

（1）主轴摆动式　主轴摆动式是通过改变主轴轴线方向实现刀具倾斜的五轴加工方式，它可以通过主轴的倾斜和回转，保证刀具始终垂直于工件的加工表面，从而进行任意五轴空间曲面的加工。

主轴摆动式五轴加工中心的加工范围大，但其双轴回转头的主轴传动系统设计非常困难，一般要采用电主轴直接驱动。这种主轴的转速很高，但输出转矩小，主轴刚性差，因此，只适用于小规格刀具、轻合金零件的高速加工，实际生产中，应用较少。

（2）工作台回转式　工作台回转式是通过改变工件轴线方向来调整刀具加工方向的五轴加工形式，它可通过工作台的摆动和回转，使刀具始终垂直于工件的加工表面，进行任意五轴空间曲面的加工。工作台回转式五轴加工有两种实现形式。

第一种如图 8-20 所示，是直接在三轴立式加工中心的水平工作台上，通过安装双轴数控工作台，实现旋转轴的加工。转台一般采用 $C$ 轴 360°回转，$A$ 轴摆动角度在 120°~180°范围内。利用双轴工作台的五轴加工最容易实现，使用灵活，工作台回转速度快，定位精度高，而且不受机床结构型式限制。但其 $C$ 轴回转半径和 $A$ 轴的摆动角度均较小，转台的结构层次较多，转台的安装影响加工中心的 $Z$ 轴的行程和装卸高度。因此这种加工中心适合加工叶轮、端盖、泵体等小型零件，不适合叶片、机架等长构件的加工。

另一种加工中心是直接将工作台设计为双轴回转台的结构型式。此类加工中心一般采用 $C$ 轴 360°回转，$B$ 轴摆动的结构，$B$ 轴的摆动角度一般在 120°左右。这种加工中心的结构层次少，工作台面积较大，加工范围宽，回转速度和定位精度也较高，可以用于大规格的叶轮、箱体等零件的加工。

（3）混合回转式　如图 8-21 所示，混合回转式是利用主轴摆动和工作台回转共同调整刀具加工方向的五轴加工方式。混合回转式五轴加工中心综合了主轴摆动式和工作台回转式的优点。它的加工范围大，使用灵活，同时，又解决了主轴摆动式机床主轴刚性差、输出转矩小和工作台回转式机床加工范围小的问题，故可以应用于大型箱体、模具、叶片、机架等长构件的五轴加工。

图 8-20 工作台回转式立式五轴加工中心

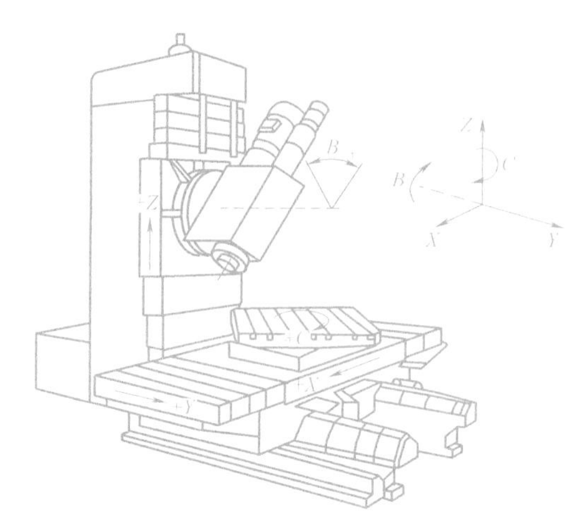


图 8-21 混合回转式五轴加工中心

2. 卧式五轴加工中心

如图 8-22 所示，卧式五轴加工中心是由卧式镗铣床和数控转台组成。它可以方便地实现各种零件的多侧面轮廓铣削、圆柱面的螺旋槽铣削和水平方向的倾斜孔加工。

卧式加工中心由于主轴轴线一般不能倾斜，只能通过工件的旋转实现五轴加工，所以，目前的卧式五轴加工中心大多采用双轴回转工作台。其包含 *B* 轴回转和 *A* 轴摆动，或者包含 *A* 轴回转和 *B* 轴摆动。

其中，以 *B* 轴回转为主运动的五轴加工中心，工作台面积大，刚性好，工件装卸容易，*A* 轴摆动角度较小，故适合大型复杂箱体、泵类零件的五轴加工。反之，以 *A* 轴转动为主运动的五轴加工中心，*B* 轴摆动可以获得相对较大的角度，但由于工作台面积小，承载能力较差，故适合小型叶片、叶轮的五轴加工。

3. 龙门五轴加工中心

如图 8-23 所示，龙门五轴加工中心的主轴空间大，工作台和工件的体积大，重量重，所以，只能通过双轴回转头来实现五轴加工。一般采用 *C* 轴为回转轴，可以进行 360°回转；

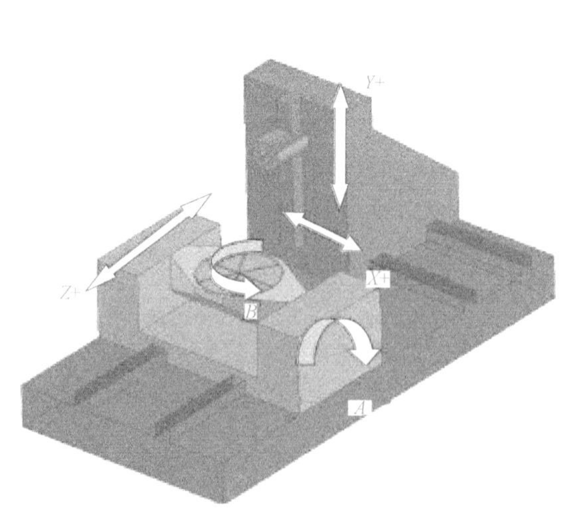


图 8-22 卧式五轴加工中心

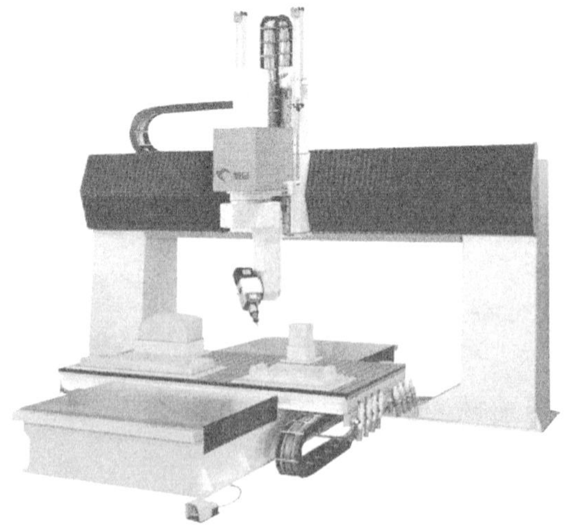

图 8-23 龙门五轴加工中心

*B* 轴为摆动轴，其摆动范围在±95°以内。

由于五轴龙门加工中心的双轴回转头的主轴系统设计非常困难，目前一般采用电主轴直接驱动，因此，主轴的转速很高，输出转矩较小，刚性较差，一般只能用于小规格的高速加工。

总之，五轴龙门加工中心有一般龙门加工中心的加工行程长、范围广的特点，但是主轴的性能决定了它不适合重切削加工。一般用于军工用的大型轻合金叶片、螺旋桨等零件的铣削加工。

### 8.2.2 五轴加工的特点

五轴加工中心是在三个平动轴（沿 *X*、*Y*、*Z* 轴的直线运动）的基础上增加了两个转动轴（即 *A* 轴和 *C* 轴，能绕 *X* 轴、*Z* 轴旋转运动），不仅使刀具相对于工件的位置任意可控，而且刀具轴线相对于工件的方向也在一定范围内任意可控。五轴加工具有以下特点：

1）可避免刀具干涉，能加工普通三坐标机床难以加工的复杂零件，加工适应性广。

2）对于直纹面类零件，可采用侧铣方式一次成型，加工质量好，效率高。五轴加工中心的加工效率相当于两台三轴机床，有时甚至可以完全省去某些大型自动化生产线的投资，大大节约了占地空间和工作在不同制造单元之间的周转运输时间及费用。

3）对一般立体型面特别是较为平坦的大型表面，可用大直径面铣刀端面逼近表面进行加工，走刀次数少，残余高度小，可大大提高加工效率与表面质量。

4）对工件上的多个空间表面可一次装夹进行多面、多工序加工，加工效率高并有利于提高各表面的相互位置精度。

5）五轴加工时，刀具相对于工件表面可处于较有效的切削状态。例如使用球头刀时可避免球头底部切削，有利于提高加工效率。同时，由于切削状态可保持不变，刀具受力情况一致，变形一致，可使整个零件表面上的误差分布比较均匀，这对于保证某些高速回转零件的平衡性能具有重要作用。

6）在某些加工场合，如空间受到限制的通道加工或组合曲面的过渡区域加工，可采用较大尺寸的刀具避开干涉，刀具刚性好，有利于提高加工效率与精度。

### 8.2.3 五轴加工中心的发展趋势

五轴加工中心以其卓越的柔性自动化的性能、优异而稳定的精度、灵捷而多样化的功能受到世人瞩目，成为先进制造技术中的一项核心技术。另一方面，信息技术的深化应用促进了五轴加工中心价值的进一步提升。近年来我国机床制造业既面临发展的良机，也遭遇到市场竞争的压力。从技术层面上来讲，加速推进五轴加工中心的应用将是解决机床制造业持续发展的一个关键。目前，超高速切削、超精密加工等技术的应用，柔性制造系统的迅速发展和计算机集成系统的不断成熟，对数控加工技术提出了更高的要求。五轴加工中心正在朝着以下几个方向发展。

#### 1. 可靠性最大化

五轴加工中心的可靠性一直是用户最关心的主要指标。数控系统将采用更高集成度的电路芯片，利用大规模或超大规模的专用及混合式集成电路，以减少元器件的数量，来提高可靠性。通过硬件功能软件化的方式，以适应各种控制功能的要求，同时采用硬件结构模块化、标准化和通用化及系列化，既提高硬件生产批量，又便于组织生产和质量把关。还通过自动启动诊断、在线诊断、离线诊断等多种诊断程序，对系统内硬件、软件和各种外部设备进行故障诊断和报警。利用报警提示，及时排除故障；利用容错技术，对重要部件采用“冗余”设计，以实现故障自恢复；利用各种测试、监控技术，当发生生产超程、刀损、干扰、断电等各种意外时，自动进行相应的保护。

2. 数控编程自动化

目前 CAD/CAM 图形交互式自动编程已得到较多的应用，是五轴加工中心发展的新趋势。它是利用 CAD 绘制的零件加工图样，再经计算机内的刀具轨迹数据的计算和后置处理，从而自动生成数控零件加工程序，以实现 CAD 与 CAM 的集成。随着计算机集成制造系统（CIMS）技术的发展，当前又出现了 CAD/CAPP/CAM 集成（CAPP 即计算机辅助工艺过程设计）的全自动编程方式，它与 CAD/CAM 系统编程的最大区别是其编程所需的加工工艺参数不必由人工参与，直接从系统内的 CAPP 数据库获得。

3. 智能化

现代五轴加工中心将引进自适应控制技术，根据切削条件的变化，自动调节工作参数，使加工过程中保持最佳工作状态，从而得到较高的加工精度和较小的表面粗糙度，同时也能提高刀具的使用寿命和设备的生产率。同时，系统具有自诊断、自修复功能，在整个工作状态中，能随时对 CNC 系统本身以及与其相连的各种设备进行检查、诊断，一旦出现故障，立即采取停机等措施，并进行故障报警，提示发生故障的部位、原因等，还可以自动使故障模块脱机，而接通备用模块，以确保达到无人化工作环境的要求。为达到更高的故障诊断要求，五轴加工中心的发展趋势是采用人工智能专家诊断系统。

4. 控制系统小型化

数控系统小型化便于将机、电装置结合为一体。目前主要采用超大规模集成元器件、多层印制电路板，采用三维安装方法，使电子元器件得以高密度安装，较大规模缩小系统的占用空间。而用新型的彩色液晶薄型显示器替代传统的阴极射线管，将使数控操作系统进一步小型化。

5. 多功能化

配有自动换刀机构（刀库容量可达 100 把以上）的各类加工中心，能在同一台机床上同时实现铣削、镗削、钻削、车削、铰孔、扩孔、攻螺纹等多种工序加工，现代五轴加工中心还采用了多主轴、多面体切削，即同时对一个零件的不同部位进行不同方式的切削加工。数控系统由于采用了多 CPU 结构和分级中断控制方式，即可在一台机床上同时进行零件加工和程序编制，实现所谓的“前台加工，后台编辑”。为了适应柔性制造系统和计算机集成系统的要求，数控系统具有远距离串行接口，甚至可以联网以实现五轴加工中心之间的数据通信，也可以直接对多台五轴加工中心进行控制。

为适应超高速加工的要求，五轴加工中心采用主轴电动机与机床主轴合二为一的结构形式，主轴电动机的轴承采用磁浮轴承、液体动静压轴承或陶瓷滚动轴承等形式。

6. 高速度、高精度化

速度和精度是五轴加工中心的两个重要指标，它们直接关系到加工效率和产品质量。目前，数控系统采用位数、频率更高的处理器，以提高系统的基本运算速度，同时，采用超大规模的集成电路和多微处理器结构，以提高系统的数据处理能力，即提高插补运算的速度和

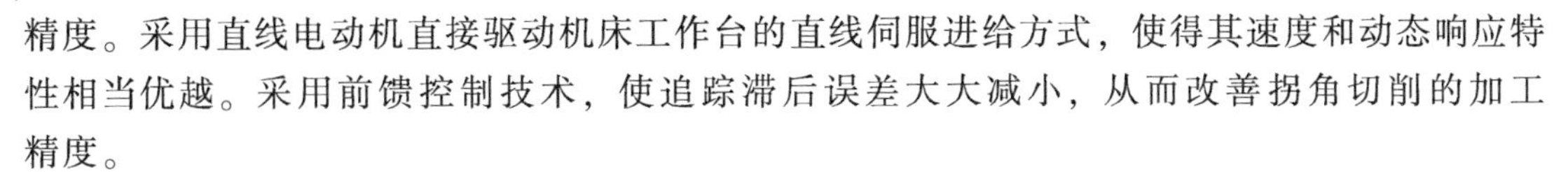


精度。采用直线电动机直接驱动机床工作台的直线伺服进给方式，使得其速度和动态响应特性相当优越。采用前馈控制技术，使追踪滞后误差大大减小，从而改善拐角切削的加工精度。

7. 加工过程绿色化

随着日趋严格的环境与资源约束，制造加工的绿色化越来越重要。因此，近年来不用或少用切削液，实现干切削、半干切削节能环保的机床不断出现。21 世纪，绿色制造的大趋势将使各种节能环保机床加速发展，占领更大的市场。

五轴加工中心不仅应用于民用行业，例如卫浴修边、汽车内饰件加工、欧式风格家居等，还广泛应用于航空航天、军事、高精医疗设备等行业。

## 8.3 柔性制造技术简介

柔性，一方面是系统适应外部环境变化的能力，可用系统满足新产品要求的程度来衡量；另一方面是系统适应内部变化的能力，可用有干扰（如机器出现故障）情况下系统的生产率与无干扰情况下的生产率期望值之比来衡量。“柔性”是相对于“刚性”而言的，传统的“刚性”自动化生产线主要实现单一品种的大批量生产。其优点是生产率很高，由于设备是固定的，设备利用率也很高，单件产品的成本低，但价格相当昂贵，且只能加工一个或几个类似的零件，难以应付多品种、中小批量的生产。随着批量生产逐渐被适应市场动态变化的生产所替换，一个制造自动化系统的生存能力和竞争能力在很大程度上取决于它是否能在很短的开发周期内，生产出较低成本、较高质量的不同品种产品的能力。柔性在制造系统中已占有相当重要的位置。柔性主要包括：

1）机器柔性。当要求生产一系列不同类型的产品时，机器随产品变化而加工不同零件的难易程度。

2）工艺柔性。一是工艺流程不变时自身适应产品或原材料变化的能力；二是制造系统内为适应产品或原材料变化而改变相应工艺的难易程度。

3）产品柔性。一是产品更新或完全转向后，系统能够非常经济和迅速地生产出新产品的能力；二是产品更新后，对老产品有用特性的继承能力和兼容能力。

4）维护柔性。采用多种方式查询、处理故障、保障生产正常进行的能力。

5）生产能力柔性。当生产量改变时，系统也能经济地运行的能力。对于根据订货情况而组织生产的制造系统，这一点尤为重要。

6）扩展柔性。根据生产需要可以很容易地扩展系统结构，增加模块，构成一个更大系统的能力。

7）运行柔性。利用不同的机器、材料、工艺流程来生产一系列产品的能力，以及针对同样的产品，换用不同工序加工的能力。

柔性制造技术也称为柔性集成制造技术，是现代先进制造技术的统称。柔性制造技术集自动化技术、信息技术和制作加工技术于一体，把以往工厂企业中相互孤立的工程设计、制造、经营管理等过程，在计算机及其软件和数据库的支持下，集成为一个有机系统。为了满足多品种、小批量、产品更新换代周期快的要求，20 世纪 70 年代以来，随着微电子技术，特别是计算机技术、传感技术的发展，以机械加工为主的柔性制造技术迅速发展，主要有柔性制造单元（Flexible Manufacturing Cell，FMC）、柔性制造系统（Flexible Manufacturing System，FMS）、柔性制造线（Flexible Manufacturing Line，FML）、柔性制造工厂（Flexible Manufacturing Factory，FMF）、计算机集成制造系统（Computer Integrated Manufacturing Systems，CIMS）。

### 8.3.1 柔性制造单元

柔性制造单元（FMC）在早期是作为简单和初级的柔性制造技术而发展起来的。它在加工中心的基础上增加了托盘自动交换装置或机器人、刀具和工件的自动测量装置、加工过程的监控功能等，它和加工中心相比具有更高的制造柔性和生产率。

图 8-24 所示为配有托盘交换系统的 FMC。托盘上装夹有工件，在加工过程中，它与工件一起运动，类似通常的随行夹具。环形工作台用于工件的输送与中间存储，托盘座在环形导轨上由内侧的环链拖动而回转，每个托盘座上有地址识别码。当一个工件加工完毕，数控机床发出信号，由托盘交换装置将加工完的工件（包括托盘）拖至回转台的空位处，然后转至装卸工位，同时将待加工工件推至机床工作台并定位加工。

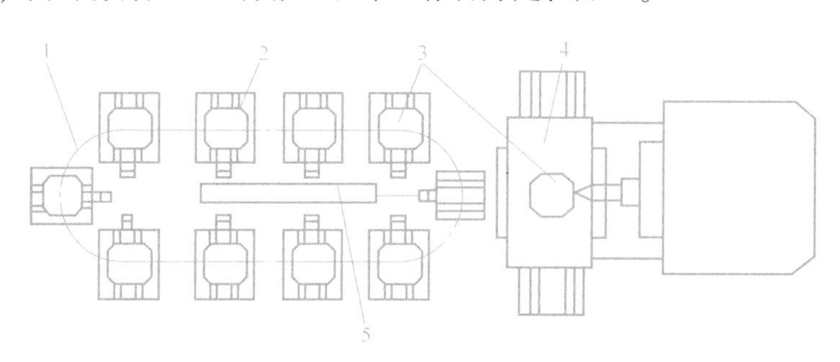


图 8-24 带有托盘交换系统的 FMC

1—环形交换工作台 2—托盘座 3—托盘 4—加工中心 5—托盘交换装置

在车削 FMC 中一般不使用托盘交换工件，而是直接由机械手将工件安装在卡盘中，装、卸料由机械手或机器人实现，如图 8-25 所示。

FMC 是在加工中心（MC）、车削中心（TC）的基础上发展起来的，又是 FMS 和 CIMS 的主要功能模块。FMC 具有规模小，成本低（相对 FMS），便于扩展等优点，它可在单元计算机的控制下，配以简单的物料传送装置，扩展成小型的柔性制造系统，适用于中、小企业。

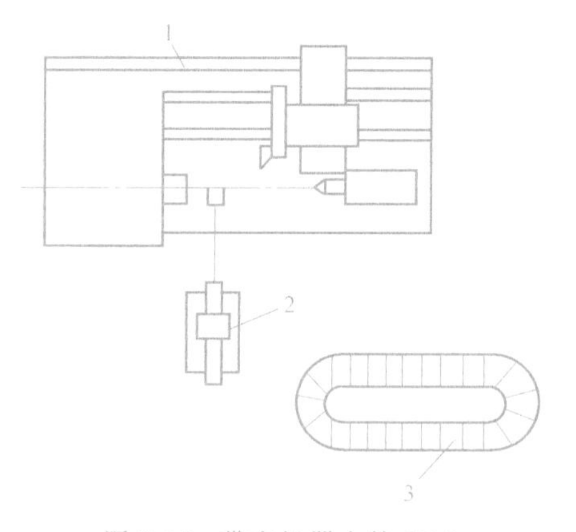


图 8-25 带有机器人的 FMC

1—车削中心 2—机器人 3—物料传送装置

### 8.3.2 柔性制造系统

柔性制造系统（FMS）是由数控加工设备、物料输送装置和计算机控制系统组成的自动化制造系统，它包括多个柔性制造单元，能根据制造任务或生产环境的变化迅速进行调整，适用于多品种、中小批量生产。目前常见的组成包括多台全自动数控机床（加工中心与车削中心等)，由集中的控制系统及物料搬运系统连接起来。图 8-26 所示为柔性制造系统框图。

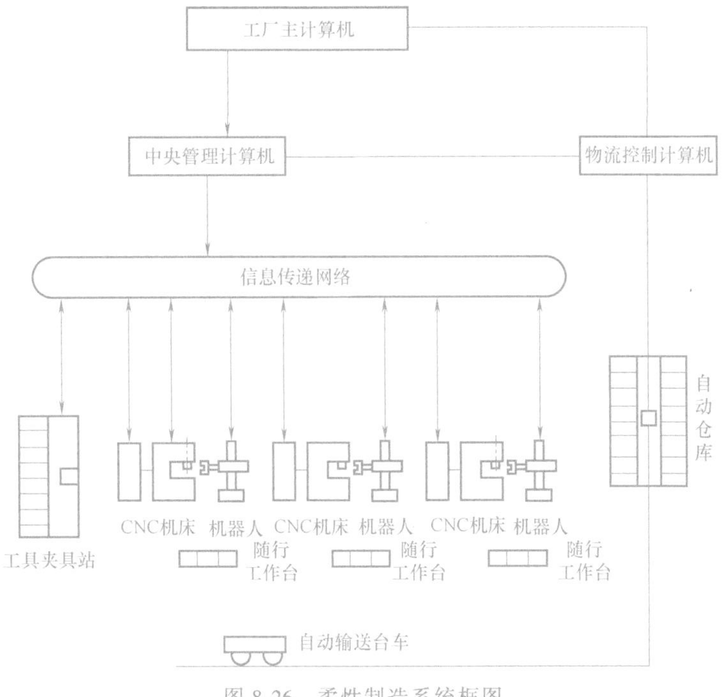


图 8-26 柔性制造系统框图

1. 加工系统

加工系统是 FMS 最基本的组成部分，也是 FMS 中耗资最多的部分，担负把原材料转化为最终产品的任务。该系统由自动化加工设备、检验站、清洗站、装配站等组成。加工系统中的自动化加工设备通常由 5~10 台 CNC 机床、加工中心及其附属设备（例如工件装卸系统、冷却系统、切屑处理系统和刀具交换系统等）组成，可以以任意顺序自动加工各种工件、自动换工件和刀具。

对于以加工箱体零件为主的 FMS，应配备数控加工中心（有时用 CNC 铣床）；对于以加工回转体零件为主的 FMS，多数配备 CNC 车削中心和 CNC 车床（有时也配备 CNC 磨床）；对于既加工箱体零件，又加工回转体零件的 FMS，需既配备 CNC 加工中心，又配备 CNC 车削中心；对于加工特殊零件的 FMS，需配备专用的 CNC 机床，如加工齿轮应配有 CNC 齿轮加工机床，有的 FMS 还应根据需要，配备焊接、喷漆等设备。

FMS 中配备的加工中心都必须具备托盘交换装置，以使它与物料运储系统相连接，而且要求其具有刀具存储能力，刀库容量应等于或大于可能由它加工的零件总共所需的刀具数，一般在 60 把左右，也有多达 100 把的。

FMS 中常需在适当位置设置检验工件尺寸精度的检验站，由计算机控制的坐标测量机负责检验工作。其外形类似三坐标数控铣床，在通常安装刀具的位置上装置检测测头，测头随夹持主轴按程序相对工件移动，检测工件上一些预定点的坐标位置。计算机读入这些预定点的坐标值之后，经过运算和比较，可算出各种几何尺寸（如外圆、内孔的直径和平面的平面度、平行度、垂直度等）的加工误差，并发出通过或不通过等命令。

清洗站的任务是清除工件夹具和装载平板上的切屑和油污。

工件装卸站设在物料处理系统中靠近自动化仓库和FMS的入口处。由于装卸操作系统较复杂，大多数FMS采用人力装卸。

### 2. 物料运送系统

物料运送系统指由多种运输装置构成，如传送带、轨道、自动化仓库、自动输送小车、机器人等，完成工件、刀具等的供给与传送的系统，它是柔性制造系统的主要组成部分。

毛坯一般先由工人装入托盘上的夹具中，并储存在自动仓库的特定区域内，然后由自动搬运系统根据物料管理计算机的指令送到指定的工位。固定轨道式台车和传送轨道适用于按工艺顺序排列设备的FMS，自动引导台车搬送物料的顺序则与设备排列位置无关，具有较大的灵活性。

工业机器人可在有限的范围内为1~4台机床输送和装卸工件，对于较大的工件常利用托盘自动交换装置（简称APC）来传送，也可采用在轨道上行走的机器人，同时完成工件的传送和装卸。

磨损了的刀具可以逐个从刀库中取出更换，也可由备用的子刀库取代装满待换刀具的刀库。车床卡盘的卡爪、特种夹具和专用加工中心的主轴箱也可以自动更换。切屑运送和处理系统是保证FMS连续正常工作的必要条件，一般根据切屑的形状、排屑量和处理要求来选择经济的结构方案。

### 3. 信息控制系统

信息控制系统是指对加工和运输过程中所需各种信息收集、处理、反馈，并通过计算机或其他控制装置（液压、气压装置等）对机床或运输设备进行分级控制的系统。此系统主要实施对整个FMS的控制和监督管理，由一台中央计算机与各设备的控制装置组成分级控制网络，构成信息流。

FMS信息控制系统的结构型式很多，但一般多采用群控方式的递阶系统。第一级为各个工艺设备的计算机数控装置（CNC），实现各加工过程的控制；第二级为群控计算机，负责把来自第三级计算机的生产计划和数控指令等信息，分配给第一级中有关设备的数控装置，同时把它们的运转状况信息上报给上级计算机；第三级是FMS的主计算机（控制计算机），其功能是制订生产作业计划，实施FMS运行状态的管理，及各种数据的管理；第四级是全厂的管理计算机。

性能完善的软件是实现FMS功能的基础，除支持计算机工作的系统软件外，更多的是根据使用要求和用户经验开发的专门应用软件，包括控制软件（控制机床和物料储运系统、检验装置和监视系统）、计划管理软件（调度管理、质量管理、库存管理、工装管理等）和数据管理软件（仿真、检索和各种数据库）等。

为保证FMS的连续自动运转，须对刀具和切削过程进行监控，可采用的方法：测量机床主轴电动机输出的电流、功率，或主轴的转矩；利用传感器拾取刀具破裂的信号；利用接触测头直接测量刀具的切削刃尺寸或工件加工面尺寸的变化；累积计算刀具的切削时间以进行刀具寿命管理。此外，还可利用接触测头来测量机床热变形和工件安装误差，并据此对其进行补偿。

## 8.3.3 其他柔性制造技术

### 1. 柔性制造线

柔性制造线（FML）是处于单一或少品种、大批量非柔性自动线与多品种、中小批量柔性制造系统之间的生产线。其加工设备可以是通用的加工中心、CNC 机床，也可以采用专用机床或 NC 专用机床，对物料搬运系统柔性的要求低于柔性制造系统，但生产率更高。柔性制造线的特点是实现生产线柔性化及自动化。与刚性自动化生产线相比，柔性制造线工序相对集中，没有固定的生产节拍、物流统一的路线，进行混流加工，实现在中、小批量生产条件下接近大批量生产中采用刚性自动线所实现的高效率和低成本。

2. 柔性制造工厂

柔性制造工厂（FMF）是将多条柔性制造系统连接起来，配以自动化立体仓库，用计算机系统进行联系，覆盖从订货、设计、加工、装配、检验、运送至发货的完整的柔性制造系统。FMF 是自动化生产的最高水平，反映出世界上最先进的自动化应用技术。它是将产品开发、制造及经营管理的自动化连成一个整体，以信息流控制物质流的智能制造系统（IMS）为代表，其特点是将柔性制造系统扩大到全厂范围内的生产管理过程、机械加工过程和物料储运过程的全盘自动化。

3. 计算机集成制造系统

计算机集成制造系统（CIMS）是随着计算机辅助设计与制造的发展而产生的。它是在信息技术、自动化技术的基础上，通过计算机技术把分散在产品设计制造过程中各种孤立的自动化子系统有机地集成起来，形成适用于多品种、小批量生产，实现整体效益的集成化和智能化的制造系统。

CIMS 包括制造工厂的生产、经营的全部活动，具有经营管理、工程设计和加工制造等主要功能，由三大子系统构成，即经营决策管理系统（BDMS），计算机辅助设计、辅助工艺设计与辅助制造系统（CAD/CAPP/CAM）和柔性制造系统（FMS），特点如下：

1）CAD/CAPP/CAM。实现部件设计、零件设计、工艺设计以及 NC 代码生成的信息集成，可大大缩短工程设计时间。

2）加工制造。按照 NC 代码将毛坯加工成合格的零件并装配成部件、产品。

3）计算机辅助生产管理。包括制订年、月、周生产计划，物资需求计划，财务、仓库的各种管理、市场预测计划及制订长期发展战略计划等。

## 8.4 其他现代加工设备简介

### 8.4.1 车铣复合加工中心

车铣复合加工中心既可完成车削的多种工序，又能完成铣、钻、镗、攻螺纹等工艺的多种工序，好似把一台数控车床和一台小型加工中心复合在一起。车铣复合加工中心可以在一次装夹中完成大部分或全部工序加工，从而减少机床和夹具，免去工序间的搬运和储存，提高加工精度，缩短加工周期和节约作业面积。

车铣复合加工中心多以单主轴或双主轴的车削中心为基础，将转塔刀架改为配有刀库和换刀机构的电主轴铣头，如日本 MAZAK 公司生产的 Integrex-IVST 系列和德国 DMG 公司生产的 GMX linear 系列的车铣复合加工中心等，如图 8-27 所示，其电主轴铣头可以沿 $X$、$Z$ 轴移动，还有 $Y$ 轴行程和 $B$ 轴转动。

DMG 生产型车铣复合加工中心 GMX 250 S linear 除了保留 GMX linear 车铣复合加工中心的

所有优点外，还吸收了 DMG 其他机床的众多优点。集合了西门子 SolutionLine 和 ShopTurn 的编程控制系统，是全球独一无二的一项创举。DMG 生产型车铣复合加工中心 GMX 200 S linear 采用图形辅助编程技术，解除了大多数人对于万能车削加工中心操作编程复杂的顾虑，这项技术可以应用于零件的 3D 模拟加工，如图 8-28 所示，甚至可以加入 *B* 轴的模拟加工。

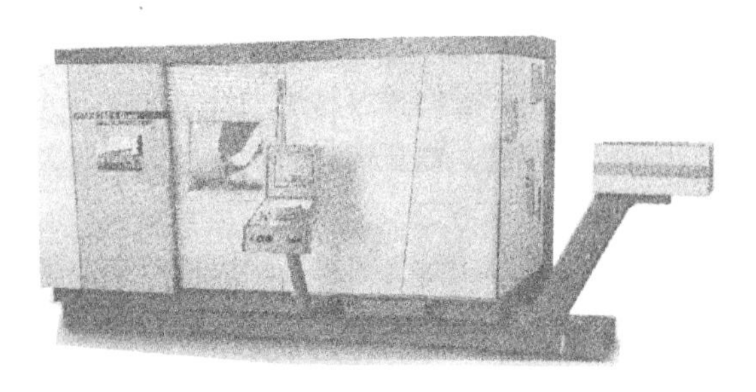

图 8-27　GMX linear 系列的车铣复合加工中心

图 8-28　3D 模拟加工

## 8.4.2　切削加工与激光加工或超声波加工相复合

德国 DMG 公司几年前就在高速铣床的基础上增加了一个激光加工头，推出了铣削与激光复合加工的机床 DMU60 L（现在的型号是 DML60 HSC），如图 8-29 所示。该机床装有 1 个功率为 100W 的 Q 开关 YAG 激光器，光束直径为 0.1mm、加工效率为 $20mm^3/min$。工件（主要是模具）在这种机床上一次装夹后，先用高速铣头完成绝大部分工作，再用激光头以层切方式进行精加工，去掉型面的铣削痕迹，加工出精细部分，包括雕刻花纹和图案。新型 DML60 HSC 的 HSC 铣刀头主轴速度可达 42000r/min（标准型为 12000r/min），可以最高的精度进行预加工。在同一次装夹中，激光头接管复杂零件或刻字的精加工。新开发的 LaserSoft 3 维量发生器使得组合加工更为高效，因为现在不通过铣刀切削的材料可以经过计算后由激光来切削。

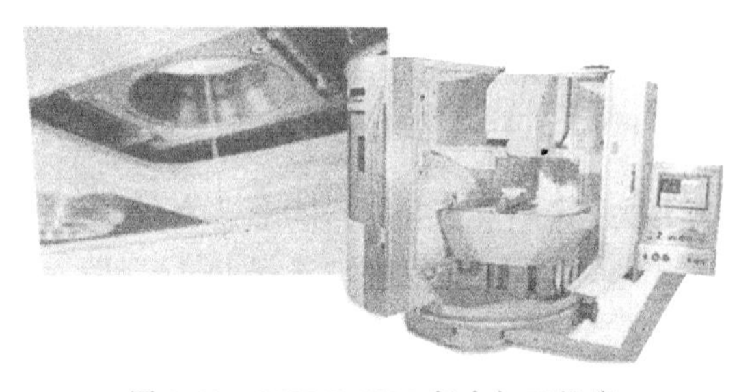

图 8-29　DML60 HSC 复合加工机床

玻璃、陶瓷、硬质合金等硬脆材料，用传统的工艺方法是很难加工的，然而，如果在传统的铣削、钻削、磨削的过程中加上高频振动运动，即把超声技术与切削加工技术相结合，加工效率则会显著提高，这种加工技术称为“超声波”加工。之所以称为“超声波”加工，是因为金属切削工艺是靠超声波技术支持的。铣、镗、磨的刀具头上镶有工业金刚石，金刚石刀具以额定频率为 20kHz 即 20000 次/s 的脉动方式“打”入工件，在伸出或振幅的最高点，附在刀具上的多个金刚石核与工件的表面碰撞，于是材料就变成极小的颗粒。即使是最硬的材料也可以用很小的接触力和很高的进给功率进行加工，生产率比传统方法提高 5 倍，表面粗糙度 $Ra<0.2\mu m$。因为有智能控制算法，即使是 0.3mm 直径的精密钻孔也能保证过程安全，工件和刀具均得到保护。因为接触力和热应力都小，金刚石刀具会自我锐化，保证了在小的接触力之下的高切削率。机械使用寿命长。

德国DMG公司的DMS系列超声波加工机床，就是借助主轴上的转换器把超声波发生器的电气高频信号转换成20kHz的机械振动运动（纵向运动），然后由调压器放大和控制振动幅值，再通过获得专利的Sauer圆锥形刀夹，把振动全部传给金刚石颗粒制成的铣刀、钻头或砂轮，使刀具在加工过程中对工件表面进行20000次/s的连续敲击，将零件表面材料以微小颗粒形式分离出来，如图8-30所示。DMS系列超声加工机床有3轴联动控制和5轴联动控制两种类型，主轴转速为20~6000r/min，还可选配刀库和自动换刀装置，从而成为既具有超声波加工功能，又能进行钻、铣、磨等多工序复合加工的机床。

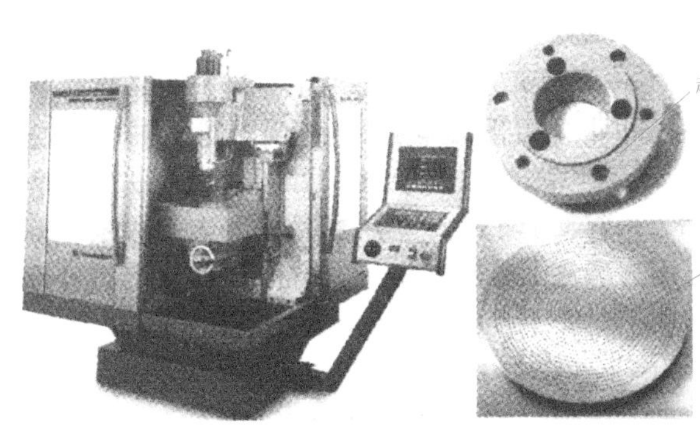


图8-30 DMS系列超声波加工机床及加工件

### 8.4.3 新兴的车磨复合加工中心

车磨复合加工中心从研制开发到生产应用仅仅经过了短短5~6年的时间，其间经过了“以车代磨”和“车磨复合”两个阶段。

“以车代磨”阶段的主要研究方向是提高车削能力，改善加工质量（如高速车削表面粗糙度值 $Ra$ 可达0.8μm）；改良车床布局，提高加工能力（在车削中心上加装磨削主轴）等。“车磨复合”阶段着重解决了机床复合结构的问题。具体措施包括：采用人造花岗岩床身；车削/磨削加工区域分离；冷却系统/排屑系统分离；倒置立式结构等。目前，该类加工中心主要应用在批量生产和精密零件的加工制造领域。其加工性能主要体现在提高生产率、提高加工精度、降低加工成本、改善加工质量、节约生产占地、降低机床维护成本等诸多方面。车磨复合加工中心可以进一步提高加工能力，如扩大零件加工范围，提高多次夹紧定位能力等。

图8-31 德国EMAG公司的VSC250 DS车磨复合加工中心

现在市场上所谓的车磨复合加工中心是指对淬硬的回转体件进行硬车和精磨的复合加工机床。1998年德国EMAG公司展出了全球首台倒置式车磨复合加工中心，2000年投入生产使用。图8-31所示的车磨复合加工中心，配置有车刀和磨削主轴的转塔刀架在主轴下方，只进行分度转动而不移动，主轴在上方做 $X$ 轴和 $Z$ 轴运动（由主轴内的套筒完成 $Z$ 轴运动）并负责上、下料。它主要用于加工淬硬的盘、套类零件，如传动齿轮、滑动联轴器、轴承环等。凡是硬车能达标的部位都由车削完成，需要磨削的部位经硬车后也只留下几微米的余量，这样不仅生产率高，而且加工质量好。如今 EMAG 的车磨复合加工中心已有多种类型，其中有的还增加了 *Y* 轴控制功能，刀具配置则更加灵活，根据需要最多可配置 4 个磨削轴、12 把车刀。

图 8-32　端面齿的卧式平面磨削

梅格勒（Maegerle）公司的带自动交换装置的平面磨床和成形磨床也是复合机床的代表。图 8-32 所示为端面齿的卧式平面磨削过程换刀装置，一般安装 6～24 把大小不同的刀具，其中有一个能换到主轴上的测头，用于测量过程。该装置可以在 10s 内完成任何种类和大小刀具的自动换刀，并且自动换砂轮后，能自动找正砂轮，并调好下一道磨削工序。该系列机床的 5 个加工步骤（过程链）：磨端面齿→内磨滚珠轴承滚道→磨外圆和轴肩→钻安装孔→铣削键槽。

MFP50 机床装备了一根带有换刀机构的可高速移动卧式主轴和一个动力转台，如图 8-33 所示。该机床能加工直径为 300mm、高度为 50mm 的圆形工件，Maegerle 的机床任何时候都能在端面上磨削端面齿，磨削滚珠轴承带 V 形槽的内圆面，切入磨削带平面轴肩的外圆，镗位置精度高的安装孔和铣键槽。图 8-34 所示为一次加工过程中完成镗孔、磨削和测量，位置误差小于 4μm。

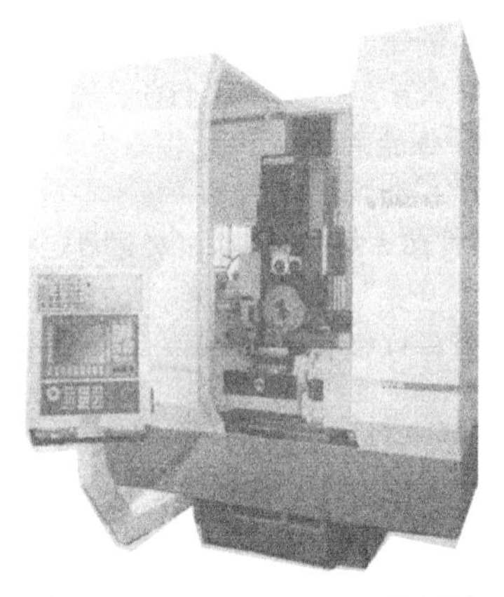

图 8-33　Maegerle MFP50 外观图

图 8-34　一次加工过程中完成镗孔、磨削和测量

## 8.4.4　数控复合加工机床的发展趋势与方向

从近年国内、外举办的国际性机床产品展览会上所展出的数控机床新产品和有关的评论分析资料来看，数控复合加工机床的主要技术发展趋势和方向较集中地表现如下：

### 1. 继续扩大单台数控机床的复合加工能力

通过对工艺过程和工序的优化（如合并、简化加工过程），刀具结构的改进（如采用组合刀具、专门刀具等），减少工艺、工序及所需工具的数量；通过机床结构和配置的创新（如多轴控制的主轴头、多刀位的转塔式刀架和砂轮头架等），增加机床的灵活度、刀具的储备量和自动提供（更换）刀具的能力，从而提高机床复合加工的能力，使更多的零件、更多的工艺的和工序都能在一台机床上一次装夹后完成加工。例如日本MAZAK公司推出的Integrex-Ⅲst和Integrex-Ⅳst系列双主轴五联动的车铣复合加工机床，除了具有车削、铣削功能外，还具有曲轴加工、滚齿、内外圆磨削和激光淬火等加工功能。

2. 向多主轴、多刀架、多工位的方向发展

为了进一步提高生产率，特别是单台复合加工机床的产出率，数控复合加工机床在向多主轴、多刀架、多工位的方向发展。之所以采用多主轴、多刀架的结构，除部分是出于加工工艺和工序的需要外，多数是因为采用多主轴可同时加工多个相同的零件而多刀架可同时对同一个零件进行多工序加工，在加工时间上相互重合，从而能成倍地提高复合加工机床单位时间内的产出成果。因为这些多主轴、多刀架的机床实质上相当于两台或多台相同的数控复合加工机床组合在一起，只是采用了共同的床身且由同一个数控系统进行控制。不过这样一台多主轴、多刀架机床的成本要比多台独立的单主轴机床的总成本便宜，在经济上还是有优势的。

3. 向大型化方向发展

因为复合加工的主轴优点之一是减少了零件在多工序和多工艺加工过程中的多次重新安装调整和夹紧的时间，而大型零件一般多是结构复杂、要求加工的部位和工序较多、安装定位也较费时费事的零件，所以采用数控机床进行复合加工比较有利。为了适应大型、重型机械行业的发展，满足大型产品的加工需要，数控复合加工机床有向大型化发展的趋势。

4. 向结构模块化和功能可快速重组的方向发展

结构模块化是数控复合加工机床快速发展的基础，而数控复合加工机床的功能可快速重组则是其能快速响应市场需求，抢占市场的重要条件。因此，国外许多著名的机床制造厂商早已为此努力研发。事实上，一些技术先进的厂家（如德国的DMG、EMAG和TRAUB公司等）的许多产品都已实现了结构模块化，并正在向实现功能快速重组的方向努力。

## 思考与练习题

8-1 加工中心机床与一般数控机床有何异同？

8-2 何谓分度工作台和数控转台？试举例说明。

8-3 简述机械手类型、特点及适应范围。

8-4 加工中心自动换刀装置有哪几种型式？各有何特点？

8-5 刀库有哪几种型式？各适用于什么场合？

8-6 简述无机械手加工中心换刀过程。

8-7 描述数控五轴机床的特点。

8-8 五轴加工中心有哪几类？各有何优、缺点？

8-9 五轴加工中心从加工应用范围上看，有何不同？

8-10 什么是柔性制造单元？它是由哪些部分组成的？

8-11 什么是柔性制造系统？它与普通自动生产线有何区别？

8-12 简述何为CIMS系统。

8-13 简述数控复合加工机床的发展趋势与方向。

# 第9章 金属切削原理与刀具

**知识要求**

1）理解切削运动与切削三要素。

2）掌握刀具的组成、刀具的基本几何角度与工作角度。

3）了解刀具常用材料的性能与用途。

4）理解切削过程中，切削液、刀具参数与切削用量的选用原则。

5）了解现代切削新技术。

**能力要求**

1）具有根据加工要求合理选用刀具材料、刀具参数的能力。

2）具有结合加工工件正确选用切削液、切削参数的能力。

**素质要求**

引导学生向身边的技术能手学习，汲取榜样的力量，全面提升专业水平。

金属切削加工是指用刀具从工件上切除多余金属材料的加工方法。常用的刀具有车刀、铣刀、刨刀、钻头、齿轮刀具等，常见的切削加工方法有车削、铣削、刨削、钻削、齿轮加工等。切削加工虽有多种不同方式，但它们在很多方面都有共同之处。

## 9.1 刀具几何角度及切削要素

### 9.1.1 切削运动与切削用量

#### 1. 切削运动

切削运动是指切削加工时，刀具和工件之间的相对运动。如图9-1所示，车削时工件的旋转运动是切除多余金属的基本运动。车刀平行于工件轴线的直线运动，保证了切削的连续进行。由这两个运动组成的切削运动，完成了工件外圆表面的加工。一般，切削运动按在切削加工中所起的作用不同分为主运动和进给运动两大类。

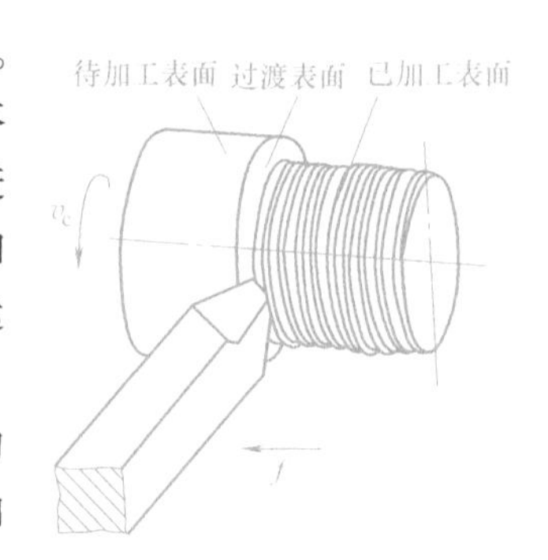


图9-1 车削运动和切削表面

（1）主运动 直接切除毛坯上的多余金属使之变成切屑的运动称为主运动。主运动速度高，是消耗功率最多的运动。如车床工件的旋转、铣床铣刀的旋转、磨床砂轮的旋转、钻床和镗床的刀具旋转、牛头刨床的刨刀及龙门刨床的工件直线往复移动等都是主运动。

对旋转主运动，其主轴转速的单位以 r/min 表示；对直线往复主运动，其直线往复运动速度的单位以双行程/min 表示。

（2）进给运动　不断地将被切金属投入切削，以逐渐切出整个工件表面的运动称为进给运动。进给运动的速度低，消耗功率很少。如图 9-2 所示，车削时刀具的直线运动（图 9-2a）、钻削时刀具的轴向运动（图 9-2b）、刨削时工件的间歇直线运动（图 9-2c），铣削时工件的直线移动（图 9-2d），磨削时工件的旋转运动及其往复直线运动（图 9-2e）等都是进给运动。主运动和进给运动可由刀具和工件分别完成，也可由刀具单独完成。

进给运动速度的常用单位：mm/r（如车床、钻床、镗床等），mm/min（如铣床等）。

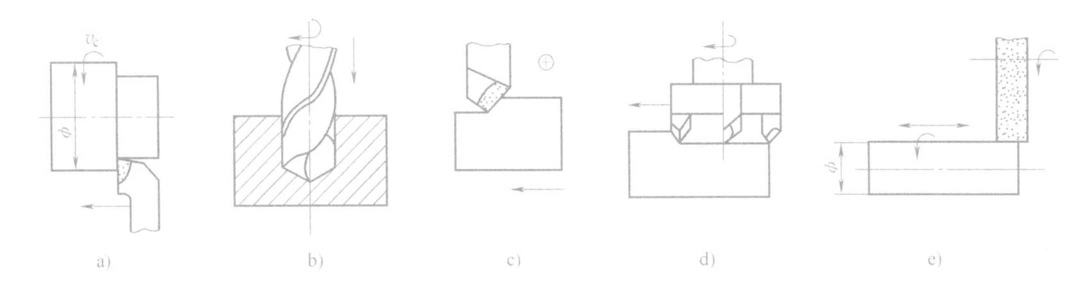


图 9-2　切削运动

## 2. 切削中的加工表面

在主运动和进给运动这两个运动合成的切削作用下，工件表面的一层金属不断地被刀具切下来并转化为切屑，从而加工出所需要的工件新表面。在新表面的形成过程中，被加工工件上有三个依次变化着的表面：待加工表面、已加工表面和过渡表面，如图 9-1 所示。

1）待加工表面：工件上即将切除的表面。

2）已加工表面：工件上经刀具切除金属后而形成的新表面。

3）过渡表面（或称切削表面）：切削刃正在切削的工件表面，也是待加工表面与已加工表面之间的过渡表面。

## 3. 切削用量

在切削加工过程中，需要针对不同的工件材料、刀具材料和其他技术经济要求来选定适宜的切削速度 $v$、进给量 $f$（或进给速度 $v_f$）和背吃刀量（切削深度）$a_p$ 值。将 $v$、$f$、$a_p$ 称为切削用量三要素。

（1）切削速度 $v$　切削速度 $v$ 是切削刃选定点相对于工件的主运动的瞬时速度，也就是在单位时间内，工件和刀具沿主运动方向相对移动的距离。切削速度 $v$ 的单位为 m/s 或 m/min。车削时，则

$$v=\frac{\pi d_w n}{1000} \tag{9-1}$$

式中　$d_w$——工件待加工表面的直径（mm）；

$n$——工件的转速（r/s 或 r/min）。

有时已知切削速度 $v$，需计算主运动的转速 $n$，可按下式进行：

$$n=\frac{1000v}{\pi d_{\mathrm{w}}} \tag{9-2}$$

(2) 进给量 $f$、每齿进给量 $f_z$、进给速度 $v_f$　进给量 $f$ 是工件或刀具每回转一周时，两者沿进给运动方向上相对移动的距离。进给量的单位为 mm/r 。

每齿进给量 $f_z$ 是对于多齿切削刀具（铣刀、铰刀、拉刀和齿轮滚刀等）工作时，每转或每行程中每齿相对工件在进给运动方向上的位移量，其单位为 mm/齿。

进给速度 $v_f$ 是切削刃上选定点相对工件的进给运动的瞬时速度。即单位时间的进给量，其单位为 mm/s 或 mm/min。

三者之间的关系是

$$v_{\mathrm{f}}=fn=f_z zn \tag{9-3}$$

(3) 背吃刀量（切削深度）$a_p$　背吃刀量是在通过切削刃基点并垂直于工作平面的方向上测量的吃刀量。即刀具切入工件时，工件上已加工表面与待加工表面之间的垂直距离，其单位为 mm。

车削外圆柱表面时可以用下式计算：

$$a_{\mathrm{p}}=\frac{d_{\mathrm{w}}-d_{\mathrm{m}}}{2} \tag{9-4}$$

式中　$d_w$——工件待加工表面的直径（mm）；

$d_m$——工件已加工表面的直径（mm）。

钻孔时可以用下式计算：

$$a_{\mathrm{p}}=\frac{d_{\mathrm{m}}}{2} \tag{9-5}$$

#### 4. 切削层

切削层是指工件上正在被切削刃切削着的一层金属。各种切削层参数的含义可用典型的外圆车削来说明。如图 9-3 所示，当工件旋转一周时，车刀由位置Ⅰ移动到位置Ⅱ，其沿轴向移动的距离为进给量 $f$。位置Ⅰ与位置Ⅱ之间被切离的一层金属就称为切削层。通过刀具切削刃基点并垂直于该点主运动方向所作的切削层剖面（即刀具基面）称为切削层尺寸平面。

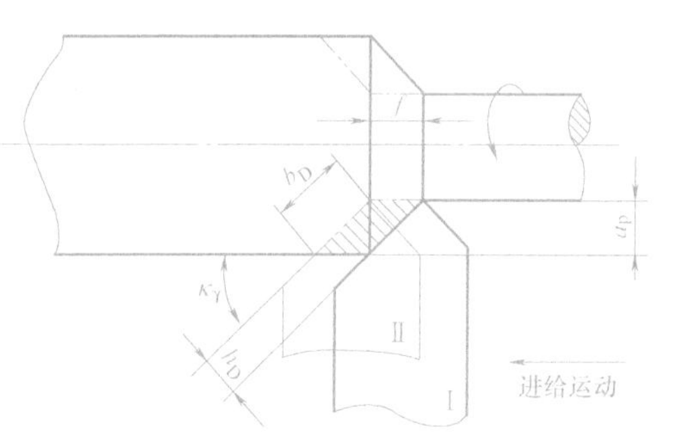


图 9-3　外圆纵车时切削层参数

### 9.1.2　刀具切削部分组成与刀具角度

#### 1. 刀具的组成

金属切削刀具的种类虽然很多，但它们在切削部分的几何形状和参数方面都有共性，即不论刀具构造如何复杂，它们的切削部分总是近似地以外圆车刀切削部分为基本形态的。即使是复杂刀具，单看其中一个刀齿，它的几何形状都相当于一把车刀。下面以外圆车刀为例来说明刀具切削部分的构成要素。

外圆车刀是由刀头和刀柄两部分组成的，如图 9-4 所示。刀头是直接参加切削工作的，故又称为切削部分；刀柄是用来将车刀夹持在刀架上的，故又称为夹持部分。典型外圆车刀的切削部分一般由三个刀面、两个切削刃和一个刀尖组成。

图 9-4 车刀切削部分的组成

1）前面 $A_\gamma$ 又称前刀面，是刀具上切屑流出时经过的表面。

2）主后面 $A_\alpha$ 又称后刀面，是刀具与工件上过渡（切削）表面相对的表面。

3）副后面 $A'_\alpha$ 是刀具与工件上已加工表面相对的表面。

4）切削刃是刀具前面上拟作切削用的刃，根据其所处的位置和作用不同而分为主切削刃和副切削刃。

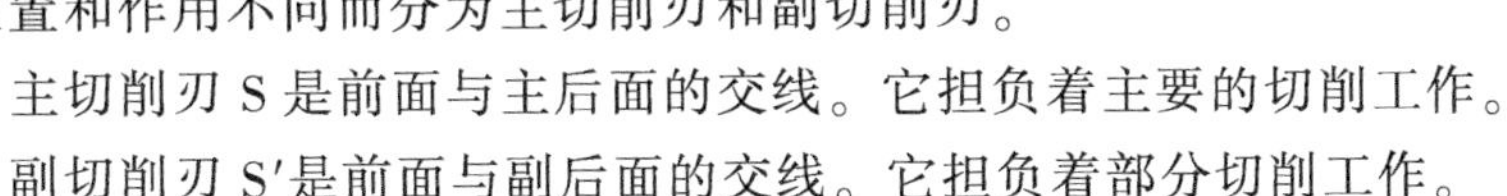

主切削刃 S 是前面与主后面的交线。它担负着主要的切削工作。

副切削刃 S′是前面与副后面的交线。它担负着部分切削工作。

5）刀尖是指主切削刃与副切削刃的连接处相当少的一部分切削刃。刀尖有三种类型，即两切削刃有实际交点（$r_\varepsilon=0$），被磨成一小段圆弧形成修圆刀尖（$r_\varepsilon>0$）和被磨成一小段直线过渡刃形成倒角刀尖。

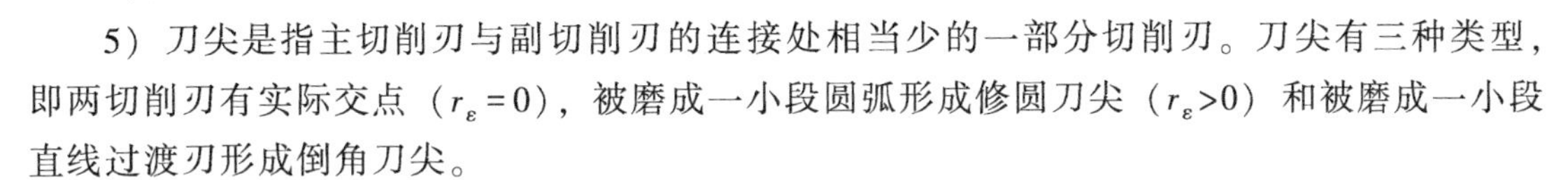

### 2. 刀具的静止参考系

为了确定刀具切削部分各表面和切削刃的空间位置，需要假想一些辅助平面，用于定义和规定刀具角度的各基准坐标平面和测量平面，来组成刀具的平面参考系。刀具的设计、制造、刃磨和测量都是在非切削状态下进行的，故其所在的参考系称为刀具的静止参考系，如图 9-5 所示。在该参考系的坐标平面内确定的刀具几何角度，称为刀具的静止角度，即标注角度。刀具静止角度参考系是在下列理想条件下确定的：

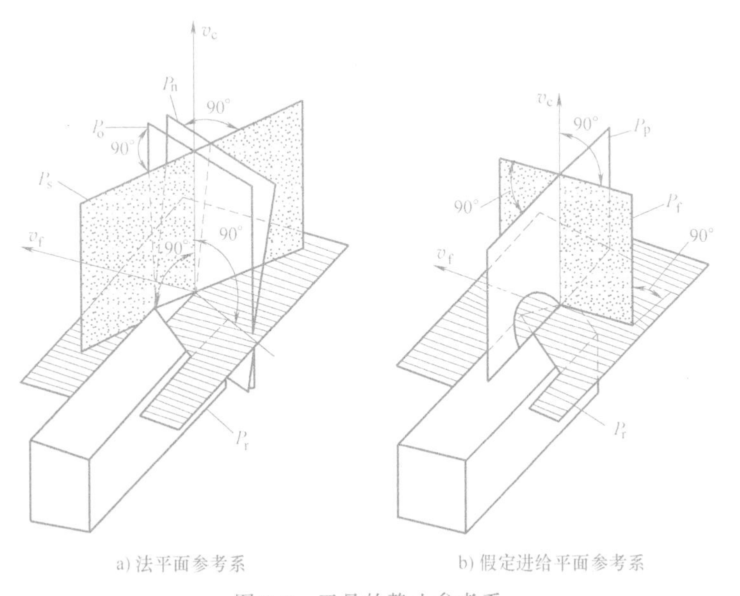


a) 法平面参考系　　b) 假定进给平面参考系

图 9-5 刀具的静止参考系

① 刀尖与工件回转轴线等高；

② 刀柄纵向轴线垂直或平行于进给运动方向；

③ 刀具安装和刃磨的基准面垂直于切削平面 $P_s$，平行于基面 $P_r$；

④ 假定 $f=0$，即没有进给运动。

在刀具静止坐标参考系中作为基准平面的是基面和切削平面。

1）基面 $P_r$ 指过切削刃选定点并垂直于假定主运动方向的平面。图 9-5 中的 $P_r$ 为普通车刀的基面，它平行于刀具底面。

2）切削平面是指通过切削刃选定点与切削刃相切并垂直于基面的平面。由于刀具具有主切削刃和副切削刃，所以切削平面又分为主切削平面和副切削平面。

主切削平面 $P_s$ 是指通过主切削刃选定点与主切削刃相切并垂直于基面的平面。在无特殊情况时，主切削平面一般称为切削平面。

副切削平面 $P_s'$是指通过副切削刃选定点与副切削刃相切并垂直于基面的平面。

从以上定义可知，基面和切削平面在空间总是互相垂直的。对于同一切削刃上的不同点，可能有不同的基面和切削平面。

### 3. 刀具静止角度的测量平面及其参考系

刀具静止参考系仅有基准平面（即基面和切削平面）还不够，因为互相垂直的基面和切削平面，分别与车刀的前面、后面形成了夹角。由于该夹角是两个平面之间的夹角，故称两面角。在不同的剖面内测量，两面角的角度值是变化的。因此，为了确切地表示刀具的角度，还必须确定其他测量平面。常用的测量平面如图 9-5 所示。

1）正交平面（主剖面）$P_o$ 是通过主切削刃选定点并同时垂直于基面和切削平面的平面。也可认为，正交平面是过切削刃选定点垂直于主切削刃在基面上的投影所作的平面。此外，通过副切削刃选定点并同时垂直于基面和切削平面所作的平面，称为副切削刃的正交平面，即副剖面。

2）法平面 $P_n$ 是通过切削刃选定点并垂直于切削刃的平面。

3）假定工作平面（进给平面）$P_f$ 是通过切削刃选定点并垂直于基面和平行于假定的进给运动方向的平面。

4）背平面（切深平面）$P_p$ 是通过切削刃选定点并垂直于基面和假定工作平面的平面。

以上不同的测量平面与基准平面构成了目前常用的四种刀具静止角度参考系，即正交平面参考系、法平面参考系、假定工作平面参考系和背平面参考系，如图 9-5 所示。

在正交平面参考系中，正交平面、基面和切削平面三者总是互相垂直的；在法平面参考系中，法平面总是与切削平面垂直的；在假定工作平面参考系和背平面参考系中，假定工作平面和背平面总是与基面垂直的。

### 4. 刀具的基本几何角度

刀具的标注角度在正交平面参考系中用希腊小写字母标记，下角标 γ 表示该角度的测量平面为基面 $P_\gamma$；下角标 o 表示该角度的测量平面为正交平面 $P_o$；下角标 s 表示该角度的测量平面为切削平面 $P_s$。各测量平面的标注角度如图 9-6 所示。

（1）在基面内标注测量的角度

1）主偏角 $\kappa_\gamma$ 是基面内主切削平面与假定工作平面之间的夹角。

2）副偏角 $\kappa_\gamma'$是基面内副切削平面与假定工作平面之间的夹角。

3）刀尖角 $\varepsilon_\gamma$ 是基面内主切削平面与副切削平面之间的夹角。$\varepsilon_\gamma$ 是一个派生角，即 $\varepsilon_\gamma=180°-(\kappa_\gamma+\kappa'_\gamma)$。

（2）在正交平面内标注测量的角度

1）前角 $\gamma_o$ 是正交平面内前面与基面之间的夹角。

2）后角 $\alpha_o$ 是正交平面内后面与切削平面之间的夹角。

前角和后角都有正、负和0°之分。其判断方法是，当前面与基面重合时，$\gamma_o=0°$；当前面与切削平面之间的夹角小于90°时，$\gamma_o>0°$；当前面与切削平面之间的夹角大于90°时，$\gamma_o<0°$；当后面与切削平面重合时，$\alpha_o=0°$；当后面与基面之间的夹角小于90°时，$\alpha_o>0°$；当后面与基面之间的夹角大于90°时，$\alpha_o<0°$。

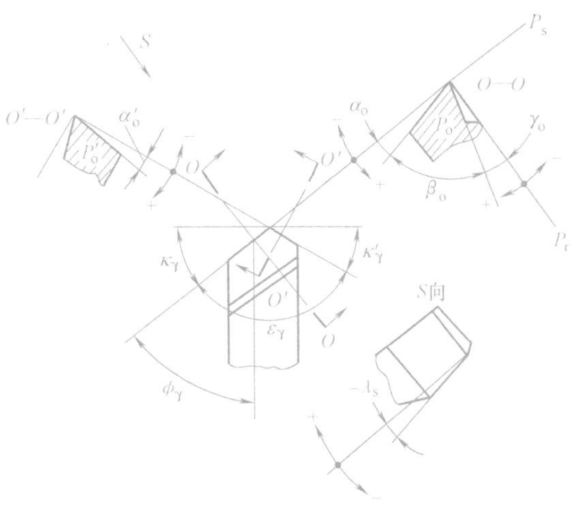

图 9-6　车刀的主要标注角度

3）楔角 $\beta_o$ 是正交平面内前面与后面之间的夹角。因为 $\beta_o=90°-(\gamma_o+\alpha_o)$，所以它也是一个派生角。

（3）在主切削平面内标注测量的角度　刃倾角 $\lambda_s$ 是主切削平面内主切削刃与基面之间的夹角。

当刀尖处于主切削刃的最高点时，$\lambda_s$ 为正值；当刀尖处于主切削刃的最低点时，$\lambda_s$ 为负值；当主切削刃与基面重合时，$\lambda_s$ 等于零。

（4）在副正交平面内标注测量的角度　副后角 $\alpha'_o$ 是副切削刃的正交平面（即副剖面）内副后面与副切削平面之间的夹角。

此外，还有副前角 $\gamma'_o$ 和副切削刃的刃倾角 $\lambda'_s$。但是它们都不是独立的角度，当主、副切削刃共面时，其数值大小由 $\kappa_\gamma$、$\kappa'_\gamma$、$\lambda_s$ 和 $\gamma_o$ 的数值而定。

在正交平面参考系中，使主切削刃和前、后面完全定位的基本角度是 $\kappa_\gamma$、$\lambda_s$、$\gamma_o$ 和 $\alpha_o$。其中，$\kappa_\gamma$、$\lambda_s$ 确定主切削刃的方位；$\gamma_o$、$\alpha_o$ 确定前面和主后面的方位。

综上所述可知，在正交平面参考系中，典型外圆车刀是由三面（前面、主后面、副后面）、两刃（主切削刃、副切削刃）、一尖（刀尖）和六个基本角度（$\kappa_\gamma$、$\kappa'_\gamma$、$\gamma_o$、$\alpha_o$、$\lambda_s$、$\alpha'_o$）组成的单刃刀具。

5. 刀具的工作角度

刀具的工作角度是刀具在工作时的实际切削角度。由于静止角度（标注角度）是在假定进给量 $f=0$ 条件下规定的角度，而实际切削加工时不一定符合假定条件，因此，车刀的工作角度不等于其标注角度。

刀具的工作角度是由刀具工作参考系确定的角度。在通常情况下的普通车削、镗孔、端铣、周铣等，由于 $v_f \ll v$，刀具的工作角度近似地等于标注角度（不超过1°），因而，可以不进行工作角度的计算。但是当切削螺纹或丝杠、铲背、切断或刀具的特殊安装时，由于 $v_f$ 的影响，必须计算刀具的工作角度，据此换算出刀具的静止角度，以便于制造和刃磨。

(1) 刀具工作参考系平面　刀具工作参考系的基准平面，是依据合成切削运动方向来确定的。为此，刀具工作参考系的基准平面和工作角度的表示符号，习惯在刀具静止基准平面和静止角度的基础上加注下角标“e”。

1) 工作基面 $P_{re}$ 是指通过切削刃选定点并与合成切削速度方向相垂直的平面。

2) 工作切削平面 $P_{se}$ 是指通过切削刃选定点与切削刃相切并垂直于工作基面的平面。

3) 工作正交平面 $P_{oe}$ 是指通过切削刃上的选定点并同时与工作基面和工作切削平面相垂直的平面。

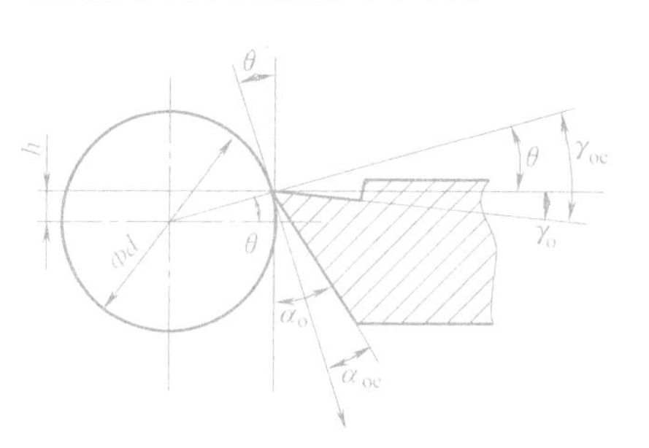

图 9-7　切削刃安装高低的影响

(2) 刀具安装位置对刀具几何角度的影响

1) 切削刃安装高低对工作前、后角的影响。以切断车刀为例，如图 9-7 所示，当切削点高于工件中心时，工作基面与工作切削平面与正常位置相应的平面成 $\theta$ 角，由图可以看出，此时工作前角增大 $\theta$ 角，而工作后角减小 $\theta$ 角。如果刀尖低于工件中心，则工作角度变化与之相反。内孔镗削时与加工外表面情况相反。

$$\gamma_{oe}=\gamma_o\pm\theta \tag{9-6}$$

$$\alpha_{oe}=\alpha_o\mp\theta \tag{9-7}$$

式中　$\theta$——正交平面内 $P_\gamma$ 与 $P_{re}$ 的转角。

$$\tan\theta=h/\sqrt{\left(\frac{d_w}{2}\right)^2-h^2} \tag{9-8}$$

式中　$h$——刀尖高于或低于工件中心的数值（mm）；

$d_w$——工件待加工表面直径（mm）。

2) 刀杆中心线与进给方向不垂直对工作主、副偏角的影响。如图 9-8 所示，当刀杆中心线与正常位置相比偏 $\theta$ 角时，刀具标注工作角度的假定工作平面与现工作平面 $P_{fe}$ 成 $\theta$ 角，因而工作主偏角 $\kappa_{\gamma e}$ 增大（或减小），工作副偏角 $\kappa'_{\gamma e}$ 减小（或增大），角度变化值为 $\theta$ 角，有

$$\kappa_{\gamma e}=\kappa_\gamma\pm\theta \tag{9-9}$$

$$\kappa'_{\gamma e}=\kappa_\gamma\mp\theta \tag{9-10}$$

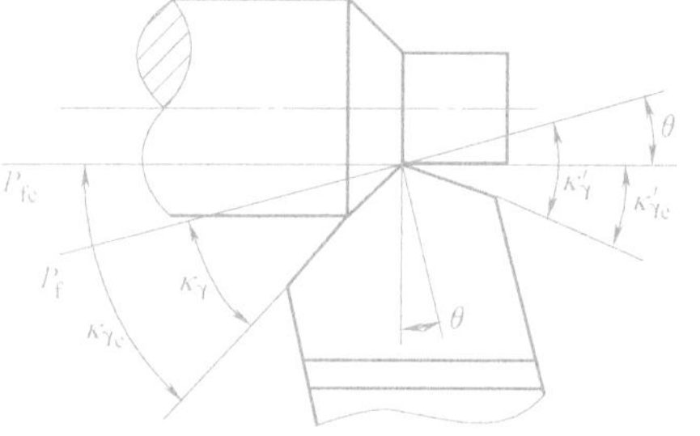

图 9-8　刀杆中心线偏斜的影响

(3) 进给运动对刀具几何角度的影响　以切断车刀横车为例，设主偏角 $\kappa_\gamma=90°$，前角 $\gamma_o>0°$，后角 $\alpha_o>0°$，左、右副偏角 $\kappa'_{rL}=\kappa'_{rR}$，左、右副后角 $\alpha'_{oL}=\alpha'_{oR}$，刃倾角 $\lambda_s=0°$，安装时切削刃对准工件中心。

当考虑横向进给运动时，切削刃上选定点相对于工件的运动轨迹，是主运动和横向进给运动的合成运动轨迹，为一条阿基米德螺旋线。其合成运动 $v_e$ 方向为过该点的阿基米德螺旋线的切线方向。工作基面 $P_{re}$ 应垂直于 $v_e$，工作切削平面 $P_{se}$ 过切削刃选定点应切于阿基米德螺旋线和 $v_e$ 重合，于是 $P_{re}$ 和 $P_{se}$ 相对于 $P_\gamma$、$P_s$ 转动了一个角度 $\mu$（在假定工作平面

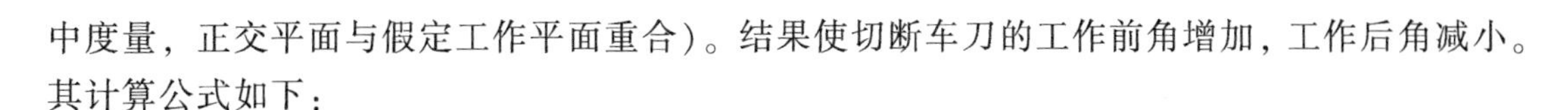

中度量，正交平面与假定工作平面重合）。结果使切断车刀的工作前角增加，工作后角减小。其计算公式如下：

$$\gamma_{oe}=\gamma_o+\mu \tag{9-11}$$

$$\alpha_{oe}=\alpha_o-\mu \tag{9-12}$$

$$\tan\mu=\frac{f}{\pi d} \tag{9-13}$$

式中 $\mu$——正交平面（假定工作平面）内 $P_\gamma$ 与 $P_{re}$ 的转角；

$f$——进给量（mm/r）；

$d$——切削刃上选定点 $A$ 在横向进给切削过程中相对于工件中心处的直径（mm）。$d$ 就是 $A$ 点在工件上切出的阿基米德螺旋线对应点的直径，它在切削过程中是一个不断改变着的数值。

由式（9-13）可知，$\mu$ 随着 $f$ 值的增大而增大，随着加工直径的减小而增大。显然，切断车刀接近工件中心位置时，$\alpha_{oe}$ 非常小甚至为负值，常使切削刃崩碎或工件被挤断；在铲背加工时，进给量 $f$ 较大，因此将铲齿车刀的静止后角 $\alpha_o$ 刃磨得较大。

## 9.2 刀具材料简介

### 9.2.1 刀具材料应具有的性能

刀具材料一般是指刀具切削部分的材料。在金属切削过程中，刀具切削部分在高温下承受着很大切削力与剧烈摩擦；在断续切削工作时，还伴随着冲击与振动，引起切削温度的波动等。因此，其性能的优劣是影响加工表面质量、切削效率、刀具寿命的重要因素。通常，刀具材料应具备以下特性。

（1）高的硬度和耐磨性 刀具要从工件上切除多余的金属，其硬度必须大于工件材料的硬度。一般情况下，刀具材料的常温硬度应超过60HRC（洛氏硬度）。

（2）足够的强度和韧性 刀具切削时要承受很大的压力，同时还会出现振动和冲击，为避免刀具崩刃和折断，刀具材料必须具有足够的强度和韧性。

（3）较高的耐热性 高耐热性是指刀具材料在高温下保持硬度、耐磨性、强度和韧性的能力，高温下硬度越高则耐热性就越好。它是影响刀具材料切削性能的重要指标。耐热性越好的材料允许的切削速度就越高。

（4）良好的导热性 刀具材料的导热性表示它传导切削热的能力。导热性越好，切削热就越容易传出去。良好的导热性有利于降低切削温度和提高刀具寿命。

（5）良好的工艺性 为了使刀具便于制造，刀具材料应具有容易锻造和切削、焊接牢固、热处理变形小、刃磨方便等工艺性能。

（6）较好的经济性 刀具材料的经济性是指取材资源丰富、价格低廉，可最大限度地降低生产成本。

在实际生产中，刀具材料不可能同时具备上述性能要求，选用者应根据具体工件材料的性能和切削要求，抓住性能要求的主要方面，其他方面只要影响不大就可以了。

### 9.2.2 常用刀具材料

当前使用的刀具材料分四大类：高速工具钢、硬质合金、陶瓷、超硬刀具材料。一般机加工使用最多的是高速工具钢与硬质合金。一般硬度越高者可允许的切削速度越高，而韧性越高者可承受的切削力越大。

1. 高速工具钢

高速工具钢因容易磨得锋利，又称锋钢。

高速工具钢是在钢中加入较多的钨、钼、铬、钒等合金元素的高合金工具钢，在热处理过程中一部分钨和铁、铬一起与碳形成高硬度的碳化物，可以提高钢的耐磨性；另一部分钨溶于基体中，增加钢的高温硬度。钼的作用与钨基本相同，并能减少钢中碳化物的不均匀性，细化碳化物颗粒，提高钢的韧性。钒的作用主要是提高材料的耐磨性，但其质量分数不宜超过5%。

高速工具钢具有较高的抗弯强度和韧性，具有一定的硬度和良好的耐磨性。当切削温度不超过500~650℃时仍能保持其切削性能。切削速度一般为0.4~0.5m/s。它具有较好的工艺性，可以制造刃形复杂的刀具，如钻头、丝锥、成形刀具、拉刀和齿轮刀具等。高速工具钢刀具可以加工的材料范围很广泛，包括有色金属、铸铁、碳钢和合金钢等。

高速工具钢按其用途可分为通用型高速工具钢、高性能高速工具钢和粉末冶金高速工具钢三大类。

(1) 通用型高速工具钢　通用型高速工具钢应用最广泛，约占高速工具钢总量的75%，它的特点是工艺性好，能满足通用工程材料切削加工的要求。常用的种类有钨系高速工具钢（W18Cr4V）、钨钼系高速工具钢（W6Mo5Cr4V2）。

(2) 高性能高速工具钢　高性能高速工具钢是指在通用型高速工具钢中增加碳、钒，添加钴或铝等合金元素，进一步提高其耐磨性和耐热性的新型高速工具钢。此类高速工具钢主要用于高温合金、钛合金、不锈钢等难加工材料的切削加工。常见的有高碳高速工具钢、高钒高速工具钢（W6Mo5Cr4V3）、钴高速工具钢（W2Mo9Cr4VCo8）、铝高速工具钢（W6Mo5Cr4V2Al）。

(3) 粉末冶金高速工具钢　粉末冶金高速工具钢是把炼好的高速工具钢钢液置于保护气罐中，用高压氩气（或纯氮气）雾化成细小的粉末，高速冷却后获得细小而均匀的结晶组织，经过高温（约1100℃）、高压（约100MPa）将粉末压制成致密的钢坯，然后用一般方法轧制和锻造成材。

2. 硬质合金

硬质合金是由高硬度、高熔点的金属碳化物（碳化钨WC、碳化钛TiC、碳化钽TaC或碳化铌NbC）微粒和金属黏结剂（钴Co、镍Ni、钼Mo等），经过高压压制成形，并在1500℃左右的高温下烧结而成的。硬质合金的性能特点主要是硬度高、热硬性好、切削速度高、抗弯强度和冲击韧性低。

硬质合金按其基体元素的不同分为两大类，一类是碳化钨基的硬质合金，另一类是碳化钛基的硬质合金。常用硬质合金刀具材料有以下几类。

(1) 碳化钨基硬质合金

1) 钨钴类（YG）硬质合金：YG3、YG6、YG8等。钨钴类硬质合金与钢的黏结温度较

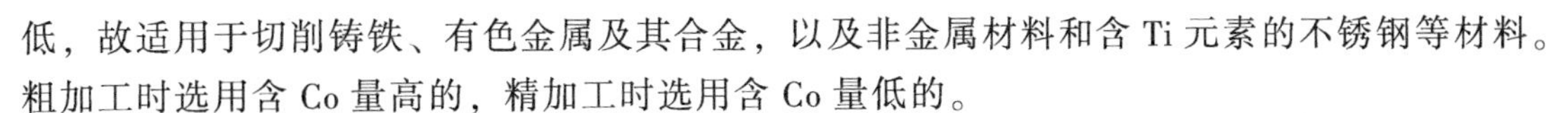

低，故适用于切削铸铁、有色金属及其合金，以及非金属材料和含 Ti 元素的不锈钢等材料。粗加工时选用含 Co 量高的，精加工时选用含 Co 量低的。

2）钨钛钴类（YT）硬质合金：YT5、YT14、YT15、YT30 等。随着 TiC 含量的增多，其韧性和抗弯强度下降，硬度增高，通常情况下，适宜于加工塑性金属材料。粗加工时选用含 TiC 量低的，精加工时选用含 TiC 量高的。

3）钨钽钴类（YA）硬质合金：YA6。它有较高的高温硬度、高温强度和抗氧化能力，适于高温加工。

4）钨钛钽钴类（YW）硬质合金：YW1、YW2。它既能加工钢，又能加工铸铁和有色金属及其合金。

（2）碳化钛基硬质合金（YN）　碳化钛基硬质合金是以碳化钛 TiC 为基体，镍 Ni、钼 Mo 为黏结剂，且添加有少量的其他碳化物的硬质合金。典型牌号有 YN10 和 YN05，具有较高的抗氧化能力、较高的耐磨性和热硬性，主要用于碳钢、合金钢、工具钢、淬火钢等连续切削的精加工。

（3）表面涂层硬质合金　表面涂层硬质合金是一种新型刀具材料。它是采用韧性较好的基体（如 YG8、YT5 等），通过化学气相沉积（CVD）工艺，在硬质合金刀片表面涂覆一层或多层厚度为 5~13μm 的难溶金属碳化物而成。它具有较好的综合性能，基体韧性较好，表面耐磨、耐高温，在刀具寿命相同的前提下，可提高切削速度 25%~30%。但表面涂层硬质合金刃口锋利程度与抗崩刃性不及普通硬质合金，因此多用于普通钢材的精加工或半精加工。

目前，常用的车刀材料牌号、性能及其用途见表 9-1。

表 9-1　常用车刀材料

| 车刀材料 | 牌号 | 性　能 | 用　途 |
| --- | --- | --- | --- |
| 高速工具钢 | W18Cr4V | 有较好的综合性能和可加工性能 | 制造各种复杂刀具和精加工刀具，应用广泛 |
| | W6Mo5Cr4V | 有较好的综合性能，热塑性较好 | 用于制造热轧刀具，如扭槽麻花钻等 |
| 硬质合金 | YG3 | 这类合金抗弯强度和韧性较好，适合于加工铸铁、有色金属等脆性材料或冲击力较大的场合 | 用于精加工 |
| | YG6 | | 介于粗、精加工之间 |
| | YG8 | | 用于粗加工 |
| | YT5 | 这类合金的耐磨性和抗黏附性较好，能承受较高的切削温度，适于加工钢或其他韧性较好的塑性金属 | 用于粗加工 |
| | YT15 | | 介于粗、精加工之间 |
| | YT30 | | 用于精加工 |

综上可知，通用型高速工具钢由于其工艺性能好，能满足通用工程材料的切削加工要求，故通常情况下，选用高速钢车刀，可选用钨系高速工具钢（W18Cr4V）、钨钼系高速工

具钢（W6Mo5Cr4V2），也可根据现场情况选用硬质合金车刀。

3. 陶瓷

陶瓷刀具材料主要由硬度和熔点都很高的 $Al_2O_3$、$Si_3N_4$ 等氧化物、氮化物组成，另外还有少量的金属碳化物、氧化物等添加剂，通过粉末冶金工艺方法制粉，再压制烧结而成。常用的陶瓷刀具有两种：$Al_2O_3$ 基陶瓷和 $Si_3N_4$ 基陶瓷。

陶瓷刀具的优点是具有很高的硬度和耐磨性，硬度可达 91~95HRA，耐磨性是硬质合金的 5 倍；刀具寿命比硬质合金高；具有很好的热硬性，当切削温度达 760℃时，具有 87HRA（相当于 66HRC）的硬度，温度达 1200℃时，仍能保持 80HRA 的硬度；摩擦系数低，切削力比硬质合金小，用该类刀具加工时能降低表面粗糙度，提高工件表面质量。

陶瓷刀具的缺点是强度和韧性差，热导率低，特别是脆性大，抗冲击性能很差。

此类刀具一般用于高速精细加工硬质材料。

4. 超硬刀具材料

超硬刀具材料主要指金刚石和立方氮化硼材料。

（1）金刚石　金刚石是碳的同素异构体，具有极高的硬度。现用的金刚石刀具主要包括天然金刚石刀具、人造聚晶金刚石刀具和复合聚晶金刚石刀具三种。

金刚石刀具有以下优点：有极高的硬度和耐磨性，人造金刚石硬度可达 10000HV，耐磨性是硬质合金的 60~80 倍；切削刃锋利，能实现超精密微量加工和镜面加工；具有很高的热导性。

金刚石刀具的缺点是耐热性差，强度低，脆性大，对振动很敏感。

此类刀具主要用于高速条件下精细加工有色金属及其合金和非金属材料。

（2）立方氮化硼　立方氮化硼，简称 CBN，是由六方氮化硼为原料在高温、高压下合成。

CBN 刀具的主要优点是硬度高，硬度仅次于金刚石，热稳定性好，有较高的导热性和较小的摩擦系数。缺点是强度和韧性较差，抗弯强度仅为陶瓷刀具的 1/5~1/2。

CBN 刀具适用于加工高硬度淬火刚、冷硬铸铁和高温合金材料。它不宜加工塑性大的钢件和镍基合金，也不适合加工铝合金和铜合金，通常采用负前角的高速切削。

## 9.3　切削基本理论

### 9.3.1　切削液的选用

切削液又称冷却润滑液，是在车削过程中为了改善切削效果而使用的液体。在车削过程中，金属切削层发生了变形，在切屑与刀具间、刀具与加工表面间存在着剧烈的摩擦。这些都会产生很大的切削力和大量的切削热。在车削过程中合理地使用切削液，不仅能减小表面粗糙度值，减小切削力，降低切削温度，还能提高刀具寿命、生产率和产品质量。

1. 切削液的作用

（1）冷却作用　切削液能吸收并带走切削区域大量的切削热，能有效地改善散热条件、降低刀具和工件的温度，从而延长了刀具寿命，防止工件因热变形而产生误差，为提高加工质量和生产率创造了极为有利的条件。

(2) 润滑作用 由于切削液能渗透到切屑、刀具与工件的接触面之间，并黏附在金属表面，从而形成一层极薄的润滑膜，可减小切屑、刀具与工件间的摩擦，降低切削力和切削热，减缓刀具的磨损，有利于保持刀具刃口锋利，提高工件表面加工质量。对于精加工，加注切削液显得尤为重要。

(3) 清洗作用 在车削过程中，加注有一定压力和充足流量的切削液，能有效地冲走黏附在加工表面和刀具上的微小切屑及杂质，减少刀具磨损，减小工件表面粗糙度值。

(4) 缓蚀作用 在切削液中加入缓蚀添加剂，使其与金属表面起化学反应形成保护膜，起到防锈、防蚀作用。

此外，切削液应具有抗泡沫性、抗霉变性、无变质气味、排放时不污染环境、对人体无害和使用经济性等特点。

### 2. 切削液的种类

生产中常用的切削液有以冷却为主的水溶性切削液和以润滑为主的油溶性切削液。

(1) 水溶性切削液 水溶性切削液主要分为水溶液、乳化液和合成切削液。

1) 水溶液。水溶液是以软水为主，加入防锈剂、防霉剂，具有较好的冷却效果。有的水溶液加入油性添加剂、表面活性剂而呈透明性水溶液，以增强润滑性和清洗性。此外，若添加极压抗磨剂，可达到在高温、高压下增加润滑膜强度的目的。

水溶液常用于粗加工和普通磨削加工。

2) 乳化液。乳化液是水和乳化油混合后再经搅拌形成的乳白色液体。乳化油是一种油膏，它由矿物油、脂肪酸、皂以及表面活性乳化剂（石油磺酸钠、磺化蓖麻油）配制而成。在表面活性剂的分子上带极性的一头与水亲和，不带极性一头与油亲和，从而起到水、油均匀混合作用，再添加乳化稳定剂（乙醇、乙二醇等）防止乳化液中水、油分离。

乳化液的用途很广，能自行配制。含较少乳化油的称为低浓度乳化液，它主要起冷却作用，适用于粗加工和普通磨削；高浓度乳化液主要起润滑作用，适用于精加工和复杂刀具加工。表 9-2 列出了加工碳钢时，不同浓度乳化液的用途。

表 9-2 乳化液选用

| 加工类型 | 粗车、普通磨削 | 切割 | 粗铣 | 铰孔 | 拉削 | 齿轮加工 |
| --- | --- | --- | --- | --- | --- | --- |
| 浓度(%) | 3~5 | 10~20 | 5 | 10~15 | 10~20 | 15~25 |

3) 合成切削液。合成切削液是国内外推广使用的高性能切削液，它是由水、各种表面活性剂和化学添加剂组成，具有良好的冷却、润滑、清洗和缓蚀作用，热稳定性好，使用周期长等特点。合成切削液中不含油，可节省能源，有利于环保，使用率很高。例如，高速磨削合成切削液适用于磨削速度 80m/s，用它能提高磨削用量和砂轮寿命；$H_1L_2$ 不锈钢合成切削液适用对不锈钢（1Cr17Ni2）和钛合金等难加工材料进行钻孔、铣削和攻螺纹，它能减小切削力和提高刀具寿命，并可获得较小的加工表面粗糙度值。

国产 DX148 多效合成切削液、SLQ 水基透明切削磨削液用于深孔加工均有良好效果。

(2) 油溶性切削液　油溶性切削液主要有切削油和极压切削油。

1) 切削油。切削油中有矿物油、动植物油和复合油(矿物油和动植物油的混合油),其中较普遍使用的是矿物油。

矿物油主要包括 L-AN15、L-AN32、L-AN46 全损耗系统用油、轻柴油和煤油等。它们的特点是热稳定性好、资源丰富、价格便宜,但润滑性较差,故主要用于切削速度较低的精加工、非铁材料加工和易切钢加工。全损耗系统用油的润滑作用好,故在普通精车、螺纹精加工中使用甚广。

煤油的渗透作用和冲洗作用较突出,故在精加工铝合金、精刨铸铁平面和用高速钢铰刀铰孔中,能减小加工表面粗糙度值和提高刀具寿命。

2) 极压切削油。极压切削油是在矿物油中添加氯、硫、磷等极压添加剂配制而成,它在高温、高压下不破坏润滑膜并具有良好的润滑效果,尤其在对难加工材料的切削中应用广泛。

氯化切削油主要含氯化石蜡、氯化脂肪酸等,由它们形成的化合物如 $FeCl_2$,其熔点为 600℃,且摩擦系数小,润滑性能好,适用于合金结构钢、高锰钢、不锈钢和高温合金等难加工材料的车、铰、钻、拉、攻螺纹和齿轮加工。

硫化切削油是在矿物油中加入含硫添加剂(硫化鲸鱼油、硫化棉籽油等),硫的质量分数为 10%~15%。在切削时的高温作用下形成硫化铁(FeS)化学膜,其熔点在 1100℃ 以上,因此硫化切削油能耐高温。硫化切削油中的 JQ-1 精密切削润滑剂用于对 20 钢、45 钢、40Cr 钢和 20CrMnTi 等材料的钻、铰、铣、攻螺纹、拉和齿轮加工中,均能获得较为显著的使用效果。

含磷极压添加剂中有硫代磷酸锌和有机磷酸酯等。含磷润滑膜的耐磨性较含硫、氯的好。

若将各种极压添加剂复合使用,则能获得更好的使用效果。例如 BC-Ⅱ 极压切削油是一种硫、氯型极压切削油,它用在合金结构钢和工具钢的车、拉、铣和齿轮加工中,用于拉削 20CrMnTi 钢时,生产率可提高 1 倍,表面粗糙度 $Ra$ 达到 0.63μm。

(3) 固体润滑剂　固体润滑剂中使用最多的是二硫化钼($MoS_2$)。由 $MoS_2$ 形成的润滑膜具有很小的摩擦系数(0.05~0.09)和高的熔点(1185℃),因此,形成了高温也不易改变的润滑性能,且具有很高的抗压性能和很好的附着能力。使用时可将 $MoS_2$ 涂刷在刀面和工作表面上,也可添加在切削油中。

使用 $MoS_2$ 能防止和抑制积屑瘤产生,减小切削力,显著延长刀具寿命、减小表面粗糙度值。如在挤压液压缸内孔的压头上和圆孔推刀的表面上涂覆 $MoS_2$,能消除加工表面波纹和压痕,并且工具寿命能成倍提高。需要特别指出的是,Mo 类固体润滑剂是种良好的环保型切削液。

### 3. 切削液的选用

切削液的种类繁多,性能各异,在车削过程中应根据加工性质、工艺特点、工件和刀具材料等具体条件来合理选用,如表 9-3 所示。

(1) 根据加工性质选用

1) 粗加工时,为降低切削温度、延长刀具寿命,应选择以冷却作用为主的乳化液。

表 9-3　常用切削液选用表

<table>
<tr><th colspan="2" rowspan="2">加工类型</th><th colspan="6">工件材料</th></tr>
<tr><th>碳钢</th><th>合金钢</th><th>不锈钢及耐热钢</th><th>铸铁及黄铜</th><th>青铜</th><th>铝及合金</th></tr>
<tr><td rowspan="2">车、铣及镗孔</td><td>粗加工</td><td>3%~5%乳化液</td><td>1)5%~15%乳化液<br>2)5%石墨或硫化乳化液<br>3)5%氯化石蜡油制乳化液</td><td>1)10%~30%乳化液<br>2)10%硫化乳化液</td><td>1)一般不用<br>2)3%~5%乳化液</td><td>一般不用</td><td>1)一般不用<br>2)中性或含有游离酸小于4mg的弱性乳化液</td></tr>
<tr><td>精加工</td><td colspan="2">1)石墨化或硫化乳化液<br>2)5%乳化液(高速时)<br>3)10%~15%乳化液(低速时)</td><td>1)氧化煤油<br>2)煤油75%、油酸或植物油25%<br>3)煤油60%、松节油20%、油酸20%</td><td>黄铜一般不用,铸铁用煤油</td><td>7%~10%乳化液</td><td rowspan="2">1)煤油<br>2)松节油<br>3)煤油与矿物油的混合物</td></tr>
<tr><td colspan="2">切断及切槽</td><td colspan="2">1)15%~20%乳化液<br>2)硫化乳化液<br>3)活性矿物油<br>4)硫化切削油</td><td>1)氧化煤油<br>2)煤油75%、油酸或植物油25%<br>3)硫化切削油85%~87%、油酸或植物油13%~15%</td><td>1)7%~10%乳化液<br>2)硫化乳化液</td><td></td></tr>
<tr><td colspan="2">钻孔及镗孔</td><td colspan="2">1)7%硫化乳化液<br>2)硫化切削油</td><td>1)3%肥皂+2%亚麻油(不锈钢钻孔)<br>2)硫化切削油(不锈钢镗孔)</td><td rowspan="2">1)一般不用<br>2)煤油(用于铸铁)<br>3)菜油(用于黄铜)</td><td>1)7%~10%乳化液<br>2)硫化乳化液</td><td>1)一般不用<br>2)煤油<br>3)煤油与菜油的混合油</td></tr>
<tr><td colspan="2">铰孔</td><td colspan="2">1)硫化乳化液<br>2)10%~15%极压乳化液<br>3)硫化切削油与煤油混合液(中速)</td><td>1)10%乳化液或硫化切削油<br>2)含硫、氯、磷的切削油</td><td colspan="2">1)2号锭子油<br>2)2号锭子油与蓖麻油的混合物<br>3)煤油和菜油的混合物</td></tr>
<tr><td colspan="2">车螺纹</td><td colspan="2">1)硫化乳化液<br>2)氧化煤油<br>3)煤油75%,油酸或植物油25%<br>4)硫化切削油<br>5)变压器油70%,氯化石蜡30%</td><td>1)氧化煤油<br>2)硫化切削油<br>3)煤油60%、松节油20%、油酸20%<br>4)硫化切削油60%、煤油25%、油酸15%<br>5)四氯化碳90%,猪油或菜油10%</td><td>1)一般不用<br>2)煤油(铸铁)<br>3)菜油(黄铜)</td><td>1)一般不用<br>2)菜油</td><td>1)硫化切削油30%、煤油15%、2号或3号锭子油55%<br>2)硫化切削油30%、煤油15%、油酸30%、2号或3号锭子油25%</td></tr>
<tr><td colspan="2">滚齿及插齿</td><td colspan="3">1)20%~25%极压乳化液<br>2)含硫(或氯、磷)的切削油</td><td>1)煤油(铸铁)<br>2)菜油(黄铜)</td><td>1)10%~15%极压乳化液<br>2)含氯切削油</td><td>1)10%~15%极压乳化液<br>2)煤油</td></tr>
<tr><td colspan="2">磨削</td><td colspan="3">1)电解水溶液<br>2)3%~5%乳化液<br>3)豆油+硫磺粉</td><td colspan="2">3%~5%乳化液</td><td>磺化蓖麻油1.5%、浓度为30%~40%的氢氧化钠,加至微碱性,煤油9%,其余为水</td></tr>
</table>

2）精加工时，为了减少切屑、工件与刀具间的摩擦，保证工件的加工精度和表面质量，应选用润滑性能较好的极压切削油或高浓度极压乳化液。

3）半封闭式加工，如钻孔、铰孔和深孔加工时，刀具处于半封闭状态，排屑、散热条件均非常差。这样不仅使刀具容易退火，切削刃硬度下降，切削刃磨损严重，而且会严重拉毛加工表面。为此，须选用黏度较小的极压乳化液或极压切削油，并加大切削液的压力和流量，这样，一方面进行冷却、润滑，另一方面可将部分切屑冲刷出来。

（2）根据工件材料选用

1）对于一般钢件，粗车时选乳化液；精车时，选硫化切削油。

2）车削铸铁、铸铝等脆性金属时，为了避免细小切屑堵塞冷却系统或黏附在机床上难以清除，一般不用切削液。但在精车时，为提高工件表面加工质量，可选用润滑性好、黏度小的煤油或7%~10%的乳化液。

（3）根据刀具材料选用

1）对于高速钢刀具，粗加工时选用乳化液；精加工时，选用极压切削油或浓度较高的极压乳化液。

2）对于硬质合金刀具，车削时为避免刀片因骤冷或骤热而产生崩裂，一般不使用切削液。

4. 使用切削液的注意事项

1）切削一开始，就应供给切削液，并要求连续使用。

2）加注切削液的量应充分。

3）切削液应浇注在过渡表面、切屑和前刀面接触的区域，因为此处产生的热量最多，最需要冷却、润滑。

### 9.3.2 刀具几何参数选用

刀具合理的几何参数，是指在保证加工质量和刀具寿命的前提下，能提高生产率和降低成本的刀具角度、刀面和切削刃的形状。当刀具的某一个或几个参数改变时，使刀具的锐利程度增加，刀具的切割作用好，切削变形小，切削力小，产生的切削热少，加工质量也会有所提高。但刀具的锐利程度增加后，其强度会随之降低，使刀具的散热条件变差，切削温度可能升高，影响刀具的寿命。因此，在确定刀具几何参数时，应正确处理好刀具锐利程度与强度之间的关系。

1. 前面的型式

前面的型式如图9-9所示。

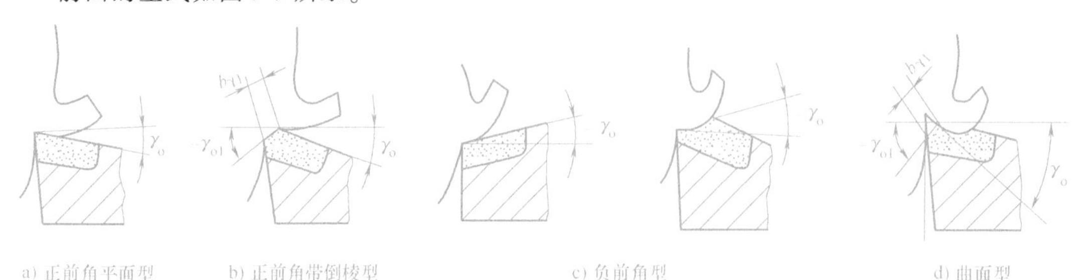


图9-9 前面的型式

1）正前角平面型。如图9-9a所示，前面呈平面状态，反屑面有直线形和圆弧形两种。其形状简单，制造、刃磨容易，切削刃锋利，但强度较低。常用于单刃、多刃精加工刀具和复杂刀具，如车刀、成形车刀、铣刀、拉刀和切齿刀具等。

2）正前角带倒棱型。如图9-9b所示，前面呈平面状态，在主切削刃上磨出具有负倒棱角 $\gamma_{o1}$、倒棱宽 $b_{\gamma1}$ 的棱带。在切削中，倒棱可提高切削刃强度，改善散热条件。由于倒棱宽度 $b_{\gamma1}$ 很小，故不影响前角的切削作用。倒棱参数的选取见表9-4。

表9-4 倒棱角 $\gamma_{o1}$ 及倒棱宽 $b_{\gamma1}$

| 工件材料或加工特性 | 倒棱宽 $b_{\gamma1}$/mm | 倒棱角 $\gamma_{o1}$ |
|---|---|---|
| 碳素钢、合金钢 | $(0.2 \sim 0.3)f$ | $-10° \sim -15°$ |
| 低碳钢、易切削钢、不锈钢 | $\leqslant 0.5f$ | $-5° \sim -10°$ |
| 灰铸铁 | $(0 \sim 0.5)f$ | $0, -5° \sim -10°$ |
| 冲击性或断续切削 | $(1.5 \sim 2)f$ | $-10° \sim -15°$ |
| 韧性铜、铝及铝合金 | 0 | 0 |

注：$f$ 为进给量，单位为mm/r。

3）负前角型。如图9-9c所示，负前角型可分为负前角单面型及负前角双面型两种。负前角双面型可减小前面的重磨面积，增加刀片重磨次数。

负前角的切削刃强度高，散热体积大，刀片受力改变为受压，改善了受力条件。但负前角的切削力大，易引起振动。

负前角主要应用于硬质合金刀具加工高强度、高硬度的材料，及大切削用量的冲击性断续切削。

4）曲面型。如图9-9d所示，磨制曲面型的前面是为了适应排屑、卷屑和断屑的需要。由于曲面形成的前角较大，故切削变形小，切削力较小。

曲面型的前面主要应用于钻头、铣刀、拉刀和部分螺纹刀具等。

### 2. 前角的选取

前角的大小直接影响切削刃的锐利与牢固程度，影响切削过程中切割与推挤作用的比例，决定刀具的切削性能。前角的变化影响刀具寿命、工件加工质量、断屑和排屑。前角太大，刀头强度减弱，散热条件差，易造成刀具过早磨损。前角太小，切削变形增大，使切削力、切削热增加，虽然散热能力有所改善，但由于切削热的增大，也会造成刀具磨损。

前角 $\gamma_o$ 的选取原则如下：

1）工件材料的强度、硬度高，为了防止打刀、崩刃和烧刀，前角应减小。工件材料的塑性大，为了减小切削变形，提高加工质量，应增大前角。工件材料的高温强度、高温硬度大，为了保持刀具在高温下的强度优势，应减小前角。

工件材料中的碳化物硬质点多，易造成磨料磨损，应减小前角。对于脆性金属，切削作用点距切削刃近，切削热集中，故前角应小。

2）刀具材料硬度越高，强度越低，为了防止打刀、崩刃，应减小前角。一般，硬质合金刀具的前角应小于高速钢刀具的前角。

3）粗加工时，切削负荷大，切削热多，为了提高刀具寿命，前角应减小。精加工时，为了提高加工表面质量，前角应增大。断续性、冲击性切削，前角应减小。

4）工艺系统刚度差时，为了减小切削力，防止切削时的振动，应选取较大的前角。

5）切削韧性好的金属，如纯铜、铝或铝合金时，为了顺利排屑，应增大前角；切削塑性大的金属，为了断屑可减小前角。

表 9-5 所示的合金刀具前角值，可供选择参考。

表 9-5 硬质合金刀具前角值

| 工件材料 | | 前角 $\gamma_o$ | 工件材料 | | 前角 $\gamma_o$ |
|---|---|---|---|---|---|
| 碳钢 $R_m$（GPa） | ≤0.445 | 25°~30° | 淬硬钢 | 38~41HRC | 0° |
| | ≤0.558 | 15°~20° | | 44~47HRC | -3° |
| | ≤0.784 | 12°~15° | | 50~52HRC | -5° |
| | ≤0.98 | 10° | | 54~58HRC | -7° |
| 40Cr | | 13°~18° | | 60~65HRC | -10° |
| 调质 40Cr | | 10°~15° | 灰铸铁 | ≤220HBW | 12° |
| 不锈钢 | | 15°~30° | | >220HBW | 8° |
| 高锰钢 | | 3°~-3° | 铜 | 纯铜 | 25°~30° |
| 钛及钛合金 | | 5°~10° | | 黄铜 | 15°~25° |
| 铝及铝合金 | | 25°~30° | | 青铜 | 5°~15° |

注：高速钢刀具前角可增大 5°~10°。

### 3. 后角的选取

增大后角 $\alpha_o$，能减少后面与工件加工表面之间的摩擦；减小切削刃圆弧半径 $\rho$，可以提高加工表面质量。增大后角，使刀具强度降低，散热条件变差，刀具寿命降低。在相同的磨钝标准 VB 条件下，大的后角经重磨后，加工直径变化量大，影响加工精度。

后角 $\alpha_o$ 的选取原则如下：

1）粗加工时取小值。粗加工时，切削用量大，切削力大且不平稳，工件表面不均匀，要求刀具有较高的强度，故后角应小一些。一般，$\alpha_o=5°\sim7°$。

2）精加工时取大值。精加工时，切削用量较小，切削力小且平稳，为提高加工表面质量，故后角应取大一些。一般，$\alpha_o=6°\sim8°$。

3）工件材料的塑性大或弹性变形大，后角应取大一些。工件初形成的已加工表面弹性恢复大，与后面的摩擦面积大，因此，后角应取大些，以减少后面与工件表面的摩擦。

4）工件材料强度高、硬度高时取小值，保证切削刃有较高的强度。

5）加工脆性金属，切削力和切削热集中在切削刃附近，为了增加刀具强度，改善散热条件，后角应取小一些。

6）高速钢刀具比硬质合金刀具抗冲击能力大一些，因此后角可增大 1°~2°。

7）对尺寸精度要求较高的刀具的后角，为保证刀具重磨后尺寸变化很小，后角应取很小。

副后角 $\alpha_o'$的选取与主后角的选取原则基本相同。为便于刀具制造，一般选取 $\alpha_o=\alpha_o'$。

表 9-6 所示为硬质合金刀具后角值，供选择参考。

### 4. 主偏角的选取

主偏角 $\kappa_\gamma$ 在刀具切削部分中，形成主切削刃，引导刀具沿进给方向做进给运动。它的大小影响背向力 $F_p$ 和进给力 $F_f$ 的比值、切削横断面的形状、断屑效果和加工表面粗糙度。

表 9-6 硬质合金刀具后角 $\alpha_o$

| 刀具名称 | 刀具后角 $\alpha_o$ | | |
|---|---|---|---|
| | 材料 | 粗车 | 精车 |
| 车刀 | 低碳钢 | 8°~10° | 10°~12° |
| | 中碳钢、合金钢 | 5°~7° | 6°~8° |
| | 不锈钢(奥氏体) | 6°~8° | 8°~10° |
| | 淬火钢 | 5°~7° | 8°~10° |
| | 灰铸铁 | 4°~6° | 6°~8° |
| | 铜及铜合金(脆) | 5°~7° | 6°~8° |
| | 铝及铝合金 | 8°~10° | 10°~12° |
| 铣刀 | 通常取 12°~16° | | |
| 拉刀 | 2°~3° | | |
| 成形刀、齿轮刀具 | $\alpha_o \geqslant 2°$ | | |
| 切断刀、锯片铣刀 | $\alpha'_o = 1°\sim2°$ | | |
| 螺纹刀具 | $\alpha_{oR} = (3°\sim5°)+T$ | | |
| | $\alpha_{oL} = (3°\sim5°)-T$ | | |

减小主偏角，刀具强度增高，散热条件好，使切削残留面积高度 $R_{max}$ 减小，表面粗糙度减小。而增大主偏角，使背向力 $F_p$ 减小，并且易于断屑。

主偏角 $\kappa_\gamma$ 的选取原则：

1）工件-刀具-机床系统刚度大时，为了提高刀具寿命，主偏角应取小一些；反之，为了防止振动，提高加工表面质量，主偏角应取大一些。如内孔车刀，由于刀头伸出长度大，因此主偏角应比外圆车刀大一些。切削长轴应比切削短轴时的主偏角大一些。

2）加工高强度、高硬度材料，铸铁、锻件表皮层、浇冒口等带冲击性切削时，为了提高刀尖强度和散热能力，主偏角应取小一些。

3）加工韧性大、塑性大的材料，为了有良好的断屑效果，主偏角应取大一些。如切削低碳钢、韧性好的铜、铝及铝合金时，主偏角一般都取得比较大。

4）要求导向作用高的刀具，主偏角应取小一些。

5）加工有台阶或倒角的工件，主偏角的大小必须适应台阶和倒角形状。如车直角台阶，必须采用 $\kappa_\gamma>90°$ 的刀具，切 45°的倒角，必须采用 $\kappa_\gamma=45°$ 的刀具。

6）加工单件、小批量的小型零件时，为了减少装刀、换刀、调刀等辅助工时，尽可能采用一把或两把刀具加工出工件上的所有表面，主偏角常取 $\kappa_\gamma=45°$ 和 $\kappa_\gamma>90°$，这样既可以车外圆、台阶、端面，又可以倒角，做到一刀多用。

选取主偏角 $\kappa_\gamma$ 时的参考值：

1）工艺系统刚度一般，或工件（或刀杆）伸出夹具长度 $l$ 与工件（或刀杆）直径 $d$ 之比 $l/d<6$ 时，$\kappa_\gamma=45°$。

2）工艺系统刚度较差，即 $l/d=6\sim12$ 时，$\kappa_\gamma=45°\sim60°$。

3）工艺系统刚度差，$l/d>12$ 时，$\kappa_\gamma=75°\sim90°$。

4）强力切削刀具，$\kappa_\gamma=60°\sim75°$。

5）加工高强度、高硬度的材料时，$\kappa_\gamma=30°$；精加工时，$\kappa_\gamma=10°\sim30°$。

### 5. 副偏角的选取

副偏角 $\kappa'_\gamma$ 的大小会影响加工表面粗糙度、刀尖强度与散热能力。根据切削残留面积高度 $R_{max}=f/(\cot\kappa_\gamma+\cot\kappa'_\gamma)$ 计算式可知，减小副偏角可以减小残留面积高度，减小表面粗糙度值。若副偏角太小，使副切削刃参与切削的长度增大，背向力 $F_p$ 增大，会增加副后面与已加工表面之间的摩擦，引起振动。

副偏角 $\kappa'_\gamma$ 的选取原则与参考值：

1）加工一般材料的外圆车刀，粗车时 $\kappa'_\gamma=10°\sim15°$；精车时 $\kappa'_\gamma=5°\sim10°$。

2）加工高强度、高硬度的材料或冲击性断续切削，为了增加刀尖强度，应取较小的副偏角，$\kappa'_\gamma=4°\sim6°$。

3）切削塑性大、韧性大的材料如铜、铝及其合金等，为了增加刀尖锐利程度，应取较大的副偏角，$\kappa'_\gamma=15°\sim30°$。

4）工件-刀具-机床系统刚度差时，为了减小径向抗力，避免切削时的振动，应取较大的副偏角，$\kappa'_\gamma=30°$；切削细长轴的精车刀，$\kappa'_\gamma=45°\sim60°$。

5）当车刀需要先从工件表面的中间部位切入，然后纵向走刀加工内、外圆时，主偏角 $\kappa_\gamma$ 和副偏角 $\kappa'_\gamma$ 都应取大值，$\kappa_\gamma=\kappa'_\gamma=60°$。

6）切断刀、锯片铣刀和槽铣刀等，为了保证刀头刀齿的强度和重磨后刀齿宽度变化较小，应取很小的副偏角，$\kappa'_\gamma=1°\sim2°$。

7）为了提高已加工表面质量，还可使用副偏角 $\kappa'_\gamma=0°$ 的带有修光刃的刀具。

### 6. 倒角刀尖、修圆刀尖和修光刃

图 9-10 所示为在主切削刃与副切削刃之间的几种连接形式。

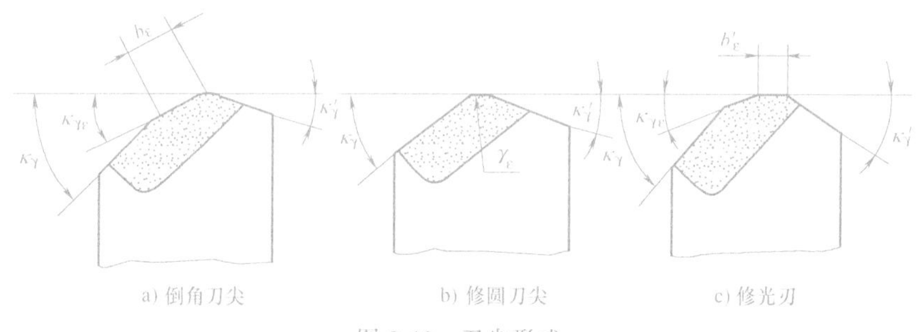

a) 倒角刀尖　　b) 修圆刀尖　　c) 修光刃

图 9-10　刀尖形式

各种刀尖形式均能提高刀尖强度，增大散热面积，减小表面粗糙度值，但也不同程度地会增大背向力 $F_p$。它们的选取原则如下：

1）倒角刀尖主要用于粗加工、半精加工和有间断切削时。一般取 $\kappa_{\gamma\varepsilon}=\kappa_\gamma/2$，$b_\varepsilon=0.5\sim2$mm。

2）修圆刀尖一般在难加工材料的切削和在半精加工、精加工时选用，为了减小 $F_p$，刀尖圆弧半径 $r_\varepsilon$ 不宜过大。通常情况下，高速钢刀具 $r_\varepsilon=0.2\sim0.5$mm，硬质合金刀具 $r_\varepsilon=0.2\sim2$mm。

3）修光刃是将倒角刀尖做成与进给方向平行，即 $\kappa_{\gamma\varepsilon}=0°$。它在加大进给量 $f$ 的切削条件下，当 $b'_\varepsilon=(1.2\sim1.5)f$ 时，可修光切削残留面积。修光刃的磨制应平直、锋利，安装时

保持切削刃与进给方向平行。此外，加工工艺系统应有足够的刚度。

7. 刃倾角的选取

刃倾角 $\lambda_s$ 直接控制切屑的卷曲和流出方向。它的大小影响实际工作前角、刀头强度、各切削力的比值和加工表面质量。

刃倾角 $\lambda_s$ 的选取原则：

1）粗加工或带冲击性切削时，为了增加刀头强度，刃倾角宜取负值。

2）精加工或平稳性切削，为了控制排屑方向，减小背向力 $F_p$，使切入工件或退出工件时平稳，提高表面加工质量，刃倾角宜取正值。

3）加工硬度大、强度高的金属，刃倾角宜取负值，以增加刀头强度，延长刀具寿命；切削塑性大、韧性大的金属，为了提高切削刃的锐利程度，减小切削变形和控制排屑方向，提高表面加工质量，刃倾角宜取正值。

4）对于断续性切削刀具，如刨刀、圆柱铣刀、面铣刀等，为了提高刀头强度，刃倾角宜取负值。

选取刃倾角 $\lambda_s$ 的参考值：

1）一般钢料和灰铸铁的粗车，$\lambda_s=0°\sim-5°$；精车，$\lambda_s=0°\sim5°$；有冲击载荷或断续切削时，$\lambda_s=-5°\sim-15°$；冲击负荷特别大时，$\lambda_s=-30°\sim-45°$。

2）淬硬钢的车削，$\lambda_s=-5°\sim-12°$。

3）韧性好的铜、铝及铝合金的切削，$\lambda_s=5°\sim10°$。

4）用于斜刃切削时的精车刀、精刨刀，$\lambda_s=45°\sim75°$。

5）强力切削刨刀，$\lambda_s=-10°\sim-20°$。

### 9.3.3 切削用量选择

在相同的生产条件下，选用不同的切削用量会产生不同的切削效果。如果切削用量选得过小，则必然降低生产率、提高生产成本；如果切削用量选得过大，则刀具磨损加剧，加工质量下降。因此，合理选择切削用量对提高生产率、降低刀具消耗和保证加工质量都有重要的意义。合理的切削用量应保证工件的加工精度和表面粗糙度，充分发挥刀具的切削性能，保证合理的刀具寿命，充分利用机床的功率，保持较高的生产率和较低的生产成本。

1. 切削用量的选择原则

粗加工时以尽快切除工件上的多余金属为目的，同时需要保证刀具寿命。实践证明，对刀具寿命影响最大的是切削速度 $v_c$，影响最小的是背吃刀量 $a_p$。所以，为了保证刀具寿命，应优先选用大的背吃刀量 $a_p$，其次是选择较大的进给量 $f$，最后根据刀具寿命的要求选择合适的切削速度 $v_c$。

精加工时应首先考虑保证零件的加工精度和表面粗糙度，同时又要考虑保证刀具寿命和获得较高的生产率。这时往往采用减小背吃刀量 $a_p$ 的方法来提高加工精度，用减少进给量 $f$ 的方法来降低工件的加工表面粗糙度值。

2. 合理切削用量的选择方法

（1）确定背吃刀量 $a_p$　背吃刀量 $a_p$ 应根据工件的加工性质和加工余量来确定。切削加工一般分为粗加工（表面粗糙度值 $Ra$ 为 50~12.5mm）、半精加工（$Ra$ 为 6.3~3.2mm）和精加工（$Ra$ 为 1.6~0.8mm）。粗加工时，在保留半精与精加工余量的前提下，若机床刚度允许，应尽可能把粗加工余量一次切掉，以减少走刀次数。在中等功率机床上采用硬质合金刀具车外圆时，粗车取 $a_p = 2 \sim 6\text{mm}$，半精车时取 $a_p = 0.3 \sim 2\text{mm}$，精车时取 $a_p = 0.1 \sim 0.3\text{mm}$。

下列情况，粗车要分多次走刀：

1）工艺系统刚度差，或加工余量极不均匀，会引起很大振动时，如加工细长轴和薄壁零件。

2）加工余量太大，一次走刀会使切削力过大，以致机床功率不足或刀具强度不够。

3）断续切削，刀具会受到很大冲击而造成打刀时。

即使是在上述情况下，也应当把第一次或头几次走刀的 $a_p$ 取得大些，若为两次走刀，则第一次的 $a_p$ 一般取加工余量的 2/3~3/4。

（2）确定进给量 $f$

1）粗加工时，加工表面质量要求不高，这时切削力较大，进给量 $f$ 的选择主要受切削力的限制。在刀杆和工件刚度及刀片和机床进给机构强度允许的情况下，选取大的进给量。

2）半精加工和精加工时，因背吃刀量 $a_p$ 较小，产生的切削力不大，进给量的选择主要受加工表面质量的限制。当刀具有合理的过渡刃、修光刃且采用较高的切削速度时，进给量 $f$ 可适当选大些，以提高生产率。但应注意 $f$ 不可选得太小，否则不但生产率低，而且因切削厚度太小而切不下切屑，影响加工质量。

在生产中，进给量常常根据经验通过查表来选取。

粗加工时，进给量可根据工件材料、车刀刀杆尺寸、工件直径及已确定的背吃刀量 $a_p$ 来选择。表 9-7 给出了硬质合金刀具粗车外圆及端面时的进给量。

表 9-7 硬质合金刀具粗车外圆及端面时的进给量

| 工件材料 | 车刀刀杆尺寸 (B/mm)×(H/mm) | 工件直径 d/mm | 背吃刀量 $a_p$/mm | | | | |
|---|---|---|---|---|---|---|---|
| | | | ≤3 | >3~5 | >5~8 | >8~12 | >12 |
| | | | 进给量 $f$/(mm/r) | | | | |
| 碳素结构钢<br>合金结构钢<br>高温合金 | 16×25 | 20 | 0.3~0.4 | — | — | — | — |
| | | 40 | 0.4~0.5 | 0.3~0.4 | — | — | — |
| | | 60 | 0.5~0.7 | 0.4~0.6 | 0.3~0.5 | — | — |
| | | 100 | 0.6~0.9 | 0.5~0.7 | 0.5~0.6 | 0.4~0.5 | — |
| | | 400 | 0.8~1.2 | 0.7~1.0 | 0.6~0.8 | 0.5~0.6 | — |
| | 20×30<br>25×25 | 20 | 0.3~0.4 | — | — | — | — |
| | | 40 | 0.4~0.5 | 0.3~0.4 | — | — | — |
| | | 60 | 0.6~0.7 | 0.5~0.7 | 0.4~0.6 | — | — |
| | | 100 | 0.8~1.0 | 0.7~0.9 | 0.5~0.7 | 0.4~0.7 | — |
| | | 400 | 1.2~1.4 | 1.0~1.2 | 0.8~1.0 | 0.6~0.9 | 0.4~0.6 |
| 铸铁<br>铜合金 | 16×25 | 40 | 0.4~0.5 | — | — | — | — |
| | | 60 | 0.6~0.8 | 0.5~0.8 | 0.4~0.6 | — | — |
| | | 100 | 0.8~1.2 | 0.7~1.0 | 0.6~0.8 | 0.5~0.7 | — |
| | | 400 | 1.0~1.4 | 1.0~1.2 | 0.8~1.0 | 0.6~0.8 | — |

（续）

| 工件材料 | 车刀刀杆尺寸 (B/mm)×(H/mm) | 工件直径 d/mm | 背吃刀量 $a_p$/mm | | | | |
|---|---|---|---|---|---|---|---|
| | | | ≤3 | >3~5 | >5~8 | >8~12 | >12 |
| | | | 进给量 f/(mm/r) | | | | |
| 铸铁<br>铜合金 | 20×30<br>25×25 | 40 | 0.4~0.5 | — | — | — | — |
| | | 60 | 0.6~0.9 | 0.5~0.8 | 0.4~0.7 | — | — |
| | | 100 | 0.9~1.3 | 0.8~1.2 | 0.7~1.0 | 0.5~0.8 | — |
| | | 400 | 1.2~1.8 | 1.2~1.6 | 1.0~1.3 | 0.9~1.1 | 0.7~0.9 |

注：1. 加工断续表面及有冲击的工件时，表内进给量应乘系数 $K=0.75\sim0.85$。

2. 在无外皮加工时，表内进给量应乘系数 $K=1.1$。

3. 加工高温合金时，进给量不大于 1mm/r。

4. 加工淬硬钢时，进给量应减小。当钢的硬度为 44~56HRC 时，乘系数 0.8；当钢的硬度为 57~62HRC 时，乘系数 0.5。

但是，按经验确定的粗车进给量 $f$ 在某些特殊情况下（如切削力很大、工件长径比很大、车内孔刀杆伸出长度很大时），有时还需要进行刀杆强度和刚度、刀片强度、机床进给机构强度、工件刚度等方面的校验（视具体情况，校验一项或几项），最后，所选择的进给量 $f$ 应按机床说明书来确定。

（3）确定切削速度 $v_c$　当刀具寿命 $T$、背吃刀量 $a_p$ 与进给量 $f$ 选定后，可按下式计算切削速度 $v_c$：

$$v_c = \frac{C_v}{T^m a_p^{x_v} f^{y_v}} K_v \tag{9-14}$$

式中　$K_v$——切削速度修正系数，与加工条件、刀具材料和几何参数、工件材料有关。

$C_v$、$x_v$、$y_v$、$m$ 及 $K_v$ 值见表 9-8。加工其他工件材料时的系数及指数可查切削用量手册。

表 9-8　车削时切削速度公式中的系数和指数

| 工件材料 | 加工类型 | 刀具材料 | 进给量 f /(mm/r) | 系数与指数 | | | |
|---|---|---|---|---|---|---|---|
| | | | | $C_v$ | $x_v$ | $y_v$ | $m$ |
| 碳素结构钢<br>$R_m=0.637$GPa | 外圆纵车 | YT15(不用切削液) | ≤0.30 | 291 | 0.15 | 0.20 | 0.20 |
| | | | ≤0.70 | 242 | | 0.35 | |
| | | | >0.70 | 235 | | 0.45 | |
| | | W18Cr4V(用切削液) | ≤0.25 | 67.2 | 0.25 | 0.33 | 0.125 |
| | | | >0.25 | 43 | | 0.66 | |
| | 切断及切槽 | YT5(不用切削液) | — | 38 | — | 0.80 | 0.20 |
| | | W18Cr4V(用切削液) | | 21 | | 0.66 | 0.25 |
| 不锈钢<br>1Cr17Ni2 | 外圆纵车 | YG8(不用切削液) | — | 110 | 0.20 | 0.45 | 0.15 |
| | | W18Cr4V(用切削液) | | 31 | | 0.55 | |
| 灰铸铁<br>190HBW | 外圆纵车 | YG6(不用切削液) | ≤0.40 | 189.8 | 0.15 | 0.20 | 0.20 |
| | | | >0.40 | 158 | | 0.40 | |
| | | W18Cr4V(用切削液) | ≤0.25 | 24 | 0.15 | 0.30 | 0.10 |
| | | | 0.25 | 22.7 | | 0.40 | |
| | 切断及切槽 | YG6(不用切削液) | — | 68.5 | — | 0.40 | 0.20 |
| | | W18Cr4V(用切削液) | | 18 | | | 0.15 |

（续）

| 工件材料 | 加工类型 | 刀具材料 | 进给量 $f$ /(mm/r) | 系数与指数 | | | |
|---|---|---|---|---|---|---|---|
| | | | | $C_v$ | $\chi_v$ | $y_v$ | $m$ |
| 可锻铸铁 150HBW | 外圆纵车 | YG6(不用切削液) | ≤0.40 | 317 | 0.15 | 0.20 | 0.20 |
| | | | >0.4 | 215 | | 0.45 | |
| | | W18Cr4V(用切削液) | ≤0.25 | 68.9 | 0.20 | 0.25 | 0.125 |
| | | | >0.25 | 48.8 | | 0.50 | |
| | 切断及切槽 | YG8(不用切削液) | — | 86 | — | 0.40 | 0.20 |
| | | W18Cr4V(用切削液) | | 37.6 | | 0.50 | 0.25 |
| 铜合金 100~140HBW | 外圆纵车 | W18Cr4V(用切削液) | ≤0.20 | 216 | 0.12 | 0.25 | 0.23 |
| | | | >0.20 | 145.6 | | 0.50 | |
| 铸铝合金 ≤100HBW | 外圆纵车 | W18Cr4V(用切削液) | ≤0.20 | 485 | 0.12 | 0.25 | 0.28 |
| | | | >0.20 | 328 | | 0.50 | |

切削速度确定之后，即可算出机床转速 $n$：

$$n=\frac{1000v_c}{\pi d} \tag{9-15}$$

式中，$d$ 为工件切削最大直径（mm）。

所选定的转速应根据机床说明书最后确定（取较低而相近的机床转速 $n$），最后应根据选定的转速来计算实际切削速度。

在选择切削速度时，还应注意考虑以下几点：

1）精加工时，应尽量避免积屑瘤和鳞刺的产生。

2）断续切削时，宜适当降低切削速度，以减小冲击和热应力。

3）加工大型、细长、薄壁工件时，应选用较低的切削速度，端面车削应比外圆车削的速度高一些，以获得较高的平均切削速度，提高生产率。

4）在易发生振动的情况下，切削速度应避开自激振动的临界速度。

（4）校验机床功率 $P_c$　首先根据选定的切削用量，计算出切削功率 $P_c$：

$$P_c=\frac{10^{-3}}{60}F_c v_c \tag{9-16}$$

式中，$P_c$ 是切削功率（kW）；$F_c$ 是主切削力（N）；$v_c$ 是切削速度（m/min）。

然后根据机床说明书，查出机床电动机功率 $P_E$，校验下列条件是否满足：

$$P_c<P_E\eta \tag{9-17}$$

如不能满足上式，就要进行分析，适当减小所选的切削用量。

（5）计算机动时间 $t_{jd}$　车削时，机动时间 $t_{jd}$ 按下式计算：

$$t_{jd}=\frac{L}{nf} \tag{9-18}$$

式中　$L$——工件切削部分长度（mm）。

## 9.4 现代切削新技术简介

超高速切削、精密和超精密加工、干切削、硬切削被认为是当今切削加工中 4 项最具发展前景的技术，受到人们普遍重视。

### 9.4.1 超高速切削

超高速切削是在 20 世纪 70 年代国内外发展应用的一种先进切削技术。超高速切削可达到很高的切削效率、高的精度和低的成本。目前在航空航天、汽车制造和精密机械制造的车、铣和磨削等加工中使用很多。

#### 1. 超高速切削速度

对于不同的加工方法、材料和设备，超高速切削速度并不相同。资料表明，超高速切削速度为常用切削速度的 10 倍左右，例如用不同方法切削铝合金的切削速度为 1500~7500m/min，对于铜合金为 3000~4500m/min，对于铸铁为 750~5500m/min，对于钢为 1000m/min 以上。磨削速度为 10000m/min。此外，超高速切削也用于切削难加工金属材料和非金属材料。

#### 2. 超高速切削过程的主要特点

由实验可知，切削塑性材料的剪切角 $\phi$ 随切削速度提高而增大，故切削变形小，此外，由于切削速度提高使切削温度升高，减小了刀面和切屑间的摩擦，切屑流出阻力小，因此超高速切削的切削力 $F_c$ 较小。

在超高速切削时切屑流出的速度很快，带走了很多热量，所以留在工件中及传给机床的热量较少。

超高速切削生产率很高，在单位时间内切除材料体积大，因此与常用切削速度相比，超高速切削的刀具寿命高。

#### 3. 超高速切削条件

目前涂层刀具，立体氮化硼（CBN）、聚晶金刚石（PCD）和陶瓷刀具的普遍应用，为超高速切削创造了有利条件，但对超高速机床提出了极高的性能与结构要求，例如机床结构、材料、动力、精度、刚性、轴承、排屑、润滑、安全、控制及刀具与机床间的连接等均需特殊研制。我国已引进许多超高速车床、铣床和数控机床，也制造了超高速机床和开展了对切削理论的研究。

### 9.4.2 精密和超精密加工

精密、超精密加工是在 20 世纪 50 年代后逐渐发展起来的新加工技术。精密加工是指加工精度在 0.1~1μm、加工表面粗糙度 $Ra$ 在 0.02~0.1μm 范围内；超精密加工精度高于 0.1μm、加工表面粗糙度小于 $Ra$ 0.01μm。利用精密、超精密加工可以制造许多高科技产品、国防工业尖端产品的超精密零件，例如人造卫星仪表轴承、导弹激光反射镜面、飞机发动机转子和叶片等。

#### 1. 精密、超精密切削的刀具及对切削过程的影响

超精密切削是使用天然金刚石刀具。天然金刚石具有极高的硬度、耐磨性、强度、抗黏

结性且摩擦系数小，用它切削铝、铜合金及非金属材料等能达到超精密加工的精度和表面粗糙度要求，并具有很高的刀具寿命。金刚石晶体具有各向异性的特性，若选取不同的晶面使金刚石刀具切削性能各不相同，会在切削时对切削变形、加工表面质量和刀具寿命产生不同影响。因此，应找出最佳晶面，仔细磨制出所需的几何参数，其中最重要的是刀尖圆弧半径 $r_\varepsilon$ 和刃口钝圆半径 $r_n$，通常 $r_\varepsilon=0.1\sim0.3\mu m$、$r_n=0.1\sim0.2\mu m$。刃口钝圆半径 $r_n$ 是影响切削过程规律的主要因素，它的大小决定了刃口的锋利程度。由实验可知，$r_n$ 减小，使切削变形、切削力减小，切削时产生的积屑瘤和残余应力对加工表面质量的影响也小。

2. 超精密机床的结构特点

超精密机床是由有特殊要求的高质量的部件组成，这些高科技部件包括：主轴轴承采用液体静压轴承、空气静压轴承；床身和导轨采用硬度、耐磨性高，热膨胀系数小，抗振性好的花岗石材料；进给采用滚珠丝杠传动、摩擦轮驱动，能达到微量进给，并具有误差补偿机构，进给量可达到 0.005~0.01μm，进给量可利用激光在线检测；整机采取隔振、抗振及消振措施；采用恒温系统。

### 9.4.3 干切削

在切削过程中浇注切削液有利于刀具寿命、加工表面质量的提高，并能改善切削热对加工系统的影响，但切削液使用后排放出的有害物质会污染生态环境及影响操作者身心健康，此外，若在切削加工中有 20%的机构使用切削液，就会增加总成本的 1.6%，如果再加上治理被污染环境的耗费则成本更高。为此，从“降低成本、绿色工程”的需要出发，研发了干切削的先进加工技术。

1. 干切削的主要条件

1）选用高性能硬质合金刀具及新型涂层刀具。目前生产中使用增加含钴量的超细晶粒硬质合金刀具，并在表面涂覆 TiN+TiAlN 或 TiN+TiCN+TiAlN，提高了刀具基体的强度、韧性以及表层组织的耐热性、耐磨性。此外，TiAlN 涂层的热导率低，能抑制热量的传散，并在表面形成氧化物，减少了粘屑并减小了刀面和切屑间的摩擦系数。这类刀具在高速干切削时具有很好切削效果，适用于普通钻头、深孔钻头（$l=7\sim8d$）和铣刀。

有资料介绍，美国 Gleason 公司使用硬质合金涂层 TiAlN 齿轮刀具干切削锥齿轮，切削速度达 350m/min，提高了切削效率，降低了成本。

此外，陶瓷刀具、CBN、PCD 刀具均可在适用范围内进行高速干切削，例如可用陶瓷刀片高速干铣汽车发动机缸体，可用 CBN 刀具高速干铣 40~50HRC 模具钢等。

2）合理选择刀具几何参数以适用于干切削。通常增大刀具前角，减小流屑阻力使排屑通畅。通过改变刀尖圆弧半径，采用负刃倾角、较小偏角、负倒棱，有利于热量传散，提高刀具强度。

3）采用“绿色冷却”。在机床上安装管道或通过主轴与刀具内孔传送高压空气、冷空气、冷却水雾，起排屑与冷却作用。采用固态润滑剂涂覆刀具。

2. 干切削的主要效果

切削实验表明：高速切削时采用干切削，刀具寿命不低于湿切削，因为浇注的切削液会产生不均匀性且不易渗入切削区；用硬质合金钻头、镗刀等在提高速度、减小进给量的情况下，干切削的加工表面质量与湿切削相同；对于涂覆的硬质合金钻头、拉刀产生的力和力矩，干切削与湿切削相等。

### 9.4.4 硬切削

硬切削是指用超硬刀具对硬度高于 50HRC 的高硬度钢和高硬度铸铁进行加工的精密加工方法。

目前，硬切削用的超硬刀具主要有涂层超细颗粒硬质合金刀具、金属陶瓷（$Al_2O_3$、$Si_3N_4$）刀具、立方氮化硼（CBN）刀具、人造聚晶金刚石（PCD）刀具等。被加工材料包括淬火的碳钢与各类合金钢、碳素工具钢、高速工具钢、硬质合金、陶瓷和各种硬质非金属材料。其中，对淬火钢类切削是最有效的。

硬切削是高速精密干切削，使用的是超硬刀具材料，因此切削温度的影响较小，刀具磨损小且寿命高。硬切削对机床有很高要求，包括整机刚度高、工作稳定、热传导快、主轴转速高、回转精度高、加工系统平稳无振动等。

从当前满足经济与环保的要求来说，硬切削将会获得越来越广泛的应用。

## 思考与练习题

9-1 什么叫基面和切削平面？基面和切削平面有何关系？

9-2 什么叫静止参考系和工作参考系？它们之间有何区别？两个参考系在什么情况下是重合的？

9-3 试述正交平面、法平面、假定工作平面和背平面等标注系平面的定义，分析它们的异同点及用途。

9-4 试画出切断刀正交平面参考系的标注角度，即 $\gamma_o$、$\alpha_o$、$\kappa_\gamma$、$\kappa'_\gamma$、$\alpha'_o$。

9-5 用 $\gamma_f=0$，$\lambda_s=0$，$\alpha_{fR}=\alpha_{fL}=8°$的梯形螺纹车刀，车削螺距 $P=12mm$，外径 $d_w=50mm$ 的单头梯形螺纹，计算螺纹车刀的工作后角 $\alpha_{feR}$ 和 $\alpha_{feL}$ 的大小。

9-6 用弯头车刀加工端面时，指出车刀的主切削刃、副切削刃和刀尖；标出进给量 $f$ 和切削深度 $a_p$；如果 $a_p=5mm$，$f=0.3mm/r$，$r_\varepsilon=45°$，计算 $h_D$、$b_D$ 和 $A_D$ 的大小。

9-7 车削大径为 36mm、中径为 33mm、内径为 29mm、螺距为 6mm 的梯形螺纹时，若使用刀具前角为 0°，左刃后角 $\alpha_{oL}=12°$，右刃后角 $\alpha_{oR}=6°$。试问左、右刃的工作前、后角分别是多少？

9-8 切断刀 $\gamma_o=15°$，$\alpha_o=8°$，切断 $\phi$40mm 的棒料，当切断刀高于工件中心线为 0.8mm 时，切到多大直径时则无法继续切削（不考虑进给运动对角度的影响）？为什么？当进给量 $f=0.5mm/r$ 时，在无法切削处的工作前角为多少？

9-9 在 CA6140 型车床上采用 $\kappa_\gamma=75°$，$\kappa'_\gamma=15°$的车刀，加工 $d_w=60mm$ 的钢料，采取二次走刀，车至 $d_m=48mm$。$f=0.5mm/r$，$v\leq120m/min$ 时，试选定工件转速，并计算实际切削速度 $v$、切削层参数 $h_D$、$b_D$ 和 $A_D$。

9-10 刀具切削部分的材料应具备哪些性能？

9-11 通用型高速工具钢有哪几种牌号？它们主要的物理力学性能如何？适用于做什么刀具？

9-12 高性能高速工具钢有几种类型？与通用型高速工具钢相比有什么特点？

9-13 硬质合金有几种类型？它们的主要牌号有哪些？各自的用途是什么？

9-14 涂层硬质合金有什么优点？有几种涂层材料？它们各有何特点？

9-15 切削液的作用有哪些？常用的切削液有哪几种？如何选择？

9-16 试述前角 $\gamma_o$ 和主偏角 $\kappa_\gamma$、刃倾角 $\lambda_s$ 的作用与选择方法。

9-17 选择切削用量应考虑哪些原则？

# 附录

附录A 金属切削机床类、组划分表

| 类别＼组别 | | 0 | 1 | 2 | 3 | 4 |
|---|---|---|---|---|---|---|
| 车床 | | 仪表小型车床 | 单轴自动车床 | 多轴自动、半自动车床 | 回轮、转塔车床 | 曲轴及凸轮轴车床 |
| 钻床 | | | 坐标镗钻床 | 深孔钻床 | 摇臂钻床 | 台式钻床 |
| 镗床 | | | | 深孔镗床 | | 坐标镗床 |
| 磨床 | M | 仪表磨床 | 外圆磨床 | 内圆磨床 | 砂轮机 | 坐标磨床 |
| | 2M | | 超精机 | 内圆珩磨机 | 外圆及其他珩磨机 | 抛光机 |
| | 3M | | 球轴承套圈沟磨床 | 滚子轴承套圈滚道磨床 | 轴承套圈超精机 | |
| 齿轮加工机床 | | 仪表齿轮加工机 | | 锥齿轮加工机 | 滚齿及铣齿机 | 剃齿及珩齿机 |
| 螺纹加工机床 | | | | | 套丝机 | 攻丝机 |
| 铣床 | | 仪表铣床 | 悬臂及滑枕铣床 | 龙门铣床 | 平面铣床 | 仿形铣床 |
| 刨插床 | | | 悬臂刨床 | 龙门刨床 | | |
| 拉床 | | | | 侧拉床 | 卧式外拉床 | 连续拉床 |
| 锯床 | | | | 砂轮片锯床 | | 卧式带锯床 |
| 其他机床 | | 其他仪表机床 | 管子加工机床 | 木螺钉加工机 | | 刻线机 |

| 类别＼组别 | | 5 | 6 | 7 | 8 | 9 |
|---|---|---|---|---|---|---|
| 车床 | | 立式车床 | 落地及卧式车床 | 仿形及多刀车床 | 轮、轴、辊、锭及铲齿车床 | 其他车床 |
| 钻床 | | 立式钻床 | 卧式钻床 | 铣钻床 | 中心孔钻床 | 其他钻床 |
| 镗床 | | 立式镗床 | 卧式铣镗床 | 精镗床 | 汽车拖拉机修理用镗床 | 其他镗床 |
| 磨床 | M | 导轨磨床 | 刀具刃磨床 | 平面及端面磨床 | 曲轴、凸轮轴、花键轴及轧辊磨床 | 工具磨床 |
| | 2M | 砂带抛光及磨削机床 | 刀具刃磨床及研磨机床 | 可转位刀片磨削机床 | 研磨机 | 其他磨床 |
| | 3M | 叶片磨削机床 | 滚子加工机床 | 钢球加工机床 | 气门、活塞及活塞环磨削机床 | 汽车、拖拉机修磨机床 |
| 齿轮加工机床 | | 插齿机 | 花键轴铣床 | 齿轮磨齿机 | 其他齿轮加工机 | 齿轮倒角及检查机 |
| 螺纹加工机床 | | | 螺纹铣床 | 螺纹磨床 | 螺纹车床 | |
| 铣床 | | 立式升降台铣床 | 卧式升降台铣床 | 床身铣床 | 工具铣床 | 其他铣床 |
| 刨插床 | | 插床 | 牛头刨床 | | 边缘及模具刨床 | 其他刨床 |
| 拉床 | | 立式内拉床 | 卧式内拉床 | 立式外拉床 | 键槽、轴瓦及螺纹拉床 | 其他拉床 |
| 锯床 | | 立式带锯床 | 圆锯床 | 弓锯床 | 锉锯末 | |
| 其他机床 | | 切断机 | 多功能机床 | | | |

附录 B　通用机床组、系代号及主参数

| 类 | 组 | 系 | 机床名称 | 主参数折算系数 | 主参数 |
|---|---|---|---|---|---|
| 车床 | 1 | 1 | 单轴纵切自动车床 | 1 | 最大棒料直径 |
| | 1 | 2 | 单轴横切自动车床 | 1 | 最大棒料直径 |
| | 1 | 3 | 单轴转塔自动车床 | 1 | 最大棒料直径 |
| | 2 | 1 | 多轴棒料自动车床 | 1 | 最大棒料直径 |
| | 2 | 2 | 多轴卡盘自动车床 | 1/10 | 卡盘直径 |
| | 2 | 6 | 立式多轴半自动车床 | 1/10 | 最大车削直径 |
| | 3 | 0 | 回轮车床 | 1 | 最大棒料直径 |
| | 3 | 1 | 滑鞍转塔车床 | 1/10 | 卡盘直径 |
| | 3 | 3 | 滑枕转塔车床 | 1/10 | 卡盘直径 |
| | 4 | 1 | 曲轴车床 | 1/10 | 最大工件回转直径 |
| | 4 | 6 | 凸轮轴车床 | 1/10 | 最大工件回转直径 |
| | 5 | 1 | 单柱立式车床 | 1/100 | 最大车削直径 |
| | 5 | 2 | 双柱立式车床 | 1/100 | 最大车削直径 |
| | 6 | 0 | 落地车床 | 1/100 | 最大工件回转直径 |
| | 6 | 1 | 卧式车床 | 1/10 | 床身上最大回转直径 |
| | 6 | 2 | 马鞍车床 | 1/10 | 床身上最大回转直径 |
| | 6 | 4 | 卡盘车床 | 1/10 | 床身上最大回转直径 |
| | 6 | 5 | 球面车床 | 1/10 | 刀架上最大回转直径 |
| | 7 | 1 | 仿形车床 | 1/10 | 刀架上最大车削直径 |
| | 7 | 5 | 多刀车床 | 1/10 | 刀架上最大车削直径 |
| | 7 | 6 | 卡盘多刀车床 | 1/10 | 刀架上最大车削直径 |
| | 8 | 4 | 轧辊车床 | 1/10 | 最大工件直径 |
| | 8 | 9 | 铲齿车床 | 1/10 | 最大工件直径 |
| | 9 | 0 | 落地镗车床 | 1/10 | 最大工件回转直径 |
| | 9 | 3 | 气缸套镗车床 | 1/10 | 床身上最大回转直径 |
| | 9 | 7 | 活塞环车床 | 1/10 | 最大车削直径 |
| 钻床 | 1 | 3 | 立式坐标镗钻床 | 1/10 | 工作台面宽度 |
| | 2 | 1 | 深孔钻床 | 1/10 | 最大钻孔直径 |
| | 3 | 0 | 摇臂钻床 | 1 | 最大钻孔直径 |
| | 3 | 1 | 万向摇臂钻床 | 1 | 最大钻孔直径 |
| | 4 | 0 | 台式钻床 | 1 | 最大钻孔直径 |
| | 5 | 0 | 圆柱立式钻床 | 1 | 最大钻孔直径 |
| | 5 | 1 | 方柱立式钻床 | 1 | 最大钻孔直径 |
| | 5 | 2 | 可调多轴立式钻床 | 1 | 最大钻孔直径 |
| | 8 | 1 | 中心孔钻床 | 1/10 | 最大工件直径 |

（续）

| 类 | 组 | 系 | 机床名称 | 主参数折算系数 | 主参数 |
|---|---|---|---|---|---|
| 钻床 | 8 | 2 | 平端面中心孔钻床 | 1/10 | 最大工件直径 |
| | 9 | 1 | 数控印刷板钻床 | 1 | 最大钻孔直径 |
| | 9 | 2 | 数控印刷板铣钻床 | 1 | 最大钻孔直径 |
| 镗床 | 4 | 1 | 立式单柱坐标镗床 | 1/10 | 工作台面宽度 |
| | 4 | 2 | 立式双柱坐标镗床 | 1/10 | 工作台面宽度 |
| | 4 | 3 | 卧式单柱坐标镗床 | 1/10 | 工作台面宽度 |
| | 4 | 4 | 卧式双柱坐标镗床 | 1/10 | 工作台面宽度 |
| | 6 | 1 | 卧式镗床 | 1/10 | 镗轴直径 |
| | 6 | 2 | 落地镗床 | 1/10 | 镗轴直径 |
| | 6 | 3 | 卧式铣镗床 | 1/10 | 镗轴直径 |
| | 6 | 9 | 落地铣镗床 | 1/10 | 镗轴直径 |
| | 7 | 0 | 单面卧式精镗床 | 1/10 | 工作台面宽度 |
| | 7 | 1 | 双面卧式精镗床 | 1/10 | 工作台面宽度 |
| | 7 | 2 | 立式精镗床 | 1/10 | 最大镗孔直径 |
| | 9 | 0 | 卧式电机座镗床 | 1/10 | 最大镗孔直径 |
| 磨床 | 0 | 4 | 抛光机 | | |
| | 0 | 6 | 刀具磨床 | | |
| | 1 | 0 | 无心外圆磨床 | 1 | 最大磨削直径 |
| | 1 | 3 | 外圆磨床 | 1/10 | 最大磨削直径 |
| | 1 | 4 | 万能外圆磨床 | 1/10 | 最大磨削直径 |
| | 1 | 5 | 宽砂轮外圆磨床 | 1/10 | 最大磨削直径 |
| | 1 | 6 | 端面外圆磨床 | 1/10 | 最大回转直径 |
| | 2 | 1 | 内圆磨床 | 1/10 | 最大磨削直径 |
| | 2 | 5 | 立式行星内圆磨床 | 1/10 | 最大磨削直径 |
| | 3 | 0 | 落地砂轮机 | 1/10 | 最大砂轮直径 |
| | 5 | 0 | 落地导轨磨床 | 1/100 | 最大磨削宽度 |
| | 5 | 2 | 龙门导轨磨床 | 1/100 | 最大磨削宽度 |
| | 6 | 0 | 万能工具磨床 | 1/10 | 最大回转直径 |
| | 6 | 3 | 钻头刃磨床 | 1 | 最大刃磨钻头直径 |
| | 7 | 1 | 卧轴矩台平面磨床 | 1/10 | 工作台面宽度 |
| | 7 | 3 | 卧轴圆台平面磨床 | 1/10 | 工作台面直径 |
| | 7 | 4 | 立轴圆台平面磨床 | 1/10 | 工作台面直径 |
| | 8 | 2 | 曲轴磨床 | 1/10 | 最大回转直径 |
| | 8 | 3 | 凸轮轴磨床 | 1/10 | 最大回转直径 |
| | 8 | 6 | 花键轴磨床 | 1/10 | 最大磨削直径 |
| | 9 | 0 | 曲线磨床 | 1/10 | 最大磨削长度 |

（续）

| 类 | 组 | 系 | 机床名称 | 主参数折算系数 | 主参数 |
|---|---|---|---|---|---|
| 齿轮加工机床 | 2 | 0 | 弧齿锥齿轮磨齿机 | 1/10 | 最大工件直径 |
| | 2 | 2 | 弧齿锥齿轮铣齿机 | 1/10 | 最大工件直径 |
| | 2 | 3 | 直齿锥齿轮刨齿机 | 1/10 | 最大工件直径 |
| | 3 | 1 | 滚齿机 | 1/10 | 最大工件直径 |
| | 3 | 6 | 卧式滚齿机 | 1/10 | 最大工件直径 |
| | 4 | 2 | 剃齿机 | 1/10 | 最大工件直径 |
| | 4 | 6 | 珩齿机 | 1/10 | 最大工件直径 |
| | 5 | 1 | 插齿机 | 1/10 | 最大工件直径 |
| | 6 | 0 | 花键轴铣床 | 1/10 | 最大铣削直径 |
| | 7 | 0 | 碟形砂轮磨齿机 | 1/10 | 最大工件直径 |
| | 7 | 1 | 锥形砂轮磨齿机 | 1/10 | 最大工件直径 |
| | 7 | 2 | 蜗杆砂轮磨齿机 | 1/10 | 最大工件直径 |
| | 8 | 0 | 车齿机 | 1/10 | 最大工件直径 |
| | 9 | 3 | 齿轮倒角机 | 1/10 | 最大工件直径 |
| | 9 | 9 | 齿轮噪声检查机 | 1/10 | 最大工件直径 |
| 螺纹加工机床 | 3 | 0 | 套丝机 | 1 | 最大套丝直径 |
| | 4 | 8 | 卧式攻丝机 | 1/10 | 最大攻丝直径 |
| | 6 | 0 | 丝杠铣床 | 1/10 | 最大铣削直径 |
| | 6 | 2 | 短螺纹铣床 | 1/10 | 最大铣削直径 |
| | 7 | 4 | 丝杠磨床 | 1/10 | 最大工件直径 |
| | 7 | 5 | 万能螺纹磨床 | 1/10 | 最大工件直径 |
| | 8 | 6 | 丝杠车床 | 1/10 | 最大工件直径 |
| | 8 | 9 | 多线螺纹车床 | 1/10 | 最大车削直径 |
| 铣床 | 2 | 0 | 龙门铣床 | 1/100 | 工作台面宽度 |
| | 3 | 0 | 圆台铣床 | 1/10 | 工作台面宽度 |
| | 4 | 3 | 平面仿形铣床 | 1/10 | 最大铣削宽度 |
| | 4 | 4 | 立体仿形铣床 | 1/10 | 最大铣削宽度 |
| | 5 | 0 | 立式升降台铣床 | 1/10 | 工作台面宽度 |
| | 6 | 0 | 卧式升降台铣床 | 1/10 | 工作台面宽度 |
| | 6 | 1 | 万能升降台铣床 | 1/10 | 工作台面宽度 |
| | 7 | 1 | 床身铣床 | 1/100 | 工作台面宽度 |
| | 8 | 1 | 万能工具铣床 | 1/10 | 工作台面宽度 |
| | 9 | 2 | 键槽铣床 | 1 | 最大键槽宽度 |
| 刨插床 | 1 | 0 | 悬臂刨床 | 1/100 | 最大刨削宽度 |
| | 2 | 0 | 龙门刨床 | 1/100 | 最大刨削宽度 |

（续）

| 类 | 组 | 系 | 机床名称 | 主参数折算系数 | 主参数 |
|---|---|---|---|---|---|
| 刨插床 | 2 | 2 | 龙门铣磨刨床 | 1/100 | 最大刨削宽度 |
| | 5 | 0 | 插床 | 1/10 | 最大插削长度 |
| | 6 | 0 | 牛头刨床 | 1/10 | 最大刨削长度 |
| | 8 | 8 | 模具刨床 | 1/10 | 最大刨削长度 |
| 拉床 | 3 | 1 | 卧式外拉床 | 1/10 | 额定拉力 |
| | 4 | 3 | 连续拉床 | 1/10 | 额定拉力 |
| | 5 | 1 | 立式内拉床 | 1/10 | 额定拉力 |
| | 6 | 1 | 卧式内拉床 | 1/10 | 额定拉力 |
| | 7 | 1 | 立式外拉床 | 1/10 | 额定拉力 |
| | 9 | 1 | 气缸体平面拉床 | 1/10 | 额定拉力 |
| 锯床 | 2 | 2 | 卧式砂轮片锯床 | 1/10 | 最大锯削直径 |
| | 2 | 4 | 摆动式砂轮片锯床 | 1/10 | 最大锯削直径 |
| | 5 | 1 | 立式带锯床 | 1/10 | 最大锯削厚度 |
| | 6 | 0 | 卧式圆锯床 | 1/100 | 最大圆锯片直径 |
| | 7 | 1 | 夹板卧式弓锯床 | 1/10 | 最大锯削直径 |
| 其他机床 | 1 | 6 | 管接头螺纹车床 | 1/10 | 最大加工直径 |
| | 2 | 1 | 木螺钉螺纹加工机 | 1 | 最大工件直径 |
| | 4 | 0 | 圆刻线机 | 1/100 | 最大加工直径 |
| | 4 | 1 | 长刻线机 | 1/100 | 最大加工长度 |

附录 C　机构运动简图符号

| 名称 | 分类 | 基本符号 | 可用符号 | 备注 |
| --- | --- | --- | --- | --- |
| 齿轮 | 不指明齿线<br>a. 圆柱齿轮<br>b. 锥齿轮<br>c. 挠性齿轮 | | | |
| | 齿线符号<br>a. 圆柱齿轮<br>（i）直齿<br>（ii）斜齿<br>（iii）人字齿 | | | |
| | b. 锥齿轮<br>（i）直齿<br>（ii）斜齿<br>（iii）弧齿 | | | |
| 齿轮传动 | a. 圆柱齿轮 | 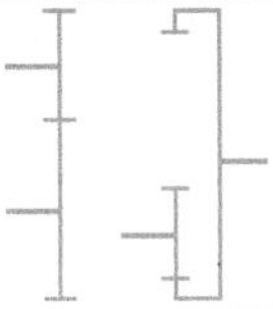 | 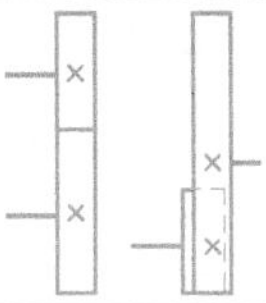 | |
| | b. 锥齿轮 | 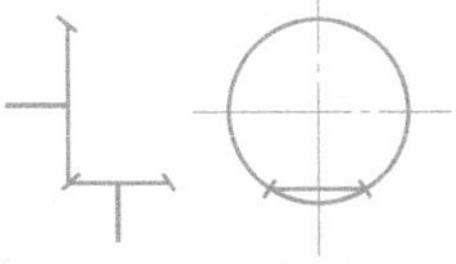 | 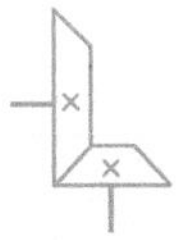 | |
| | c. 蜗轮与蜗杆 | 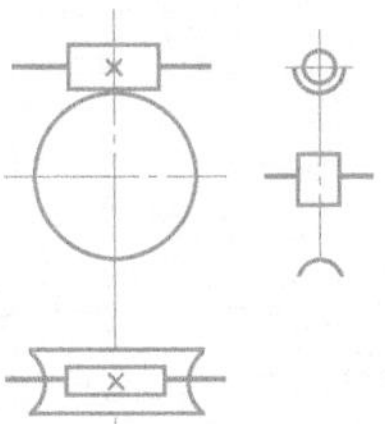 | 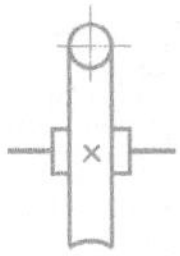 | |

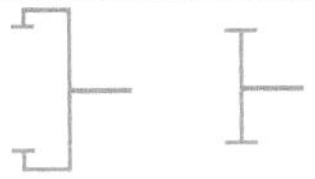

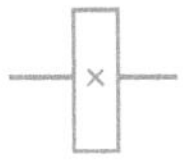

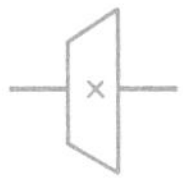

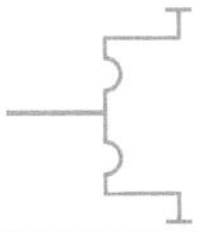

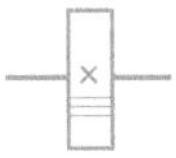

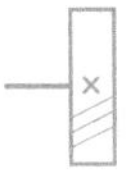

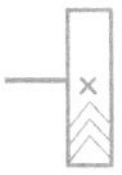

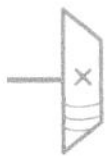

（续）

| 名称 | 分类 | 基本符号 | 可用符号 | 备注 |
|---|---|---|---|---|
| 齿轮传动 | d. 交错轴斜齿轮 | 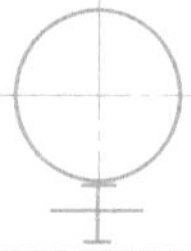 | 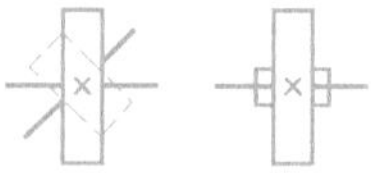 | |
| 齿条传动 | a. 一般表示 | 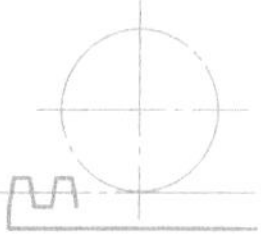 | 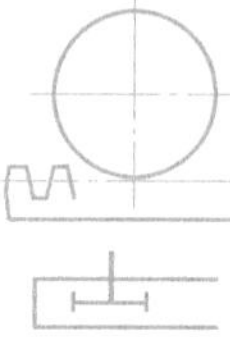 | |
| | b. 蜗线齿条与蜗杆 | |  | |
| | c. 齿条与蜗杆 | | 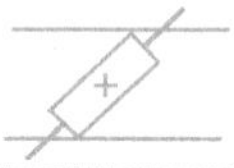 | |
| 扇形齿轮传动 | | 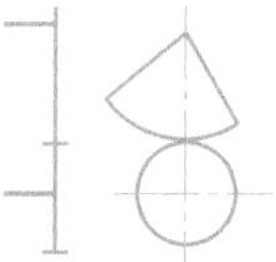 |  | |
| 圆柱凸轮 | |  | 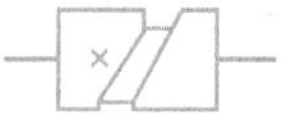 | |
| 外啮合槽轮机构 | | 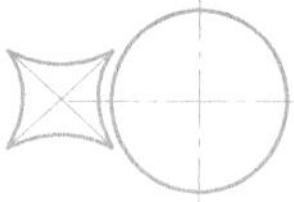 | 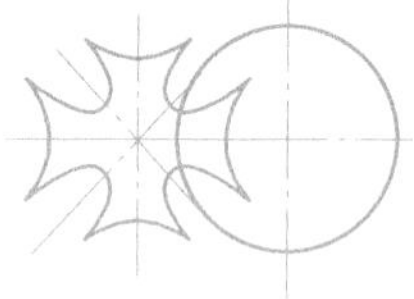 | |
| 联轴器 | a. 一般符号（不指明类型） |  | | |
| | b. 固定联轴器 |  | | |
| | c. 弹性联轴器 | 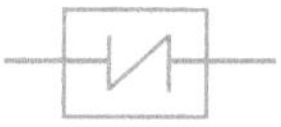 | | |
| 离合器 | 啮合式离合器<br>a. 单向式 | 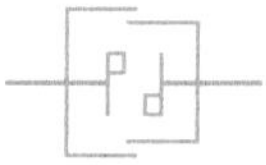 | 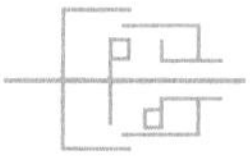 | 对于啮合式离合器、摩擦离合器、液压离合器、电磁离合器和制动器，当需要表明操纵方式时，可使用下列符号：<br>M——机动的<br>H——液压的<br>P——气动的<br>E——电动的<br>（如电磁） |
| | b. 双向式 | 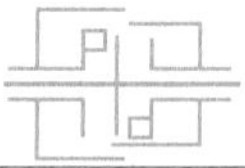 | | |
| | 摩擦离合器<br>a. 单向式 | 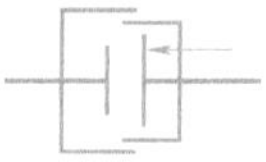 | 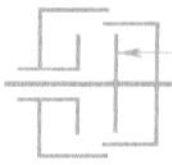 | |
| | b. 双向式 | 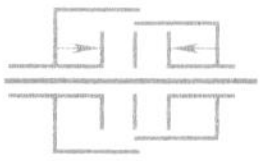 | 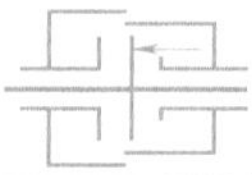 | |

（续）

| 名称 | 分类 | 基本符号 | 可用符号 | 备注 |
| --- | --- | --- | --- | --- |
| 离合器 | 液压离合器（一般符号） | 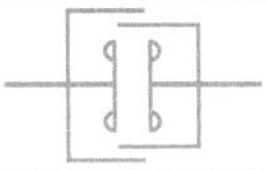 | | 对于啮合式离合器、摩擦离合器、液压离合器、电磁离合器和制动器，当需要表明操纵方式时，可使用下列符号：<br>M——机动的<br>H——液压的<br>P——气动的<br>E——电动的<br>（如电磁） |
| | 电磁离合器 | 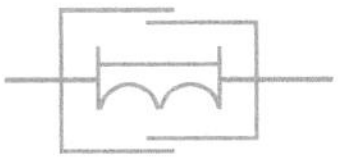 | | |
| | 离心摩擦离合器 | 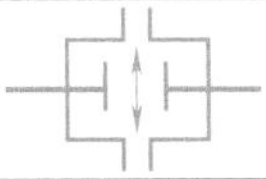 | | |
| | 超越离合器 | 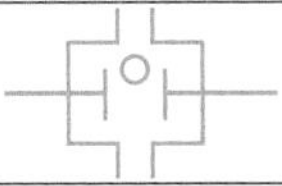 | | |
| | 安全离合器<br>a. 带有易损元件<br><br>b. 无易损元件 | | | |
| 制动器 | 一般符号 |  | | 不规定制动器外观 |
| 螺杆传动 | a. 螺体螺母 |  |  | |
| | b. 开合螺母 | 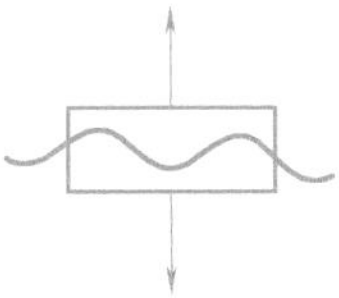 | 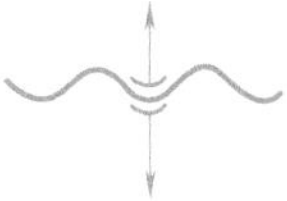 | |
| | c. 滚珠螺母 | |  | |
| 带传动<br>一般符号（不指明类型） | | 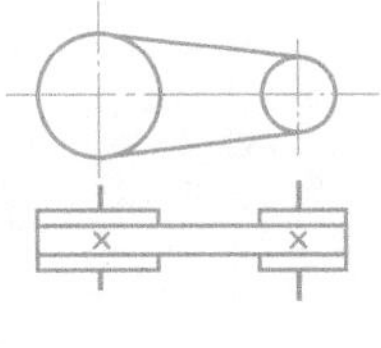 | | 若需指明带类型可采用下列符号： 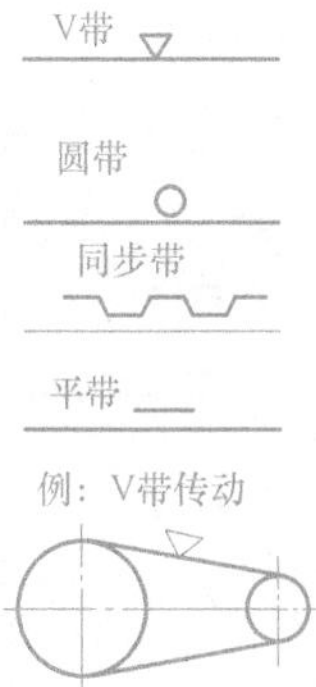<br>V带<br>圆带<br>同步带<br>平带<br>例：V带传动 |

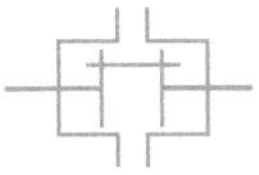

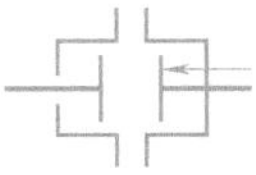

（续）

| 名称 | 分类 | 基本符号 | 可用符号 | 备注 |
| --- | --- | --- | --- | --- |
| 链传动<br>一般符号（不指明类型） | | 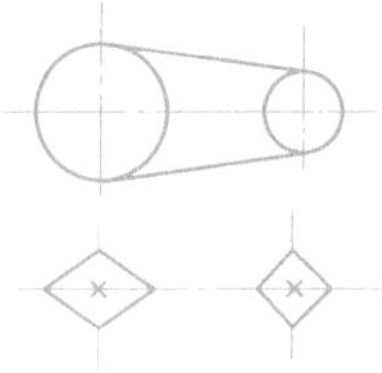 | | 若需指明链条类型可采用下列符号：<br>环形链 <br>滚子链<br>无声链 <br>例：无声链传动 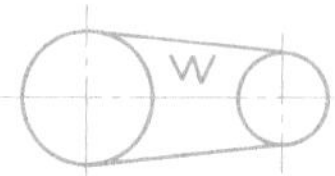<br>W |
| 向心轴承 | a. 滑动轴承 | | | |
| | b. 滚动轴承 | 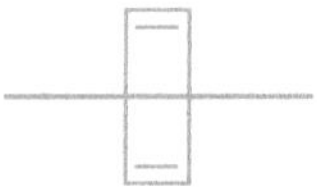 |  | |
| 推力轴承 | a. 单向推力滑动轴承 | 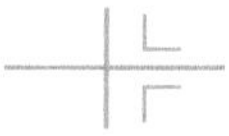 | | |
| | b. 双向推力滑动轴承 | 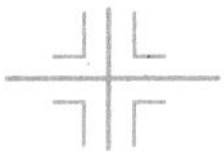 | | |
| | c. 推力滚动轴承 | 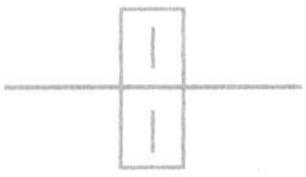 |  | |
| 向心推力轴承 | a. 单向向心推力滑动轴承 | 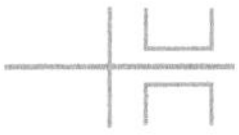 | | |
| | b. 双向向心推力滑动轴承 |  | | |
| | c. 向心推力滚动轴承 | 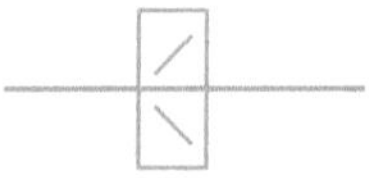 |  | |

附录 D　滚动轴承图示符号

| 轴承类型 | 图示符号 | 轴承类型 | 图示符号 |
| --- | --- | --- | --- |
| 深沟球轴承 | 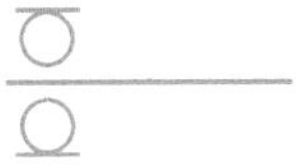  | 推力球轴承 | 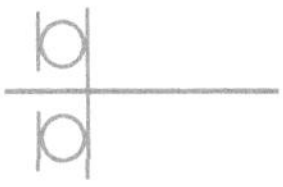  |
| 调心球轴承(双列) | 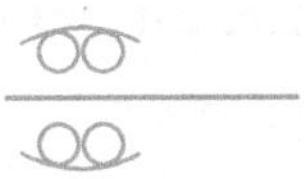  | 推力球轴承(双向) | 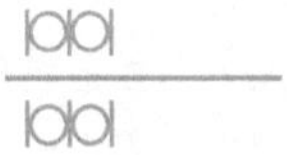  |
| 角接触球轴承 |   | 圆锥滚子轴承 | 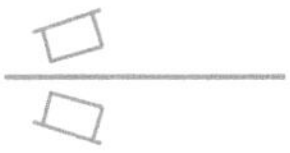  |
| 圆柱滚子轴承(内圈无挡边) | 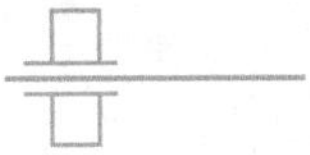  | 圆锥滚子轴承(双列) | 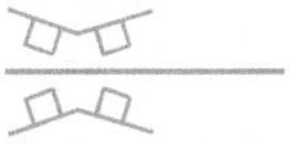  |
| 滚针轴承(内圈无挡边) | 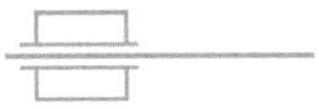  |  |  |

# 参考文献

[1] 张普礼. 机械加工设备 [M]. 北京：机械工业出版社，2005.
[2] 恽达明. 金属切削机床 [M]. 北京：机械工业出版社，2005.
[3] 李雪梅，王斌武. 数控机床 [M]. 2版. 北京：电子工业出版社，2010.
[4] 夏凤芳. 数控机床 [M]. 3版. 北京：高等教育出版社，2014.
[5] 陆剑中，周志明. 金属切削原理与刀具 [M]. 2版. 北京：机械工业出版社，2016.
[6] 晏初宏，吴国华，陈汝芳. 金属切削机床 [M]. 3版. 北京：机械工业出版社，2019.
[7] 贾亚洲. 金属切削机床概论 [M]. 2版. 北京：机械工业出版社，2011.
[8] 王爱玲. 数控机床结构及应用 [M]. 2版. 北京：机械工业出版社，2013.
[9] 吴祖育，秦鹏飞. 数控机床 [M]. 3版. 上海：上海科学技术出版社，2009.
[10] 高德文. 数控加工中心 [M]. 2版. 北京：化学工业出版社，2007.
[11] 裴炳文. 数控系统 [M]. 北京：机械工业出版社，2002.
[12] 盛定高. 现代制造技术概论 [M]. 北京：机械工业出版社，2003.